石油石化职业技能培训教程

聚合物配制工

中国石油天然气集团有限公司人力资源部　编

U0307813

石油工业出版社

内 容 提 要

本书是由中国石油天然气集团有限公司人力资源部统一组织编写的《石油石化职业技能培训教程》中的一本。本书包括聚合物配制工应掌握的初级工、中级工、高级工操作技能及相关知识,并配套了相应等级的理论知识练习题,以便于员工对知识点的理解和掌握。

本书既可用于职业技能鉴定前培训,也可用于员工岗位技术培训和自学提高。

图书在版编目(CIP)数据

聚合物配制工/中国石油天然气集团有限公司人力资源部编. —北京:石油工业出版社,2022.6

石油石化职业技能培训教程

ISBN 978-7-5183-5211-1

Ⅰ.①聚⋯ Ⅱ.①中⋯ Ⅲ.①聚合物-配制-技术培训-教材 Ⅳ.①TQ31

中国版本图书馆 CIP 数据核字(2022)第 018726 号

出版发行:石油工业出版社
(北京市安定门外安华里 2 区 1 号 100011)
网 址:www.petropub.com
编辑部:(010)64523785
图书营销中心:(010)64523633
经 销:全国新华书店
印 刷:北京中石油彩色印刷有限责任公司

2022 年 6 月第 1 版 2022 年 6 月第 1 次印刷
787 毫米×1092 毫米 开本:1/16 印张:21.25
字数:510 千字
定价:98.00 元
(如发现印装质量问题,我社图书营销中心负责调换)

《石油石化职业技能培训教程》

编 委 会

主　任：黄　革

副主任：王子云　何　波

委　员（按姓氏笔画排序）：

丁哲帅	马光田	丰学军	王　莉	王　雷
王正才	王立杰	王勇军	尤　峰	邓春林
史兰桥	吕德柱	朱立明	刘　伟	刘　军
刘子才	刘文泉	刘孝祖	刘纯珂	刘明国
刘学忱	江　波	孙　钧	李　丰	李　超
李　想	李长波	李忠勤	李钟馨	杨力玲
杨海青	吴　芒	吴　鸣	何　峰	何军民
何耀伟	宋学昆	张　伟	张保书	张海川
陈　宁	罗昱恒	季　明	周　清	周宝银
郑玉江	胡兰天	柯　林	段毅龙	贾荣刚
夏申勇	徐春江	唐高嵩	黄晓冬	常发杰
崔忠辉	蒋革新	傅红村	谢建林	褚金德
熊欢斌	霍　良			

《聚合物配制工》

编 审 组

主　　编：王　雷

副 主 编：周秋实

参编人员（按姓氏笔画排序）：

马忠秀　刘敏慧　袁丽辉　贾庆军

参审人员（按姓氏笔画排序）：

王玉珠

随着企业产业升级、装备技术更新改造步伐不断加快,对从业人员的素质和技能提出了新的更高要求。为适应经济发展方式转变和"四新"技术变化要求,提高石油石化企业员工队伍素质,满足职工鉴定、培训、学习需要,中国石油天然气集团有限公司人力资源部根据《中华人民共和国职业分类大典(2015年版)》对工种目录的调整情况,修订了石油石化职业技能等级标准。在新标准的指导下,组织对"十五""十一五""十二五"期间编写的职业技能鉴定试题库和职业技能培训教程进行了全面修订,并新开发了炼油、化工专业部分工种的试题库和教程。

教程的开发修订坚持以职业活动为导向,以职业技能提升为核心,以统一规范、充实完善为原则,注重内容的先进性与通用性。教程编写紧扣职业技能等级标准和鉴定要素细目表,采取理实一体化编写模式,操作技能及相关知识按等级编写,内容范围与鉴定试题库基本保持一致。特别需要说明的是,本套教程配套了相应等级的理论知识练习题,以便于员工对知识点的理解和掌握,加强了学习的针对性。此外,为了提高学习效率,检验学习成果,本套教程为员工免费提供学习增值服务,员工通过手机登录注册后即可进行移动练习。本套教程既可用于职业技能鉴定前培训,也可用于员工岗位技术培训和自学提高。

聚合物配制工教程包括初级工、中级工、高级工操作技能及相关知识。

本工种教程由大庆油田有限责任公司任主编单位,由于编者水平有限,书中错误、疏漏之处请广大读者提出宝贵意见。

编　者

CONTENTS 目录

第一部分　初级工操作技能及相关知识

第二部分　中级工操作技能及相关知识

第三部分　高级工操作技能及相关知识

理论知识练习题

附　录

第一部分

初级工操作技能及相关知识

模块一　管理配制站

项目一　填写配制日报表

一、相关知识

(一)生产资料录取的要求

聚合物配制站资料录取的要求是齐全、准确、及时、有效。为了及时录取现场资料,一般每 2h 进行一次巡回检查。录取的资料应当用仿宋体进行记录,实验数据要用钢笔在实验的同时记录在原始记录本上,以便使资料的全准率(评价资料录取的指标)达到指标要求。聚合物配制站需要录取的资料包括干粉、水、母液和设备运行的资料等。

聚合物干粉送达配制站后,配制站应录取聚合物干粉的生产厂家、单包重量、相对分子质量、生产批次等,并对聚合物干粉的相对分子质量、黏度、固含量、筛网系数等 11 项指标按照抽样原则进行化验检测,即聚合物干粉资料录取应在不同批号之间按抽样原则进行。在聚合物干粉中,对分散装置运行和配制质量影响最大的指标是相对分子质量。聚合物干粉的固含量是指样品中除去水等挥发物质后,固体物质占全部样品的质量分数。

聚合物配制站原始报表中需记录配制母液用水量。聚合物配制用清水资料录取主要包括矿化度、含铁、悬浮物等。配制聚合物母液用的清水,其矿化度对聚合物溶液的黏度影响很大,所以配制站要求每周对水质矿化度进行检测。为了尽可能提高聚合物溶液的黏度,一般控制配制水的矿化度在 900mg/L 以下,现场测定水的矿化度时主要采用滴定法测量水中六种离子的含量。测定水中铁离子含量时应用比色法。配制水中对聚合物溶液的黏度影响最大的是 Mg^{2+}。

配制站化验原始记录中聚合物母液的指标有浓度和黏度。配制站外输泵出口浓度、黏度不但要填写在化验原始记录上,同时还要填写在原始班报表上。聚合物母液浓度、黏度指标是配制站的一项重要考核指标,配制浓度应控制在方案浓度的 ±5% 以内。在考虑黏度损失时,由于聚合物溶液是非牛顿流体,因此只能在同一剪切速率下测量的黏度才可进行对比。聚合物母液取样时,取样速度对样品质量影响很大,因而使用取样器取样时要控制取样速度。

聚合物配制站(图 1-1-1)生产日报表是三个班次分别记录本班在岗期间生产的基本情况,包括各泵及来水的流量累积值、瞬时值,压力值,还有当日的干粉用量、耗电量、用水量,在运设备及备用设备情况,以及输送到各注入站的母液量及其浓度、黏度,自控仪表运行情况等相关内容。

(二)设备资料填写的要求

配制站设备资料主要有设备运转记录和设备档案。日常生产过程中录取的泵设备资料

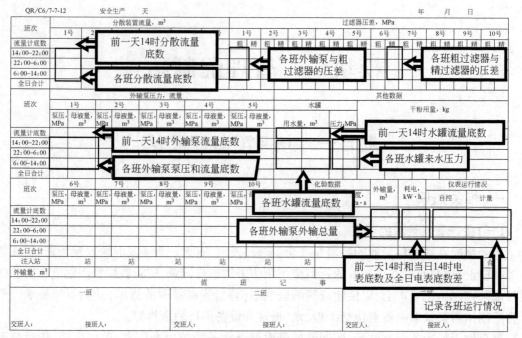

图 1-1-1　聚合物配制站生产日报表的填写

主要有流量、压力、运转时间。设备运转记录填写设备在每班时间内的运转小时数。在配制站生产过程中,即使设备处于间歇运行状态,仍能通过自控系统取得准确的运行时间数据。设备按周期进行维护保养时,应在设备档案中记录维护内容和时间,同时要把保养的内容填写在设备运转记录上。

(三)油田水性质

　　颜色、臭气是油田化验室对水样进行物理描述的指标,一般不做定量测量。油田水往往有油气臭味。水臭须在室温和加热的情况下测定。在室温情况下测定水臭的方法:左手持瓶开塞,用右手扇动瓶口气体,使挥发出的臭味进入鼻腔闻其臭。在 20℃ 和 45℃ 时,测定的水臭是不一样的。

　　油田注入水水质要符合标准,对油田注水水质要求的基本原则:不产生沉淀,不堵塞地层孔隙,具有较好的洗油能力,无腐蚀性。含油量是油田注水水质重要指标之一,水驱高渗透油田注水水质指标要求含油量不超过 15mg/L,含铁量不超过 0.5mg/L,悬浮物含量不超过 5mg/L。

二、技能要求

(一)准备工作

1. 设备

配制日报表 1 张。

2. 材料、工具

直尺、碳素笔、钢笔、计算器、演算纸。

3. 人员

1 人操作,持上岗证,劳动保护用品穿戴齐全。

（二）操作规程

序号	工序	操作步骤
1	填写数据	（1）填写外输泵流量、压力（数据考场提供）； （2）填写总水量、来水压力、干粉量、外输量、总电量（由考场提供）； （3）填写熟化罐和外输泵的浓度、黏度数据及仪表运行情况（均由考场提供）
2	计算数据	（1）计算分散装置流量； （2）计算过滤器压差； （3）计算外输泵流量、压力； （4）计算总水量、来水压力、干粉量、外输量、分站外输量、总电量； （5）统计仪表运行情况； （6）填写本班生产情况并签字

（三）技术要求

报表所有内容一律用蓝黑色钢笔水用仿宋体填写，不允许涂改，资料全准率达到 100%。

（四）注意事项

报表清洁，无损坏。

（五）录取资料标准

到现场核实数据准确无误后填写报表。

项目二 填写可称重物资验收记录

一、相关知识

（一）聚合物的相关知识

黄胞胶比较昂贵，仅在高矿化度、高剪切的油层中使用，其他情况下一般都使用聚丙烯酰胺。聚丙烯酰胺（PAM）有非离子型、阴离子型和阳离子型三类产品，其中用于驱油的是阴离子型。阴离子型聚丙烯酰胺习惯上又称为部分水解聚丙烯酰胺，它可以由 PAM 水解或丙烯酰胺与丙烯酸共聚制得。

根据不同的聚合方法，可以制成固体、水溶液（或半固体）、乳液三种形式的聚丙烯酰胺。聚合物驱油中，这三种聚合物的溶解过程要经过两个阶段：第一阶段是溶剂分子渗入聚合物内部，使聚合物体积膨胀，称为溶胀；第二阶段是高分子均匀地分散在溶剂中，形成完全溶解的分子分散体系。因而，矿场上配制聚合物母液时，要有分散装置和熟化装置。固体聚合物从投料到加水完全溶解大约需要 2h。

聚合物分子在溶液中的形态，与高分子溶剂体系密切相关，在良溶剂中，高分子处于舒展状态，而在不良溶剂中处于紧缩状态直至不溶。水是水溶性聚合物的良溶剂，因而其水溶液黏度大，而油是不良溶剂，因而聚合物对油相黏度几乎无影响。水中含盐量增加（即矿化度增加），溶剂的性能变差，因而其溶液的黏度降低，水质对聚合物溶液黏度的影响非常重要。对聚合物黏度影响的因素还有：（1）在相同条件下，相对分子质量越高，黏度越大；（2）在相同条件下，聚合物溶液浓度增加，其溶液黏度增加，并且增加的幅度越来越大，假塑性段变宽;(3)在相同条件下,水解度越高,聚合物溶液的黏度越大,当水解度达到一定程度后,黏度的增加变得缓慢;(4)在相同条件下,聚合物溶液的温度越高,其黏度越低。但在降解温度之前,其黏度是可以恢复的,即温度降到原来温度,黏度也恢复到原来值。应该注意的是,高价阳离子不但能够严重地降低聚合物溶液黏度,更重要的是高价阳离子含量过高会引起聚合物的交联,使聚合物从溶液中沉淀出来,这就是所谓的聚合物与油田水不配伍。多价阳离子来源于油田水,也可通过离子交换作用来源于油藏矿物。因此在进行聚合物驱初始研究阶段,必须进行聚合物与油田水及油层岩石配伍性研究,如不配伍,应探讨使用螯合剂的可能性。

(二)聚合物干粉的相关记录

聚合物干粉的管理是配制站管理的一项重要工作。聚合物干粉运到配制站后,资料员和收药人员要对聚合物干粉进行核对,并做好相关记录。配制站填写聚合物的相关记录有"可称重物资验收记录"(表1-1-1,又称"聚合物干粉进料记录")、"投料记录""退药记录"。

表1-1-1 可称重物资验收记录

日期	物品名称	计量单位	单重	交料人	验收人	验收地点	供货单位	备注

(三)配制站聚合物的管理要求

"聚合物配制站管理规定"要求如下:

(1)干粉送到后,由配制站叉车司机和资料员共同对干粉的规格、包装、铅封、生产批号、产品化验单进行检查,对于外包装缺少标志的或外包装破损严重的不予接收。外包装标志包括名称、相对分子质量、批号、净重、生产厂名、厂址、检验合格字样、防潮标志、防晒标志。

（2）叉车司机和资料员必须在入库前对厂家送达的聚合物干粉逐一称重，发现重量不满足的(标准质量为753kg±3kg，不包括托盘、纸壳等外包装)，应拒绝验收并及时向有关领导汇报。

（3）资料员接收干粉必须填写"聚合物干粉接收入库记录表"(各单位该项资料名称不尽相同，但记录内容一致)，并按要求登记日期、送料车号、袋数、每袋的批号、重量及总重量，并由送料人、接收人签字。

（4）对当日送达的每车聚合物干粉，配制站化验人员要至少抽查一个样品并现场化验黏度，与标准相差较大时，要查找原因，并增加取样个数，如果仍低于降级指标，应及时向上级主管部门汇报，并填写"聚合物干粉取样化验记录"。

（5）建立登记制度，出入库账目要做到填写准确、及时，数据相符；对厂内进行周转检测入库、出库的聚合物要建立明细账，并做好出库、入库记录。

（6）接收后的干粉必须单独存放在料场，不能与其他物品混杂；叉车司机摆放干粉时，应视检验情况放置在三个区，即合格区、不合格区、待检区，要求排列整齐；对于750kg包装的干粉，摆放层数不宜超过3层。

（7）干粉存放应防潮、防晒，避免包装袋破损；干粉料场要保持干燥、清洁、凉爽、通风良好。

（8）干粉料场门窗应有防盗措施，实行封闭式管理，料场叉车和大门钥匙要由专人管理，同时要求聚合物全部摆放在监视器或报警探头监控的范围内，配制站班长每周都要对安全报警系统进行报警信号检查，失灵或不好用的要及时报告。

（9）加料人员每次加完料后，要及时、准确填写"干粉投料记录"，要详细记录每套分散投料袋数、每袋的批号。

（10）加药人员在加药后要检查聚合物袋子内是否有剩余药品，交接班时要对空袋子逐一进行交接清点，账袋相符。

（11）交接班时，交接班人员必须将本班加料量及料场剩余干粉数写入"干粉投料记录"，要记录日期、班次、干粉类型、接班时存料量、加料量、交接班时剩余量，并由记录人签字，经接班人员核实后方可交接班。

（12）聚合物干粉托盘和袋子的处理执行上级规定，托盘定期返回炼化公司，并填写记录；聚合物包装袋由大队安排统一回收，收药袋数与上交包装袋数量一致。

（13）加料、卸料过程中，员工必须穿戴相应的防护用品，并保障料场卫生。

二、技能要求

(一)准备工作

1. 设备

桌子1张、椅子1把、2.0t电子吊钩秤1台。

2. 材料、工具

考生自备蓝黑钢笔1支。

3. 人员

1人操作，持上岗证，劳动保护用品穿戴齐全。

（二）操作规程

序号	工序	操作步骤
1	准备工作	准备文具
2	按照"聚丙烯酰胺产品外运交接单"内容到料场核对聚合物信息	核对包数及生产批次
3	聚合物干粉称重	用电子吊钩秤逐袋对聚合物干粉进行称重
4	填写"可称重物资验收记录"	逐项填写"可称重物资验收记录"

（三）技术要求

报表所有内容一律用蓝黑色钢笔水用仿宋体填写,不允许涂改,资料全准率达到100%。

（四）注意事项

报表清洁,无损坏。

（五）录取资料标准

到现场核实数据准确无误后填写报表。

项目三 自动运行分散熟化系统

一、相关知识

（一）分散系统的组成

聚合物配制站的主要作用是配制合格的聚合物母液,并向注入站输送母液。目前聚合物配制工艺流程有两种,一种是长流程,一种是短流程。短流程为配比→分散→熟化→泵输→过滤→注入站储罐。与短流程相比,长流程在熟化和泵输之间多了转输泵和储罐。聚合物分散溶解装置的功能是实现水与干粉的定量混合。聚合物干粉分散系统一般由五个基本部分组成,即加聚合物干粉部分、加清水部分、混合搅拌部分、混合溶液输送部分及自动控制部分。分散装置的加聚合物干粉部分包括料斗、螺杆下料器、风力输送系统等。分散装置加清水部分包括清水泵、流量计、电动球阀及电动控制阀等。

（二）分散系统各部分的功能

1. 加清水部分

加清水部分的作用是按照配比要求,把配制水定量地输送到水粉混合器,所以启动分散时要检查水罐液位,当液位达到生产液位时才能启动分散装置。

2. 加聚合物干粉部分

1）料斗

料斗的作用是储存聚合物干粉并不断向螺杆下料器输送干粉,为防止杂物堵塞料斗,应在料斗内加装滤网。为了不影响干粉的流动,料斗内表面应该光滑,没有裂痕和接缝等,而且料斗下部应呈锥形,便于干粉流动。料斗的顶部应缓慢地吹干燥空气,以防止内部水汽凝结而影响干粉流动性。料斗内安装了料位控制器,当料斗内干粉不足时,能发出报警信号。

2）螺杆下料器

螺杆下料器是控制单位时间内下料量的装置,它的转速受变频调速器的控制。分散装置正式投运前及配制浓度调整时都要对螺杆下料器进行标定。螺杆下料器的标定依据是要求的聚合物溶液浓度,标定所需工具有台秤、桶式容器、秒表、直条坐标纸和记录笔,标定螺杆下料器画标定曲线时,以变频器频率为横坐标,下料量为纵坐标。

分散装置启动时,螺杆下料器在电动上水阀打开之后和鼓风机启动之后启动,螺杆下料器输送的干粉通过鼓风机到达水粉混合器。分散系统工作时,螺杆下料器的旋转频率始终随供水量变化而变化。分散装置停止工作时,螺杆下料器应在电动下水阀关闭之前停止。

3）风力输送部分

分散装置用风力输送聚合物干粉的优点是可以将干粉均匀分散地输送到水粉混合器。风力输送系统由鼓风机、文丘里供料器、电热漏斗、物流检测仪和风力输送管线组成。鼓风机把高压气流输送到文丘里供料器,在通过供料器的喷嘴后,气体流动速度增大,通过产生的负压区把干粉吸入风力输送管线,并输送到水粉混合头。电热漏斗内加装了电热带,可保持料斗内干燥,防止聚合物干粉受潮,使干粉均匀地流入文丘里喷嘴,保证聚合物干粉的连续供给。文丘里喷嘴主要用于大口径、低静压,现场直管段距离很短的气体流量测量。物流监测仪用来检查气输管线的工作状态,发现风力输送管线堵塞或没有物料流动可及时报警并关机。

鼓风机开机前应检查风机的旋转方向是否正确;开机后,等鼓风机运转平稳后方可向射流器内输送干粉,射流器喷嘴的安装位置可以根据鼓风机的额定工作状态和所输干粉量进行适当调整;螺旋送料器停止送料后不可立即停止鼓风机,以便清除风力输送管线内残余干粉固体。鼓风机连续运转半年应检修一次,更换润滑脂。文丘里喷嘴器连续运转 2000h 后,应将其拆卸清洗,清除堵塞物。

若自动化系统失灵,风力输送系统可以通过手动来工作;分散配制浓度降低时应检查水泵是否有故障、上水阀是否有故障、螺杆下料器是否发生堵塞等;当叶片和壳体腔内进入干粉而堵塞叶片时,鼓风机会出现启动困难现象。干粉输送管无干粉应考虑以下原因:螺旋给料器不下料、鼓风机工作不正常、风力输送管线或射流器堵塞。

3.混合搅拌部分、混合溶液输送部分及自动控制部分

聚合物分散系统的混合搅拌部分由水粉混合器、搅拌器和湿化罐（溶解罐）组成。水粉混合器是将干粉和水混合在一起配制溶液的装置。聚合物配制站中水和聚合物干粉在水粉混合器初步混合。然后水粉混合器配制成的混合物溶液落入溶解罐中,经搅拌器搅拌,达到干粉和水的充分混合。溶解罐的设计与制造应符合压力容器制造标准,它的容积应不小于分散装置每小时配液能力的 1/50。溶解罐的高、低液位值是根据生产实际而设定的,可以合理调整。溶解罐搅拌机启动时,应保证溶解罐内液位超过搅拌机第一层叶片。

分散装置使用的母液输送泵应为螺杆泵,使用时应保证母液输送泵的油位在 1/2~2/3,无卡阻、无渗漏。在生产过程中应使清水来水水量与螺杆输送泵排量尽量接近,以减少由于设备频繁启停而增大的故障率。为了保持生产环境的清洁,分散系统除尘器运行时,应同时运行除尘器振荡器。

二、技能要求

(一)准备工作

1. 设备

分散熟化系统 1 套、自动控制系统 1 套。

2. 材料、工具

值班记录本、擦布、管钳、活动扳手、钢笔、万用表。

3. 人员

1 人操作,持上岗证,劳动保护用品穿戴齐全。

(二)操作规程

序号	工序	操作步骤
1	准备工作	准备值班记录本、擦布、管钳、活动扳手、钢笔、万用表
2	检查设备状态	确认设备状态完好且处于待运状态,确认水罐水位、溶解罐水位、料斗料位正常,确认控制系统及仪表正常
3	倒通设备流程	(1)倒通料斗附属设备流程、溶解罐附属设备流程、熟化罐附属设备流程; (2)将料斗附属设备转换开关切换到自动状态,将溶解罐附属设备转换开关切换到自动状态,将熟化罐附属设备转换开关切换到自动状态,消除系统报警
4	自动运行分散熟化系统	用计算机启动设备,作好值班记录

(三)技术要求

不能发生溶解罐冒罐现象。

(四)注意事项

操作前一定检查流程是否倒通。

(五)录取资料标准

把运行的分散号及熟化罐号记录在"岗位交接班记录"中。

项目四 手动排熟化罐液

一、相关知识

(一)熟化罐的相关知识

聚合物母液熟化系统由熟化罐、搅拌器、检测仪表、执行机构和控制单元设备构成,其中熟化罐是用来对聚合物干粉进行润湿、深度溶解和增黏的大型容器。在熟化系统中,完成熟化作用的设备是搅拌器,搅拌器可加速溶解过程,为了达到理想的搅拌效果,熟化罐内应设有折流板与导流装置以确保罐内液位无"死区"。聚合物配制站自动化程度高,所以熟化罐进出口阀一般采用电动蝶阀。

熟化罐内聚合物母液在使用前,必须经过熟化过程。当熟化罐内进液达到熟化罐设定的高液位时,熟化罐进口阀关闭,开始熟化计时。手动排熟化罐液时必须保证熟化罐内的溶液是熟化好的。熟化罐进口阀开关的原则是先开下一座罐进口阀,再关当前罐进口阀,当熟化罐出口阀不能自动打开时应该选择停用该罐。

熟化罐的高低液位都是由超声波液位计来测量的。在冬季生产中,由于熟化系统部分设备位于室外,因此,应当经常检查其工艺流程是否畅通、超声波液位计工作是否正常。超声波液位计受干扰,熟化罐可能出现假液位。熟化罐的液位是用相对液位高度表示的,低液位通常应保证在 5%~10%,高液位通常应保证在 80%~85%,所以 100% 液位高度说明液位即将到达熟化罐溢流管下沿,而溢流管通常安装在 95% 液位以上,所以在手动排熟化罐液时要检查熟化罐的液位是否在正常范围。

(二)搅拌器的相关知识

在聚合物母液配制工艺中,溶解罐及熟化罐中需要安装搅拌器。搅拌器可以搅拌几种不易混合的液体,以获得一种乳浊液,它不但可以加速溶解过程,还可以搅动受加热和冷却的液体,以强化传热过程。搅拌器一般由电动机、减速器、联轴器、搅拌轴、叶轮等组成。搅拌器主要有推进式和双螺带两种。聚合物母液熟化罐的搅拌器一般采用三叶推进式,它是轴流式搅拌器的一种。推进式搅拌器选择单层式还是双层式,应以液体黏度、液面高度及循环速率为依据。双螺带搅拌器的搅拌轴设置螺杆可防止搅拌过程中聚合物溶液爬杆和在搅拌轴上的缠绕。在聚合物母液熟化罐中搅拌器叶片边缘应保证平滑过渡,以防止增大机械降解;搅拌器在使用前,减速箱油液面在油标 1/2~2/3 处。

搅拌器叶轮在使用前应保证做过静平衡试验,而且搅拌器在实际使用时,应有 20% 的功率余量,以防止损坏设备。搅拌器启动时,应遵循四个原则,即:(1)全面检查;(2)低载启动;(3)缓慢升压;(4)额定运行。搅拌器启动后 4h 内,应每 30min 巡回检查一次,以后每 2h 巡回检查一次,并且应检查减速轴和电动机温度,减速轴温度不超过 65℃,电动机温度不超过 85℃,而且每半年应对搅拌器的搅拌轴进行一次检查。一般在空载运行时,搅拌器的搅拌轴摆动幅度不应大于 10°。母液熟化罐搅拌器在启动时,应保证液面不淹没第二层叶片。

(三)储罐的相关知识

配制站储罐用于储存已熟化完毕的聚合物母液。在一般情况下,聚合物配制站储罐的容积应大于熟化罐的容积,而且储罐出口应安装取样器。储罐的高低液位设定用于控制熟化罐向储罐输送液体的转输泵的启停。储罐中的聚合物母液通过外输泵直接输送到注入站,所以储罐安装时应与外输泵体有一定的高度差,这样可以充分保证外输螺杆泵供液充足。

二、技能要求

(一)准备工作

1. 设备

自动控制系统 1 套、熟化罐 1 座。

2. 材料、工具

值班记录本 1 本、擦布若干、转换器若干、电动阀若干、蓝黑钢笔 1 支、万用表 1 块。

3. 人员

1 人操作,持上岗证,劳动保护用品穿戴齐全。

（二）操作规程

序号	工序	操作步骤
1	准备工作	准备工具、用具
2	检查设备状态	（1）检查熟化时间，并保证母液已熟化完毕； （2）检查并记录熟化罐内液位高度
3	倒通设备流程	（1）将熟化罐转换开关切换到手动状态； （2）手动打开熟化罐出口阀； （3）通过计算机确认出口阀完全打开
4	熟化罐手动排液	（1）启动输送泵排液； （2）排液结束手动关闭熟化罐出口阀
5	清理场地	清理场地、收工具

（三）技术要求

不能发生熟化罐冒罐现象。

（四）注意事项

熟化罐内的母液必须是熟化好的。

模块二　操作、维护设备

项目一　添加干粉

一、相关知识

母液配制流程中,聚合物干粉是在分散装置中加入的,分散装置是配制母液的关键环节。分散装置试运前,应将料斗、螺杆下料器、溶解罐、加热料斗、气输管线内杂质彻底除去;在正式投运前,应对螺杆下料器进行标定;向料斗加药完毕后,应在关闭除尘器5min后关闭除尘器振荡器;分散装置运行时,停止进料后,鼓风机应继续鼓吹5s,待气输管线内残存的干粉固体吹净后方可停鼓风机。分散装置中,若螺杆下料器长期停机则应将其内部干粉清理干净,防止堵塞。

在设备能力及性能等条件允许的情况下,分散装置可以配制不同浓度的聚合物溶液,其设定母液配制浓度与实际配制浓度误差应在±5%以内,实际配液量与需要配液量误差应在±2%以内,分散装置螺杆下料器给料精度应在6%以内。分散装置启动时,清水罐的液位应达到70%,用于配制聚合物母液清水的含铁量应小于0.5mg/L。

二、技能要求

(一)准备工作

1. 设备

天吊1台、分散装置1套。

2. 材料、工具

聚合物干粉1包、木槌若干、笤帚若干、防尘口罩若干(考生自备)、安全帽1顶、撮子1个。

3. 人员

1人操作,持上岗证,劳动保护用品穿戴齐全。

(二)操作规程

序号	工序	操作步骤
1	准备工作	选择工(用)具
2	检查设备	(1)打开料斗盖; (2)检查料斗料位; (3)启动料斗除尘器; (4)调整袋口位置
3	加聚合物干粉	(1)打开干粉袋下口,干粉通过滤网加入料斗中,不允许有杂物掉入; (2)加完药后扎紧袋口,移走空袋; (3)清理料斗,打碎结块,加入料斗; (4)关闭料斗除尘器; (5)关闭料斗盖; (6)启动振荡器2~3次,每次5s
4	清理场地	清理场地、收工具

（三）技术要求

不能发生聚合物干粉散落现象。

（四）注意事项

干粉通过滤网进入料斗。

（五）录取资料标准

添加干粉后要在投料记录中详细记录每套分散加药时间、加药包数及每包的生产批次。

项目二　启动螺杆泵

一、相关知识

（一）螺杆泵的相关知识

螺杆泵因其低剪切性能，所以特别适用于输送高黏度的聚合物母液，也适用于输送含有泡沫或气体的液体。螺杆泵在安装前，其输入管道必须保持干净，以防异物进入泵内；螺杆泵的入口管路必须固定，以避免来回摆动；螺杆泵安装在振动很剧烈的地方会影响它的密封性能，所以应尽量避免；在新投产的流程中，螺杆泵在启动前要放空，防止泵体进气。

螺杆泵属于容积式泵，按螺杆的螺纹头数可分为单螺杆泵、双螺杆泵、三螺杆泵等。单螺杆泵主要由螺杆、定子、万向连轴节组成，其中定子通常用橡胶构成，转子由不锈钢制成，这是它可用于输送聚合物母液的原因之一。双螺杆泵是由两个螺杆相互啮合输送液体的泵。较单螺杆泵，三螺杆泵具有体积小、排量大等优点，可作为胶液输送泵和液压传动装置中的供压泵，适用于输送不含固体颗粒的润滑性液体，但它输送介质的黏度是有限的。

螺杆泵在设计时应使进液管道、出液管道的直径尽量接近泵的进出口直径。同轴向排列的泵体、减速装置电动机轴承应保持同心，其水平及垂直两个方向上的差距应保持在 0.1~0.3mm。

螺杆泵首次使用前，应用手或辅助工具盘泵，以免损坏零件。

螺杆泵的启动操作：开阀，放空，合空气开关，按启动按钮，即螺杆泵在启动前，应进行放空，直到放空有液体流出才能进行下一步操作。螺杆泵启动后，应每2h记录一次泵压、电流值及流量计底数。

螺杆泵的停运操作：按停止按钮，关闭电源开关，关阀，放净余压。

螺杆泵不允许在日光直接暴晒下或在-20℃环境下工作，长时间停泵时，应保持泵腔内存水，以免橡胶件损坏。

（二）过滤器的相关知识

悬浮液通过多孔介质使分散的微粒从液体中部分或全部分离的过程称为过滤。在配制过程中对聚合物母液进行过滤以去除不溶物是十分必要的。过滤过程一般分为介质过滤、深层过滤、滤饼过滤三种，在实际过滤中，并不是单一的使用一种过滤机理，往往是复合式的，若干或全部的过滤机理同时或相继发生。

过滤器在使用前，首先应检查顶盖螺栓是否拧紧，排气阀是否关闭，过滤器进、出口阀是否打开。过滤器属于压力容器,应经常观察进出口压力变化情况,以保证使用安全,刚开始使用时,应当逐步升压。

确定过滤器过滤面积时,要考虑以下因素:(1)滤材;(2)滤液对滤材的过滤特性;(3)最大工作压差和最大允许工作压差;(4)实际工况。母液过滤器过滤面积在实际使用时应当比理论过滤面积小 2~3 倍;过滤器进口端和出口端压差应小于 0.3MPa;聚合物驱油用过滤器过滤精度一般应达到 98%;过滤器应根据滤材及过滤介质的不同而制定出不同的清洗周期。

(三)取样的相关知识

取样器一般由总阀、放空阀、取样阀、取样器壳体组成,通常安装在输送泵的出口处、熟化罐的出口处。

取样时,应将取样阀打开到全开位置,首先应放空,放空量应大于取样器总容积,放空速度应不大于 386mL/min,用取样瓶取样后,应先倒掉 2~3 次,取样完毕后,应关闭取样器所有的阀门,以免存液干燥后结膜。

聚合物溶液只有高压取样点用取样器取样;注入站的聚合物母液可以从储罐里取样;配制站熟化罐出口、外输泵出口每 1 天取样一次;所取聚合物样品必须密封,并在 6h 内检测完毕;聚合物溶液取样用的取样瓶需用放空液冲洗;聚合物溶液取样时,样品瓶标签上应注明取样点、取样时间、取样人;聚合物溶液取样时放空量为 250mL 左右,取样完毕应使取样器全部放空,关闭所有阀门;配制站螺杆泵出口、储罐出口及注入站储罐出口均属于低压取样,低压取样点的阀门均为球形阀。

二、技能要求

(一)准备工作

1. 设备

螺杆泵 1 台。

2. 材料、工具

黄油若干、机油若干、擦布 1 块、数显钳形电流表 1 块、400mm 活动扳手 2 把、36in 管钳 1 把、黄油枪 1 把、加机油桶 1 个、废液桶 1 个、钢笔 1 支(考生自备)、记录纸 1 张。

3. 人员

1 人操作,持上岗证,劳动保护用品穿戴齐全。

(二)操作规程

序号	工序	操作步骤
1	准备工作	工具、用具准备
2	倒通流程	(1)倒通出口流程,打开螺杆泵出口阀,确保出口畅通; (2)倒通进口流程,打开螺杆泵进口阀,确保进口与熟化罐出口连接畅通,排除管路内空气,不能让废液流到地上
3	检查工作	(1)检查螺杆泵及电动机机组的连接、稳固和润滑情况; (2)确认电气系统处于完好待运状态,即合上空气开关,设备接地完好; (3)确认各压力表、安全阀工作正常

序号	工序	操作步骤
4	启泵	(1)手动盘泵3~5圈,检查有无卡、滞现象; (2)点动螺杆泵,确认运转方向; (3)启泵,检查泵运行中流量、压力情况; (4)检查泵机组温度、振动和噪声; (5)测量三相电流
5	记录	做好相关记录
6	清理场地	清理场地、收工具

（三）技术要求

确保不发生憋压及冒罐现象。

（四）注意事项

启泵后确认泵运行平稳后方可离开。

（五）录取资料标准

在交接班记录中记录启泵时间及泵号。

项目三　启停离心泵

一、相关知识

（一）供水系统的相关知识

供水系统由离心泵、输水管线自控部分、截止阀、电动调节阀、储水罐等几部分组成。在配制站母液配制过程中,为了清除清水中的杂质,需在离心泵出口安装过滤器。在输水管线的入口处,为防止水压过高应安装安全溢流装置,以达到自行溢流泄压目的。当水源压力过低时,不能保证清水的定量供应,会影响聚合物溶液的配制。在冬季为防止配制清水温度过低而影响聚合物溶液配制质量,往往在供水系统增加换热器。供水系统一般用涡轮流量计计量清水量。

供水系统的供水量应与分散系统的生产能力相匹配。在水泵正常工作时,分散装置供水不足应检查上水阀是否正常。在配液过程中,应通过流量传感器来控制电动调节阀的开启程度,实现清水的定量输送。在供水系统运行期间,应根据进出口压差来确定水过滤器滤芯的清洗时间。在冬季生产期间,采用换热器加热后的清水温度应在 $8 \sim 25 \, ^\circ\mathrm{C}$。

（二）换热器的相关知识

由于配制聚合物母液所需清水温度不应低于 $8 \, ^\circ\mathrm{C}$,因此,在冬季生产中需使用换热器。换热器是将热流体的部分热量传递给冷流体的设备,冷热介质通过热交换材料实现相互间热交换。换热器的主要技术参数包括设计压力、设计温度及换热能力等,它的换热能力一般通过换热面积表示,通过调节介质进出口闸阀的开启程度,可以控制换热器实际工作时的换热能力。

(三)供水泵的相关知识

1. 供水泵的安装

聚合物配制站使用的供水泵均是离心泵。离心泵机组安装时所用斜垫铁一般与同序号的平垫铁配用,每组数量不超过 3 块;安装叶轮时,叶轮与密封环间隙一般为 $0.1 \sim 0.5 mm$;叶轮轴套前后轴承的端面间隙小于 $0.02 mm$;泵轴对中心线的跳力允差每米为 $0.05 mm$;离心泵的出口安装闸阀。离心泵在进行机泵连接前,应首先确定电动机旋转方向是否正确。

2. 供水泵的使用

配制站的生产用水储存在水罐内,因此离心泵启动前要检查水罐液位是否满足生产要求、分散装置上水阀是否打开。为了保证离心泵的工况,必须首先保证其吸入部分不漏气,否则影响泵的工况。离心泵启动时,非操作人员应距机泵 3m 以上,启动后应检查泵进出口压力,正常运行时要检查和调整密封填料漏失情况,防止水、污油溅进轴承。

离心泵启动前,应先进行泵内注水,并打开放气孔,将泵内空气排净后,关闭放气孔,然后即可启泵。离心泵启动前还应检查入口阀是否全开,检查轴封漏水情况,以少许滴水为宜,应盘车 $3 \sim 5$ 圈,确保转动灵活。离心泵启动后,空转时间不宜过长,以 $2 \sim 3 min$ 为限,否则易发生汽化或设备损坏现象。离心泵正常运行后,密封填料漏失量不得超过 15 滴/min。离心泵停止运转时,应关闭出口阀门。

在生产过程中,要经常进行倒泵操作,进行离心泵倒泵操作的第一步是检查备用泵是否具备启动条件,即离心泵倒泵前,应按启泵前检查的内容认真检查备用泵机组。在备用泵具备启动条件时,关小准备停用泵的出口阀门,控制好排量,注意压力等参数的变化情况;按离心泵的启动方法启动备用泵,缓慢打开备用泵出口阀;倒完泵后,要认真检查电流、电压、进出口压力及润滑情况等有关参数有无明显变化。离心泵因故障倒泵操作的最后一步是把有故障的泵从系统中切除,等待维修。

离心泵停泵时,首先由泵工缓慢关闭泵的出口阀门,按动停泵按钮,电流表指针归零后观察转子停运情况,停泵后,立即调整控制水罐水位,以免泵抽空和发生冒罐现象。

以下情况需紧急停运离心泵:泵抽空或发生汽蚀现象;泵压变化异常;轴瓦温度超过规定值或供油中断;离心泵泵体刺水、机泵转子移位或注水站系统发生刺漏;管压高、泵排量很小或排不出水,效率极低;离心泵若出现严重的位移现象,超过 2mm 时,分散装置溶解罐发生冒罐。

二、技能要求

(一)准备工作

1. 设备

单级离心泵 1 台。

2. 材料、工具

擦布若干、润滑油若干、200mm 活动扳手 1 把、250mm 活动扳手 1 把、200mm 一字螺丝刀 1 把、F 形阀门扳手 1 把、放空桶若干。

3. 人员

1 人操作, 持上岗证, 劳动保护用品穿戴齐全。

(二)操作规程

序号	工序	操作步骤
1	准备工作	选择工(用)具及材料
2	启泵前检查	(1)检查电压、仪表、接地线; (2)确认润滑油位在 1/2~2/3; (3)检查各部位螺栓松动情况; (4)检查各阀门灵活情况; (5)确认污油盒畅通
3	盘泵放空	(1)按泵旋转方向盘泵(3~5圈)无卡阻; (2)确认排污阀门、放空阀门关闭; (3)开大进口阀门,排净泵内气体
4	启泵调整	(1)按启动按钮; (2)缓慢打开出口阀门; (3)调节泵压、电流等运行参数
5	启泵后检查	(1)确认调整填料漏失量为 10~30 滴/min; (2)确认润滑油油位为 1/2~2/3; (3)检查电动机温度、泵前后轴承温度; (4)检查压力、电流、振动情况; (5)挂运行牌
6	停运操作	(1)关小出口阀; (2)按停止按钮; (3)关闭出口阀门; (4)关闭进口阀门; (5)放净泵内液体; (6)切断电源、挂停运牌
7	清理场地	清理场地,收工具

(三)技术要求

确保不发生憋压及冒罐现象。

(四)注意事项

启泵后确认泵运行平稳后方可离开。

(五)录取资料标准

在交接班记录中记录启泵、停泵时间及泵号。

项目四　使用天吊吊运干粉

一、相关知识

(一)天吊的相关知识

天吊是聚合物配制站的重要设备之一,它的主要作用是吊运聚合物干粉,大型设备维修时也用天吊配合操作。

聚合物配制站天吊由大车、电动葫芦、钢丝绳、起重钩和配电等部分组成。组成钢丝绳的各钢丝断面面积总和与钢丝断面的比值称为钢丝绳的密度,它决定了天吊的额定负荷。起吊重物时应有 2 个人进行操作,一人操作控制器,一人扶吊钩。天吊起重钩吊起的重物可向 6 个方向移动,控制器符号"O""+"表示天吊整体沿轨道前、后移动。

天吊使用过程中电动葫芦起重钩在 2 个方向上有限位装置。在天吊使用过程中,应定期检查限位器的完好性,防止起重钩顶电动葫芦。选择天吊时,应保证吊物重量小于铭牌上标注的额定负荷;天吊使用前要检查控制器各按钮是否灵活,吊钩控制是否有效;吊车在维护保养时,应定期检查各交流接触器触点的工作性能;对于采用遥控控制器的天吊,操作完毕后必须关闭控制器开关。在操作天吊控制器时,不应繁琐点击手柄按钮,最好只按 1 个按钮;在天吊使用过程中,要定期紧固、校正天吊轨道。

吊车在使用过程中要注意:

(1)起吊重物时,应垂直起吊,钢丝绳倾斜角不应超过 18°;

(2)配制站吊车运行 360～400h 后,应进行"二保"和安全检查;

(3)配制站在加聚合物干粉时应由二人共同完成;

(4)钢丝绳有一整股折断,应更换成新的;

(5)应防止钢丝绳被碾压或过度弯曲;

(6)钢丝绳应定期用钢丝油或黄油润滑;

(7)吊车带重物运行时,严禁在人或重要设备上方运行;

(8)起吊重物刚脱离地面时,应停 1～5s 观察吊钩是否挂好;

(9)吊车运行完成后,应停放在指定位置并关闭电源;

(10)定期检查吊车车轮,不应有裂缝、压痕及过分的磨损,如缺陷深度超过 3mm 应立即报废更换新轮;

(11)吊车操作应有专人负责,其他人不得随意操作;

(12)在吊车使用过程中,如果导绳器发生故障,应立即停止使用;

(13)天吊启动前应了解电源工作情况,电源电压低于额定值的 90% 时不应开动起重机;

(14)在起重机开机前确认操作按钮开关、电气设备开关在空挡位置;

(15)吊运接近额定负荷时,应升至 0.1m 高度停车检查刹车能力;

(16)吊钩放到最低位置时,钢丝绳应在卷筒上最少留有 2 圈以上;

(17)吊车运行过程中,应密切注意吊车各运行部位的变化,无论何人发出紧急停车信号,均应立即停车,查明原因,处理完毕后,方可继续使用。

(二)安全用电的相关知识

聚合物配制站的天吊是用电设备之一,天吊操作人员必须了解一些安全用电知识。

1. 变压器的相关知识

变压器由铁芯(或磁芯)和线圈组成,线圈有两个或两个以上的绕组,其中接电源的绕组称为初级线圈,其余的绕组称为次级线圈,它可以变换交流电压、电流和阻抗。

正常情况下,负荷应为变压器额定容量的 75%～90%;变压器油要求每 6 个月进行一次采样分析试验;变压器工作接地电阻值要求不大于 4Ω;配电装置无论是在运行或备用,每班均要进行一次巡回检查;新安装或大修后投入运行的配电装置,在起始 24h 内,每班检查两次;巡视检查配电装置的同时,必须检查各类安全工具;室内检修如需停电,应由专业人员一人监护一人操作,先停低压再停高压;配电线路高压引下线与低压线间的距离不宜小于0.2m;在低压工作中,人体及所携带的工具与带电体距离不应小于0.1m;三相交流线路的导线必须穿进一根铁管,不可单管分装。

2. 电气测量仪表的相关知识

电气测量仪表主要是指用于测量、记录、计量和各种电学量的表计和仪器。根据工作电流分类,电气测量仪表可分为直流仪表、交流仪表和交直流两用仪表。交流仪表主要应用于交流电力系统中;按被测性质分,有电压表、电流表、功率表、欧姆表等。当电气设备采用超过24V的安全电压时,必须采取防止直接接触带电体的保护措施。为了保证测量结果的准确可靠,要求电气仪表消耗的功率越小越好。

二、技能要求

(一)准备工作

1. 设备

2.0t 天吊 1 台。

2. 材料、工具

四角钩 1 个、安全帽 1 顶、螺丝刀 1 把、防尘口罩 1 个(考生自备)、擦布若干、750kg/包聚合物干粉 1 包。

3. 人员

1 人操作,持上岗证,劳动保护用品穿戴齐全。

(二)操作规程

序号	工序	操作步骤
1	准备工作	选择工(用)具
2	检查天吊	(1)接通天吊电源; (2)检查电动葫芦,使其沿吊车左、右移动; (3)检查吊车起重钩,使其上、下移动; (4)检查吊车整体,使其沿轨道前、后移动; (5)确认吊钩、吊绳牢固
3	起吊准备	(1)移动天吊至欲吊干粉上方,每个方向移动不得超过 3 次; (2)挂上干粉袋; (3)干粉袋的四角都应挂在四角钩上,且高度一致
4	吊运干粉	(1)起吊时严禁斜吊、刮碰其他物体和触动限位器; (2)在控制器上禁止每次同时按下两个或两个以上的方向键,禁止干粉袋游摆
5	清理场地	清理场地、收工具

项目五　更换离心泵密封填料

一、相关知识

(一)离心泵的结构

离心泵的结构形式虽然很多,但作用原理相同,主要零部件的形状也是相近的。一般离心泵由叶轮、吸入室、压出室、密封环、轴封机构、轴向力平衡机构、泵轴、轴承及联轴器等组成。

1. 叶轮

叶轮是把来自原动机的能量传递给液体的零件,由前盖板、后盖板、叶片和轮毂组成,有封闭式、半开式、全开式和双吸式四种形式。

2. 吸入室

吸入室的作用是使液体以最小的损失均匀地进入叶轮,主要有锥形吸入室、圆形吸入室和半螺旋形吸入室三种结构。

3. 压出室

压出室的作用是把从叶轮中流出的液体汇集后均匀地引至泵的吐出口或次级叶轮,在此过程中,还将液体的部分动能转变成压力能,并要求损耗最小。

离心泵的叶轮、吸入室、压出室以及泵的吸入口和吐出口称为泵的过流部件。过流部件的形状和材质的好坏是影响泵性能、效率和寿命的主要因素。

4. 密封环

叶轮旋转后把能量传递给液体时在离心泵中形成了高压区和低压区。为了减小高压区液体向低压区流动造成的容积损失,泵体和叶轮上分别安装了两个密封环,构成一定密封间隙。装在泵体上的密封环称为泵体密封环,装在叶轮上的称为叶轮密封环,一般离心泵只在泵体上装密封环(又称口环),直接由口环与叶轮前盖板构成密封间隙。

5. 轴封机构

在泵轴伸出泵体处,旋转的泵轴和固定的泵体之间有轴封机构,其作用为减少泵内液体的泄漏和防止空气进入泵内。离心泵常用的轴封机构有带骨架的橡胶密封、填料密封和机械密封。

6. 轴向力平衡机构

叶轮在工作时前后的压力分布不同,造成叶轮和轴向进口方向产生一个轴向推力,这个推力不消除,泵就无法工作。小型泵可以用滚动轴承承载轴向力,大中型离心泵有三种消除轴向力的方法:(1)在叶轮上开平衡孔,达到前后压力基本相同;(2)采用叶轮并联设计;(3)采用自动平衡机构。

7. 泵轴

泵轴是将动力传给叶轮的主要零件,轴上装有叶轮、轴套等零件,借轴承支撑,在泵体中高速回转。

8. 轴承

轴承承受径向和轴向载荷,是支撑离心泵转子的部件,分为滚动轴承与滑动轴承两大类。

9. 联轴器

泵通过联轴器直接与电动机连接,它是泵轴与原动机轴连接并传递功率的部件。常用的联轴器有爪形弹性联轴器、柱销弹性联轴器和齿形联轴器三种。

(二)离心泵的工作原理

图 1-2-1 是离心泵中最简单的一种单级离心泵,它的主要工作部件是叶轮。当叶轮旋转时,液体就能连续不断地从排出管排出,并使液体产生压力而排送到高处。

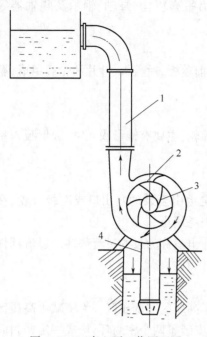

图 1-2-1　离心泵工作原理图

1—排出管;2—泵体;3—叶轮;4—吸入管

当泵内灌满液体后,叶轮在电动机的带动下高速旋转,叶片之间的液体被迫做离心运动,以很高的速度和压力从叶轮进口向出口甩去并汇集在泵体内,成为具有一定压力和速度的液流,从泵的排出口流出。同时,由于叶轮内液体被甩出去,叶轮中心部位的吸入口形成负压,因而水池或大罐内的液体在液面和大气压的作用下沿进口管路及泵的吸入室流入叶轮。

叶轮在旋转过程中一面不断地吸入液体一面又不断地给吸入液体以一定的能量(包括动能和压能)后排出泵体。离心泵就是这样进行工作的。

离心泵在准备开始工作时,如果泵体和吸入管路中没有液体,它是没有抽吸液体的能力的。因为它的吸入口和排出口是相通的,叶轮中无液体而只有空气时,由于空气的重度比液体的重度小得多,不论叶轮怎样高速旋转,叶轮进口都不能达到较高的真空。因此,离心泵启动前必须要在泵内和吸入管中灌满液体或抽出空气后才能启动工作。

在生产实际当中,上述单个叶轮产生的扬程不能满足需要时,就出现了多级离心泵。实际上等于把几个叶轮装在一根轴上串联工作,所以泵的扬程较高,等于所有叶轮扬程的总和。

油田注水泵都是灌注式的,也就是由水罐或用小泵为注水泵供水,这种工况称为进口正压上水。一般离心泵在设计上都允许有负压吸入,就是能把泵中心线以下的水吸上来,其吸上扬程可达 4~8m。在负压吸入时,必须在开泵前首先给泵和进口管线上水,而且必须有严密的底阀才可以保证正常运行,有条件的单位,负压吸入的离心泵最好装设真空泵,这样用真空泵抽出吸入管和泵中的空气,水从进水池吸上来,使用更加方便。

(三)离心泵的特点与分类

离心泵使用广泛,流量在 5~30000m³/h、扬程在 8~4000m 的范围内,使用离心泵都是比较合适的。

1.离心泵的特点

(1)对于高速电动机和汽轮机的驱动,具有很高的适应性;

(2)运动部件数目较少;

(3)对于一定量的被输送液体容积来说,泵的尺寸小,成本低;

(4)工作性能平稳,容易操作。

上述优点使得离心泵在油田各方面得到广泛的发展和应用,产生了各种各样、适合各种需要的类型,其分类方法也各有不同。

2.离心泵的分类

1)按叶轮级数分

(1)单级离心泵:有一级叶轮。

（2）多级离心泵:有两级或两级以上叶轮,级数越多,扬程越高。

2）按叶轮吸入方式分

（1）单吸离心泵:液体从一面进入叶轮。

（2）双吸离心泵:液体从两侧进入叶轮。

3）按压力大小分

（1）低压离心泵:$p<1.5\mathrm{MPa}$。

（2）中压离心泵:$1.5\mathrm{MPa}\leqslant p\leqslant 5\mathrm{MPa}$。

（3）高压离心泵:$p>5\mathrm{MPa}$。

4）按泵所输送的介质分

（1）水泵:输送水。

（2）油泵:输送油。

（3）化工泵:输送酸碱及其他化工原料。

（4）钻井泵:输送钻井液。

5）按比转数大小分

（1）低比转数泵:比转数为50~80。

（2）中比转数泵:比转数为80~150。

（3）高比转数泵:比转数大于150。

6）按泵轴所处位置分

（1）卧式泵:泵轴为水平安装。

（2）立式泵:泵轴为直立安装。

（四）离心泵的主要性能参数

离心泵的主要性能参数有流量、扬程、转数、有效功率、轴功率、效率、允许吸入高度等。

1. 流量

流量指的是泵在单位时间内输出液体的体积或质量的数值,用 Q 表示,体积流量的单位有 $\mathrm{m^3/h}$、$\mathrm{m^3/s}$、$\mathrm{L/s}$ 等,质量流量的单位有 $\mathrm{t/h}$、$\mathrm{kg/s}$ 等。

2. 扬程

单位液体通过离心泵后所获得的能量称为扬程,它表示泵的扬水高度,用 H 表示,单位为 m。

3. 转速

离心泵的转速是指泵每分钟旋转的圈数,用 n 表示,单位为 $\mathrm{r/min}$。

4. 有效功率

离心泵在单位时间内对液体所做的功称为泵的有效功率,用 $N_{有}$ 表示,单位为 kW。

5. 轴功率

离心泵的输入功率称为轴功率,也就是原动机传递给泵轴的功率,用 $N_{轴}$ 表示,单位为 kW。

6. 效率

泵的有效功率与泵轴功率之比称为泵的效率。用 η 表示:

$$\eta = N_{轴}/N_{有} \times 100\%$$

（1-2-1）

式中 $N_有$——有效功率,kW;

$\quad\quad N_轴$——轴功率,kW;

$\quad\quad \eta$——泵效。

7. 允许吸入高度

离心泵的允许吸入高度又称作允许吸上真空高度或最大允许吸上真空高度,用 H 表示。它表示离心泵能够吸上液体的高度,单位为 m。

注水泵的参数一般在型号中都有所体现,如 D250150×11 型高压注水泵的排量为 250m³/h,80D12×5 表示吸入直径为 80mm、单吸扬程为 12m、叶轮数据量为 5 个,6BA—12 型离心泵中开头数字 6 代表吸入口直径为 6in。单吸多级分段式泵用 DA 表示,单级双吸泵壳水平中开的卧式离心泵代号为 SH,如 300S(SH)58A。

(五)密封填料的相关知识

当离心泵密封填料出现发热、冒烟、甩油、漏失过大等情况时,需调整或更换密封填料。当发现离心泵的漏失量大于 30 滴/min 时,首先应检查密封填料磨损情况,如果密封填料磨损,就需要进行更换。更换密封填料时,首先停泵断电,关闭进出口阀门,打开放空阀,进行泄压放空,泄掉泵内余压。在制作离心泵密封填料时切割密封填料各切口斜度为 30°~45°,切口应平整无线头且长短合适。离心泵密封填料切口平面应垂直于泵轴,相邻两填料切口应错开 90°~180°,最后一层接口向下。离心泵停运后放空阀和排气阀要全部开到底且回半圈。换好密封填料后拧紧压盖,压盖应与泵壳端面平行,检查松紧度并确认有调整余地、压入深度不小于 5mm。

二、技能要求

(一)准备工作

1. 设备

离心泵 1 台。

2. 材料、工具

200mm 活动扳手 1 把、密封填料若干、黄油若干、擦布若干、F 形扳手 1 把、150mm 螺丝刀 1 把、壁纸刀 1 把、密封填料钩子 1 把、放空桶 1 个。

3. 人员

1 人操作,持上岗证,劳动保护用品穿戴齐全。

(二)操作规程

序号	工序	操作步骤
1	准备工作	选择工(用)具及材料
2	倒流程,准备填料	(1)按操作规程停泵,关闭进出口阀门,开放空,泄压; (2)卸下填料压盖,取旧填料
3	测量切割填料	切割密封填料,各切口斜度为 30°~45°,切口平整无线头且长短合适
4	添加填料	切口平面应垂直于泵轴,相邻两填料切口应错开 120°~180°,最后一层接口向下
5	安装压盖	平行对称紧固压盖螺帽,压盖拧紧后,压盖应与泵壳端面平行,并有调整余地,压入深度不小于 5mm

序号	工序	操作步骤
6	试运	(1)关放空,侧身打开进口阀门,放净泵内气体,按运转方向盘泵,活动出口阀门,侧身按启动按钮,侧身开出口阀门; (2)调整各项生产参数; (3)启泵后调整填料压盖,保证漏失量小于 30 滴/min
7	清理场地	收拾工(用)具,清理场地

项目六　更换闸板阀密封填料

一、相关知识

(一)阀门的相关知识

聚合物配制站采用自动控制系统,在地面工艺中用到了很多阀门。阀门是用来调节管路系统介质流量及其他介质参数的装置。阀门按用途和作用可分为截断阀、止回阀、调节阀、分流阀、安全阀。截止阀的种类较多,常见的有直流式、角式及标准式,它的作用是接通或截断管路中的介质。止回阀又称单流阀,是一种利用流体本身的力量自动启闭的阀门,使介质只能沿一个方向流动,防止介质倒流。安全阀通常有弹簧式安全阀、一次动作安全阀和碟簧式安全阀三种。一次动作安全阀分为销钉式、膜片式和杠杆式弹簧式三种基本结构形式,适用于输送砂浆的管道及设备。碟簧式安全阀的结构特点是以碟形弹簧代替了圆柱螺旋弹簧,适用于输送纯净无杂质类介质的管道及设备。

聚驱配制工艺要求截流阀、止回阀采用低阻力型直通阀;常温阀的工作温度为-40~120℃;真空阀工作压力低于 1atm,真空阀介质的工作温度取决于使用装置的工艺过程。

阀门产品型号由 7 个单元顺序组成,如图 1-2-2 所示。

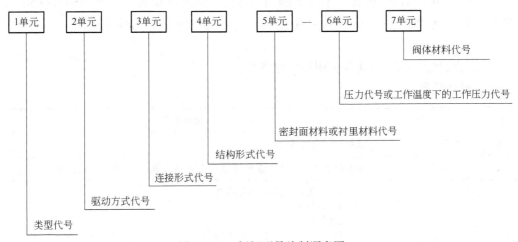

图 1-2-2　阀门型号编制顺序图

在安装过程中,单流阀对安装方向有严格要求。旋启式单流阀可以安装在水平管道上,也可以安装在垂直管道上。在经常启闭的管段上宜采用截止阀,带颗粒介质和介质黏度大的管道,为防止阀门堵塞,减少磨损,不适合采用截止阀,由于流动压力损失大,在聚驱地面工程中母液管道中也不使用截止阀。

(二)扳手的相关知识

扳手主要用于拧紧或旋松螺栓、螺母等螺纹紧固件。不论使用哪种扳手,要得到最大的扭力,拉力方向应与扳手柄成 90°角。使用扳手时,最好是拉动而不是推动,如果非推不可时,要用手掌推,手指伸开,防止撞伤手关节。普通扳手禁止借套管加力或用铁锤击手柄。

在拆卸或安装螺帽时,最好使用固定扳手。当螺母和螺栓头的周围空间狭小,不能容纳普通扳手时,就采用梅花扳手,其扳头是一个封闭的梅花形,适用于拆装一般标准规格的螺母和螺栓。梅花扳手可以在扳手转角小于 60°的情况下一次一次地扭动螺母。

活动扳手是用来扳动螺栓螺母、启闭阀类、上卸杆类螺纹的工具,适用于拧紧或卸掉不同规格的螺母螺栓。活动扳手的开口尺寸可以在规定范围内任意调节,所以要想扳一定尺寸范围内的螺栓或螺母时应使用活动扳手。使用活动扳手时,活动部分在前,使力量大部分承担在固定部分虎口上,反向用力时,扳手应翻转 180°。使用活动扳手时禁止锤击扳手。

F 形扳手是采油工人在生产实践中发明出来的,由钢筋棍直接焊接而成。F 形扳手主要用于阀门的开关操作中,使用时开口宽度是不可以调节的。使用 F 形扳手开压力较高的阀门时开口要朝外。

二、技能要求

(一)准备工作

1. 设备

模拟设备 1 台。

2. 材料、工具

黄油若干、填料若干、擦布若干、F 形扳手 1 把、200mm 活动扳手 1 把、150mm×6mm 一字螺丝刀 1 把、壁纸刀 1 把、150mm 密封填料钩 1 个、放空桶 1 个、挂钩 1 个。

3. 人员

1 人操作,持上岗证,劳动保护用品穿戴齐全。

(二)操作规程

序号	工序	操作步骤
1	准备工作	选择工(用)具及材料
2	倒流程	检查流程,侧身打开旁通阀门,关闭上流、下流阀门,打开放空阀,泄压
3	更换填料	(1)卸掉压盖紧固螺栓,打开压盖; (2)取出旧填料; (3)选择填料; (4)在丝杠上量取密封填料单圈长度,切割密封填料,各切口斜度为 30°~45°; (5)切口平整无线头长短合适; (6)填料涂黄油; (7)切口平面应垂直于丝杠,相邻两填料切口应错开 120°~180°; (8)对称紧固压盖螺栓

序号	工序	操作步骤
4	试压	侧身关闭放空阀,打开下流阀门试压
5	倒回原流程	侧身开大下流阀门、上流阀门,关闭旁通阀门
6	清理场地	清理场地,收工具

(三)注意事项

认真检查流程,确认无误后方可更换密封填料。

项目七　更换螺杆泵润滑油

一、相关知识

(一)螺杆泵的相关知识

聚合物配制站用于外输聚合物母液的主要是单螺杆泵,单螺杆泵是一种内啮合的密闭式螺杆泵,属于转子式容积泵。

螺杆泵启动前,应检查泵内有无液体、减速装置是否正常,并保证其中有足够的润滑油;一般螺杆泵每运转 1000~1500h 即应拆下定子并检查定子和转子的磨损情况,重新更换万向节和轴承部位润滑剂;螺杆泵不可长时间空转,否则会使定子发热失去密封作用,而使泵失效;长期停用的螺杆泵,应放掉腔内的积液,最好抽出转子。螺杆泵运行到规定的时间要进行例行保养,更换润滑油是其中的一项,螺杆泵正常工作时润滑油位应在油箱 $1/2 \sim 1/3$,更换螺杆泵润滑油的部位是减速机。更换螺杆泵润滑油时要用新润滑油冲洗减速机各部件,加注润滑油后要检查各连接部位螺栓是否紧固无松动。

在实际生产中,配制母液的黏度对螺杆泵的排量、压力、运行温度有着直接的影响。聚合物母液黏度上升会导致同频率下螺杆泵的排量下降、压力上升、运行温度上升。因为母液浓度上升之后会导致母液与泵体的摩擦力上升,从而导致阻力上升,阻力上升后会导致排量下降。

(二)安全用电的相关知识

配制站的设备及大部分仪表都由电力系统提供电能,所以下面简单介绍一下安全用电相关知识。

1. 电路

电荷在电场力的作用下有序运动形成电流,衡量电流大小的量是电流。电流的大小和方向都不随时间变化而变化的称为直流电。直流电有正负极之分,正极用"+"号表示,负极用"−"表示。由直流电源和负载组成的电路称为直流电路。直流电路中,电源的作用是提供不随时间变化的恒定电动势。具有交流电源的电路称为交流电路,交流电路中电量的大小和方向随时间变化。交流电在 1s 内重复变化的次数称为频率,每秒钟内变化的角度称为交流电的角频率,每循环一次所需要的时间称为周期。

2. 验电笔

验电笔有笔式和针式两种。笔式验电笔由氖管、电阻、弹簧、笔身和笔尖等组成。当用验电笔测试带电体时,只要带电体与大地之间的电位差有效值超过60V,电笔中的氖管就会发光。交流电通过验电笔时,氖管的两个极同时发亮。在交流电路中,当验电笔触及导线时,使氖管发亮的是相线。低压验电笔测电压的范围为有效值在500V以下。

3. 熔断器

熔断器是指当电流超过规定值时,以本身产生的热量使熔体熔断,断开电路的一种电器。熔断器应串接在所保护的电路中。熔断器熔管的作用是安装熔体兼灭弧,熔体的熔断时间与通过熔体电流的平方成反比。

4. 接触器

接触器是利用电磁铁吸力及弹簧反作用力配合动作使触头打开或闭合的电器,按其触头控制交流电还是直流电分为交流接触器和直流接触器,二者之间的差别主要是灭弧方法的不同。直流接触器在运行中的主要发热部位是线圈,交流接触器在运行中的主要发热部位是铁芯。交流接触器线圈电压过高或过低都会造成线圈过热。接触器除通断电路外,还具有欠压和失压的保护功能。

5. 启动器

启动器是串联于电源与被控制电动机之间的三相反并联闸管及其电子控制电路,它的机械寿命应不低于300万次。启动器分为全压直接启动器和减压启动器两大类。

二、技能要求

(一)准备工作

1. 设备

螺杆泵1台。

2. 材料、工具

加油用漏斗1只、加油桶1只、废液桶或废液盆若干、润滑油若干、擦布若干、生料带1卷、过滤网1只、200mm活动扳手1把。

3. 人员

1人操作,持上岗证,劳动保护用品穿戴齐全。

(二)操作规程

序号	工序	操作步骤
1	准备工作	工具、用具准备
2	停泵	停泵泄压
3	放净润滑油	放净失效的润滑油
4	拆卸	卸掉加油孔盖
5	冲洗	加入适量润滑油冲洗油箱
6	上紧	上紧放油丝堵
7	加新润滑油	加入新润滑油

续表

序号	工序	操作步骤
8	检查放油孔	检查放油孔丝堵渗漏的情况
9	检查油位	加入量要达到油标尺 1/2～2/3 的位置
10	启泵	启泵试运
11	清理场地	清理场地、收工具

(三)注意事项

在设备运转记录和设备档案中对更换润滑油情况做详细记录。

项目八　一级保养离心泵

一、相关知识

(一)离心泵的相关知识

配制站一般都使用单级离心泵,它的结构功能决定了在运行一定时间后要对它进行一级保养以延长它的使用寿命。

1. 离心泵安装要求

离心泵安装后吸水高度加上吸水扬程损失,如果在泵的允许吸入真空高度之内,就可以保证泵在工作时流量正常。离心泵的安装位置如果超过了允许高度,泵的流量就要下降,效率降低。泵的入口要固定,避免振动。两台离心式注水泵若要并联,要求其扬程必须相同。

2. 离心泵的使用要求

禁止在泵管压差较大的情况下开着泵出口阀启动离心泵。离心泵启动后要检查泵的振动情况,振动不超过 0.06mm。离心泵运行要严格按操作规程进行,不得强制启动机泵。离心泵正常运行时要检查以下内容:出入口的压力、温度是否在正常值范围内,看有无泄漏情况;密封填料泄漏量是否正常;电动机机体温度不能超过 60℃;闻运行泵周围是否有异味。离心泵抽空或发生汽蚀现象,泵压变化异常,机泵出现不正常的响声或剧烈的振动时必须紧急停泵。离心泵运行正常后应每 2h 对机泵进行检查,记录好生产数据。离心泵在运行过程中要与另一台泵的运行状况相比较,看这台泵的情况是否正常。离心泵一般采用出口管上的闸阀调节水量,不宜使用吸入管上的闸阀调节水量。离心泵运行(1000±8)h 进行一级保养,一级保养时检查润滑油室,更换润滑油,并且要检查前后轴封,清洗轴承。离心泵运行(3000±24)h 应进行二级保养。离心泵保养和大修后都必须认真填写修保记录。离心泵在进行更换密封填料压盖操作前,首先应当停泵放压。准备启泵时应按泵的旋转方向盘泵 2～3 圈。离心泵在正常运行时要保证泵的吸入管路及泵的进口不能漏气,滚动轴承温度不超过 80℃。当报警信息中出现清水泵过载时,要检查离心泵。

(二)温度计的相关知识

离心泵在运行时必须注意观察电动机机体温度和滚动轴承温度等,这些操作都会用到温度计。温度计可以准确地判断和测量温度,但缺点是不能远传数据。

玻璃液体温度计主要由感温泡、玻璃毛细管和刻度标尺三部分组成。玻璃液体温度计是根据物体热胀冷缩的特性制成的,按结构可分为酒精式、水银式和有机液体式 3 种;按用途可分为工业用、实验室用和标准用 3 种。

在使用温度计测量液体的温度时,读数时温度计的玻璃泡要继续留在液体中。为了确保测量数据的准确性,应使玻璃液体温度计的感温泡离开被测对象的容器壁一定的距离。玻璃液体温度计的测量范围较宽,为 $-200 \sim 500℃$。使用水银玻璃温度计测量时,应使视线与液柱面位于同一平面,按照凸液面最高点读数。

度量温度的温标有摄氏温标、华氏温标和热力学温标 3 种。华氏温标单位用符号"℉"来表示。摄氏度是使用比较广泛的一种温标,单位用符号"℃"表示。热力学温标,又称开尔文温标,是国际单位制七个基本物理量之一,单位为开尔文,简称开,符号为"K"。

二、技能要求

(一)准备工作

1. 设备

离心泵 1 台。

2. 材料、工具

与填料盒配套的密封填料若干、机油若干,$0.1m^2$ 铜皮若干、擦布若干、200mm 铜棒 1 根、300mm 活动扳手 1 把、200mm 活动扳手 1 把、200mm 一字、十字螺丝刀各 1 把、300mm 塞尺 1 把、机油桶 1 个、废液桶 1 个。

3. 人员

1 人操作,持上岗证,劳动保护用品穿戴齐全。

(二)操作规程

序号	工序	操作步骤
1	准备工作	工具、用具准备
2	检查运行时间	检查离心泵运行时间,需按照周期(1000h±8h)进行保养
3	检查调整填料	(1)检查填料密封有无发热、冒烟、甩油、漏失过大的现象; (2)调整填料密封
4	检查安装轴封	(1)检查前后轴封; (2)清洗轴承,安装轴封
5	检查润滑油	检查润滑室,更换润滑油
6	检查联轴器	(1)检查联轴器弹性块使用情况; (2)检查调整联轴器同轴度
7	检查过滤器	检查清洗进口过滤器
8	安装试运记录	安装联轴器护罩,紧固底角螺栓,进行试运行,填写"一保"记录单
9	清理场地	清理场地、收工具

(三)注意事项

按照"一保"内容进行保养。

模块三 操作仪器、仪表

项目一 使用手钢锯割铁管

一、相关知识

(一)锉刀的相关知识

锉刀是用手工锉削金属表面的一种钳工工具。用锉刀加工工件时,应先使用粗锉,当接近要求尺寸后,再改用细锉,锉削推进速度不宜过大,用力不能过猛。锉刀的锉纹密度是指每 10mm 长度内的主锉纹数目,按照锉纹密度,锉刀可分为 1 号、2 号、3 号、4 号、5 号五种,其中 2 号锉刀是指中齿锉刀,4 号锉刀是指油光锉刀。

(二)手钢锯的相关知识

手钢锯由锯弓和锯条两部分组成,用于手工锯割金属管件等。锯弓是用来张紧锯条的工具,分为固定式和可调式。锯条是有齿刃的钢片条,常用的普通锯条的长度为 300mm。锯条按照齿的粗细可分为粗齿、中齿、细齿三种。锯割软质厚材料时,应选用粗齿锯条,锯割薄板金属材料等硬质材料时,应选用细齿锯条,即细齿锯条适用于硬质材料或较薄的材料。

安装锯条时应使齿尖的方向朝前;缝接近锯弓高度时,应将锯条与锯弓调成 90°。调整锯条松紧度时碟形螺母不宜旋得太紧或太松;在用手钢锯锯工件时,应采用远边起锯或近边起锯,起锯的角度约为 15°,否则锯条易卡住工件的棱角而折断,锯条往返走直线,并用锯条全长进行锯割,锯割时两臂两腿和上身三者协调一致,两臂稍弯曲,同时用力推进,退回时不要用力。

(三)台虎钳的相关知识

台虎钳又称虎钳,是用来夹持工件的通用工具,安装在工作台上,用以夹稳加工工件,是钳工必备工具。台虎钳转座上有三个螺栓孔,用以与钳台固定。在固定钳身和活动钳身上各装有钢制钳口,并用螺钉固定。丝杠装在活动钳身上,可以旋转,但不能轴向移动,并与安装在固定钳身内的丝杠螺母配合。

二、技能要求

(一)准备工作

1. 设备

100mm 工作台 1 个、2 号台虎钳或压力钳 1 台。

2. 材料、工具

长于 220mm 的 φ15mm 铁管若干、24 齿(或 32 齿)300mm×12mm 钢锯条若干、擦布若干、机油若干、300mm 钢锯弓 1 把、250mm 平锉 1 把、划笔 1 支、2 号管子割刀 1 把、机油壶 1 个。

3. 人员

1 人操作,持上岗证,劳动保护用品穿戴齐全。

(二)操作规程

序号	工序	操作步骤
1	准备工作	选择工(用)具及材料
2	装夹铁管并用割刀割齐铁管头	(1)将铁管夹在台虎钳(压力钳)上; (2)铁管留出操作长度(切割后剩余 180~200mm); (3)用割刀切割铁管; (4)根据要求长度在要锯割处画上线
3	装好锯条	装好锯条,锯齿向前,调整锯弓、锯条松紧度合适
4	锯割铁管	用钢锯把铁管割断,确保手握钢锯姿势正确,锯条完好
5	修口	用平锉去掉毛刺
6	检测	(1)测量长度; (2)测量倾斜度
7	拆卸锯条	拆卸锯条
8	清理场地	收拾工具、清理场地

(三)注意事项

确保测量准确,工件无毛刺。

项目二 使用干粉灭火器

一、相关知识

(一)燃烧及灭火的相关知识

石油和天然气属于易燃易爆产品,所以油气田生产场所必须做好防火措施。

燃烧时应具备的三个条件:一是应有可燃物存在,二是有助燃物质存在,三是有火源。针对燃烧的三个条件,灭火的四项基本措施是控制可燃物、隔绝空气、消除火源、防止火势蔓延。针对灭火的四项措施,灭火的方法有冷却法、隔离法、窒息法、抑制法。清水灭火属于冷却法灭火,在燃烧区撒土和砂子属于窒息法灭火。

(二)常用灭火器的相关知识

泡沫灭火器有化学泡沫灭火器和空气泡沫灭火器两种。泡沫灭火器在使用时,只要将筒身倒置两种溶液就能很快地混合发生化学反应,产生一种含有二氧化碳的泡沫,并以一定的压力使泡沫从喷嘴射出来,喷在燃烧物上灭火。泡沫灭火器喷嘴不能堵塞,应防冻、防晒,一年校检一次,不宜用于扑灭电气设备及珍贵物品火灾。灭火器的检修周期是 0.5 年。

二氧化碳灭火器是一种瓶内充有压缩二氧化碳气体的灭火器材,主要用于扑救 6kV 以下电气、设备、仪器仪表等场所初期火灾,有手提式和推车式两种。二氧化碳灭火器每月测量一次,若当量减少 1/10 时应充气。

干粉灭火器是由装在筒体内的灭火主剂(碳酸氢钠)和少量的添加剂研磨制成的一种干燥、易于流动的微细固体粉末,借助于灭火器中的气体压力喷出,形成浓云般的粉雾,覆盖燃烧面,将火扑灭。它具有无毒、无腐蚀性、灭火快的特点,适用于扑灭可燃气体、液体、固体和电气着火的火灾。干粉灭火器按照移动方式不同,又分为手提式、推车式、背负式三种。使用干粉灭火器时,应将灭火器推至着火现场置于上风头方向。干粉灭火器应置于干燥通风处,防潮防晒,每年检查一次气压,若当量减少 1/10 时应填充。

二、技能要求

(一)准备工作

1. 设备

干粉灭火器 1 个。

2. 人员

1 人操作,持上岗证,劳动保护用品穿戴齐全。

(二)操作规程

序号	工序	操作步骤
1	准备工作	劳保用品穿戴齐全
2	灭火器到位	接到命令 10s 内将灭火器提到火源地点,将灭火器置于火源的上风头,与火源距离适当
3	正确使用灭火器	(1)将灭火器上下颠倒 3 次以上,使干粉松动; (2)打开灭火器喷嘴护盖; (3)提出灭火器提环; (4)正确操作灭火器; (5)向火源根部喷射; (6)由近而远快速推进,喷射速度不得过慢; (7)向前推进时应左右摆动
4	清理场地	收拾工具、清理场地

(三)注意事项

火源彻底熄灭后方可离开。

项目三　制作法兰垫子

一、相关知识

(一)法兰垫子的相关知识

配制站用的法兰垫子一般为石棉垫。石棉垫属于垫片系列,以石棉纤维、橡胶为主要原料再辅以橡胶配合剂和填充料,经过混合搅拌、热辊成型、硫化等工序制成,最常用的厚度是 3～5mm。石棉垫片根据其配方、工艺性能及用途的不同,可分为普通橡胶垫片和耐油石棉橡胶垫片。石棉垫适用于水、水蒸气、油类、溶剂、中等酸碱的密封,应用于中低压法兰连接的密封中,如反应釜的罐口、人孔、手孔密封等。

(二)法兰的相关知识

法兰是轴与轴之间相互连接的零件,用于管端之间的连接,分为螺纹连接法兰和焊接法兰两种。法兰连接或法兰接头,是指由法兰、垫片及螺栓三者相互连接作为一组组合密封结构的可拆连接。不同压力的法兰厚度不同,它们使用的螺栓也不同。

(三)制作法兰垫子的注意事项

制作法兰垫子要选择规格合适、无裂纹、缺损的石棉垫片;用刮刀清理法兰密封端面,露出密封水线,然后用钢板尺量法兰密封面内径尺寸,测量时尺边与两个对称法兰螺栓孔的边缘交叉相切,钢板尺以整数为起点,再用钢板尺量法兰外径尺寸,以便确定手柄尺寸,手柄露出法兰外(20±5)mm;清洁密封垫片,调整划规尺寸并锁紧,转动划规画石棉垫样;用剪子快速平稳剪制石棉垫。垫片内、外圆应同心、光滑、无毛刺,内外径尺寸误差不大于±2mm。

二、技能要求

(一)准备工作

1. 设备

DN50法兰盘1片。

2. 材料、工具

2.0mm石棉垫片若干、石棉垫片若干、剪刀1把、200mm划规1把、300mm钢板尺1把、200mm三角刮刀1把。

3. 人员

1人操作,持上岗证,劳动保护用品穿戴齐全。

(二)操作规程

序号	工序	操作步骤
1	准备工作	选择工(用)具及材料
2	选择石棉垫片	确认石棉垫片无裂纹、缺损
3	清洁法兰片	用三角刮刀清理法兰密封面,用擦布擦净端面
4	测量法兰密封面内径、外径	(1)用钢板尺测量法兰端面内径; (2)用钢板尺测量法兰端面外径
5	清洁石棉垫片	清洁石棉垫片
6	画样	调整划规,转动划规画垫样
7	制作垫片	用剪刀快速平稳剪制石棉垫,内、外圆应同心、光滑、无毛刺,内外径尺寸误差不大于±2mm,制作法兰垫手柄长度为露出法兰外(20±5)mm
8	清理场地	清理场地,收工具

项目四 拆卸电磁流量计

一、相关知识

(一)电磁流量计的相关知识

1. 电磁流量计的原理

聚合物配制站清水计量和母液计量都需使用电磁流量计。电磁流量计是根据法拉第电磁感应原理工作的,主要由变送器和转换器组成。变送器由磁路系统、测量导管、电极、外壳、正交干扰调整装置及若干引线构成,其作用是检测感应电动势。当导电流体沿电磁流量计测量管在交变磁场中做与磁力线垂直方向的运动时,导电流体切割磁力线而产生感应电动势,由于仪表常数确定后,感应电势 E 与流量 Q 正比,由变送器测出感应电势 E 信号,输入转换核算仪后,即可显示体积流量。由于聚合物水溶液易引起极化现象,因此采用交流激磁的磁路系统。电磁流量计属于非容积式计量仪表,不与介质发生机械切割,比较适合测量聚合物水溶液流量。

由于使用压力必须低于电磁流量计规定的工作压力,所以用于计量聚合物母液的流量计耐压必须不小于 16MPa。电磁流量计的量程可以根据不低于最大流量值的原则选择满量程刻度,正常流量最好能超过满量程流量的 50%,以获得较高的测量精度。一般国内现已定型生产的电磁流量计工作温度为 $5\sim60℃$。电磁流量计显示值波动超过 10% 为不合格。电磁流量计通常选用的口径应与管道口径相等或略小一些。

2. 电磁流量计的现场应用

安装电磁流量计变送器管道的前置管段长度至少应为测量管内径 D 的 5 倍(后置直管段为 $3D$)才能确保测量精度;变送器垂直安装时,介质流动方向应该自下而上经过变送器,确保测量管内充满介质。电磁流量计转换器与变送器的距离越近越好,这一距离与被测介质的电导率有关,当电导率大于 $50\mu S/cm$ 时,两者间隔的最大距离为 100m 左右。电磁流量计应尽量避开具有强电磁场的大电机、大变压器等设备。

电磁流量计输出信号和被测流量成线性关系,精确度较高的最大流量与最小流量的比值一般为 20:1 以上。电磁流量计最高耐压可达 35MPa。电磁流量计平时维护只要在壳体中拆下传感器,清洗测量管和电极上的结构即可。电磁流量计可测量电导率不小于 $5\mu S/cm$ 的酸、碱、盐溶液、水、污水、腐蚀性液体以及泥浆、矿浆、纸浆等的流体流量,不能测量气体、蒸汽以及纯净水的流量。电磁流量计的优点是压损极小,可测流量范围大,适用的工业管径范围宽,最大可达 3m。

(二)安全用电的相关知识

电阻率是用来表示各种物质电阻特性的物理量。导体的电阻率是其固有属性,金属导体的电阻与导体横截面积成反比。一段圆柱状金属导体,若将其拉长为原来的 2 倍,则拉长后的电阻是原来的 4 倍。一段圆柱状金属导体,若从其中点处折叠在一起,则折叠后的电阻是原来的 1/4 倍。

电路是由电源、用电器、导线、电气元件等连接而成的电流通道。电路的开关是电路中不可缺少的元件,主要用来控制电路工作状态,不能用启动按钮来代替。

电源电动势是衡量电源力做工能力的物理量。电源电动势和电源端电压的方向相反。电场中任意两点间的电位之差称为两点间的电压,单位是伏特,电压的物理意义是电场力对电荷所做的功。电位降低的方向是电压的实际方向。

二、技能要求

(一)准备工作

1. 设备

电磁流量计 1 台。

2. 材料、工具

值班记录表 2 张、ϕ32mm 梅花扳手 2 把、200mm×6mm 一字螺丝刀 2 把、放空桶 1 个。

3. 人员

1 人操作,持上岗证,劳动保护用品穿戴齐全。

(二)操作规程

序号	工序	操作步骤
1	准备工作	工具、用具准备
2	操作程序	关闭进出口阀,放空,泄压
3	拆卸流量计	(1)切断流量计电源,拔下显示仪插头; (2)使流量计指示值归零,打开流量计后盖; (3)拆卸流量计法兰螺栓,取下流量计
4	清理场地	清理场地、收工具

(三)注意事项

拆卸电磁流量计时要切断流量计电源。

项目五　更换压力表

一、相关知识

(一)压力表的相关知识

压力表是指以弹性元件为敏感元件,测量并指示高于环境压力的仪表。压力表通过表内敏感元件产生弹性形变,再由表内机芯的转换机构将压力形变传导至指针,引起指针转动来显示压力。压力表按其测量精度可分为精密压力表、一般压力表;按其显示方式分为指针压力表、数字压力表;按其安装结构形式,有直接安装式、嵌装式和凸装式,直接安装式压力表,又分为径向直接安装式和轴向直接安装式,嵌装式又分为径向嵌装式和轴向嵌装式,凸装式也有径向凸装式和轴向凸装式之分。

工作中当在线使用的压力表计量不准确或到校检周期时,需把该表拆卸下来换成校验合格的压力表。在更换压力表时,首先要选择量程合适的压力表,压力范围在新表量程的

1/3～2/3,检查新压力表铅封、外观、合格证、螺纹、引压孔、量程线,确认指针归零;关闭需要拆卸的压力表控制阀门,打开放空阀泄压后拆卸压力表;顺时针缠生料带并安装新压力表,安装新表之前要清理表接头内脏物、螺纹,新表安装上之后,缓慢开控制阀门试压,确认无渗漏后再开大控制阀门,观察压力值。

(二)阀门的相关知识

1. 阀门的工作原理

阀门是在流体系统中用来控制流体的方向、压力、流量的装置,是使配管和设备内的介质(液体、气体、粉末)流动或停止流动并能控制其流量的装置,是流体输送系统中的控制部件,用来改变通路断面和介质流动方向,具有截止、调节、导流、防止逆流、稳压、分流或溢流泄压等功能。阀门依靠驱动或自动机构使启闭件做升降、滑移、旋摆或回转运动,从而改变其流道面积的大小以实现其控制功能。阀门的控制可采用多种传动方式,如手动、电动、液动、气动、涡轮、电磁动、电磁液动、电液动、气液动、正齿轮驱动、伞齿轮驱动等。阀门可以在压力、温度或其他形式传感信号的作用下,按预定的要求动作,或者不依赖传感信号而进行简单的开启或关闭。

2. 阀门的分类及用途

(1)截断类:如闸阀、截止阀、旋塞阀、球阀、蝶阀、针形阀、隔膜阀等。截断类阀门又称闭路阀、截止阀,其作用是接通或截断管路中的介质。

(2)止回阀类:止回阀又称单向阀或逆止阀,其作用是防止管路中的介质倒流、防止泵及驱动电动机反转以及容器介质的泄漏。水泵吸水阀的底阀也属于止回阀类调节阀、节流阀和减压阀,其作用是调节介质的压力、流量等参数。

(3)真空类:如真空球阀、真空挡板阀、真空充气阀、气动真空阀等,其作用是在真空系统中改变气流方向,调节气流量大小,切断或接通管路的真空系统。

(4)特殊用途类:如清管阀、放空阀、排污阀、排气阀、过滤器等。排气阀是管道系统中必不可少的辅助元件,广泛应用于锅炉、空调、石油天然气、给排水管道中,通常安装在制高点或弯头等处,排除管道中多余气体、提高管道使用效率及降低能耗。

(5)安全阀类:安全阀的作用是防止管路或装置中的介质压力超过规定数值,从而达到安全保护的目的。

二、技能要求

(一)准备工作

1. 设备

带压工艺流程 1 套。

2. 材料、工具

不同量程合格压力表各 1 块、生料带 1 卷、擦布若干、250mm 活动扳手 1 把、200mm 活动 1 把扳手、100mm×φ2mm 通针 1 根、钢丝钩 1 个。

3. 人员

1 人操作,持上岗证,劳动保护用品穿戴齐全。

(二)操作规程

序号	工序	操作步骤
1	准备工作	工具、用具准备
2	选择压力表	检查并选择量程合适的压力表,检查压力表铅封、外观、合格证、螺纹、引压孔、量程线,确认指针归零
3	拆卸	(1)关闭压力表控制阀门; (2)泄压; (3)拆卸压力表
4	清理	清理表接头内脏物、螺纹
5	安装	顺时针缠生料带,安装压力表
6	试压	缓慢开控制阀门试压,检查渗漏
7	观察压力表工作状况	(1)开大控制阀门; (2)观察压力值
8	清理场地	清理场地、收工具

项目六　校对压力表误差

一、相关知识

(一)压力表的测压原理

　　一般压力表包括工业用单圈弹簧管式压力表(普通压力表)、压力真空表、氧气压力表、电接点压力表等。压力表所指示的压力是被测介质表压力,它等于绝对压力与大气压之差。一般压力表的主要部件有弹簧弯管、机芯、示值机构、外壳等,关键的两大部件为弹簧弯管、机芯。弹簧弯管充当压力表的感压元件,可将压力变换成位移,机芯充当压力表的心脏,能将弹簧弯管自由端的微小位移量放大,达到易于观察读数的目的。弹簧弯管受到介质压力的作用逐渐伸直,从而使弹簧弯管的自由端向上翘起,压力越高,自由端向上翘起的幅度越大,这一动作经过杠杆、扇形齿轮、小齿轮的传动,使指针偏转一个角度,在刻度盘上指示出压力高低,当被测介质压力降低时,弹簧管要恢复原状,指针退回到相应刻度处,如图 1-3-1 所示。

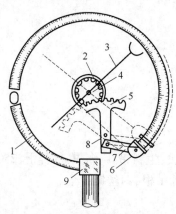

图 1-3-1　弹簧管压力表

1—弹簧管;2—游丝;3—指针;4—小齿轮;5—扇形齿轮;6—自由端;7—连接杠杆;8—支点;9—固定端

(二)压力表的使用

压力表选择的内容包括量程、精度、型号、类型。一般我国工业用压力表共分为1级、1.5级、2.5级、4级4个精度等级,精度等级最高的为1级。选择压力表的使用范围时,按负荷状态的通用性来说,以全量程的1/3~2/3为宜,因为这一使用范围准确度较高,平稳、波动两种负荷下兼可使用,最高不得超过刻度盘满刻度的3/4。压力表应垂直安装,倾斜度不大于30°,并力求与测定点保持在同一水平位置,以免指示迟缓。压力表经过一阶段的使用与受压后,不可能始终显示正确数值,内部机件难免要出现一些变形和磨损,导致产生各种误差和故障,为了保持其原有精度,不使传递失真,一定要定期检定检验。

压力有两种表示方法,以绝对真空作为基准所表示的绝对压力和以大气压力作为基准所表示的相对压力,由于大多数测压仪表所测得的压力都是相对压力,故相对压力也称表压力。当绝对压力小于大气压力时,可用容器内的绝对压力不足一个大气压的数值来表示,称为真空度。它们的关系如下:

$$绝对压力=大气压力+相对压力 \tag{1-3-1}$$
$$真空度=大气压力-绝对压力 \tag{1-3-2}$$

(三)压力表的校检

校检压力表时应检查压力表零部件装配是否牢固,有无松动现象。新制造的压力表应均匀光滑,无明显剥落现象。除不准被测介质溢出表外的压力表除外,其他压力表应有安全孔,安全孔上须有防尘装置。压力表分度盘上应有制造单位或商标、产品名称、计量单位、数字计量器具制造许可证标志和编号等标志;真空表应有"−"或"负"字、准确度等级、出厂编号。标准器具可用弹簧管式精密压力表和真空表、活塞式真空压力计,标准器的允许误差绝对值应不大于被检压力表允许误差绝对值的1/4。环境条件为温度为15~25℃,相对湿度不大于85%,环境压力为大气压,压力表应在上述环境至少静置2h方可检定。测量上限大于0.25MPa的压力表,工作介质为清洁空气或无毒、无害和化学性质稳定的气体;测量下限不大于0.25~250MPa的压力表,工作介质为无腐蚀性的液体。压力表的示值检定按标有数字的分度线进行。检定时逐渐平稳地升压(或降压),当示值达到检测上限后,切断压力源,耐压3min,然后按原检定点平稳地降压(或升压)倒序回检。按照公式"误差=标准压力值−工作压力值"计算压力表误差。

二、技能要求

(一)准备工作

1. 设备

带压工艺流程1套。

2. 材料、工具

标准压力表若干、被校压力表若干、记录纸若干、蓝黑钢笔1支、生料带1卷、擦布若干、200mm活动扳手1把、250mm活动扳手1把。

3. 人员

1人操作,持上岗证,劳动保护用品穿戴齐全。

(二)操作规程

序号	工序	操作步骤
1	准备工作	选择工(用)具及材料
2	记录	记录现场工作压力值
3	计算被校表允许误差	利用公式计算被校表允许误差(被校表允许误差=精度×表量程)
4	关闭压力表控制阀门,卸表	关闭压力表控制阀门,用扳手卸松缓慢泄压后取下压力表
5	选择标准表	计算标准表的最大允许误差,选择标准表(所选标准表的最大允许误差应小于被校表的最大允许误差的1/3)
6	缠生料带	顺时针缠生料带
7	安装	安装标准压力表
8	校对	记录标准压力值,计算误差,与被校表允许误差进行对比(误差=标准压力值-工作压力值)
9	结论	做出校对结论
10	拆卸标准表,安装工作压力表	拆卸标准表,安装工作压力表
11	清理场地	清理场地、收工具

项目七 使用钳形电流表测量电动机三相电流

一、相关知识

(一)钳形电流表的相关知识

钳形电流表是由电流互感器和带整流装置的磁电系表头组成的。钳形电流表的精确度不高,通常为2.5级。虽然钳形电流表的精确度不高,但它具有不需要切断电源即可测量的优点,可以用来测试三相异步电动机的三相电流是否正常。

使用钳形电流表时,测量值最好在量程的1/3~2/3。钳形电流表在测量小电流时,可把被测导线缠绕几圈后卡入钳口,为了减小测量误差,被测导线应置于电流表钳口内的中心位置。钳形电流表可以通过转换开关的拨挡改换不同的量程,拨挡时不允许带电操作。钳形电流表使用完毕后要将仪表的量程开关置于最大量程位置。

(二)断线钳的相关知识

断线钳是一种用来剪短电线的工具,可以用来剪切金属丝,一般有130mm、160mm、160mm、200mm四种规格。有绝缘柄的断线钳可以带电使用,在带电操作前,必须检查绝缘柄的绝缘、耐压情况。剪切带电的电线时,断线钳绝缘胶把的耐压必须高于电压1倍以上。

(三)电动机的相关知识

各种电动机都是以电磁感应定律和电磁力定律为理论基础工作的。电动机的种类较多,可大致分为直流电动机和交流电动机。电动机的绝缘等级是指其所用绝缘材料的耐热等级,分为A、E、B、F、H五种,其中电动机A级绝缘层能容纳的最高温升是55~60℃。

（四）电学的相关知识

在串联电路中通过每个负载的电流量是相同的，且串联电路中只有一个电流通路，当开关断开或电路的某一点出现问题时，整个电路将变成断路状态。在并联状态下，每个负载的工作电压都等于电源电压。

功，又称机械功，是物理学中表示力对位移的累积的物理量，在国际单位制中，功的单位是焦耳，即 J。功与完成这些功所用的时间之比称为功率，即功率是描述做功快慢的物理量。功的数量一定，时间越短，功率值越大。电功率是电场力在单位时间内对电荷做的功。额定功率是在元件安全工作时元件所允许消耗的最大功率。

（五）安全用电的相关知识

电流对人体的危害形式主要有电击和电伤两种。为了防止触电，电气设备应采取专用的接零导线措施。更换熔断丝时，应先切断电源，切勿带电操作。在特别潮湿的场所中，工作人员经常接触的电气设备，必须采用 12V 以下的安全电压。遇有人触电时，如果电源开关在附近，应立即切断电源进行抢救。不能用手直接接触触电者，应当尽快断开电源或用绝缘物体将导线与触电者分开。

聚合物配制站自动化程度高、用电设备多，为了达到安全用电的目的，必须采取可靠的技术措施防止触电事故发生。当电气设备采用了超过 24V 的电压时，必须具有防止直接接触带电体的保护措施。如果发现用电设备温度升高、绝缘能力降低，应立即查明原因，清除故障。发现断落电线或设备带电，人员应立即离开带电体，并派专人守护。

电器及设备的火灾会通过金属线设备上的易燃物引起其他设备的火灾。电器着火，在没切断电源时，应使用二氧化碳灭火器灭火。用油开关切断电源时会产生电弧，如不能迅速有效地灭弧，电弧将产生 300~400℃ 的高温，使油分解成含有氢的可燃气体，可能引起燃烧或爆炸，所以有爆炸危险的厂房内应采用防爆灯。

（六）触电急救的相关知识

如果触电地点附近没有或一时找不到电源开关或插头，则可用电工绝缘钳或干燥木柄铁锹、斧子等切断电线，断开电源。急救时不要使触电者直接躺在潮湿或冰冷地面上。人体触电发生后 300s 内，采取正确的现场急救措施可能挽救生命。若触电者脱离电源，应立即进行人工呼吸、采用心脏按压法，现场抢救伤员时，按摩频率为 60 次/min 左右。

二、技能要求

（一）准备工作

1.设备

三相异步电动机 1 台。

2.材料、工具

计算器 1 个、记录单 1 张、蓝黑钢笔 1 支（考生自备）、绝缘手套 1 付、钳形电流表 1 块、100mm 一字螺丝刀 1 把。

3.人员

1 人操作，持上岗证，劳动保护用品穿戴齐全。

（二）操作规程

序号	工序	操作步骤
1	准备工作	准备工具、用具
2	检查仪表	确认外观、钳口、卡钳灵活、开关灵活好用
3	使用钳形电流表	(1)仪表机械调零； (2)按要求选好测量点； (3)确认测量电缆线绝缘情况完好； (4)根据电动机额定电流选择钳形电流表的测定挡位； (5)打开钳口，平稳穿过被测电缆线，合上钳口
4	测量读数	(1)测量读数时表要端平，视线垂直表盘读数； (2)测量 A 相电流； (3)测量 B 相电流； (4)测量 C 相电流
5	记录计算	(1)记录测量值； (2)比较记录值
6	清理场地	清理场地、收工具

（三）技术要求

(1)被测导线应置于电流表钳口内的中心位置。

(2)钳形电流表使用完毕后要将仪表的量程开关置于最大量程位置。

（四）注意事项

钳形电流表可以通过转换开关的拨挡改换不同的量程，拨挡时不允许带电操作。

项目八　使用游标卡尺测量工件

一、相关知识

（一）测量长度的工具

1．卡钳

卡钳有内卡钳和外卡钳两种，内卡钳用来测量工件的孔和槽，外卡钳用于测量圆柱体的外径或物体的长度等。使用卡钳测量工件时，测量次数不少于两次，两次测量数据应相同。在测量工件尺寸时，卡钳必须与钢尺配套使用，且卡钳的钳口形状对测量精确度影响很大。用内卡钳测量工件内孔时，先把卡钳一脚靠在孔壁上作为支撑点，另一卡钳脚左右摆动探试，以测得近孔径的最大尺寸。测量工件外径时，卡钳与工件应成 90°角，中食指捏住卡钳股，卡钳松紧度要适中。

2．外径千分尺

外径千分尺的规格有 0~25mm、25~50mm、50~75mm、75~100mm、100~125mm 等多种。测量前应将外径千分尺擦干净，检查千分尺是否对准 0 位；当两个测杆的测量面与被测件表面快要接触时，停止旋转微分筒，只旋转棘轮，发出"咔咔"响声后即可进行读数；固定套筒上部的整数加上微分筒上的小数，就是被测零件的外径尺寸。如用千分尺测量一工件，活动套管上 20 刻线与固定套管上的基准线对齐,则该零件不足半毫米的尺寸读数是 0.20mm。外径千分尺测量零件外形尺寸时精度比游标卡尺高。

3. 钢卷尺

钢卷尺适用于准确度要求不高的场合,有九种规格,大尺寸长度的测量应选用钢卷尺。使用钢卷尺测量时,必须保持测量卡点在被测工件的垂直截面上,测量水平距离时钢卷尺应尽量保持水平,否则会产生距离增长的误差。拉伸钢卷尺时应平稳操作,速度不能过快。

4. 游标卡尺

游标卡尺是一种精度较高的量具,它可以直接量出工件的内外直径、宽度和长度,也可以用来测量孔的深度、台阶的高度和槽子的深度。游标卡尺可分为普通游标卡尺、高度游标卡尺和深度游标卡尺三种,使用时要选好种类。

游标卡尺由主尺和附在主尺上能滑动的游标两部分构成,利用主尺刻度间距与副尺刻度间距读数。主尺一般以毫米为单位,而游标上则有 10 个、20 个或 50 个分格,根据分格的不同,游标卡尺可分为 10 分度游标卡尺、20 分度游标卡尺、50 分度格游标卡尺等,游标为 10 分度的长 9mm,20 分度的长 19mm,50 分度的长 49mm。游标卡尺的主尺和游标上有两副活动量爪,分别是内测量爪和外测量爪,内测量爪通常用来测量内径,外测量爪通常用来测量长度和外径。

在使用游标卡尺测量工件时,应首先卡尺对零,确定有无误差。游标卡尺的精度一般有 0.1mm、0.05mm、0.02mm 三种,精度为 0.1mm 游标卡尺的副尺每格是 0.9mm。

读数时首先以游标零刻度线为准在尺身上读取毫米整数,即以毫米为单位的整数部分,然后看游标上第几条刻度线与尺身的刻度线对齐,若没有正好对齐的线,则取最接近对齐的线进行读数。如有零误差,则一律用上述结果减去零误差(零误差为负,相当于加上相同大小的零误差),读数结果:$L=$整数部分+小数部分-零误差。

(二)长度单位的换算

1m 等于 1000mm。1mm 等于 1000μm。1in 等于 25.4mm。

二、技能要求

(一)准备工作

1. 设备

工件 1 个。

2. 材料、工具

棉纱若干、细砂纸 1 张、记录纸 1 张、0～150mm 精度 0.02mm 游标卡尺 1 把、蓝黑钢笔 1 支(考生自带)。

3. 人员

1 人操作,持上岗证,劳动保护用品穿戴齐全。

（二）操作规程

序号	工序	操作步骤
1	准备工作	选择工(用)具及材料
2	检查游标卡尺	确认游标卡尺外观无损伤、固定螺母无松动、主副尺零线对齐
3	擦工件及卡尺	(1)擦净被测工件； (2)擦净卡尺卡脚表面及尺身刻度
4	测量外径	(1)测量工件外径尺寸时锁紧固定螺钉，换方位2次； (2)读值并记录
5	测量内径	(1)测量工件内径尺寸时锁紧固定螺钉，换方位2次； (2)读值并记录
6	测量深度	(1)测量工件深度尺寸； (2)读值并记录
7	擦拭卡尺	用棉纱将游标卡尺擦拭干净，装入盒内
8	清理场地	收拾工具、清理场地

第二部分

中级工操作技能及相关知识

模块一　管理配制站

项目一　绘制工艺流程图

一、相关知识

(一)聚合物配制工艺

典型的聚合物配制注入系统工艺有两种,一种是"配注合一"的聚合物配制注入工艺,另一种是"集中配制、分散注入"聚合物配制注入工艺。所谓配注合一流程,就是聚合物配制部分和注入部分合建在一起的聚合物配制注入工艺;集中配制、分散注入流程,就是由配制站分别向各注入站供给母液的聚合物配制注入工艺。"配注合一"工艺中单台设备处理量小,设备数量多,占地较多,投资较高。"集中配制、分散注入"工艺的缺点是所辖注入站聚合物相对分子质量、注入浓度等注入方案调整较困难。

(二)聚合物配制流程

典型的聚合物干粉配制工艺流程有两种,一种是长流程,一种是短流程。聚合物配制长流程包括分散装置、熟化罐、转输螺杆泵、粗过滤器、精过滤器、储罐和外输螺杆泵。聚合物配制短流程,又称熟储合一流程,简化了配制工艺,减少了中间环节,方便了管理,减少黏度损失 2% 左右。在短流程中,熟化罐同时起到了熟化和储存的作用,直接向外输泵供液。

聚合物溶液配制及注入过程:配比—分散—熟化—泵输—过滤—储罐—升压计量—配比稀释—混合—注入,即将聚合物干粉和水按所需浓度配制进入分散装置润湿,输入熟化罐搅拌一定时间,完全溶解后,泵输经过滤器除去杂质,进入储罐配成母液,然后再进入高压计量泵增压,按配制液要求计量,进入高压注水管线中,与注入的水经静态混合器混合稀释后注入井中,至此,配制过程和注入过程全部完毕。

(三)射流分散工艺流程

射流型聚合物分散溶解装置主要由干粉料斗部分、射流输送部分、溶解润湿部分和控制系统部分组成。干粉料斗部分由干粉料斗、振动器、料位开关、闸板等部分组成;射流输送部分由射流器、漏斗、物料监测仪、气输管线等部分组成,可把螺旋送料器输送出的干粉沿气输管线输送到射流器,并使干粉充分分散,以利于干粉与水的混合;控制系统以可编程控制器为控制核心。射流分散的螺旋送料器中的物料在螺旋的推动和物料自身重力的联合作用下,沿螺旋管向前推进,螺旋转速与送料量大小成正比。

二、技能要求

(一)准备工作

1. 设备

桌子 1 张、凳子 1 条。

2. 材料、工具

2 号绘图纸 1 张、300mm 直尺 1 把(考生自备)、HB 铅笔 1 支(考生自备)、三角板 1 个(考生自备)、橡皮 1 个(考生自备)、圆规 1 把(考生自备)。

3. 人员

1 人操作,持上岗证,劳动保护用品穿戴齐全。

(二)操作规程

序号	工序	操作步骤
1	准备工作	准备工(用)具后,等待考评员发考试卷和图纸
2	绘制工艺点	按图例绘制工艺点,共清水罐、离心泵、分散装置、熟化罐、粗过滤器、精过滤器、储罐、螺杆泵(转输泵、外输泵)9 处,按顺序绘制流程图
3	标注各工艺点名称	标注每处设备名称(9 处)
4	绘制各工艺点进出口阀门	按图例绘制每处工艺点的进出口阀门(18 处)
5	标明液体走向	标明液体走向箭头(10 处)
6	绘制电磁流量计	按图例绘制每处流量计的安装点(2 处)
7	对比检查	图纸清洁,线条清晰,使用铅笔绘图,图纸不能损坏
8	在规定时间内完成	到时停止答卷

(三)注意事项

资料的填写一律用黑色笔,字迹工整,无涂改。

项目二　根据螺杆下料器下料量计算配制浓度

一、相关知识

(一)风力分散装置

聚合物分散装置可定量向水粉混合器内输送聚合物干粉,用风力输送干粉,可使干粉均匀分散,水和干粉的接触面积大,使干粉迅速完全溶于水中,且不易出现结块及"鱼眼"等缺陷。

聚合物干粉分散装置由风力分散溶解罐、料斗、转输泵、鼓风机、文丘里喷嘴、电热漏斗、物流检测器和风力输送管道等组成,风力分散溶解罐由搅拌器、液位传感器、溢流及放空管等设备组成。工作参数:配液浓度为 5000mg/L、供水压力大于 0.4MPa、配液能力与转输泵排量相符、溶解罐的容积应不小于聚合物的干粉分散装置每小时配液能力的 1/5。

料斗的作用就是储存聚合物干粉并不断向计量下料器输送干粉,料斗的下部应制成锥形,并设料位控制器,以便随时能监控料斗内的干粉料位情况。为了更好地监测料斗供料的连续性,系统在料斗处安装了物流检测报警装置。一般料斗的容积应不小于计量下料每小时下料量的两倍。计量螺杆下料器主要由干粉漏斗、挤压板、计量螺杆、电动机及传动装置等组成。计量螺杆下料器用两个挤压板来挤压柔性乙烯树脂漏斗的外侧,挤压板的轻柔起伏运动使干粉相互产生错位而均匀地落入计量螺杆,并以统一的容积密度均匀地填满计量螺杆的每个条板,保证了计量下料器具有较高的计量精度。

(二)射流分散装置

射流分散装置采用了射流变压的原理,水流经水射器高速射出后,在喷嘴周围形成局部真空,产生负压,干粉由干粉管道被吸入水粉混合头处进行混合。射流分散装置的运行可通过通信接口与控制室上位机相连进行监控和操作。射流分散中的水流量计把检测的数据传输给 PLC,根据水流量计算出下粉的重量,从而通过变频调速器改变干粉的下料速度。射流分散装置中的漏斗内加装了物流监测仪,可用于检查气输管线的工作状态,一旦气输管线堵塞可及时报警并停机。射流分散装置中的各项参数设定、操作和显示由上位机统一完成,检测数据上传至上位机显示报警并生成打印报表。

二、技能要求

(一)准备工作

1. 设备

聚合物分散系统 1 套。

2. 材料、工具

5kg 电子天平(精度 0.1g) 1 台、秒表 1 块、计算器 1 个(考生自备)、钢笔 1 支(考生自备)、记录纸 1 个、方便袋若干。

3. 人员

1 人操作,持上岗证,劳动保护用品穿戴齐全。

(二)操作规程

序号	工序	操作步骤
1	准备工作	准备工(用)具后,在风力分散装置螺杆下料器的工位处准备秒表、方便袋若干,调平电子天平
2	启动分散装置	用计算机启动分散装置,将现场分散装置的操作柜处选择开关置于自动状态
3	调节上水量	调节分散上水量略小于分散螺杆泵的排量
4	观察流量	观察清水流量计读数,记录平均流量,单位为 m³/h
5	接干粉并计时	用方便袋迅速接取下料器输出的干粉,同时开始计时,动作不超过±0.5s
6	30s 时停止接干粉	计时到 30s 时,迅速停止接干粉,动作不超过±0.5s(时间误差每超过 1s 都扣分)
7	称量干粉质量	称量干粉质量,作好记录,单位为 g
8	重复动作 2 次	重复动作 5~7 步骤 2 次,作好记录
9	计算平均下料量	计算平均下料量,$\bar{m}=\dfrac{m_1+m_2}{2}$,单位为 g
10	计算配制浓度	计算配制浓度,$c=\dfrac{\bar{m}\times120\times固含量}{水流量}$,浓度单位为 mg/L,水流量单位为 m³/h,固含量为 90%
11	清理场地	清扫场地,擦拭设备及工具,将工具摆放整齐

（三）注意事项

（1）操作接取干粉时，禁止螺杆下料器外散落干粉。

（2）在操作时，螺杆下料器内禁止掉落异物。

（3）由于操作空间较小，注意头部、手部安全，避免头部碰撞、手部绞入下料器螺杆内。

项目三 排除螺杆下料器堵塞故障

一、相关知识

（一）聚合物分散装置的操作方法

聚合物分散装置有两种运行方式，其中自动方式是正常工作方式，手动方式主要用于调试与维修。分散装置在自动方式下工作时，主电源开关、设备运行开关、工作方式选择开关分别处于 ON、OFF、AUTO 状态。分散装置在手动方式下工作时，当向料斗加干粉时，利用控制盘上的开关启动除尘器风机，待加完药后，先停风机，启动除尘振动器使其运行 $3\sim5s$。分散装置运行时，料斗的顶部要缓慢地吹入干燥空气，以防内部水汽凝结，影响干粉流动，因此料斗的顶部安装了空气过滤器以除去空气中的杂质。分散装置停止操作的步骤：停止给料→停止给水→停鼓风机→停输送泵→清除加料箱内干粉。

（二）射流分散装置的操作方法

射流分散自动控制操作前应先检查控制柜内的空气开关是否合上，然后点击上位的分散图标，此时为灰色，弹出图标后点击开启按钮，这时分散装置将自动运行，分散图标将变为绿色。射流分散装置启动时，需将分散装置和熟化装置参数设定好。射流分散中溶解罐内的液体控制高度设定好后，螺杆泵通过液位进行启停控制，使液位在设定的工作液位。射流分散装置自动启动时必须确认上位机是否有报警提示。为防止加料时有干粉反冲的气流吹到料斗外污染环境，加料时需启动除尘器，使加料口处有向料斗内吸入气流，避免反吹现象发生。

与风力分散装置相比，射流分散装置具有设备体积小、故障率低、干粉不易堵塞、运行成本低等优点；橇装化，运输、安装方便，可移动，能再次整套利用；浓度稳定性好，配水系统采用 PID 闭环控制，精确下料器采用变频调节，混配浓度精度高，误差小；混配采用水射流携带干粉，强制混合，因此能确保聚合物母液不会发生结团、鱼眼及沉降现象；为防止输出管线内的溶液回流，在提升泵前增加了止回阀，可以保证回流溶液不会从接料口处溢出；内部采用合理工艺，保证不产生化学降解和机械降解。

射流分散装置不启动时，应先检查该分散装置的控制柜是否处于自动状态；停运后，供水泵仍然继续供水，可判断故障为上水电动球阀失灵；出现只走水不走粉或干粉下料不均匀故障时，原因可能是螺杆下料器堵塞或螺杆下料器电动机不供电；溶解罐液位计失灵时，应检查液位计对应的供电熔断器，若有问题应进行更换，若无问题重新启动系统即可；转输泵风机过载会出现断路保护器、交流接触器失灵现象，转输泵系统模块失灵时应先把分散运行状态切换到手动状态。

(三)聚合物的配制要求

配制站中易产生黏损的设备主要有搅拌器、螺杆泵和过滤器。外输过滤器可以去除因溶解、熟化效果不好产生的鱼眼和黏团。选择搅拌器时,应注意搅拌器桨叶形状和叶片的分布,搅拌器运转时应控制叶片外沿线速度,不可过高,其转速一般应在 60r/min 以下。搅拌器电动机应有足够的功率,留有 20% 的余量。聚合物溶解后,全部升压过程不宜选用离心泵,一般选用容积泵。

二、技能要求

(一)准备工作

1. 设备

风力分散装置 1 套。

2. 材料、工具

250mm 一字螺丝刀 1 把、250mm 十字螺丝刀 1 把、300mm 活动扳手 2 把、钳子 1 把、簸箕 1 个、笤帚 1 把、编织袋 1 个、防尘口罩 1 个(考生自备)、擦布若干。

3. 人员

1 人操作,持上岗证,劳动保护用品穿戴齐全。

(二)操作规程

序号	工序	操作步骤
1	准备工作	准备工(用)具后,在风力分散装置螺杆下料器的工位处等待处理堵塞
2	停运装置	用计算机停运分散装置,将现场分散装置的操作柜处选择开关置于关闭状态
3	关闭进料闸阀	在料斗下方关闭螺杆下料器进料闸阀,阀门必须关严
4	拆开螺杆下料器	拆下螺杆下料器进料软管、盖板,按顺序拆卸,软管、卡箍不能损坏,盖板螺栓按照对角拆卸,螺栓摆放整齐
5	清除堵塞物	用手将螺杆下料器中的堵塞物清理干净,将堵塞物放入废料袋中
6	安装螺杆下料器	安装螺杆下料器盖板和进料软管,按顺序安装,软管连接处必须紧密,对角上紧盖板螺钉
7	打开进料闸阀	在料斗下方打开螺杆下料器进料闸阀,阀门必须完全打开
8	手动盘螺杆下料器	手动盘螺杆下料器螺杆 3~5 圈
9	投运装置	在现场分散装置的操作柜处将分散装置选择开关置于打开自动状态,用计算机启动分散装置,查看螺杆下料器下料运行是否正常
10	清理场地	清扫场地,擦拭设备及工具,将工具摆放整齐

(三)注意事项

(1)在操作时,螺杆下料器内禁止掉落异物。

(2)由于操作空间较小,注意头部、手部安全,避免头部碰撞、手部绞入下料器螺杆内。

项目四　查询干粉重量曲线

一、相关知识

(一)配制站自动控制系统

自动控制系统一般由检测变送单元及执行单元组成。在聚合物干粉分散系统中,超声波液位计、物流检测仪等设备属于控制系统中的检测变送单元,电磁阀、电动球阀、电动控制阀属于控制系统中的执行单元。

1. 闭环控制和开环控制

凡是系统输出信号对控制作用能有直接影响的系统,都称为闭环控制系统,又称为反馈控制系统。反馈信号可以是控制系统输出信号,也可以是输出信号的函数或导数,输入信号与反馈信号之差称为误差信号。在聚合物溶液的配制过程中,分散装置溶解罐搅拌器控制属于闭环控制系统。

凡是系统输出量对控制作用没有影响,则称为开环控制系统。开环系统中,不需要对输出量进行测量,开环控制系统的精度取决于校准的精度,并且在工作中,这种校准不应发生变化。开环控制一般是在瞬间完成的控制活动,熟化罐搅拌器运行时间属于开环控制,沿时间坐标轴单向运行的任何系统都是开环控制系统。在聚合物母液配制过程中,聚合物干粉给料量的控制属于开环控制。

闭环控制都是自动的控制系统。从稳定性的观点出发,开环控制系统比闭环控制系统容易建造,因为在开环系统中,不需要将输出量的反馈量与输入量对比。闭环控制与开环控制相比,其控制精度高,稳定性恒定。但闭环控制系统可能引起过调,从而造成系统做等幅振荡或变幅振荡。聚合物母液浓度控制属于开环控制与闭环控制相结合控制系统。当系统的输入量已知,并且不存在扰动时,应优先采用开环系统。

2. 直接控制和间接控制

对表征系统工作状态或产品质量的物理量进行直接测量和控制称为直接控制。通过测量控制第二变量来实现对表征系统工作状态或产品质量的物理量的测量和控制的方式称为间接控制。系统的间接控制效果不如直接控制,为了获取最好的控制结果,应当争取控制第一变量,以期达到直接控制。聚合物母液配制浓度的控制属于间接控制,熟化罐的电动阀在计算机上显示打不开,到现场开启属于直接控制。

3. 集散控制

集散控制系统是指以微处理机为基础的集中分散型综合控制系统,简称 DCS,也可直译为分散控制系统。集散控制系统可实现对间歇生产过程的控制,即分批控制。集散控制系统具有过程控制功能、操作监视功能、数据通信功能、系统生成及维护功能。

(二)配制站可编程控制

PLC(可编程控制器)是一种数字式自动控制装置,是计算机技术与继电器逻辑控制概念相结合的一种控制器。PLC 由硬件系统和软件系统组成。PLC 的硬件系统由中央处理单元、存储器、电源和输入输出接口组成,软件系统由系统和用户程序组成。分散装置与熟化系统的数据交换宜通过 PLC 间的通信方式实现。PLC 投入运行后分为三个阶段,即输入采样、用户程序执行和输出刷新。计算机联网通信和 PLC 构成由计算机集中管理,并由其进行分散控制的分布或控制管理系统。PLC 的程序用户可以自己编写程序,并存入 PLC 和 ROM 中。

PLC 一般采用梯形图编程,梯形图编程原则:继电器线圈可以引用 1 次,而作为它的常开常闭触点可引用多次;应是自上而下、自左至右排列;同一编号的输出线圈不能重复使用。

根据控制点和用户对自控程度的要求,可以选择不同的控制方案,主要的控制方案有单回路控制、集中控制、集散控制。生产过程中,如聚合物分散、熟化过程能实现自动控制,但同时也需有手动功能。集中控制方案中,现场检测信号全部进入 PLC 和计算机中,由 PLC 发出指令给执行机构,实行程序控制。在聚合物母液系统中,若采用集散控制方案,则 PLC 仅对分散装置、熟化系统等发出指令,分散装置及熟化系统等系统中的控制过程单独进行处理。

二、技能要求

(一)准备工作

1. 设备

配制站在运自控计算机 1 台。

2. 材料、工具

记录纸 1 张、黑色碳素笔 1 支。

3. 人员

1 人操作,持上岗证,劳动保护用品穿戴齐全。

(二)操作规程

序号	工序	操作步骤
1	准备工作	准备工(用)具后,在配备的配制站在运自控计算机的工位处等待
2	登录	输入用户名和密码,按鼠标左键单击登录图标,按鼠标左键单击确定图标
3	弹出数据源界面	进入分散系统界面,按键盘 Ctrl+W 键,弹出数据源界面
4	记录数据源	按鼠标左键双击干粉重量显示点弹出对话框,记录数据源
5	退出数据源界面	按鼠标左键单击确定,按键盘 Ctrl+W 键退出数据源界面
6	单击对话框内"图表"字样	在坐标区域内双击鼠标左键弹出对话框,按鼠标左键单击对话框内"图表"字样
7	单击下拉菜单	按鼠标左键单击笔列表下方的下拉菜单
8	单击下拉菜单右侧图标	按鼠标左键单击下拉菜单右侧图标
9	双击 Hist 文件	在弹出对话框内选择历史库,按鼠标左键双击 Hist 文件
10	双击 FIX 文件	按鼠标左键双击 FIX 文件
11	查找到干粉重量数据源	查找到干粉重量数据源,按鼠标左键单击确定图标
12	单击确定图标	按鼠标左键单击确定图标关闭对话框
13	查看运行曲线	在历史趋势界面鼠标左键单击"现在"图标,查看运行曲线
14	清理场地	清扫场地,擦拭设备及工具,将工具摆放整齐

(三)注意事项

(1)操作员工要掌握用户名和密码才能登录。

(2)操作员工要会计算机的基本操作,熟知站内自控系统的保存文件名称。

(3)运行曲线调出时能看懂曲线。

(4)操作时按步骤进行,以免造成程序混乱或计算机死机现象。

项目五　查询外输泵流量曲线

一、相关知识

(一)聚合物自动控制过程

1. 聚合物分散系统

聚合物分散系统正常运转时,分散装置启动的条件是熟化罐有一个为空罐。分散装置运行后,自控系统将选择一座达到空罐液位时间最长的熟化罐打开其进口阀。分散装置上水量的自动控制主要是通过自动调节阀与流量变送器及二次仪表组成的 PID 闭环调节回路自动进行的。

2. 聚合物熟化系统

聚合物熟化系统主要控制设备包括可编程控制器、进口电动蝶阀、超声波液位计。聚合物熟化控制系统的控制范围包括熟化罐、熟化罐进出口阀、内部转输泵和储罐。

3. 自控系统常见故障及处理方法

可编程控制器出现不处理数据的故障时应断电后重新启动;操作或运行系统瘫痪时应重启计算机,若故障无法排除,则启用系统镜像进行还原;分散装置进水流量低时应先在计算机确认,如仍不启动,到配电柜重新切进清水泵;监控系统的画面不能正常切换可判定为系统死机,需退出系统,输入用户名及口令退出监控画面,然后重新启动计算机;若配制站计算机监控的操作系统或运行系统瘫痪无法恢复,则必须更换备份硬盘,重新启动系统;若配制站监控的画面无数据显示,原因可能为通信中断,应先通知相关人员启用手动控制。

(二)配制站计算机监控系统

配制站全部过程画面在上位机的显示器中可直接看到,上位机通过接口与 PLC 实现通信,可为用户提供实时数据、历史数据、过程画面、报表等信息。配制站监控系统通过颜色变化监测各种设备、阀门的工作状态,通过液面变化监测各种罐的液位变化,通过数字变化检测流量计流量、搅拌器运行时间的变化。监控系统中分散装置画面中除了显示各种阀的开启状况、上水流量外,还显示螺杆下料器的变频值。

配制站监控系统可实现干粉重量、熟化罐液位、外输泵流量、过滤器压力的曲线查询。

二、技能要求

(一)准备工作

1. 设备

配制站在运自控计算机 1 台。

2. 材料、工具

记录纸 1 张、黑色碳素笔 1 支。

3. 人员

1 人操作,持上岗证,劳动保护用品穿戴齐全。

(二)操作规程

序号	工序	操作步骤
1	准备工作	准备工(用)具后,在配备的配制站在运自控计算机的工位处等待
2	单击登录	按鼠标左键单击登录图标。
3	登录	输入用户名和密码,点击鼠标左键单击登录图标,按鼠标左键单击确定图标
4	弹出数据源界面	进入外输系统界面,按键盘 Ctrl+W 键,弹出数据源界面
5	记录数据源	按鼠标左键双击干粉重量显示点弹出对话框,记录数据源
6	退出数据源界面	按鼠标左键单击确定,按键盘 Ctrl+W 键退出数据源界面
7	单击对话框内"图表"字样	在坐标区域内双击鼠标左键弹出对话框,按鼠标左键单击对话框内"图表"字样
8	单击下拉菜单	按鼠标左键单击笔列表下方的下拉菜单
9	单击下拉菜单右侧图标	按鼠标左键单击下拉菜单右侧图标
10	双击 Hist 文件	在弹出对话框内选择历史库,按鼠标左键双击 Hist 文件
11	双击 FIX 文件	按鼠标左键双击 FIX 文件
12	查找到外输流量数据源	查找到外输流量数据源,按鼠标左键单击确定图标
13	单击确定图标	按鼠标左键单击确定图标关闭对话框
14	查看运行曲线	在历史趋势界面鼠标左键单击"现在"图标,查看运行曲线
15	清理场地	清扫场地,擦拭设备及工具,将工具摆放整齐

(三)注意事项

(1)操作员工要掌握用户名和密码才能登录。

(2)操作员工要会计算机的基本操作,熟知站内自控系统的保存文件名称。

(3)运行曲线调出时能看懂曲线。

(4)操作时按步骤进行,以免造成程序混乱或计算机死机现象。

模块二 操作、维护设备

项目一 相互切换螺杆泵

一、相关知识

(一)螺杆泵的相关知识

螺杆泵是靠相互啮合的螺杆做旋转运动来输送液体的,输送聚合物溶液主要采用双螺杆泵。用螺杆泵输送聚合物溶液主要是为了防止机械降解。螺杆泵压力和流量稳定,脉动小,液体在泵内做连续而匀速的直线流动,无搅拌现象,且螺杆泵具有较强的自吸性能,无须安装底阀或抽真空的附属设备。

在配制站使用螺杆泵的优点较多,单螺杆泵运转时对聚合物的剪切作用相对较小;一管两站输送工艺中的双螺杆泵的黏损率小于2%;螺杆泵输送的介质温度一般为-10~80℃,特殊情况可达120℃;三螺杆泵适用于输送不含固体颗粒的润滑性液体,较单螺杆泵具有体积小、排量大的优点。

螺杆泵根据结构可分为同步式螺杆泵和非同步式螺杆泵。同步式螺杆泵将分配齿轮和转子支持轴承都装在泵腔的外面。许多同步式螺杆泵的同步齿轮传递动力给转子时,并不需要螺杆和螺旋槽之间有金属和金属的相互接触来增加泵的使用寿命。同步式双螺杆泵的螺杆在工作过程中互不接触,齿侧之间保持恒定的间隙,其动力的传递是由驱动电动机分别和螺杆连接的同步齿轮来实现的。非同步式螺杆泵具有滚铣形式啮合螺旋槽的螺杆,且不需要给转子加装外部的支撑轴承。非同步螺杆的特点是把转子作为支撑从动转子的唯一手段,且转速较高,因其不用分配齿轮,可平稳而连续地在转子间传递任何必需的驱动力。

(二)泵的相关设施

1. 变频调速装置

变频调速装置能够实现泵电动机的软启动,调速、切换、定量泵和变频泵的自动增减及软切换。变频调速装置应用无超调、欠调,应用功能完善的智能仪表对测控参数进行控制,具有系统稳定性好、节能效果好的特点。变频调速装置在闭环控制系统中采用了数字滤波器和谐波滤波器,对控制电源运行净化处理,消除对电网、传感系统及部件之间的干扰,整个系统具有极强的抗干扰能力。一台变频调速装置可以控制多台机泵调速。变频调速装置可根据电动机的特征自动调整其特殊匹配参数,具有自动节能的功能。

变频调速装置的过载保护可通过电子热保护功能和内部强度检测保护变频主机。当中间电路的直流电压大于800V时,变频调速装置的过压保护可使主机停止工作。当中间电路的直流电压小于400V时,变频调速装置的欠压保护可使主机停止工作。变频主机内温度超过90℃时,变频调速装置的过热保护可使主机停止工作。变频调速装置的电动机保护可在电动机停止工作前发出报警信号。

变频调速装置安装在一台或几台并联泵上,压力信号转换成 4～20mA 的电信号送至 PID,变频调速装置将过程参数调节器经过比例、积分专家算法后的稳定运行信号和泵切换 I/O 送至变频器,变频器输出的泵的运行频率和泵运行切换信号送至电控装置,调整当前运行泵的转速。安装变频调速装置后机泵可以在工频和变频之间相互切换工作。

2. 聚合物母液输送管道

聚合物母液输送管道大致有钢骨架塑料复合管、玻璃钢管、塑料合金复合管、不锈钢管、碳钢内涂层管等几种。钢骨架塑料复合管采用电热熔连接和法兰连接两种方式。玻璃钢管道与钢管连接可采用带线螺纹的钢制短节、管箍连接和法兰连接。母液输送的碳钢管的内涂层方式有熔结环氧粉末涂料、T60 环氧防腐涂料、碳钢内衬陶瓷和不锈钢内衬等。钢骨架复合管管顶埋深不小于 1m。玻璃钢管道的敷设应避免采用弯头连接,并适当设置止推块等稳管措施。

聚合物母液管道设计的主要技术内容包括降压计算、黏损控制和材质优选。聚合物母液输送管道距离越长,输送时聚合物溶液在管道中停留的时间越长,在管道的剪切速率下,对聚合物溶液黏度的影响越大,黏损率就越大。聚合物配制站到最远注入站的母液输送管道宜在 6km 以内;聚合物配制站的母液输送管径的计算流速以 0.5～0.8m/s 为宜;母液输送管道的起终点压降宜小于 2.0MPa;聚合物母液输送管道设计中剪切速率应不大于 $90s^{-1}$。

聚合物母液输送的基本要求是保证各注入站需要的母液量以及母液浓度、黏度合格。聚合物母液管道长期运行后,内壁黏性附着物增多、杂质沉淀以及部分长期不流动的母液残留会造成回压增高。聚合物母液管道内壁的黏性附着物主要为未充分溶解的黏团、交联聚合物和微生物产生的絮状物。当母液外输回压升高时,应对在运的母液管道采取清洗措施。

聚合物母液管道清洗有清水清洗和化学清洗两种方式。聚合物母液管道在投产前采用清水清洗,连续停止使用 72h 后再次投用前、发现母液不合格的情况下采用热水清洗。聚合物母液管道在输送阻力增大、回压增高,或正常使用超过 2 年未清洗的情况下,应采用化学清洗。聚合物母液管道停运后,应先清水冲洗管道,再采用热水段塞冲洗、压风机扫线,最后关闭管道两侧截断阀。正常使用的聚合物母液管道应两年清洗一次。

3. 联轴器

齿轮联轴器由两个具有外齿的半联轴器和两个具有内齿的外壳组成,内外齿数相等。弹性联轴器具有弹性元件,故可缓和冲击振动,并补偿两轴间的偏移。铸铁半联轴器外缘的极限速度不得超过 35m/s。套筒联轴器常用于两轴直径较小、工作平稳、同轴度高的场合。钢制半联轴器外缘的极限速度不得超过 70m/s。

4. 减速器

减速器是原动机和工作机之间的独立闭式传动装置,用来降低转速和增大转矩以满足生产需要,构造主要包括箱体、轴齿轮、轴承、各种连接件及其他附件。减速器具有固定的传动比,在传动比 $i>8$ 时,应采用两级以上的减速器传动。减速器齿轮圆周速度 $v>12m/s$ 时应采用喷油润滑,传动零件圆周速度 $v<4～5m/s$,应需要脂润滑,此时必须在轴承内侧设置挡油环。

二、技能要求

(一)准备工作

1. 设备

外输螺杆泵 1 套、自动控制系统 1 套。

2. 材料、工具

450mm 管钳 1 把、300mm 活动扳手 1 把、400mm 活动扳手 1 把、黄油枪 1 把、数显钳形电流表 1 块、废液桶 1 个、加油桶 1 个、黄油若干、机油若干、擦布若干。

3. 人员

1 人操作,持上岗证,劳动保护用品穿戴齐全。

(二)操作规程

序号	工序	操作步骤
1	准备工作	准备工(用)具后,在配备的外输螺杆泵和自动控制系统的工位处等待
2	倒通备用泵出口流程	找到正确的流程,倒通出口流程
3	倒通备用泵进口流程	找到正确的流程,倒通进口流程,并排除管内空气
4	切换流程连通阀	切换正确流程连通阀,并确认流程连通阀状态良好
5	检查备用泵机组	检查泵机组的连接、稳固和润滑情况
6	检查设备工作状态	确认各安全和检测设备工作正常
7	盘泵	盘泵 3~5 圈,应转动灵活
8	启动螺杆泵	在计算机上通过自控系统启动螺杆泵
9	停运泵切出控制系统	在计算机上将停运泵切出控制系统
10	处理停运泵	关闭停运泵进出口阀,打开放空阀放空
11	清理场地	清扫场地,擦拭设备及工具,将工具摆放整齐

(三)注意事项

(1)现场应正确启动螺杆泵。

(2)操作时,防止头部、手部、腿部碰撞,必要时戴手套操作。

(3)放空时,防止液体外流,防止滑倒。

项目二　相互切换离心泵

一、相关知识

(一)离心泵的相关知识

离心泵在运行中,泵的振动一般不应超过 0.08mm。离心泵在实际工作中转数最高不超过许可值的 4%。

(二)泵的相关设备

变频器的广泛使用起到了节能的效果,但是会产生大量的谐波,导致线路电能质量降低,因此在使用变频器的同时线路中最好加装有源滤波器。有源滤波器是采用现代电力电子技术和基于高速 DSP 器件的数字信号处理技术制成的新型电力谐波治理专用设备,由指令电流运算电路和补偿电流发生电路两个主要部分组成。有源滤波器的指令电流运算电路实时监视线路中的电流,并将模拟电流信号转换为数字信号。有源滤波器会生成与电网谐波电流幅值相等、极性相反的补偿电流注入电网,对谐波电流进行补偿或抵消,主动消除电力谐波。使用有源滤波器后,能降低谐波直接能量损耗,提高功率因数并节能,降低线路损失,延长电气设备寿命,提高电网安全性。

二、技能要求

(一)准备工作

1. 设备

离心泵 1 台、自动控制系统 1 套。

2. 材料、工具

1.0mm 以下紫铜皮若干、熔断丝若干、300mm 直尺 1 把、塞尺 1 把、250mm 卡尺 1 把、300mm 活动扳手 1 把、12 件固定扳手 1 套、12 件梅花扳手 1 套、600mm F 形扳手 1 把、撬棍 1 根、150mm 一字螺丝刀 1 把、150mm 十字螺丝刀 1 把、试电笔 1 支、黄油若干、密封填料若干、润滑油 1 个、废液桶 1 个、擦布若干。

3. 人员

1 人操作,持上岗证,劳动保护用品穿戴齐全。

(二)操作规程

序号	工序	操作步骤
1	准备工作	准备工(用)具后,在配备的离心泵自动控制系统的工艺流程工位处等待
2	倒通备用泵出口流程	找到正确的流程,倒通出口流程
3	倒通备用泵进口流程	找到正确的流程,倒通进口流程,并排除管内空气
4	切换流程连通阀	切换正确流程连通阀,并确认流程连通阀状态良好
5	检查备用泵机组	检查泵机组的连接、稳固和润滑情况
6	检查设备工作状态	确认各安全和检测设备工作正常
7	盘泵	盘泵 3~5 圈,确认转动灵活
8	启动离心泵	在计算机上通过自控系统启动离心泵
9	停运泵切出控制系统	在计算机上将停运泵切出控制系统
10	处理停运泵	关闭停运泵进出口阀,打开放空阀放空
11	清理场地	清扫场地,擦拭设备及工具,将工具摆放整齐

(三)注意事项

(1)确认现场正确启动离心泵。

(2)操作时,防止头部、手部、腿部碰撞,必要时戴手套操作。

(3)放空时,防止液体外流,防止滑倒。

项目三　拆卸单级离心泵

一、相关知识

(一)轴承密封的相关知识

轴承的密封形式主要有两种类型,即静密封和动密封。静密封是在两个无相对位移的表面之间进行的密封,主要有垫密封、密封胶密封和直接接触密封三大类。动密封是对运动零件之间的密封。理想的密封应防止一切泄漏,但实际上往往难以达到,有时也没必要,而且在动密封中作为润滑油膜出现的微量泄漏,有助于运动部件的润滑和冷却。

(二)泵的材料选择

泵的常用材料主要有铸铁、钢、铜及其他金属或非金属材料。低压清水泵叶轮、泵壳等一般选用普通铸铁。高压注水泵的叶轮一般采用不锈钢材料。高压离心清水泵的平衡盘材质可选用 45 号钢。螺杆泵衬套为橡胶制品。注输泵泵轴常用的金属材料为 45 号钢及 40Cr。

(三)离心泵的运行要求

离心泵只有与管道配合才能完成输送液体的任务。离心泵启动前,必须使泵壳和吸水管内充满水,然后再启动电动机。

二、技能要求

(一)准备工作

1. 设备

单级离心泵 1 套。

2. 材料、工具

200mm 活动扳手 1 把、500mm 撬杠 1 把、$\phi 40mm \times 250mm$ 铜棒 1 根、$8 \sim 24mm$ 开口扳手 1 把、$8 \sim 32mm$ 梅花扳手 1 把、200mm 拉力器 1 把、300mm 一字螺丝刀 1 把、300mm 十字螺丝刀 1 把、手锤 1 把、50mm 毛刷 1 把、棉纱布若干、清洗油(10 号柴油)5kg、$500mm \times 360mm \times 120mm$ 清洗盒 1 个。

3. 人员

1 人操作,持上岗证,劳动保护用品穿戴齐全。

(二)操作规程

序号	工序	操作步骤
1	准备工作	准备工(用)具后,在配备的单级离心泵的工艺流程工位处等待
2	拆卸泵壳	均匀对称拆卸泵盖螺帽,用撬杠对称撬动,取下泵壳,不允许损伤密封面,并放净轴承体内机油
3	拆卸叶轮	按正确方向卸下叶轮背帽,轻敲取下叶轮,将叶轮竖立平整垫好
4	拆卸轴套和连接体	正确拆下压盖和泵体的固定螺栓,取出密封填料,沿轴向轻敲泄压连接体,取下轴套

序号	工序	操作步骤
5	拆联轴器和轴套端盖	正确用拉力器拆下联轴器,拆下轴承端盖,拆下的轴承端盖放在干净处,拆卸中不允许损坏密封面、不能发生机油泄漏
6	拆卸轴承体及轴承	按正确顺序用铜棒沿轴向敲动泵轴并取下轴承体,用拉力器取下轴承
7	清洗检查泵件	检查并清洗卸下来的泵件
8	清理场地	清扫场地,擦拭设备及工具,将工具摆放整齐

(三)注意事项

操作时尽量轻拿轻放,缓慢操作,防止操作受伤,必要时戴手套操作。

项目四　过滤润滑油

一、相关知识

(一)润滑剂的相关知识

润滑是指用某种介质把摩擦表面隔开。润滑不仅可以降低摩擦,减轻磨损,还能起到散热降温的作用,起润滑作用的润滑油膜还具有缓冲、吸震的能力。

凡是能降低摩擦阻力的介质,都可用作润滑剂。润滑剂可分为液体、半液体、气体、固体润滑剂。通常将粉状固体润滑剂与黏结剂调成混合物后使用,可用于极高负荷和极低速度的场合。

润滑油具有润滑作用、冷却作用、洗涤作用以及密封作用,通常用黏度比 50℃/100℃ 来判断润滑油黏温性的好坏;润滑油冷却到不能流动的温度称凝点;润滑油的安全指标通常是闪点。

对重负荷蜗轮及类似部件,润滑油使用期最好不超过 6~8 个月。可从以下几方面判断润滑油是否变质老化:

(1)颜色。润滑油被氧化、含水分和其他机械杂质时,其颜色比原先的油品要暗些。可取一定量的油样于试管中,与合格油品相比较,若稍有变色,基本上不影响使用;若变色较重,应考虑过滤或更换。

(2)水分及杂质。取一定量的油样于试管中进行沉淀,然后再与合格油品进行比较,看试管下部是否有水珠及杂质沉淀析出。

(3)黏度。黏度的鉴别是用手指捻擦感觉出来的。若黏度降低,说明渗入了轻质油品;若黏度升高,说明有氧化物生成。

润滑脂是半液体润滑剂。多尘工作环境中的机械,可选用润滑脂,以利于密封,受冲击载荷或往复运动且不易形成液体油膜的零件,也可选用润滑脂。当采用润滑脂进行润滑时,一次加油后较长时间不用换油,而且润滑脂有一定的密封作用。

(二)配制系统的附属设备

1. 除尘系统

配制站的除尘系统包括除尘中央程控器、中央集尘机、集尘机。除尘系统清除灰尘时必须停机,将手柄按下,拉出灰斗清倒后按原样装好即可;除尘系统不能在中央集尘机内滤筒缺损的情况下使用;中央集尘机电源缺相时,不能启动工作,要及时处理;除尘系统的中央集尘机要装好灰斗,向上板起手柄后使用,使用时储气筒气阀应处于关闭状态。

除尘系统的触屏上可以设定集尘机的运行时间和运行间隔时间,系统界面上可以设置半自动控制,所有设备可以在触摸屏上单独操作而不受自动程序的控制。

2. 电热防冻控制装置

熟化罐安装电热防冻控制装置的作用为防冻保温,电热防冻及控制装置的保温层厚度不小于 20mm,控温范围为 10~90℃,温度控制方便,发热温度高低可任意调节。安装电热防冻控制装置通电后用钳形电流表测量电流,电流应在要求范围内。

二、技能要求

(一)准备工作

1. 设备

供水泵润滑系统 1 套、滤油机 1 台。

2. 材料、工具

250mm 活动扳手 1 把、300mm 活动扳手 1 把、200mm 一字螺丝刀 1 把、200mm 十字螺丝刀 1 把、500mm F 形扳手 1 把、500mL 量筒 1 个、450mm 管钳 1 把、润滑油适量、擦布若干、密封胶带 1 卷。

3. 人员

1 人操作,持上岗证,劳动保护用品穿戴齐全。

(二)操作规程

序号	工序	操作步骤
1	准备工作	准备工(用)具后,在配备的供水泵润滑系统和滤油机的工位处等待
2	排污	打开油箱底部排污阀,排净油箱底部沉淀物和积水
3	粗过滤	打开冷却粗过滤的进出口三通法兰旋塞阀,利用粗滤筒对润滑油进行粗滤,滤出油中杂质
4	安装滤纸	将事先预制好的滤油纸装入板框式滤油器,并将滤油纸夹紧,不允许漏油
5	过滤	打开板框式滤油器的进出口旋塞阀,利用滤油纸对润滑油进行过滤,滤出油中杂质和水分(桶装润滑油,采用活动式滤油机对其过滤)
6	检验	取样化验,经取样化验过滤后油确实合格,装入洁净桶内备用
7	清理场地	清扫场地,擦拭设备及工具,将工具摆放整齐

(三)注意事项

防止液体外流,防止滑倒。

项目五　更换过滤器滤袋

一、相关知识

过滤器是对聚合物溶液进行精细过滤的压力容器,滤芯采用聚丙烯针毡材料,可以保证黏度损失小于2%。滤芯主要分为袋式和金属网结构两种。

常用的维护过滤器滤芯的方法有物理再生法、化学再生法及综合再生法等。物理再生法之一是用压力为0.4~0.6MPa的压缩空气反吹。

串组式过滤器的滤芯由多个过滤组件并列组成,过滤组件包括滤袋筐、滤袋和滤袋压环,各过滤组件的顶部安装在一安装板上,安装板边缘与设在该筒体内上部的内缘环形支撑板连接,各过滤器组件与外壳的内周面和底部之间均留有间隙。串组式过滤器的特征在于由两个以上的过滤器通过管道相互串联组成。串组式过滤器的外壳上部和下部分别设有入口和出口,其特征为底端封闭的筒体顶端设有快开盲板,与筒体用连接件相互连接。

串组式过滤器的管口部分包括进出口汇管、进出口法兰、排气口和排污口、一二级过滤器连接管;单体过滤器部分包括过滤器筒体、上盖和下底;滤芯部分包括过滤袋、筛管和支撑部分;快开装置包括快速开悬臂机构、上盖与筒体连接为卡瓦式的快开部分;外壳上部和下部分别设有放气口和排污口。

串组式过滤器增加了过滤面积;与聚合物母液接触的部位全部采用不锈钢材料,避免了对聚合物母液的降解;采用槽形密封结构,密封效果好,便于安装拆卸;采用悬臂提升上盖,上盖与筒体连接为卡瓦式快开结构,提升和偏移上盖时方便容易;滤框采用筛条式结构,滤袋拆装方便,可重复使用,提高滤框强度。

二、技能要求

(一)准备工作

1. 设备

配进出口工艺流程过滤器1台。

2. 材料、工具

与过滤器配套滤芯1个、重型套筒1套、轻型套筒1套、350mm活动扳手2把、200mm十字螺丝刀1把、200mm一字螺丝刀1把、木槌1把、废料桶1个、擦布若干。

3. 人员

1人操作,持上岗证,劳动保护用品穿戴齐全。

(二)操作规程

序号	工序	操作步骤
1	准备工作	准备工(用)具后,在配备的配进出口工艺流程过滤器工位处等待
2	检查过滤器压差	判断过滤器压差情况,压差大于0.3MPa时进行更换
3	停泵	在计算机上停泵,关闭泵的进、出口阀
4	泄压	按先开排污阀后开放空阀的顺序泄压
5	拆开过滤器端盖	按顺序拆过滤器端盖,保证完好
6	取出滤芯	确认泄漏母液量不超过滤芯容积的1/3,不得损坏滤芯
7	清洗过滤器内部	彻底清洗过滤器内部
8	清洗检查滤芯	清洗滤芯,保证清洗彻底、不堵塞,并检查破损情况
9	安装滤芯	固定滤芯,确保不损坏滤芯

序号	工序	操作步骤
10	安装过滤器端盖	采用对角紧固方法安装过滤器端盖,装密封圈,并保证安装时密封圈不损坏
11	启运准备	关闭排污阀,打开进出口阀,排除过滤器内空气后关闭放空阀,打开进出口阀(只打开单侧阀门),防止过滤器内空气未排净就关闭放空阀
12	检查	过滤器投入正常使用后,检查过滤器端盖有无渗漏情况
13	清理场地	清扫场地,擦拭设备及工具,将工具摆放整齐

(三)注意事项

(1)防止液体外流,防止滑倒。

(2)按先开排污阀后开放空阀的顺序泄压。

(3)采用对角紧固方法安装过滤器端盖。

项目六　更换低压离心泵轴承

一、相关知识

(一)联轴器的相关知识

机器中通常使用两个万向联轴器,使主动、从动轴角速度相等。万向联轴器一般由两个分别固结在主动、从动轴上的叉形接头和一个十字形零件用销铰接而成。万向联轴器结构紧凑、维护方便,适用于工作时两轴相对偏移角较大的场合。

(二)泵的相关知识

1. 金属材料腐蚀

金属材料常见的腐蚀形式有晶间腐蚀、点蚀、缝隙腐蚀、应力腐蚀四种。晶间腐蚀是指奥氏体不锈钢在 500~700℃时晶界处析出碳化镉而使晶界附近的含镉量低于 11.7%的现象。应力腐蚀主要是材料结构上存在应力而在高氯化合物含量介质中产生的一种腐蚀。点蚀是金属材料处于氯离子含量较高的酸性介质溶液中,由于材料本身与其内部所含沉淀的杂质之间的电位差而形成的电化学腐蚀,点蚀的速度与介质溶液的温度有关,温度越高,点蚀速度越快。

金属材料常用的表面处理方法有镀铬、氮化、氯化等工艺。油田用高压离心泵的叶轮、导叶等零部件,若酸性不大、氯化物含量低,可选用 1Cr13 或 2Cr13 作为零件材料。改善金属零件工作介质条件,能够有效地降低零件腐蚀速度,提高零件的抗腐蚀性。在采用涂层保护的工程中,钢质管道必须采用阴极保护。

2. 螺杆泵工作保养

一般螺杆泵每运转 1000~1500h 即应拆下定子,检查定子和转子的磨损情况;万向节和轴承部位重新更换润滑剂;螺杆泵不允许在日光直接暴晒下或在-20℃环境下工作;长时间停泵时,应保持泵腔内存水,以免橡胶件损坏;螺杆泵每运转 3000h 要进行全拆大修,更换易损件,大修后进行必需的测试,其主要性能要达到原来的技术指标;螺杆泵在运行过程中,轴承温度最高不得超过 80℃;螺杆泵采用机械密封时,应保证动环和静环之间有适当的压力;凡是采用双端面机械密封的螺杆泵必须进行循环冷却。

3. 变频调速装置

变频调速装置的最佳变频工作区间为 35~40Hz,变频值长时间在 5Hz 以下,容易出现烧毁电动机的故障,变频值长时间在 45Hz 以上,节能作用不明显,可工频运行。安装了变频调速装置的螺杆泵,如 0~50Hz 范围内变频器调节仍然不能满足转速的要求,需要更换皮带轮进行转速调整。

变频调速装置柜内的电气设备及其元器件的电气连接点处应按要求粘贴测温贴片。停变频调速装置时,先把变频器的频率调至 10Hz 以下,再停变频器,最后断开电源,避免带负荷断电。使用变频调速装置时,操作人员要熟知控制柜上的指示灯、指示表、开关、按钮作用,并掌握变频器的状态。变频调速装置的输入、输出主电源不能接反,也不能把"N"与"GND"接混。变频器用于驱动防爆电动机时,由于变频器没有防爆性能,应将变频器置于危险场所之外。变频器启动前,应检查电动机有无反转,如果电动机反转,则不能启动变频器。使用变频调速装置时,运行设备对应的出口阀门要完全打开,避免变频器出现过载保护。变频器控制电动机时,必须保证电动机具有良好的通风条件,必要时采取外部通风冷却措施。变频器驱动电动机的运行与停止,不能使用低压断路器或交流接触器直接操作,应通过通用变频器的控制端子来操作。变频器必须可靠接地,保证安全运行并有效抑制电磁干扰。启动变频器时,不要把频率设得过高,先低频运转,再调到高频。变频器在使用时,岗位员工可以通过看、听、闻的方式对变频控制系统进行检查。

二、技能要求

(一)准备工作

1. 设备

离心泵 1 台。

2. 材料、工具

300mm 活动扳手 1 把、250mm 活动扳手 1 把、6~27mm 梅花扳手 1 套、55~62mm 钩扳手 1 把、ϕ30mm×250mm 铜棒 1 把、0~25mm 外径千分尺 1 把、0~150mm 游标卡尺 1 把、150mm 拉力器 1 个、500mm×350mm×120mm 清洗盒 1 个、25mm 毛刷 1 把、润滑脂若干、清洗油 5kg、棉纱布若干、3A 铅丝若干、与泵匹配轴承 1 副。

3. 人员

1 人操作,持上岗证,劳动保护用品穿戴齐全。

(二)操作规程

序号	工序	操作步骤
1	准备工作	准备工(用)具后,在配备的离心泵工艺流程工位处等待
2	拆卸轴承压盖及支架	找到离心泵轴承后,用两把扳手互打背拆卸轴承盒压盖螺栓,螺栓卸下后摆放整齐,再用铜棒轻敲支架卸轴承支架
3	拆卸轴承背帽	用专用工具拆背帽,卸背帽方向应正确
4	拆卸轴承	用拉力器或铜棒拆卸轴承,卸轴承时保持平衡,不允许掉件
5	清洗检查轴承	正确用毛刷清洗剂清洗轴承及配件内杂物并检查轴承灵活性

序号	工序	操作步骤
6	用游标卡尺测量轴承	正确使用游标卡尺测量轴承外径及轴承内径尺寸
7	测量轴承间隙	正确用压铅丝法测量轴承间隙(使用外径千分尺测量)
8	装轴承盒端盖及轴承背帽	正确按拆装次序反装轴承盒端盖及轴承背帽,装轴承时用铜棒,并均匀敲打
9	加润滑油、加密封垫	在轴承体加适当润滑油,加上密封垫
10	安装轴承支架压盖	装轴承支架并靠紧对角上紧螺栓
11	清理场地	清扫场地,擦拭设备及工具,将工具摆放整齐

(三)注意事项

(1)工具摆放整齐,禁止掉件,防止砸伤。

(2)操作时尽量轻拿轻放,缓慢操作,防止操作受伤,必要时戴手套操作。

项目七　装配滚动轴承

一、相关知识

(一)传动的分类

传动是机械传动的一种方式,传动机构是将原动机输出的运动和能量传递给工作部分的中间环节。机械传动应用范围较广,常用的有带传动、齿轮传动和链传动三种。

链传动属于带有中间挠性件的啮合传动。带传动是一种把摩擦作为有用的因素加以利用的机械传动。与带传动相比,链传动无打滑、无弹性、无滑动现象。

1. 齿轮传动

齿轮传动是利用两齿轮的轮齿相互啮合传递动力和运动的机械传动。齿轮传动的基本要求是传动平稳、承载能力强。根据工作条件,齿轮传动可分为开式、半开式和闭式传动。

2. 带传动

带传动能够产生连续的旋转运动,将力从一个传动轮传导到另外一个上面。带传动中,传动带与带轮之间存在弹性滑动,不能保证准确的传动比。生产中最常见的带传动是三角带传动,三角带具有一定的厚度,为了制造和测量的方便,以其内周长作为标准长度,三角带的截面积形状为梯形。应定期检查三角带传动并及时调整,如发现有不能使用的三角带,应及时更换。

(二)设备密封

密封填料密封圈由密封填料经模压而成,尺寸精确、密度可定,且无任何外加填充剂或黏结剂。铅箔、铝箔包石棉密封填料耐磨性好,宜用在转速高的离心泵上。在常温的水泵及阀门上,为防止拉杆、阀杆生锈,宜选用油浸石棉密封填料。穿心编结密封填料比夹心编结密封填料弹性、耐磨性好,宜用于油品的阀门及机泵上。

机械密封中以辅助密封圈为主要零件的缓冲补偿机构,主要用在回转体上,其密封表面通常垂直于轴,使摩擦面保持的接触力和轴线平行。机械密封必须有良好的润滑,以防止热循环形成焦化而阻碍密封件运动。安装新机械密封装置时,要用专用工具仔细地安装在正确的位置。使用后的机械密封装置要及时进行冲洗以防止磨料进入密封端面而损坏密封面。机械密封的主要缺点是泄漏量大。

(三)设备轴承

根据轴承的摩擦性质,轴承可分为滑动摩擦轴承(简称滑动轴承)和滚动摩擦轴承(简称滚动轴承)两大类。根据轴承承受载荷的方向,轴承又可分为承受径向载荷的向心轴承和承受轴向载荷的推力轴承两大类。

二、技能要求

(一)准备工作

1. 设备

离心泵 1 套、与泵相匹配的滚动轴承 1 套。

2. 材料、工具

50~75mm 外径千分尺 1 把、0~160mm 内径千分尺 1 把、300mm 塞尺 1 把、ϕ30mm×200mm 铜棒 1 根、手锤 1 把、2mm 铁丝若干、黄油 250g、擦布若干。

3. 人员

1 人操作,持上岗证,劳动保护用品穿戴齐全。

(二)操作规程

序号	工序	操作步骤
1	准备工作	准备工(用)具后,在配备的离心泵工艺流程工位处等待,并擦净轴承或轴颈
2	测量尺寸	测量轴承内径、轴颈配合尺寸、轴承游隙
3	安装轴承	轴承安装到位,不得歪斜,不得用力过大
4	使用铜棒	使用铜棒均衡敲打,应敲打轴承内圈
5	轴承型号朝外	轴承型号朝外,方向不得错误
6	检查轴承	加入适当黄油,转动轴承,检查是否灵活
7	清理场地	清扫场地,擦拭设备及工具,将工具摆放整齐

(三)注意事项

(1)工具应摆放整齐,禁止掉件,防止砸伤。

(2)操作时尽量轻拿轻放,缓慢操作,防止操作受伤,必要时戴手套操作。

项目八　加注电动机轴承润滑油

一、相关知识

(一)设备的润滑

润滑可降低摩擦阻力及摩擦消耗,控制磨损。设备的润滑方式按润滑装置分为集中润滑和分散润滑。分散润滑方式是指各个润滑点各用独立、分散的润滑装置来润滑。

（二）配制站站内设备

1. 搅拌器

搅拌器是一种能使介质充分混合或达到某种特殊目的的设备。搅拌器可以搅动几种不容易混合的液体获得一种乳状液。熟化罐搅拌器的传动装置维护每 3 个月进行一次，维护时通过注油孔加注润滑油。

2. 电动单梁起重机

电动单梁起重机一级保养要求对机械传动部分、电气设备部分和金属结构三大部分进行全面检查。电动单梁起重机润滑车轮轴承时，加注润滑脂的油量为 1/2～1/3 的轴承容量，建议不超过三个月换油一次。电动单梁起重机大修理应全部分解机械部分的各机构，并更换损坏件和已达到报废标准的零部件，清洗后重新装配并加油润滑。

3. 除尘系统

除尘系统接上电源后控制箱板上的主机电源指示灯应亮，反转警示灯不亮；运行时要有足够的空气从连接管内吸入风机以提高机器的使用寿命；除尘系统的中央集尘机过载后，热继电器将会自动断开电路，应拔电源后消除过载再复位处理；除尘系统中中央吸尘器内的滤筒粉尘积聚过多时阻力大，要及时清理；除尘系统不工作时必须切断电源；除尘系统的集尘机不能吸进水及正在燃烧的火。

4. 电热防冻控制装置

电热防冻控制装置安装在电源箱内，为系统主电路提供电源及温度控制，由电源控制、控温仪表、传感器三部分组成，传感器安装在电热保温材料内，经信号电缆与控温仪表连接。电热防冻控制装置根据设定的温度由控温仪表输出相应的控制信号来决定开关状态；安装时按要求正确连接电源控温箱、传感器之间的连线；整套系统得电工作时，通过温控仪表设定电热电缆发热温度为要求温度。

二、技能要求

（一）准备工作

1. 设备

三相异步电动机 1 台。

2. 材料、工具

250mm 活动扳手 1 把、200mm 十字螺丝刀 1 把、200mm 一字螺丝刀 1 把、卡簧钳 1 把、黄油若干、ϕ2mm 铁丝 200mm、擦布若干。

3. 人员

1 人操作，持上岗证，劳动保护用品穿戴齐全。

（二）操作规程

序号	工序	操作步骤
1	准备工作	准备工（用）具后，在配备的三相异步电动机工位处等待
2	拆卸	小心拆卸电动机护罩及风扇，拆卸轴承端盖
3	固定轴承内盖	用干净铁丝从螺栓孔穿入固定轴承内盖

续表

序号	工序	操作步骤
4	检查润滑油	检查润滑油有无变质
5	加入润滑油	加入适量润滑油,保持清洁无杂质
6	装轴承端盖	平稳装轴承端盖
7	穿螺杆	穿螺杆要平稳,对孔固定
8	上紧端盖螺栓	用力均匀地上紧端盖螺栓
9	装电动机风扇及护罩	小心安装电动机风扇及护罩,不允许风扇刮碰护罩
10	启动检查	试运,听电动机有无异常声响
11	清理场地	清扫场地,擦拭设备及工具,将工具摆放整齐

(三)注意事项

(1)工具应摆放整齐,禁止掉件,防止砸伤。

(2)防止液体外流,防止滑倒。

模块三　操作仪器、仪表

项目一　测量滚动轴承游隙

一、相关知识

(一)机械零件的修复方法

机械零件的修复方法很多,但要根据每一种零件的具体损伤情况、损伤部位、使用性能要求、零件的材料或者热处理方法等确定具体的修复方法。

1.磨损零部件的修复方法

1)易损件

摩擦副中许多的易损件,如各类滑板、导向板、滑块、活塞、活塞环、活塞压缩机的十字头等,工作一段时期磨损到一定程度后就需要更换新件,因此,有的设备机器出厂时就有一定数量的备件,在检修工作中,更需备有一定数量的易损件,在定期检修时,应将磨损件更换为新件。

2)轴承

检修时,对于滚动轴承,如发现磨损后间隙增大,超过规定值,应更换新的轴承,轴套类件也应如此。对于开式滑动轴承,磨损使间隙增大时,可调整瓦口垫薄厚的尺寸使轴瓦与轴的配合间隙达到规定值,无瓦口垫的,要采用修研瓦口的方法处理。

3)各类机床导轨

由于中间部位使用频繁、磨损较两端大,一般使中间凹下,在检修时,可采用刮研的方法使导轨的直线度和平面度达到规定的精度,有条件的可采用机械加工的方法,如采用导轨磨床加工导轨、床身,使机床导轨精度达到规定要求。

4)气缸

气缸磨损超过允许限度时,可选配与气缸相符的活塞与活塞环,按修理尺寸镗削扩大,并留出适当的磨缸余量。

5)主轴轴颈

(1)装滑动轴承的轴颈磨损:在其强度允许的条件下,修磨轴颈配换轴承,但轴颈在修磨后不得小于原尺寸1mm。若轴颈不能减小尺寸,可采用局部镀铬或金属喷镀等工艺来恢复尺寸,但镀铬层不宜超过0.2mm,金属喷镀不宜超过1.0mm。高速旋转轴或受冲击轴、轴径较大的轴不宜采用此法。

(2)装滚动轴承的轴颈磨损:可采用镀铬或金属喷镀后,再经修磨恢复轴颈尺寸。

6)曲轴轴颈

(1)磨削修理:如果磨损量在修理尺寸范围内小量没超过2mm的,可在磨床上进行磨削修理。

（2）喷涂或粘接修理：如果曲轴的磨损量较大，即磨损量在曲轴支撑轴颈基本尺寸的1/30～1/20的，可用喷涂法、粘接法进行修复，但修复前必须进行强度验算。

（3）焊贴轴套法修复：先把已加工好的轴套切开两半，焊贴到曲轴磨损的轴颈上，然后再加工到需要的尺寸。

7）带传动与链传动

（1）带传动：轮孔或轴颈磨损的修复，磨损不大时，车大轮孔，将轴镀铬或喷涂与轮孔配修；当轮孔磨损严重时，可把轮孔加大后压装新的衬套，并用骑缝螺钉固定，加工出新的键槽。皮带磨损不大时，可调整中心距，磨损到一定程度后，应更换新带。

（2）链传动：链板组合件磨损会使链条拉长产生抖动或卡死现象，检修时应采取调整中心距、拆掉一组链节、磨损严重时更换新的链条的方法来处理。

8）齿轮传动机构件

（1）齿轮磨损严重时，应更换新齿轮。两啮合齿轮，齿数少的磨损快，齿数相差越多磨损越大，更换齿轮时应考虑齿轮的选用材料、热处理方法，使齿数少的齿轮有一定的硬度。对于不重要场合的齿轮，也可考虑采用堆焊法将齿部堆平然后重新加工齿的方法修复。

（2）运转中的齿轮发生点蚀、拉毛、剥离等现象，主要是润滑不良、润滑油选择不对或过载等因素造成的，检修时应采取改善润滑条件、保证润滑油的清洁度、正确选择润滑油或减少负荷的方法来处理。

各种机器设备产生的磨损形式不相同，以上仅列举部分常见的磨损现象及修复的方法，实际中应根据磨损的类型采用适当的方法进行修复工作。

2. 机械损伤零部件的修复方法

机械零部件受到损伤，大部分是更换新件，但对于一般的机器设备、不是重要场合下使用的零件，损伤较轻时可采用修复的方法。

拉杆、连板等各种零件，发生折断、裂纹等可采用焊接方法修复，修复时要考虑修复件的材料、热处理要求、工作性能等因素，并正确地选用焊条，采用合理的焊接工艺和焊接方法。堆焊可用来修复零件的磨损表面等，还可用来改善零件的表面性能。

轴类件，各种梁结构件，板材件，薄板材件等，经长期运转或外力冲击，会使零件产生弯曲变形、扭转或翘起变形及凸凹变形（指薄板料），使零件受到损伤，轻微的可勉强使用，而损伤较重的就不能使用了，需采用校正的方法修复，一是校直，二是校平，三是对变形尺寸进行校正。

采用手工修研的方法对损伤件进行修复，这种方法主要用于零件受到轻微损伤的情况，如齿轮的齿面轻微拉毛、点蚀等可采用油石条修研，机床导轨表面的轻微刮伤、撞伤可使用刮刀修研，一些表面粗糙度、精度要求不高的相对运动表面受到的损伤可采用锉削的方法修复。

3. 塑性变形零部件的修复方法

塑性变形主要是相对运动件的摩擦表面在重负荷下运动时产生的，其形成的原因主要是制作零件的材料较软、热处理后强度和硬度上不去或者是润滑不良、摩擦表面过热。产生塑性变形后，摩擦表面沿运动方向端部会发生飞翅现象，滑动表面上会出现掘坑、起皱等现

象,如果发现不及时,这种现象会迅速发展,造成更大的损伤与破坏。塑性变形零件损伤修复方法常有以下几种:

(1)正确地选择塑性变形件的材料热处理方法,提高零件的硬度,尤其是表面硬度;

(2)正确地选用润滑油和润滑方法,使摩擦表面得到良好的润滑;

(3)减轻载荷,不能超载运行;

(4)经常观察机器运行情况,及时发现问题,避免塑性变形的发生,阻止塑性变形的发展,以便采取有效措施处理。

(二)滑动轴承的相关知识

1. 工作特点

滑动轴承根据润滑和摩擦状态不同可分为液体摩擦滑动轴承和非液体摩擦滑动轴承两种。

液体摩擦滑动轴承的轴颈和轴承表面完全被一层油膜隔开,金属表面不发生直接接触,可大大降低摩擦损失和表面磨损,由于油膜具有一定的吸振能力,因此能吸收和缓冲轴对机架的冲击。

非液体摩擦滑动轴承的轴颈与轴承表面之间虽然有液体油膜存在,但它不能完全避免表面凸起部分的直接接触,摩擦损失较大,因此轴承容易磨损。此外,摩擦发热易使轴承温度升高,严重时将出现烧结黏合现象,影响轴承的正常工作。

2. 结构

1)整体式向心滑动轴承

整体式向心滑动轴承由轴承座、轴承孔和轴瓦组成。轴承座多用铸铁或铸钢制成,轴承座用螺栓与机架连接,其顶部设有安装油杯的螺纹孔。轴承孔内装有轴瓦,并用紧固螺钉固定。

这种轴承结构简单、成本低,但无法调整磨损后的间隙,且拆卸不便,通常用于低速、载荷不大、间歇工作的运转设备。

2)剖分式向心滑动轴承

剖分式向心滑动轴承由轴承座、轴承盖、剖分的上下轴瓦及螺栓组成。为了防止轴瓦转动,还装有空心固定套来固定轴瓦,为了使轴承座和轴承盖便于对中,剖分面上有定位止口。剖分面上还有少量薄垫片,以方便调整轴颈和轴瓦间隙。

剖分式向心滑动轴承拆卸安装方便,易于调整轴颈和轴瓦间隙,因此得到了广泛应用。

3)自动调位滑动轴承

轴颈较长或轴的刚度较小或两轴承未安装在同一个刚性机架上而难以保证安装精度,都会造成轴瓦边缘局部接触,进而导致磨损加剧,为了避免这种现象发生,可采用自动调位滑动轴承。自动调位滑动轴承的轴瓦和轴承座及轴承盖都以球面接触,因而轴瓦可随轴在一定范围内进行偏转。

4)推力滑动轴承

推力滑动轴承(又称止推滑动轴承)主要承受轴向载荷,由轴承座、衬套、轴瓦和推力轴瓦组成。推力轴瓦的底部制成球面,以便对中,并用销钉和轴承座固定。润滑油用压力从底部注入,并从上部油管流出。轴瓦起着固定轴颈位置作用的同时,还可承受一定的径向载荷。

(三)滚动轴承的相关知识

1.结构

滚动轴承通常由外圈、内圈、滚动体和保持架四部分组成。内圈、外圈分别与轴颈和轴承座配合,通常是内圈随轴颈转动而外圈固定不动,但也有外圈随轴颈转动而内圈固定不动的。在内圈、外圈上有凹槽,称为滚道,它的作用是引导滚动体运动并承受一定的轴向载荷。保持架的作用是使滚动体均匀地分布于圆周,并避免滚动体之间直接接触而增大摩擦阻力和磨损。若无保持架,则由于相邻滚动体接触点表面运动方向是相反的,相对摩擦速度是表面速度的2倍,所以磨损严重。保持架由较软的材料(如低碳钢、铜、铝等)制成,其目的是减轻滚动体的磨损。滚动体的形状很多,常用的有球、短圆柱滚子、长圆柱滚子、中空螺旋滚子、圆锥滚子、鼓形滚子和滚针等。

2.分类

滚动轴承按所能承受的载荷方向可分为向心轴承、推力轴承、向心推力轴承、推力向心轴承。

(1)向心轴承:主要承受径向载荷,某些类型的轴承(如向心球轴承)也能在承受径向载荷的同时承受较小的轴向载荷。

(2)推力轴承:仅能承受轴向载荷。

(3)向心推力轴承:能承受径向和轴向同时作用的联合载荷。

(4)推力向心轴承:主要承受轴向载荷,也能在承受轴向载荷的同时承受较小的径向载荷。

二、技能要求

(一)准备工作

1.设备

1200mm×1200mm×800mm 钳台 1 个。

2.材料、工具

50mm 千分尺 1 把、轴承 1 个、擦布若干、蓝黑钢笔 1 支(考生自备)、记录单 1 张、铅丝若干。

3.人员

1 人操作,持上岗证,劳动保护用品穿戴齐全。

(二)操作规程

序号	工序	操作步骤
1	准备工作	准备工(用)具后在工位处等待
2	擦净轴承	擦净轴承滚动体和保持架,转动检查轴承灵活性
3	选择铅丝	根据轴承大小选择铅丝的粗细
4	插入铅丝	将铅丝插入滚动轴体靠外轨内侧
5	压扁铅丝	转动内轨或外轨使滚动体从铅丝上滚动压扁铅丝
6	测量	取出被压扁的铅丝,将平后用外径千分尺测量

续表

序号	工序	操作步骤
7	读数	在外径千分尺上读取数据
8	复测	用上述方法复测一次
9	记录数据	填写记录,以两次测量最大数为准
10	清理场地	清扫场地,擦拭设备及工具,将工具摆放整齐

（三）注意事项

（1）必须可以熟练操作外径千分尺。

（2）外径千分尺为精度较高的测量仪器,使用时要轻拿轻放,操作时不能用力过猛,使用后要擦净上油,放入到盒内,注意不要锈蚀或弄脏。

项目二　用外径千分尺测量工件

一、相关知识

（一）外径千分尺

外径千分尺又称为分厘卡、螺旋测微器,是一种精度较高的量具,如图 2-3-1 所示。千分尺主要是用于测量精度要求较高的工件,其精度可达 0.01mm,比游标卡尺精度高出一倍,常用的有 50~75mm、75~100mm 等。外径千分尺是利用直线移动量与旋转角度之间的正比关系进行读数的。

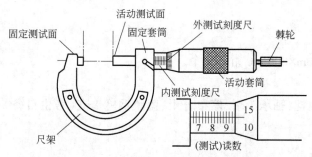

图 2-3-1　外径千分尺及使用方法示意图

外径千分尺的使用方法:

（1）外径千分尺使用中应注意清洁,选用合理的量程,用标准杆校正归零。

（2）将工件的被测表面擦拭干净。

（3）外径千分尺测量时应使用棘轮,用单手或双手握持外径千分尺,先转动活动套筒,外径千分尺的测量面一接触工件表面就转动棘轮。当测力控制装置发出"咔咔"声时,停止转动,此时即可读数。

（4）读数时,要先从内测试刻度尺刻线上读取毫米数或半毫米数,读取内测试刻度尺上侧的数值,记作整数;再读取内测试刻度尺下侧的半刻度,若半刻度已露出,记作 0.5mm。

再从外测试刻度尺(即活动套筒)与固定套筒上中线对齐的刻线上读取格数(每一格为 0.01mm),读取外测试刻度尺上的数值后乘以 0.01mm,读取外测试刻线时要直视基准线。将两个数值相加,就是测量值。读取完刻度尺上的数值后,内测试刻度尺与外测试刻度尺之间应有一位估读数字,记作 0.001mm。

注意事项:外径千分尺在读数时,要注意内测试刻度尺下侧表示半毫米的刻线是否已经露出。不可用外径千分尺测量粗糙工件表面,使用后测量面要擦拭干净,并加润滑油防锈,然后放入盒中保存。

(二)游标卡尺

游标卡尺是一种中等精度的量具,可以直接测出工件的内外尺寸,如图 2-3-2(a)所示。常用的游标卡尺有 150mm 和 200mm 两种规格,这两种游标卡尺的精度均为 0.02mm。

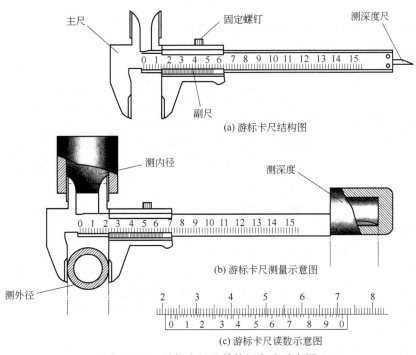

(a) 游标卡尺结构图

(b) 游标卡尺测量示意图

(c) 游标卡尺读数示意图

图 2-3-2 游标卡尺及其使用方法示意图

游标卡尺的使用方法:

(1)使用游标卡尺测量工件的尺寸时,同外径千分尺一样应先检查尺况,再校准零位,即主副两个尺上的零刻度线同时对正,即为合格,这样才可以使用。

(2)测量工件外径时,应先将两卡脚张开得比被测尺寸大些,而测量工件的内尺寸时则应将两脚张开的比被测工件尺寸小些,然后使固定卡脚的测量面贴靠工件,轻轻用力使副尺上活动卡脚的测量面也贴紧工件,并使两卡脚测量的连线和所测工件表面垂直,再拧紧固定螺钉,如图 2-3-2(b)所示。

(3)在主尺上读出副尺零位的读数,如图 2-3-2(c)所示。

(4)再在副尺上找到和主尺相重合的读数,将此读数除 100 即为毫米数,将上述两数值相加,即为游标卡尺测得的尺寸。

注意事项:读数要在光线较好的地方进行,不能斜视读数,绝不能读出如 23.17mm、4.01mm、0.65mm 之类的数据,因为副尺的精度为 0.02mm,所测得的最后一位小数应是 0.02 的倍数才对。

二、技能要求

(一)准备工作

1. 设备

桌子 1 张。

2. 材料、工具

千分尺 1 把、被测工件若干、蓝黑钢笔 1 支(考生自备)、记录表 1 张、棉纱若干。

3. 人员

1 人操作,持上岗证,劳动保护用品穿戴齐全。

(二)操作规程

序号	工序	操作步骤
1	准备工作	准备工(用)具后在工位处等待
2	检查擦洗外径千分尺	检查、擦拭外径千分尺及工件并调正 0 位
3	使用外径千分尺	测量工件与测杆时旋棘轮,棘轮发出"咔咔"响声后读数,响声超过不得两声
4	测量工件	测工件在外径位置,测量杆与工件表面垂直,测量杆与工件接触不得过紧
5	二次测量	进行二次测量
6	固定筒读数	读固定筒上数据
7	微分筒读数	读微分筒上数据
8	确定单位及读数误差	测量数据以毫米为单位,测量数据误差不得大于 $\pm 0.01mm$
9	记录取值	记录数值,取两次测量的最大值为结果值,两次测量误差不得超 $\pm 0.03mm$
10	清理场地	清扫场地,擦拭设备及工具,将工具摆放整齐

(三)注意事项

(1)必须可以熟练操作外径千分尺。

(2)外径千分尺为精度较高的测量仪器,使用时要轻拿轻放,操作时不能用力过猛,使用后要擦净上油,放入盒内,注意不要锈蚀或弄脏。

项目三 检测聚合物溶液黏度

一、相关知识

(一)聚合物的化验知识

化验使用的容器多为玻璃器皿,为保证试验的准确性,使用时都有具体的要求:任何计量容器和滴定管、移液管、容量瓶、烧杯等在使用前后必须小心地洗净;使用容量瓶配制溶液时,观察视线必须与液面保持在同一水平。

化验检测的方法也有着严格标准:做标准曲线时,标准液与未知液的温差不应大于 5℃;一般聚丙烯酰胺粒度大于 950μm 和小于 200μm 的质量分数要小于 3%。

（二）聚合物的检测方法

1. 黏度检测

聚合物溶液的黏度一般在 45℃下测定,检测方法为乌式黏度法,特性黏度标准为 15~17mPa·s。

2. 浓度检测

淀粉-碘化镉显色法是在 pH 值=3.5 的条件下通过分光光度进行显色测定,进而得出聚合物浓度。浊度法测定聚合物溶液浓度是聚合物在酸性溶液中与次氯酸钠反应,产生不溶物,使溶液混浊。淀粉-碘化镉显色法是大庆油田测量聚合物溶液浓度的常用方法。

3. 相对分子质量检测

用乌式黏度计测量相对分子质量时,重复测定 3 次,测定结果相差不得超过 0.5s。用乌式黏度计测定聚合物相对分子质量时应按从低浓度至高浓度的顺序进行测定。

4. 固含量检测

固含量是指从聚合物中除去水分等挥发物后固体物质的质量分数。固含量的检测采用恒温干燥箱的干燥法。测定聚合物固含量所用的分析天平需准确至 0.0001g,称量瓶的内径为 40mm、高为 30mm。测量聚合物固含量所用的称量瓶需在(105±2)℃下干燥至恒重。

（三）化验仪器的相关知识

1. 化验仪器的使用方法

当需要准确移取一定量的液体时应使用移液管;使用容量瓶配制溶液时,必须边加溶剂边摇动容量瓶使其溶解;任何计量容器在使用前后必须小心地洗净;使用天平时应检查天平是否处于水平状态,方法是看水准器的水泡应位于中心。

2. 化验仪器的保养方法

容量器皿用自来水清洗后,必须用蒸馏水淋洗 2~3 次;电热恒温箱内壁如生锈,可刮干净后涂上铝粉、铅粉或锌粉,切不可涂油漆;分光光度计若长时间不用,一个星期至少启动一次,每次约半小时。

（四）油田水矿化度的检测要求

油田水矿化度测量指标包括 Ca^{2+}、Mg^{2+}、Cl^-、K^+、Na^+ 等离子的含量。指示剂用甲基橙时变色范围为 pH 值=3.0~4.4。在矿化度测定过程中铬黑 T 指示剂必须要控制 pH 值为 10,因为铬黑 T 在该条件下显色最敏感。测定水质中的钙离子时用 EDTA 滴至浅蓝色为止。$AgNO_3$ 溶液应装在酸式滴定管中,因其对胶管有腐蚀作用。

（五）聚合物化验的其他要求

1. 标准曲线的绘制

聚合物浓度标准曲线计算公式为 $C=(KA+b)N$,其中 C 为聚合物浓度,单位为 mg/L,K 为标准曲线斜率;A 为聚合物溶液吸光值;b 为标准曲线截距,代表聚合物溶液稀释倍数。聚合物浓度标准曲线以浓度为纵坐标,吸光值为横坐标。当测定条件发生变化时,如环境温度变化,更换药品,重配试剂,化验仪器的校验、更换、维修,聚合物干粉更换不同厂家、不同相对分子质量,水质指标发生较大变化等,都应重做标准曲线。聚合物浓度标准曲线一般稀释 5 种浓度的聚合物溶液,一般情况下每月制作一次。聚合物浓度标准曲线上定点浓度对应的吸光值如果有两点以上超出曲线范围,则该曲线不合格,需要重做。

2. 报表的填写

样品及化验数据交接资料中每项资料必须手写清楚、整洁,核实正确送样人签字与样品一同及时送到配制站,每个样品必须标明取样点、方案浓度、取样人、日期。配制母液用水及注入站注入用水的水质化验应每周至少取样 2 次,如发现异常情况应加密取样化验;化验仪器设备运转中要求每隔一个月要进行一次保养;聚合物溶液浓度、黏度分析原始资料中要录取取样部位、取样时间、浓度稀释倍数、吸光值、检测浓度、实际浓度、实际黏度、黏度稀释倍数等资料;配制站应对配制母液用水及注入站注入用水的水质进行分析并记录。

3. 配注过程中黏损

配制站站内黏损为从熟化罐到精滤器的黏度差值的百分比。注入站的黏损为从注入站储罐到注入井的黏度差值的百分比。配制站到注入站的黏损为从配制站外输泵到注入站储罐的黏度差值的百分比。注入站的一泵多井工艺流程中有流量调节器的黏损要求。注入站到单井的黏损为静态混合器到注入井的黏度差的百分比。一般情况下整体黏损较大的工艺流程为有比例调节泵的流程。

4. 化验废液的处理

处理化验室无机酸类时需将废酸慢慢倒入氢氧化钠水溶液中相互中和后用大量清水冲洗;处理化验室无机碱类可用盐酸溶液中和后用大量清水冲洗;化验室可燃性有机物可用焚烧法处理。

二、技能要求

(一)准备工作

1. 设备

布氏黏度计 1 套。

2. 材料、工具

稀释后聚合物母液适量、卫生纸若干、擦布若干、碳素笔 1 支(考生自备)、记录纸 1 张、20mL 量筒 1 个、大镊子 1 把、500mL 废液杯 1 个。

3. 人员

1 人操作,持上岗证,劳动保护用品穿戴齐全。

(二)操作规程

序号	工序	操作步骤
1	准备工作	准备工(用)具后在工位处等待
2	调仪器	调平仪器,接好仪器电源
3	打开恒温水浴	打开恒温水浴开关,运行温度为 45℃
4	挂转子	轻拿轻挂,将 UL 转子挂在黏度计上,挂后 UL 转子不允许摆动

续表

序号	工序	操作步骤
5	打开黏度计	打开黏度计开关,当仪器显示"BROOKFIELD DV Ⅱ⁺LV VISCOMETER"时,不需要按任何键
6	运行布氏黏度计	当仪器显示"REMOVE SPINDLE PRESS ANY KEY"时,取下 UL 转子,按任意键,仪器开始闪烁,进行自动调零,约 10s 后仪器显示"REPLACE SPINDLE PRESS ANY KEY"时按任意键
7	调试布氏黏度计	挂上 UL 转子,按箭头键和调转速键(SET SPEED),设置转速为 6r/min,按"SELECT DISPLAY"键,调节显示为 cP,再按"MOTOR"键,关闭马达
8	称取聚合物溶液	用量筒准确称取 16mL 的聚合物溶液,称取时不允许漏液,并进行冲洗
9	固定黏度计套筒	将量筒中聚合物溶液倒入黏度计套筒中,套在转子上,固定在黏度计上,不允许固定歪斜或操作不平稳,固定时不允许有漏液
10	读取数据	按"MOTOR"键进行测定,读数稳定后读取中间值
11	关闭黏度计	关闭马达,取下套筒和转子,洗净后用软纸擦干放好
12	清理场地	清扫场地,擦拭设备及工具,将工具摆放整齐

(三)技术要求

(1)使用布氏黏度计前要进行调平,看黏度计上的水平水珠是否居中,如不居中调试三脚架底部的旋钮。

(2)布氏黏度计中恒温水浴的运行温度为 45℃,因此检测黏度时必须将温度设定好。

(3)由于布氏黏度计为精密仪器,其中的 UL 转子不允许有损坏或操作时晃动较大,避免造成检测数据不准确。

(4)布氏黏度计有多种检测功能,因此检测聚合物黏度时需进行调试,同时调试正确的转速和功能键。

(5)检测聚合物溶液的液量有要求,液量太少时检测不准确,液量太多会造成漏液损坏布氏黏度计。

(四)注意事项

(1)恒温水浴里的蒸馏水要加到标准处,水量太高、太低都会影响运行,温度设定要正确,避免仪器损坏。

(2)操作仪器要平稳,不允许套筒安装歪斜,固定时不允许有漏液。

项目四　测算离心泵扬程

一、相关知识

(一)仪器器具的分类、校定及现场管理

计量器具及测控设备分为强制检定、A、B、C 四类管理。强制检定计量器具是列入《中华人民共和国强制检定工作计量器具目录》并直接用于贸易结算、安全防护、医疗卫生、环

境监测方面的计量器具。A 类计量器具及测控设备是用于厂内部量值传递的计量标准器（装置）及配套的计量器具。B 类计量器具及测控设备是用于石油的专用计量器具。C 类计量器具及测控设备是用于低值易耗的计量器具及测控设备、指示测量的工具类计量器具。

依据《中华人民共和国计量法》有关规定，任何单位和个人不得在工作岗位上使用无检定合格印、证或者超过检定（校准）周期以及经检定不合格的计量器具。计量检定应遵循的原则是经济合理，就地就近。检定证书或检定结果通知书必须字迹清楚、数据无误，有检定、核验、主管人员签字，并加盖检定单位印章。检定合格印、证应清晰完整，残缺、磨损的检定合格印、证应立即停止使用。计量检定员应是经考核合格、持有计量检定证件、从事计量检定工作的人员。计量检定人员有权拒绝任何人迫使其违反检定规程，或使用未经检定或检定不合格的计量标准进行检定。

生产过程中新改造或购进的计量器具及测控设备，安装前检定合格后方可进入生产现场。仪表受检（校准）率是经过检定（或校准）的数量检定（或校准）的数量与完好数的百分比。B、C 类管理仪表配备率不小于 95%，受检（校准）率不小于 95%，完好率不小于 92%，使用率不小于 85%。计量彩色标志可分为合格证、计量标准、准用证、限用证、禁用和封存六种管理形式。计量封存贴为天蓝色，用于标志生产或流转中暂时不投入使用的计量器具，禁用标志为红色，用于国家规定淘汰和超过检定周期或抽检不合格的计量器具及测控设备，此类计量器具禁止在生产和管理中使用。

（二）电动执行机构

电动执行机构以继电器触点输出来指示阀门的开关限位及故障报警，蜗轮与蜗杆的自锁性防止了执行机构在断电或断信号情况下的反转现象。电动执行机构具有机械式手/自动切换机构，电动机一旦接收电信号启动，离合器能自动复位并使执行机构恢复到自动状态。电动执行机构的远程开关量信号可控，就地操作旋钮可现场调控阀门的位置。电动执行机构具有人机对话功能，电气控制部分采用全新的 SOC 芯片控制，智能化程度高。

电动执行机构提供了操作手轮和电动切换手柄，在主电源掉电或控制电路失灵等特殊情况下可以进行手动操作。电动执行机构若进行就地电动操作，需要将红钮置于就地位置，然后用黑钮对执行器进行控制。电动执行机构的远程控制方式分为远程开关量控制方式和远程模拟量控制方式。电动执行机构进行手轮操作前，先将方式选择钮放在"停止"或"就地"位置，压下手动切换手柄至手动位置。

二、技能要求

（一）准备工作

1. 设备

离心泵 1 台、配套流程 1 套。

2. 材料、工具

15m 卷尺 1 把、秒表 1 只、计算器 1 个、450mm 管钳 1 把、500mm F 形扳手 1 把、记录表若干张。

3. 人员

1 人操作,持上岗证,劳动保护用品穿戴齐全。

(二)操作规程

序号	工序	操作步骤
1	准备工作	准备工(用)具后在配备的离心泵工艺流程工位处等待
2	检查仪器、仪表并校验	关压力表阀门,安装标准表,放空泄压,确保正确操作
3	选择压力表	选择实际压力在表的最大量程 1/3~2/3 的压力表
4	检查水罐液位	检查水罐储水量是否能够启泵运行
5	检查机泵	检查机泵润滑情况,冷却系统是否畅通,各部螺栓紧固情况
6	倒流程	检查各部位流程有无渗漏,并倒通来水阀门
7	倒泵进口阀	打开泵进口阀门,开放空放掉余气
8	盘泵、启泵	盘泵 3~5 圈,按操作规程启泵
9	观察泵运行情况	启泵后观察泵压、电流变化
10	开启泵出口阀门	泵压升高,电流下降,开启泵出口阀门
11	调控泵压	稳定或按升压法调控出口压力,按指定压力调控
12	计算扬程	正确列式、换算、代入数值进行计算
13	清理场地	清扫场地,擦拭设备及工具,将工具摆放整齐

(三)注意事项

(1)操作时,正确导通流程,避免憋压。

(2)检查各部位流程有无渗漏,防止液体外流,防止滑倒。

项目五　更换电磁流量计

一、相关知识

(一)电磁流量计

电磁流量计在维护修理时,一定要先断开电源。平时维护电磁流量计时,只要拆下传感器清洗测量管和电极上的结垢即可。维护电磁流量计时,如果是隔爆形,一定要先断电源后开盖。

(二)物流检测器

物流检测器是用于检测物料是否处于运动状态的仪器,根据波的多普勒效应原理工作(波从运动物体表面反射回来时,其频率会发生变化的现象称为多普勒效应)。分散装置没有干粉流时应检查或调整物流检测器的灵敏度。

物流检测器可采用水平或垂直安装方法;为防止波在传播过程中的堵塞,与管线连接处要使用塑料材料的隔片;安装时接电压为 220V 的电源;可以安装在管路的上方或侧方;采用短节安装时,短节的长度要大于 25mm。

(三)数字压力变送器

数字压力变送器应用传感器技术把压力转变为电信号,经过放大实现压力显示,有普通型和防爆型两种类型。数字压力变送器有就地显示、变送、多路控制三种功能。数字压力变送器选型时,选择的变送器测量上限值比被测介质压力上限高 1/3 为佳。数字压力变速器具有较好的抗振性,能有效克服测量管内液体的冲击和机械传动引起的一般振动。压力变送器的测量范围原为 0~100kPa,现需将零位迁移 50%,则仪表的测量范围为 50~150kPa。

二、技能要求

(一)准备工作

1. 设备

外输阀组 1 套。

2. 材料、工具

50mm 一字螺丝刀 1 把、50mm 十字螺丝刀 1 把、ϕ24~27mm 梅花扳手 2 把、内六角扳手 1 套、12mm 活动扳手 1 把、电工用具 1 套、与被拆卸的流量计同型号的电磁流量计 1 块、石棉垫 1 块、废液桶 1 个、擦布若干。

3. 人员

1 人操作,持上岗证,劳动保护用品穿戴齐全。

(二)操作规程

序号	工序	操作步骤
1	准备工作	准备工(用)具后在配备的外输阀组工艺流程工位处等待
2	停泵、泄压	停泵、放空泄压
3	倒流程	侧身关闭阀门,切断电源,使流量计示值归零
4	拆卸流量计压盖	对角拆卸流量计压盖螺栓,取下压盖,螺栓摆放整齐
5	拆下电磁流量计连线	拆下电磁流量计电源线、信号线
6	拆下电磁流量计	对角拆下电磁流量计固定螺栓,用手摇动,不可强取,取出电磁流量计,螺栓摆放整齐
7	清理检查	擦净旧流量计,清理进出口管线杂物
8	安装新电磁流量计	正确安装密封圈,安装压紧法兰,对角上螺栓,法兰螺栓不允许偏扣,法兰四周缝隙宽度一致
9	新流量计送电	上紧电源线,送电试信号
10	试运	打开电磁流量计进出口球阀,启泵试运,法兰处无渗漏,关闭放空
11	清理场地	清扫场地,擦拭设备及工具,将工具摆放整齐

(三)注意事项

(1)侧身关闭阀门,切断电源。

(2)拆卸电源线、信号线要正确操作,防止触电和事故。

项目六　更换熟化罐液位计

一、相关知识

(一)超声波液位计

超声波液位计探头向液面发射脉冲的超声波信号,根据发射和接收回波的时间间隔可计算探头与液面的距离。

超声波液位计安装时应该尽可能远离罐壁;探头安装时,应尽可能与液面平行;其检测的最高液位也不能达到盲区范围。

超声波液位计表面结霜会产生假液位,因此应经常进行检查。插入式超声波流量计要定期清理探头上沉积的杂质、水垢等。

(二)压力变送器

压力变送器是一种将压力转换成气动信号或电动信号进行控制和远传的设备,它将测压元件传感器感受到的气体、液体等的压力参数转换成标准的气动信号或电动信号,以供给指示报警仪、记录仪、调节器等二次仪表进行测量、指示和过程调节。压力变送器由传感器和转换器组成,可任意设置上下限报警点,并分别有相应的灯光报警。压力变送器在现场使用中有绝对压力变送器和压差变送器两种。

(三)传感器

传感器是把非电学物理量转换成易于测量、传输、处理的电学量的一种组件,起自动控制作用。传感器一般由敏感元件、转换元件和转换电路三部分组成。最简单的传感器由一个敏感元件(兼转化换元件)组成。敏感元件的输出是转换元件的输入,它把输出转换成电路参数量。根据工作机理,传感器可分为结构型与物理型两大类。

传感器输入按同一方向做全量程连续多次变动时所得特性曲线不一致的程度称为重复性。传感器输入零点附近的分辨力称为阈值。静特性表示传感器在被测量各个值处于稳定状态时的输出、输入关系。传感器的漂移是指在输入量不变的情况下,传感器输出量随着时间变化。温度稳定性又称温度漂移,是指传感器在外界温度变化情况下,输出量发生的变化。静态误差是指传感器在其全量程内任一点的输出值与其理论输出值的偏离程度。

传感器的组成环节可分为接触式环节、模拟环节和数字环节三类。传感器的模拟环节可分为接触式和非接触式环节。在研究传感器动特性时,通常只能根据规律性时输入来考察传感器响应。传感器动特性首先取决于传感器本身。

二、技能要求

(一)准备工作

1. 设备

熟化罐液位计1个。

2. 材料、工具

50mm 一字螺丝刀 1 把、内六角扳手 1 套、12mm 活动扳手 1 把、试电笔 1 支、与被拆卸的液位计同型号的液位计 1 个、绝缘胶带 1 卷、绝缘手套 1 副、停运挂牌 1 个、擦布若干。

3. 人员

1 人操作,持上岗证,劳动保护用品穿戴齐全。

(二)操作规程

序号	工序	操作步骤
1	准备工作	准备工(用)具后在工位处等待
2	切除相应的熟化罐	在计算机上停运相应熟化罐
3	切断熟化罐附属设备及仪表电源	戴绝缘手套侧身在配电盘上切除,切除后挂停运牌
4	打开熟化罐出口排污阀	全部打开排污阀,放净罐内残余液体
5	拆卸旧液位计	对角拆下液位计与熟化罐固定螺栓,用手摇动,不可强取,取出液位计,螺栓摆放整齐
6	拆下液位计连线	拆下液位计电源线、信号线
7	清理检查	擦净旧液位计,清理出口杂物
8	安装新液位计	正确安装密封圈,压紧法兰,对角上螺栓,法兰螺栓不允许偏扣,法兰四周缝隙宽度应一致
9	新液位计送电	上紧电源线,送电试信号
10	关闭熟化罐出口排污阀	关闭熟化罐出口排污阀
11	合上熟化罐附属设备及仪表电源	戴绝缘手套侧身在配电盘上合闸,合闸后撤除停运牌
12	熟化罐投入运行	在计算机上投运相应熟化罐,法兰处应无渗漏
13	投运检查	熟化罐进液后,检查上位机显示液位与现场液位是否一致
14	清理场地	清扫场地,擦拭设备及工具,将工具摆放整齐

(三)注意事项

(1)戴绝缘手套侧身在配电盘上操作。

(2)拆卸电源线、信号线要正确操作,防止触电和事故。

项目七　使用万用表测量熔断器

一、相关知识

(一)万用表

万用表可以测量多种电量,虽然准确度不高,但是使用简单、携带方便,特别适用于检查线路和修理电气设备。万用表有磁电式和数字式两种。

1. 磁电式万用表

磁电式万用表由磁电式微安计、若干分流器、半导体二极管及转换开关组成,可以用于测量直流电流、直流电压、交流电压和电阻等。

使用注意事项：

(1)磁电式仪表只能测量直流,如果要测量交流,则必须附有整流元件。

(2)磁电式万用表绝对不能在带电的线路上测量电阻,用毕应将转换开关转到高电压挡。

2.数字式万用表

这里以 GD-168 型数字万用表为例来说明它的测量范围及使用方法,其他万用表类似于此。

1)测量范围

(1)直流电压分五挡:200mV、2V、20V、200V、1000V。输入阻抗为 10MΩ。

(2)交流电压分两挡:200V 和 1000V。输入阻抗为 5MΩ。频率特性为 40~50Hz。

(3)直流电流分五挡:200μA、2mA、20mA、200mA、10A。

(4)电阻分四挡:2kΩ、20kΩ、200kΩ、2MΩ。

此外,不可检查半导体二极管的导电性能,可测量晶体管的电流放大系数。

2)面板说明

(1)显示器:最大指示值为 1999 或-1999。当被测量值超过最大指示值时,显示"1"或"-1"。

(2)电源开关:使用时将电源开关置于"ON"位置;使用完毕置于"OFF"位置。

(3)功能开关:根据被测的电量(电压、电流、电阻等)选择相应的按钮。

(4)量程选择开关:按被测量的大小选择适当的量程。按下功能开关的同时按下相应的量程选择按钮。

(5)输入插座:将黑色测试笔插入"COM"插座,将红色测试笔插入"+"插座。测量交流电压时,应将红色测试笔插入"ACV"插座。当被测直流电流 200mA 时,应将红色测试笔插入"10A"插座。该表取样时间为 400s,电源直流 9V。

(二)电能表

电能表接入互感器后,被测电路的实际电能消耗应是电能表计数器所记录的数值乘以电流互感器和电压互感器的倍率。当配电盘上电流表的变比与电流互感器变比不同时,仪表读数应为读数×互感器变比/仪表变比。抄取电能表读数的正确方法:本次读数减上次读数乘以倍率。

(三)弹簧管压力计

弹簧管压力计所指示的压力是被测介质的表压力,它等于绝对压力与大气压力之差。弹簧管压力计的感测元件为弹性元件。充当压力表的感压元件,可将压力变换成位移的是弹簧管。弹簧管自由端的位移量与被测压力之间呈正比例关系。压力表的引压管粗细要适当,引压管内径一般为 6~10mm。

压力表的测量点要选在直管段上。测量气体压力时,压力表测压点应在管道的上部,以便排除导压管内凝液。压力表应垂直安装,倾斜度不大于 30°,并力求与测定点保持同一水平位置,以免指示迟缓。压力表在测量液体压力时,测压点应在管道的下部或侧部,以防导压管内积存气体。压力表在测量流动介质时,导压管应与介质流向垂直,管口应与器壁内面平齐,不能有毛刺、焊渣等突出物。

弹簧管压力表长期使用,会因弹簧管的弹性衰退而产生缓变误差,所以应定期效验。弹簧管压力计仪表调整校对时的温度为 20℃±5℃,校验压力表时,所选标准表的允许最大绝对误差应小于被校表允许最大绝对误差的 1/3。

（四）配制站的变压器

变压器最基本的结构包括铁芯、线圈及绝缘部分。变压器具有变压、变流、变换阻抗的功能。变压器运行时的声音是连续均匀的"嗡嗡"声。对变压器的维护,除巡回检查外,还应有计划地进行停电清扫。

二、技能要求

（一）准备工作

1. 设备

桌子 1 张。

2. 材料、工具

万用表 1 块、绝缘手套 1 副、试电笔 1 支、一字螺丝刀 1 把、十字螺丝刀 1 把、擦布若干、有通有断熔断器若干。

3. 人员

1 人操作,持上岗证,劳动保护用品穿戴齐全。

（二）操作规程

序号	工序	操作步骤
1	准备工作	准备工(用)具后在工位处等待
2	检查万用表	检查外观,检查表内电池电压,将种类转换开关置于电阻挡,倍率开关置于 R×1(测 1.5V 电池)或置于 R×10k(测量较高电压电池),表笔相碰,指针未指在零位,调整"调零"旋钮后,指针仍不能指在零位,更换电池后再使用,水平放置万用表
3	机械调零	转动机械调零旋钮,使指针对准刻度盘的 0 位线,插入表笔
4	选择合适的挡位及量程	根据被测量参量性质选择合适的"Ω"挡及量程
5	选择量程欧姆调零	测量前,将表笔相碰,调整"调零"旋钮进行欧姆调零,转换量程时欧姆挡重新调零
6	停电验电	戴绝缘手套侧身将被测熔断器断电,验电
7	测量	将表笔接入被测熔断器,不得双手同时接触电阻两端,在不知道电阻大概数值时,应选择大的挡位测量
8	判断	判断熔断器好坏,读值时指针在被测元件上停留 5s
9	归挡	测量完毕将挡位开关调至空挡
10	清理场地	清扫场地,擦拭设备及工具,将工具摆放整齐

（三）注意事项

戴绝缘手套侧身将被测熔断器断电,验电。

第三部分

高级工操作技能及相关知识

模块一　管理配制站

项目一　标定螺杆下料器下料量曲线

一、相关知识

(一)聚合物驱油数值模拟研究

1. 油藏数值模拟及聚合物驱数值模拟

聚合物驱模型是基于三个基本方程(即物质守恒方程、压力方程、浓度方程),在计算机上应用这些软件,再用数学化描述的地质模型,求解基本流动方程,模拟地下油、气、水运动,研究解决油藏开发的实际问题,这样的工作就称为油藏数值模拟。油藏数值模拟是油藏研究的重要方法之一,它以数值模拟软件为主要研究工具,油藏描述数据通常以网格数据组形式给出。油藏研究的主要目的是预测油藏未来的动态特征,并找出提高最终采收率的方法和手段。油藏数值模拟软件都是基于描述油藏地质和流体特征的数学物理方程。随着电子计算机技术、软件技术及油田开发中多种采油技术和理论的发展,油藏模拟技术正在不断完善和发展,模拟越来越复杂的采油工艺方法的软件不断地涌现和完善,除广泛用于水驱、气驱模拟计算的黑油模型外,还有描述多种热采方法的热采模型,描述二氧化碳等气体混相驱油方法的混相驱模型,描述聚合物驱、表面活性剂驱等化学方法驱油的化学驱模型等。在化学驱模型基础上又根据研究和应用的需要,把聚合物驱模拟部分独立出来而构成聚合物驱模型。

2. 聚合物驱油机理

1)改变油水流度比、加快油相流速

通过油田在一个一维模型上的研究,可知聚合物驱没有扩大波及体积的问题,仅改善油水流度比,加快油相流速,就可把水驱需要相当长时间才可采出的油在短时间内采出,获得一定的技术、经济效益。由此可见,聚合物驱油的一条重要机理是聚合物溶液首先到达水驱时水易到达的部位,流度比改变,油相流速加快,使得在水驱波及范围内的采出程度又大幅度提高。

2)抑制注入液突进、扩大面积波及效果

实验证明,聚合物驱流体流速相对水驱量值大,且更加偏向两翼方向、扩大了向两翼方向的波及作用,增大了波及面积,加深了波及程度。聚合物驱抑制注入液突出,增大波及面积,加深波及程度是它的又一条驱油机理。

3)调剖作用

由驱油过程分析可知,注入聚合物增加了中低渗透部位吸水量,随着聚合物段塞向前推移,驱动压力增大及水相黏度和水相渗透率变化,改变了层间油水运动状况,中低渗透部位的驱替强度增强,高渗透部位的驱替强度受到抑制,调整了垂向的波及状况,改变了油井各层位的产出状况,这就是所谓的"调剖"效果的产生原因及发展过程。

宏观研究上聚合物的驱油机理可以认为只有以上三条。因此不难看出,在不同的地质条件下,不同的机理发挥着不同程度的作用。

3. 不同类型非均质油层聚合物驱油机理的体现与作用

对于正韵律油层,它的低渗透部分处于油层上方,这部分油层吸水比例低,驱动效果差,又在驱动过程中,若油层存在垂向渗透性,则由于重力作用,油层中将出现油上浮水下沉的情况,进一步扩大上下层位间驱动状况的差别,致使上部层位采出程度低于下部层位,一般来说,正韵律油层水驱开发效果较差。为了提高正韵律油层上部层位的采出程度,提高原油采收率,人们首先想到在这类油层上采用聚合物驱油。

大庆油田主力油层渗透率变异系数为 0.635~0.718,适合聚合物驱油。聚合物驱之后,油层中上部的采出程度仍然低于下部高渗透部位。研究发现,在存在垂向渗透性情况的反韵律油层聚合物驱油时,重力作用引起层间窜流将对驱油效果起改善作用。对于垂向渗透性极差的凹型复合韵律油层,聚合物驱油机理和效果与相应的正韵律油层基本相同。由正韵律研究可知,随油层非均质系数或渗透率级差加大,聚合物驱油过程中层间调节作用加大。一般来说,如果油层反韵律特征强,聚合物驱增采幅度偏低。

4. 聚合物特性参数的确定

聚合物驱动态拟合过程也是一种研究聚合物地下工作状态情况的可行方法。采用"阶梯形"段塞方式注入,在小用量下聚合物驱有对段塞流度保护、增油节水的作用。同时利用三维效果表征不同渗透率级别下井网对油层的控制程度,有利于聚驱综合调整方案优化,改善油藏聚驱开发效果。聚合物液体的流变性就是在力的作用下发生流动和变形的性质,流体的黏性不同,施加于流体上的剪切应力与剪切变形率之间的定量关系也不同。聚合物驱模拟计算的关键是聚合物特性参数的确定,模拟计算选定以外围转注聚合物井排为分割的正方形区域计算。模拟计算表明,现场实施中,聚合物段塞前加两个月清水段塞有明显的增油效果,增油量在万吨以上。

5. 影响聚合物驱油效果的地质因素

影响聚合物驱油效果的主要因素有三类,即油层地质因素、开发历史因素和生产因素,连通状况、砂体沉积的韵律性也有一定的影响。研究发现,水湿油层聚合物驱受油层厚度影响较大,油层越厚,增采效果越好。采用聚合物驱油,各类油层采出程度都有普遍提高,然而随原油黏度增加采出程度仍呈下降变化。对于正韵律油层,在不考虑重力、毛细管力时,聚合物采出程度随油层非均质程度提高而降低。通过对驱油效果研究可以看出,不仅油层平面非均质性影响聚驱效果,而且布井的位置也将对聚驱效果产生相当大的影响。聚合物相对分子质量高,在相同用量下,采收率提高幅度大,或者在提高采收率幅度相同的条件下,高分子聚合物用量少。水湿油层聚合物驱受油层厚度的影响较大,油层越厚,增采效果越好;而对于油湿油层,油层厚度变化对聚合物驱影响效果不大,不论油层厚薄,聚合物驱都有比较好的效果。

聚合物相对分子质量不同,厂家不同、生产工艺不同等原因都会使聚合物品质不同,从而在地下有不同的工作参数,而同一种聚合物在不同的注入条件下在地下也会有不同的工作参数,所以选择合理的用量和段塞浓度是制定聚合物驱油方案中的重要内容。通常在矿场试验中,都采用"阶梯形"段塞的注入方案,随着聚合物注入时间的拖后,增采幅度逐渐降低,在注入聚合物之后一定要把高含水油井打开放水,只有这样聚合物溶液才能向前推进,起到驱油效果。

(二)聚合物分散装置

1.类型及其工作原理

聚合物分散装置习惯根据水粉的接触方式来分类,按照这种分类方法,大庆油田使用的聚合物分散装置有喷头型、水幔型、射流型和瀑布型等几种类型。

喷头型是指水和聚合物干粉的接触集中在一个喷头中进行,喷头需特殊设计制作,水由入口沿芯子切线方向进入水粉混合器,并在水粉混合器的下部形成一个封闭旋转的圆形水幔,聚合物干粉从入口进入,并迅速扩散,干粉遇水后迅速溶解,制成混合溶液。喷头型封闭的有机玻璃外罩起到封闭溶液、便于观察和隔绝外部气流干扰、利于水幔形成的作用。

水幔型是指在聚合物干粉与水接触之前,水流先形成一个水幔,水由四周向中间流,聚合物干粉撒落在水幔的旋涡中,然后由输送泵直接输送至聚合物熟化罐。

射流型是指用压力水经过水喷射器直接将聚合物干粉从水喷射器的进粉口吸入,然后水和聚合物干粉经水喷射器的喉管和扩散管进行混合,混合后进入混合罐。这种类型的聚合物分散装置的一个弱点在于水喷射器的进粉口容易因受潮而黏结聚合物,每隔一段时间,就需要清理一次。

瀑布型是指在聚合物干粉与水接触之前,水流先从分散罐壁四周喷出,形成一个类似于瀑布的流态,聚合物干粉撒落在瀑布形成的旋涡中,然后由输送泵直接输送至聚合物熟化罐。

2.聚合物分散装置相关管理要点

1)运行要求

(1)启动分散装置前应检查分散装置进水阀和输送泵出口阀的运行状态。

(2)检查干粉漏斗(包括漏斗的滤网)。

(3)检查聚合物干粉料斗的螺杆下料器(包括固定螺栓)。

(4)聚合物分散装置运行1000~1200h进行一级保养。

(5)聚合物分散装置三级保养的内容包括二保养内容,所以必须进行。

(6)聚合物分散装置在三级保养时,需要对螺旋下料器进行标定;螺旋下料器的下料螺旋杆与输送管的间隙大于4mm时应更新下料螺旋杆。

2)保养要求

(1)在运行时,溶解罐的工作液位一般为60%。

(2)分散装置启动前,检查供水系统,水罐的液位要达到70%;不需要检查采暖系统。

(3)分散装置上的螺杆泵排量应稍微大于清水泵上水的排量。

(4)分散装置输送泵的一级保养时间是1000~1200h,同时要停运分散装置。

(5)分散装置上的转输泵启动原则:先开熟化罐进口阀,再启动转输泵。

(6)鼓风机在离心泵启动5s后启动,鼓风机启动5s后启动螺杆下料器。

3. 集成密闭上料装置

1)组成及运行

集成密闭上料装置是配制站处理粉尘的设备,完美地解决了加料过程中加料粉尘泄漏至装置外的问题,使得粉末物料在全密封的装置中进入容器,实现了物料输送的自动化、密闭化、洁净化。集成密闭上料装置由加料斗、密封舱、引风管、除尘系统、垂直提升设备、水平输送设备、下料口、料位传感器、集尘装置和分散加料罐组成,具有密闭除尘、粉尘不外溢和除尘效果好的特点,可解决现有的配制站除尘装置在处理吸湿性强的粉尘时易堵塞过滤、除尘效果不好的问题。

集成密闭上料装置的加料斗出口与密封舱连接。在工作时,物料通过加料斗进入密封舱后,启动引风除尘系统,物料在引风除尘系统产生的负压状态下卸料。

集成密闭上料装置的加料斗与密封舱连接处上方有视窗,要保持清洁干净,在投加聚合物干粉时,要随时观察密封舱中物料的存储液位,检查集尘装置室外出风口是否畅通;要对碎屑及时进行清除,避免堵塞下料口。

2)故障处理方法

处理集成密闭上料装置故障时,要切断电源逐项进行检查维修。密闭装置在现场应用一段时间后会因螺旋输送机填料磨损而频繁出现漏料的现象,在更换密封填料后有所改善,但坚持时间不长,更换过于频繁,应用更耐磨强度高的材料改善这一问题。受天气影响,密闭输送管道内会比较潮湿,密闭装置在低、高螺旋处都设有滤网及看窗,员工可通过看窗来观察并清理滤网,如果未及时发现堵塞物(黏块干粉)并清理,会造成螺旋输送机堵塞、设备停运。且在清理过程中干粉会造成设备基础和地面的粉尘污染,达不到密闭除尘的效果,可考虑在输送管道上缠电热带,防止干粉受潮,减少清理滤网的频率,降低粉尘污染。

二、技能要求

(一)准备工作

1. 设备

分散装置 1 套、桌子 1 张、椅子 1 把。

2. 材料、工具

演算纸若干、精度 0.1g 的电子秤 1 台、秒表 1 块、方便袋若干、计算器 1 个、铅笔及钢笔各 1 个、直尺 1 把。

3. 人员

1 人操作,持证上岗,劳动保护用品穿戴齐全。

(二)操作规程

序号	工序	操作步骤
1	准备工作	(1)调整天平水平; (2)称取方便袋皮重; (3)操作计算机将分散装置切换到手动状态; (4)手动启动螺杆下料器

续表

序号	工序	操作步骤
2	通过螺杆下料器收取干粉并称量（按现场情况操作）	（1）通过旋钮调节变频器工作频率为10Hz； （2）用秒表计时，取30s螺杆下料器输出的干粉； （3）用电子秤称量干粉质量，精确到1g； （4）在同一频率下重复操作3次，计算平均下料量； （5）调节变频器频率，每隔10Hz重复操作一次，至变频器工作频率达到50Hz
3	作图	（1）在坐标纸上以下料量为纵坐标、以频率为横坐标建立坐标系； （2）按照测量记录在坐标纸上描点； （3）根据测量点的分布连成一条直线，即为螺杆下料器下料量曲线，作出的曲线应美观
4	恢复系统正常运行	操作计算机将分散装置切换到自动位置

项目二　通过计算机查询生产运行曲线

一、相关知识

(一)聚合物配制管理

1. 计算机操作规程

日常生产使用计算机应注意以下几个方面：当显示屏出现颜色失常、图形扭曲等现象时应及时处理；关闭计算机之前，必须向有关部门汇报原因，经同意方可退出运行系统；主控室内严禁无关人员入内，非本岗人员禁止动用计算机及附属设备；岗位人员禁止修改和动用计算机的任何参数和数据。

2. 计算机界面内容

（1）分散、熟化系统运行图；

（2）参数表、各装置和设备的运行状况；

（3）外输系统运行状态图；

（4）供水泵运行图、储水罐运行状态图；

（5）排污系统运行状态图。

3. 计算机双机热备份原因

（1）在进行控制（停机装置或调整参数）时，应选择一套计算机用于调整或控制，另一套用于监控。

（2）在启动外输系统时，一套计算机启泵，另一套处于随时停泵的状态，以便出现异常情况后，可及时恢复和处理。

4. 熟化系统

1）熟化系统界面

熟化系统界面按功能可以分为显示和控制两部分。显示部分包括整个配制系统所有熟化罐、搅拌器电动机运行状态、液位状态、熟化罐进出口阀开关状态、熟化时间和熟化罐所在系统。控制部分包括熟化罐的手动/自动/切除的选择、熟化罐所在系统的选择、高低液位的设定和熟化时间的设置等功能。熟化罐的手动/自动/切除的选择可以对有故障或者需要停止运行的熟化罐进行控制,熟化罐所在系统的选择可以选择熟化罐所在系统,通过高低液位设定和熟化时间设置可以对熟化罐生产参数进行设置并且可以通过此方法对先后排液进行人工干预,如图 3-1-1 所示。

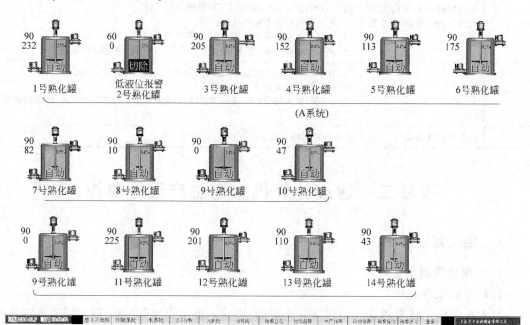

图 3-1-1 熟化系统界面

2)聚合物分散熟化操作规程

(1)用人工或机械的办法小心地将聚合物干粉加入储料仓内。

(2)聚合物装置启动前检查供水系统、干粉供给系统、分散装置、熟化系统、计算机监控系统。

(3)熟化罐液位到内定值,启动搅拌器。

(4)开启分散装置进口电动球阀,随即启动清水泵。

(5)溶解罐液位到达给定值时,启动母液输送泵,使液面在一定范围内波动。

(6)熟化时间到且储罐有进液要求时,开启出口阀,同时启动转输泵,经两级过滤后进储罐。

(7)熟化罐进口阀的开启原则是先开下一座进口阀,再关当前罐进口阀;熟化罐出口阀开启原则是先开下一座罐出口阀,再关当前罐出口阀。

(8)转输泵启动原则是先开熟化罐出口阀,再启动转输泵。

(二)三次采油相关知识

1. 三次采油常用驱油剂

三元复合驱的驱油剂由碱、表面活性剂和聚合物水溶液组成。混相驱的驱油剂包括液化烃、二氧化碳、氮气。微生物驱油的驱油剂是微生物,又称细菌。蒸汽驱油的驱油剂是水蒸气。三元复合驱油的驱油剂包括聚合物水溶液。

2. 三元复合驱的相关知识

三元复合驱是 20 世纪 80 年代发展起来的强化采油技术,是指碱、表面活性剂和聚合物三种化合物混合所构成的一种驱油技术,使用低浓度碱液、表面活性剂和聚合物水溶液作为注入液,驱油剂里面的表面活性剂一般是烷基苯磺酸盐,一般可提高采收率 15%～25%。

1)碱

碱通常为无机碱,如 $NaOH$、Na_2CO_3、Na_2SiO_3 等。碱与原油中的酸性物质发生化学反应,可生成表面活性物质,导致油水界面压力降低。成功的碱驱要求具有较低的酸值,一般认为原油的酸值大于 0.5 是有利的。

2)表面活性剂

表面活性剂是指能够由溶液中自发地吸附到界面上,并能显著地降低该界面自由表面能(表面张力)的物质。表面活性剂的水溶液能够对岩石的油膜起到洗涤作用,向水中加入表面活性剂,可使原油在岩石表面的黏附力降低。在选择注水用表面活性剂时,应考虑地层岩石的矿物组成、地层水和注入水的化学组成等。对于非离子型表面活性剂,应考查其浊点温度,浊点温度应大于地层温度。

岩石表面一般带负电,所以不应采用阳离子表面活性剂。硫酸盐类表面活性剂属于阴离子型表面活性剂,三次采油中使用的 OP 型表面活性剂为非离子型表面活性剂。

3. 乳状液的相关知识

乳状液是一种液体以微小液球形式分散在另一种与其不相溶液体中形成的多相分散体系。纯净的油和水一起混合时,加入乳化剂才可得到稳定的乳状液。

乳状液的不稳定形式有三种,即分层、絮凝和聚结。乳状液稳定性的决定因素是截面膜的强度与紧密程度,破乳的原则是将乳状液稳定的因素除去,破乳过程的关键步骤是液滴间及液滴与平液面间液膜的消失。

4. 化学驱

化学驱可改善地层原油、化学剂溶液、岩石之间的物理特性。化学驱中起主要作用的化学剂是主剂,常用添加剂有杀菌剂、除氧剂、牺牲剂等。

泡沫驱油属于化学驱油,是向油层注入起泡剂和稳定剂,可以提高采收率 10%～20%。泡沫驱中起主要作用的是起泡剂。泡沫驱油机理包括乳化吸收作用、降低流度、提高波及系数。

二、技能要求

(一)准备工作

1. 设备

计算机控制系统装置 1 套。

2. 材料、工具

生产记录本 1 本、蓝黑钢笔 1 支(考生自备)、计算器 1 个(考生自备)、30cm 直尺 1 个(考生自备)。

3. 人员

1 人操作,持证上岗,劳动保护用品穿戴齐全。

(二)操作规程

序号	工序	操作步骤
1	准备工作	工具、用具准备
2	登录控制系统	输入用户名和口令登录(考场提供)
3	建立图表窗口	(1)在菜单中选择图像命令; (2)在菜单中选择新建命令; (3)在菜单中选择图表命令; (4)输入图表文件名并确认
4	设置图表参数并进行查询	(1)在图表窗口菜单中选择设置命令; (2)选择图形定义命令; (3)输入查询数据所对应的点的名称(考场提供); (4)选择曲线类型和线条颜色; (5)添加到曲线列表,确认设置,进行查询
5	分析设备运行情况	根据曲线分析设备运行时间、参数和状态
6	注销用户	关闭窗口,注销用户
7	清理场地	清理场地、收工具

(三)技术要求

(1)曲线类型要选择"线",线条颜色与背景色对比要明显;

(2)要正确判断熟化罐工作状态(进液、排液、熟化、排序等候),掌握熟化时间查询及计算方法,确定高液位及低液位参数。

(四)注意事项

(1)未登陆控制系统,停止操作;

(2)主控室内严禁无关人员入内,非本岗人员禁止动用计算机及附属设备。

项目三　消除系统报警并重新启动设备

一、相关知识

(一)分散装置自控的相关知识

1. 操作自控系统上位机界面

配制自控系统上位机操作界面(主控计算机画面)可按需求分为五个核心界面及若干个辅助界面。核心界面为总工艺流程界面、熟化系统界面、外输界面、水系统界面和分散系统界面。辅助界面通常有报警总览、历史趋势、生产报表等。自控系统运行状态一般以文字、数字、颜色变化、动画效果来表示。

2. 聚合物分散装置选型要求

聚合物干粉分散装置是注聚合物工艺中的核心设备,这套装置的性能将直接影响整套注聚合物系统的运行和驱油效果,因此选定聚合物干粉分散装置的性能参数时,要慎重考虑,制定出合理、可行的设计方案。聚合物分散装置选型时,分散溶解装置应保证无化学降解;系统设定配液量与实际配液量误差在±2%以内,额定浓度配液误差在±5%以内。聚合物干粉有黏结的趋向,在设计和选用计量下料器也应充分考虑这些因素,采取振动、搅拌、挤压等措施来克服这些因素的影响,以提高计量下料器的计量精度。

3.聚合物配制工程自动化仪表的选型要求

聚合物分散装置的控制系统既能实现自动控制,也能实现手动控制。分散装置干粉给料量须采用变频调速器控制;分散罐液位超限报警监测应采用浮球液位计或电导液位计;压力仪表的准确度不低于1.5级;变送仪表要有就地显示功能和远传功能。

4.控制系统的功能及选型原则

1)控制系统的功能

控制盘应可采集并显示工艺流程各种主要设备和参数运行情况,如罐液位、水流量、泵的入出口压力、注入量等。生产的主要过程,如聚合物的分散-熟化过程能,实现自动控制、自动启停分散装置、熟化罐自动倒罐及熟化计时等,同时须有手动功能。

2)控制系统的选型原则

(1)控制系统主控器必须采用可编程控制器进行控制。

(2)显示参数小于16点时,应采用仪表盘用盘装仪表显示。

(3)显示参数大于16点时,应采用工业控制机进行工艺流程的模拟显示和报表的定时打印。

(4)工艺规模较大、配制量大于24t/d时,应采用集散控制系统。

(二)自控元件相关知识

1.继电器

继电器是一种根据电气量或非电气量的变化开闭控制电路自动控制和保护电力拖动装置的电器,按工作原理可分为电磁式继电器、感应式继电器、机械式继电器、电动式继电器、热力式继电器和电子式继电器。电力拖动系统中使用最多的是电磁式继电器。

2.常用低压电器

低压电器的用途广泛、功能多样、种类繁多、构造各异,按作用分为配电电器和控制电器。配电电器主要用于低压配电系统和动力回路,属于这一类的低压电器主要有刀开关、转换开关、低压断路器(自动开关)、熔断器和负荷开关等;控制电器主要用于电力拖动及自动控制系统,属于这一类的低压电器主要有接触器、启动器和各种控制继电器、主令电器等。低压按工作原理分为电磁式电器和非电量控制电器。电磁式电器是依据电磁感应原理来工作的电器,例如交直流接触器、各种电磁式继电器等;非电量控制电器是靠外力或其他非电物理量的变化而动作的电器,例如刀开关、行程开关、按钮、速度继电器、压力继电器、温度继电器等。

3.电气控制系统

电气控制系统一般称为电气设备二次控制回路,不同的设备有不同的控制回路,具体地来说,电气控制系统是指由若干电气元件组合,用于实现对某个或某些对象的控制,从而保证被控设备安全、可靠地运行,其主要功能有自动控制、保护、监视和测量。电气控制系统必须用国家统一规定的图形符号和文字符号来代表各种电气元件。

4.主接触器

Y-△启动电路里有3个接触器,分别为主接触器,Y接触器和△接触器。电路启动时,主接触器和 Y 接触器同时工作,实现 Y 形启动,过后 Y 接触器分断,△接触器接通,主接触器保持吸合状态不变,实现△切换,完成 Y-△启动的整个过程。

主接触器是由弱电控制强电来实现设备运行和停止的,主接触器线圈驱动信号源于 OC 模块,故障信号返回 PLC 的 IA 输入模块。正常工作时,主接触器线圈两端电压为 220V;主接触器线圈两端电压为 0 说明线圈回路短路。当交流接触器的线圈接通电源后,衔铁不能被铁芯吸合,应立即断开电源以免线圈被烧毁。主接触器有一相未吸合或控制系统中信号线断路,会出现故障导致电动机无法启动,产生故障的原因是接触器无法正常吸合或信号错乱,直接原因是主接触器未吸合。主接触器触头过热是因为接触压力不足、表面接触不良、表面被电弧灼伤烧手等造成触头接触电阻过大,使触头发热。

二、技能要求

(一)准备工作

1. 设备

计算机控制系统及外部设备 1 套。

2. 材料、工具

蓝黑钢笔 1 支(考生自备)、生产记录本 1 本、试电笔 1 支、200mm 螺丝刀 1 把、擦布若干。

3. 人员

1 人操作,持证上岗,劳动保护用品穿戴齐全。

(二)操作规程

序号	工序	操作步骤
1	准备工作	工具、用具准备
2	消除系统报警	(1)执行报警认可命令。 (2)阅读报警信息,判断报警位置。 (3)通过计算机确认报警位置,切除报警设备并作记录。 (4)确认设备故障已排除(按现场考场故障处理)。 (5)将已排除故障的设备投入自动运行状态
3	重新启动设备	(1)执行报警复位命令。 (2)消除报警。 (3)重新启动设备。 (4)检查设备运行状况并做好生产记录
4	清理场地	清理场地,收拾工具

(三)注意事项

(1)避免频繁更改或乱设置生产数据,电脑重启后耐心等待生产数据传输,完成后再进行下一步操作。

(2)注意现场一次表的保护以及使用方式,严禁非专业人员操作及违章操作;定期检查自控系统线路及元件。

项目四 修改操作系统参数

一、相关知识

(一)计算机自控界面

1. 分散系统界面

分散系统界面按功能可以分为显示和控制两部分。显示部分包括整个分散运行状态及该分散系统所带熟化罐运行状态,所能显示的运行状态有水泵运行状态、阀门开关状态、搅拌器运行状态、螺杆下料器运行状态、转输泵运行状态、清水流量、液位等。控制部分包括分散启停控制、浓度和黏度控制、报警控制及熟化罐相关控制,如图 3-1-2 所示。

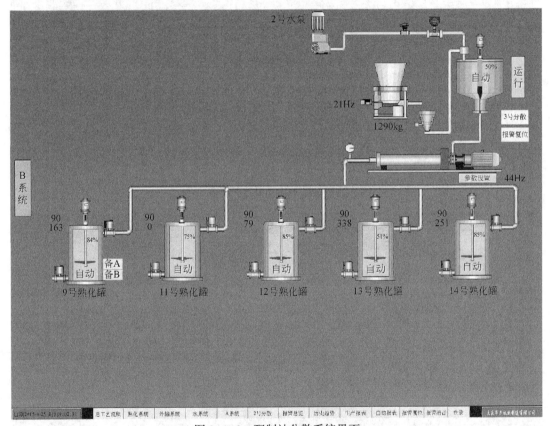

图 3-1-2 配制站分散系统界面

(1)鼠标左键单击分散界面参数设置按钮,如图 3-1-3 所示。

(2)鼠标左键单击要调整的参数,在对话框中输入调整的数值,如图 3-1-4 所示。

2. 外输系统界面

外输系统界面按功能可以分为显示和控制两部分。显示部分包括整个外输系统所有外输泵运行状态,外输泵电动机运行频率、外输压力、外输流量,外输泵远程就地状态和外输泵所在系统。控制部分包括外输泵的启停控制、外输泵频率给定、外输泵所在系统的选择、进出口压力报警设定和外输泵手动/自动切换。外输泵的频率给定可以对控制外输泵的压力和流量进行调控,外输泵所在系统可以选择外输泵所在系统,进出口压力报警可以对外输泵起到保护停泵的作用,如图 3-1-5 所示。

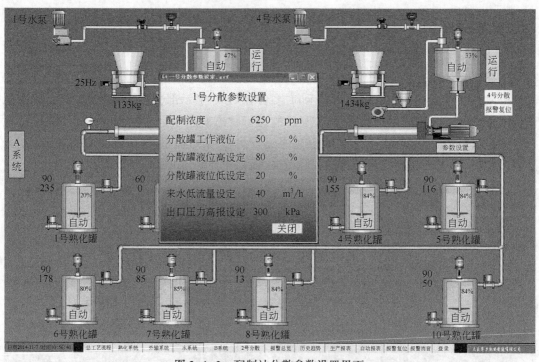

图 3-1-3　配制站分散参数设置界面

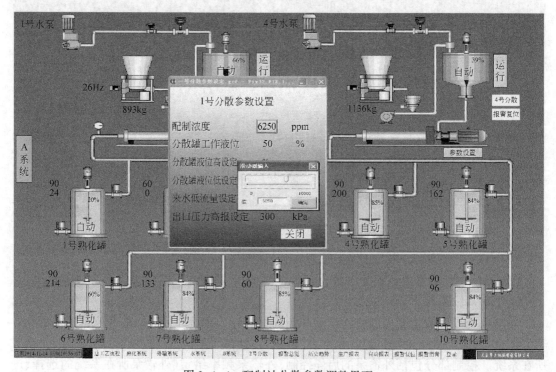

图 3-1-4　配制站分散参数调整界面

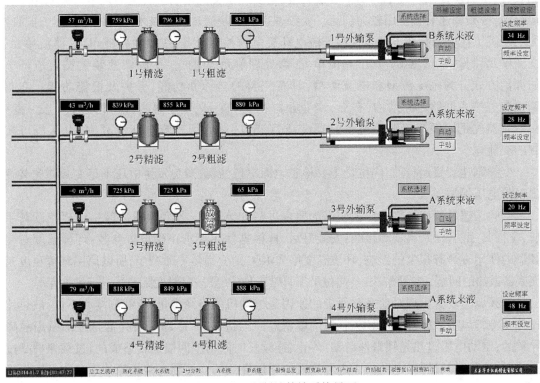

图 3-1-5　配制站外输系统界面

(二)自动调节系统

1. 常用术语

(1)反馈控制:将被调量的输出信号用完的全部或一部分,返送回输入端。

(2)干扰:引起被调量发生变化的各种外界原因。在自动调节系统中一般都是用负反馈来起调节作用。

(3)自动控制系统需要分析的问题有稳定性、稳态响应、暂态响应。

(4)如果用自动控制器来取代人工操作,就变成自动控制系统,又称为自动反馈或自动闭环控制系统。

(5)调节对象:被调节的物理量所对应的设备、装置或过程。

(6)给定信号:由给定元件发出的信号。

(7)反馈调节系统:分为自动反馈和人工反馈,且反馈有正负之分。若反馈量的极性与给定信号极性相同称为正反馈;若反馈量的极性与给定的信号极性相反称为负反馈。

2. 自动调节系统的过渡过程

自动调节系统的过渡过程是指调节系统在受干扰作用后,或给定值变化信号的作用下,被调参数随时间变化,从一个平衡状态过渡到另一个新的平衡状态的过程。一般说来,在合理的结构和适当的系统参数下,一个系统的暂态过程属于衰减振荡过程。对于自动调节系统,一般都希望调节过程持续时间短、超调量小、振动次数少。

(三)变频调速装置

变频调速装置是利用电力半导体器件的通断作用将工频电源变换为另一频率的电能控

制装置,是运动控制系统中的功率变换装置,主要用于交流电动机转速的调节。配制站生产运行中,变频调速装置使用较为广泛。变频调速装置是通过变频技术与微电子技术,通过改变电动机工作电源频率方式来控制交流电动机电力控制设备,主要由整流单元、滤波单元、逆变单元、制动单元、驱动单元、检测单元、微处理单元等组成。变频调速装置按直流环节的储能方式分为电压源型和电流源型,具有完善的自诊断功能、保护及报警功能。变频调速装置按主回路电路结构,有交–交变频器和交–直–交变频器两种结构形式。交–直–交变频器先把工频交流电通过整流器变成直流电,然后把直流电变成频率、电压等可控制的交流电。

变频调速装置运行前,岗位员工要检查电源电压情况,避免发生电压不足变频调速装置出现欠电压保护现象。

变频调速装置应严格按照说明书的要求进行安装;在安装变频器之前一定要熟读其手册,掌握其用法、注意事项和接线;安装好后,再根据使用要求正确设置参数;环境温度对变频器的使用寿命有很大的影响,环境温度每升10℃则变频器寿命减半,所以周围环境温度及变频器散热的问题一定要解决好;岗位员工日常工作中,要按时对变频装置进行维护保养。

变频调速装置出现对地短路保护的原因是电动机的绝缘劣化,负载侧接线不良;散热片过热是冷却风扇故障、周围温度高、滤网堵塞等原因造成的;冷却风扇异常是冷却风扇故障导致的;制动电阻过热是频繁地启动、停止、连续长时间再生回馈运转造成的;过载保护是过负载、低速长时间运转、电动机额定电流设定错误导致的。控制电路故障处理办法是重新确认系统参数,记录全部数据后初始化,切断电源后重新启动。

二、技能要求

(一)准备工作

1. 设备

计算机控制系统1套。

2. 材料、工具

值班记录本1本、蓝黑钢笔1支(考生自备)、计算器1个(考生自备)、试电笔1支。

3. 人员

1人操作,持证上岗,劳动保护用品穿戴齐全。

(二)操作规程

序号	工序	操作步骤
1	检查计算机运行状态	确认计算机控制系统运行状况正常
2	检查计算机显示画面	确认计算机显示画面正常
3	通过计算机查找欲修改参数	(1)输入用户名(考场提供)。 (2)输入口令登录(考场提供)。 (3)使用鼠标调出参数修改对话框或窗口
4	修改参数并做好记录	(1)使用键盘改参数(参数考场提供,不少于4个)。 (2)确认参数修改后的数据。 (3)记录修改内容

续表

序号	工序	操作步骤
5	恢复监视画面	恢复系统监视画面的正常显示
6	清理场地	清理场地、收拾工具

(三)注意事项

(1)避免频繁更改或乱设置生产数据。

(2)主控室内严禁无关人员入内,非本岗人员禁止动用计算机及附属设备。

模块二　操作、维护设备

项目一　手动启、停分散装置

一、相关知识

(一)螺杆泵

螺杆泵运转时,螺杆一边旋转一边啮合,液体便被一个或几个螺杆上的螺旋槽带动沿轴向排出。

1. 螺杆泵的优点、缺点

螺杆泵的主要优点:

(1)压力和流量稳定,脉动很小,液体在泵内做连续而匀速的直线流动,无搅拌现象。

(2)具有较强的自吸性能,无须安装底阀或抽真空的附属设备。

(3)相互啮合的螺杆磨损甚少,泵的使用寿命长。

(4)泵的噪声和振动极小。

(5)可在高转速下工作。

(6)结构简单紧凑,拆装方便,体积小,重量轻。

螺杆泵的主要缺点:

制造加工精度要求高,工作特性对黏度变化比较敏感。

2. 螺杆泵的运行要求

启动新投入运行的螺杆泵前需要特别检查泵前放空。外输螺杆泵启动前要检查电动机和泵机上各润滑点的润滑油量。螺杆泵运行前需要关闭备用泵出口阀门,防止备用泵反转。螺杆泵的电动机温度高于85℃时必须停运。停运螺杆泵要先按下停止键,再关闭空气开关。

(二)过滤器

1. 结构

过滤器(图 3-2-1)主要由壳体、滤芯和辅助装置组成。壳体部分一般包括罐体、上盖、进出口法兰、排气孔、排污口等。滤芯部分除了滤芯,还包括上下支撑固定部分。滤芯是金属结构网的,一般为不锈钢材质,分为袋式和金属网结构两种。

油田配制站逐渐推广使用的串组式过滤器是一种新型过滤器,用以滤除母液中的杂质和干粉黏团,达到洁净母液的目的。串组式过滤器除用于聚合物母液过滤外,还可用于空气、煤油、水等过滤。串组式过滤器设计合理、体积小,可快速安装、快速建设、整体搬迁运输,其内部涂有不锈钢喷涂层,罐体采用碳钢,具有超强的防腐能力和韧性,与金属咬合牢

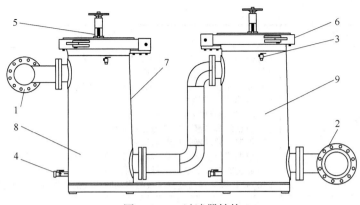

图 3-2-1　过滤器结构

1—进液口;2—出液口;3—放空口;4—排污口;5—起吊转臂;6—快速开启盲板装置;
7—筒体;8—粗过滤器;9—精过滤器

固,耐开裂性能突出。

串组式过滤器是由若干个成对串接筒体(平行排列)固定在橇装底座上。串组式过滤器筒体 A 进液口通过连接管与筒体 B 相连接,筒体 B 进液口通过连接管与进液主管相连接,为此在使用前要检查进液主管阀门的开启状态。串组式过滤器是由若干个成对串接的筒体组成,使用前要逐一进行检查,防止发生筒体进液口关闭导致过滤器不能正常工作。

2. 应用

在油田聚合物采油领域中,为提高驱油效果,通常使用过滤器对向地下注入的聚合物母液进行过滤。

二、技能要求

(一)准备工作

1. 设备

分散熟化系统 1 套。

2. 材料、工具

200mm 活动扳手 1 把。

3. 人员

1 人操作,持证上岗,劳动保护用品穿戴齐全。

(二)操作规程

序号	工序	操作步骤
1	准备工作	准备工具、用具
2	检查设备	(1)通过计算机检查同一系统的熟化罐是否有进液要求。 (2)检查供水系统工作是否正常。 (3)检查料斗内是否有足够的干粉

续表

序号	工序	操作步骤
3	操作设备	（1）接通电源，工作方式开关打到手动位置。 （2）完全打开清水流量调节阀。 （3）通过控制盘的开关（下同）打开电动球阀。 （4）5s后启动鼓风机。 （5）10s后启动螺杆下料器。 （6）根据溶解罐液位控制搅拌器运行。 （7）根据溶解罐液位控制输送泵运行。 （8）根据液位变化调节调节阀开度，控制上水量。 （9）通过旋钮调节螺杆下料器下料量。 （10）熟化罐达到高液位时按与启动时相反的顺序停运分散装置
4	清理场地	清理场地、收工具

（三）注意事项

（1）启动输送泵后液位应缓慢下降或保持不变。

（2）严格按操作程序执行操作。

项目二　更换法兰阀门

一、相关知识

（一）法兰的相关知识

1. 法兰的结构形式及管子的连接方式

法兰按结构及其管子的连接方式可分为整体法兰、螺纹法兰、对焊法兰、平焊法兰、松套法兰与法兰盖等。

整体法兰指泵、阀、机等机械设备与管道连接的进出口法兰，通常与这些管道设备制成一体，作为设备的一部分。

螺纹法兰是将法兰的内孔加工成管螺纹，并和带螺纹的管子配合实现连接，是一种非焊接法兰。与焊接法兰相比，螺纹法兰具有安装、维修方便的特点，可在一些现场不允许焊接的场合使用，但在温度高于260℃和低于-45℃的条件下，不建议使用螺纹法兰，以免发生泄漏。

对焊法兰又称高颈法兰，与其他法兰的不同之处在于从法兰与管子焊接处到法兰盘有一段长而倾斜的高颈，此段高颈的壁厚沿高度方向逐渐过渡到管壁厚度，改善了应力的不连续性，因而增加了法兰强度。对焊法兰主要用于工况比较苛刻的场合，如管道热膨胀，或其他载荷使法兰处受的应力较大或应力变化反复的场合，以及压力、温度大幅度波动的管道和高温、高压及零下低温的管道。

平焊法兰，又称搭焊法兰，与管子的连接是将管子插入法兰内孔至适当位置，然后再搭焊，其优点是焊接装配时较易对中，且价格便宜，因而得到了广泛的应用。按内压计算，平焊法兰的强度约为相应对焊法兰的2/3，疲劳寿命约为对焊法兰的1/3，所以平焊法兰只适用于压力等级比较低，压力波动、振动及振荡均不严重的管道系统中。

松套法兰的连接实际也是通过焊接实现的，只是这种法兰是松套在已与管子焊接在一起的附属元件上,然后通过连接螺栓将附属元件和垫片压紧以实现密封,法兰(即松套)本身则不接触介质。这种法兰连接的优点是法兰可以旋转,易于对中螺栓孔,在大口径管道上易于安装,也适用于管道需要频繁拆卸以供清洗和检查的地方。其法兰附属元件材料与管子材料一致,而法兰材料可与管子材料不同,因此比较适合于输送腐蚀性介质的管道。

2. 法兰的公称通径

在管道系统中,管道元件公称通径是一个重要的基本参数。公称通径是仅与制造尺寸有关且引用方便的一个完整数值,不适用于计算,它是管道系统中除了用外径和螺纹尺寸代号标记的元件以外的所有其他元件通用的一种规格标记。法兰公称通径与管道公称通径含义相同,它并不是某一个实际结构尺寸,也不等于法兰内径,而仅仅是与制造尺寸有关联的经过圆整后的一个名义尺寸,其标记方法是在字母"DN"后跟一个以 mm 为单位的数字。

3. 法兰的标记

法兰标记由 7 部分组成,如图 3-2-2 所示。

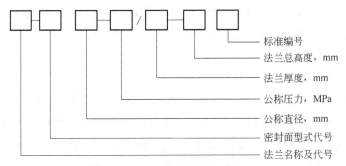

图 3-2-2　法兰型号的标注方法

例如:公称压力为 2.5MPa、公称直径为 1000mm 的平面密封长颈对焊法兰,厚度为 78mm,总高度为 155mm,标记为法兰-RF 1000-2.5/78-155JB/T4703-20000。

(二)生产中常用的典型阀门

1. 闸阀

闸阀可用于截止介质,在全开时整个流通直通,此时介质运行的压力损失最小。闸阀通常适用于不需要经常启闭且需保持闸板全开或全闭的工况,不适用于调节或节流。对于高速流动的介质,闸板在局部开启状况下会引起阀门的振动,而振动又可能损伤闸板和阀座的密封面,而节流会使闸板遭受介质的冲蚀。

2. 截止阀

截止阀是用于截断介质流动的,截止阀的阀杆轴线与阀座密封面垂直,通过带动阀芯的上下升降进行开断。截止阀一旦处于开启状态,它的阀座和阀瓣密封面之间就不再接触,并具有非常可靠的切断动作,因而它的密封面机械磨损较小,由于大部分截止阀的阀座和阀瓣比较容易修理或更换密封元件时无须把整个阀门从管线上拆下来,这对于阀门和管线焊接成一体的场合是很适用的。

3. 止回阀

止回阀只允许介质向一个方向流动,而且阻止反方向流动,包括旋启式止回阀和升降式止回阀。通常这种阀门是自动工作的,在一个方向流动的流体压力作用下,阀瓣打开;流体反方向流动时,由流体压力和阀瓣的自重合阀瓣作用于阀座,从而切断流动。

4. 蝶阀

蝶阀的蝶板安装于管道的直径方向,在蝶阀阀体圆柱形通道内圆盘形蝶板绕着轴线旋转,旋转角度为 0°~90°,旋转到 90° 时,阀门是全开状态。蝶阀结构简单、体积小、重量轻,只由少数几个零件组成,而且只需旋转 90° 即可快速启闭,操作简单。蝶阀处于完全开启位置时,蝶板厚度是介质流经阀体时唯一的阻力,因此通过该阀门所产生的阻力很小,故具有较好的流量控制特性,可以作调节用。

5. 球阀

球阀是由旋塞阀演变而来的,具有相同的旋转 90° 的动作,不同的是旋塞体是球体,有圆形通孔或通道通过其轴线。当球旋转 90° 时,进口、出口处应全部呈现球面,从而截断流动。球阀只需要用旋转 90° 的操作和很小的转动力矩就能关闭严密,阀体内腔为介质提供了阻力很小、直通的流道。球阀最适宜直接用于开闭,但也能用于节流和控制流量。球阀的主要特点是本身结构紧凑,易于操作和维修,适用于水、溶剂、酸和天然气等一般工作介质,而且还适用于工作条件恶劣的介质,如氧气、过氧化氢、甲烷、乙烯等。球阀阀体可以是整体的,也可以是组合式的。

6. 隔膜阀

隔膜阀是用一个弹性的膜片连接在压缩件上,压缩件由阀杆操作上下移动,压缩件上升,膜片就高举,形成通路,压缩件下降,膜片就压在阀体上,阀门关闭。此阀适用于开断、节流。隔膜阀特别适用于运送有腐蚀性、有黏性的流体,而且此阀的操作机构不暴露在运送流体中,故不会被污染,也不需要填料,阀杆填料部分也不会泄漏。

7. 安全阀

安全阀基于力平衡原理工作,一旦阀瓣所受压力大于弹簧设定压力时,阀瓣就会被此压力推开,其压力容器内的气(液)体会被排出,以降低该压力容器内的压力。

(三)设备管理的相关知识

配制站工艺复杂、设备繁多,为了更好管理配制站,需要了解相关设备管理方面的知识。

1. 设备管理概述

企业固定资产的主要组成部分是设备,在企业中,用于设备零件和大型工具的资金通常是企业流动资金的三分之一。设备从开始使用到报废为止所经历的时间称为物质寿命。劳动组织与工人操作水平决定着设备的使用寿命。设备在其寿命周期内的故障变化过程分为初期故障期、偶发故障期、磨损故障期。设备磨损规律大致可分为初期磨损阶段、正常磨损阶段、剧烈磨损阶段三个阶段。设备故障发展变化曲线的形状很像一个浴盆的断面,因此称为浴盆理论。设备润滑管理应遵循定点、定质、定时、定量、定人的"五定"原则。

2. 设备管理的任务

班组设备管理的基本要求是"三好四会"。班组设备管理的基本任务是合理使用设备,精心保养设备及维护设备,做好必要的原始记录,使设备经常处于良好的技术状态。

3. 设备管理的标准

设备的安装应严格按照设备原设计的安装标准进行：安装前要编制施工组织设计或专项施工方案，编制设备进场、劳动力、材料、机具等资源使用计划，有序组织进场；现场设施应具备开工条件。设备安装中采用的各种计量和检测器具、仪器和仪表、设备，应符合国家现行计量法规的规定，其精度等级不应低于被检测对象的精度等级；设备安装时应配齐所有的零件、附件、仪表、工具等。

4. 设备管理的制度

建立设备维护专责制，定机、定人。生产操作人员必须经过严格培训并取得操作资格，熟练掌握设备操作方法和操作技巧，方可实现独立顶岗。交班工人在下班之前，应将设备运转情况、故障处理情况填在交班记录本内，并向接班工人当面交待。接班工人应在上班前15min 到接班地点，做好设备交接。单班生产的设备，在下班时必须关闭风、水、电、气和其他介质开关、阀门等，并将设备擦拭干净。设备在接班后发生问题，由接班组长负责。

设备巡回检查：运用自己的感觉器官和检查用具，按照检查记录中规定的项目、正常标准和处置要求，沿着一定的路线对设备的每个部位逐一检查。检查设备时发现的问题要按其轻重缓急分别作出处理。一般的简单调整成修理，在设备停电后，由操作人员自行解决。难度较大的故障隐患，应先告知班内或专业维修人员，由维修人员及时排除。对检查中发现的问题，都要及时填写在检查记录上，并把处理方法和结果写在相应的栏目中。

二、技能要求

(一)准备工作

1. 设备

模拟设备 1 套。

2. 材料、工具

250mm、300mm 活动扳手各 1 把，法兰阀门 1 个（与现场阀门型号相符），200mm×8mm 一字螺丝刀 1 把，300mm 钢锯条 1 根，300mm 钢板尺 1 把，剪刀 1 把，F 形扳手 1 把，放空桶 1 个，200mm 三角刮刀 1 把，300mm 撬杠 1 根，200mm 划规 1 把，黄油若干，2.0mm 石棉垫若干，擦布若干，备用垫片若干。

3. 人员

1 人操作，持证上岗，劳动保护用品穿戴齐全。

(二)操作规程

序号	工序	操作步骤
1	准备工作	选择工(用)具及材料
2	制垫	法兰垫片内外圆光滑、同心，内径、外径误差不大于±2mm，手柄露出法兰外20mm，误差不大于±5mm
3	倒流程	(1)检查流程。 (2)侧身打开旁通阀门，关闭上流、下流阀门。 (3)打开放空阀，泄压
4	卸掉旧阀门	(1)卸掉法兰螺栓，卸掉旧阀门。 (2)取掉旧法兰垫片，清理法兰盘、水纹线

续表

序号	工序	操作步骤
5	安装新阀门	(1)安装新阀门,穿好螺栓。 (2)安装法兰垫片。 (3)对称紧固法兰螺栓
6	试压	侧身关闭放空阀,打开下流阀门试压
7	倒回原流程	侧身开大下流阀门、上流阀门,关闭旁通阀门
8	清理场地	清理场地、收工具

(三)技术要求

(1)制作法兰垫片要留手柄;

(2)新垫片要涂黄油,安装要居中;

(3)更换的阀门要与现场型号相同;

(4)更换新阀门时法兰盘间隙要均匀;

(5)试压无渗漏。

(四)注意事项

(1)不会制作法兰垫片应停止操作;

(2)要侧身开关阀门;

(3)要正确使用 F 形扳手;

(4)未倒流程或流程倒错应停止操作。

项目三　检查验收电动机

一、相关知识

(一)电动机的相关知识

1. 概述

各种电动机都是以电磁感应定律和电磁力定律为理论基础工作的。电动机的型号表示电动机的类型、机座形式、转子形式、铁芯长度和磁极数等。电动机 A 级绝缘层能容纳的最高温升是 $55\sim60℃$。电动机在运行中滑动轴承温度超过 $80℃$ 时,应立即停电检查。

2. 电动机故障现象、原理及处理

电动机的故障现象、原因及处理方法见表 3-2-1。

表 3-2-1　电动机故障原因、分析及处理

故障现象	故障原因及分析	处理方法
电动机偷停	电路异常	检查供电线路
	出口压力过高	降低设备出口压力
	变频器故障	检修变频器

续表

故障现象	故障原因及分析	处理方法
电动机噪声大	电动机风扇叶损坏	更换风扇
	电动机轴承损坏	更换电动机轴承
	异物落入电动机内部	排除异物
	电动机固定螺钉松动	紧固螺钉
	定子与转子摩擦	修复电动机
	电路异常	检查电路
电动机温度高	电动机风扇叶损坏	更换风扇
	电动机轴承损坏	更换电动机轴承
	电路异常	检查供电线路
	电动机缺油或油污过多	加油或清理油污
	电动机长期过载运行	更换大功率电动机
	电动机转速过低	提高电动机转速
	定子与转子摩擦	修复电动机
	轴承与转子不同心	修复电动机

(二)叉车操作安全知识

配制站维护电动机时经常会用到站内天吊或叉车。叉车发动前需要检查油箱的油位、轮胎的气压、变速杆的位置；叉车作业前后应检查外观、发动机润滑油、冷却液、刹车油、轮胎气压、电瓶加注电解液、门架及转向桥润滑脂等；叉车作业需要注意安全绳的使用事项；行驶时不得将货叉升得太高，进出作业现场或行驶途中要注意上空有无障阻物刮碰；禁止使用货叉顶货或拉货，禁止单叉作业。

二、技能要求

(一)准备工作

1. 设备

三相异步电动机1台。

2. 材料、工具

500MΩ兆欧表1块、0~100℃温度计1支、水平尺1把、250mm活动扳手1把、ϕ24mm梅花扳手1把、150mm一字螺丝刀1把、绝缘手套一副、试电笔1支、棉纱团若干、检验单若干、蓝黑钢笔1支(考生自备)、记录单1张、砂纸若干。

3. 人员

1人操作，持证上岗，劳动保护用品穿戴齐全。

(二)操作规程

序号	工序	操作步骤
1	准备工作	准备工具、用具、仪表

序号	工序	操作步骤
2	停电	(1)将电动机停电。 (2)验电。 (3)放电
3	拆电源线及连接片	(1)拆除电源线。 (2)拆除星形、三角形连接片
4	校表	将兆欧表进行开路、短路试验
5	测量	(1)测量绕组相对地绝缘电阻。 (2)将兆欧表引线的 L 端接在电动机某相绕组上。 (3)E 端接在电动机外壳上。 (4)测量绕组相间绝缘电阻。 (5)将兆欧表引线的 L 端、E 端分别与电动机两相绕组连接。 (6)测量时以 120r/min 的转速摇动手柄。 (7)读取绝缘电阻值。 (8)绝缘电阻值应大于 0.5MΩ
6	检查轴承	(1)卸下轴承端盖。 (2)检查轴承润滑油
7	检查螺钉	检查各部位螺栓紧固情况
8	检查外观	检查电动机外观
9	检查水平	检查水平情况
10	检查电动机温升	检查电动机温升及运行情况
11	结论	做出检验结论
12	清理场地	清理场地、收工具

(三)注意事项

(1)验电方式要正确,要对开关下侧、电动机外壳验电。

(2)打开接线盒盖后要放电。

(3)检查兆欧表并确认正确接线,开路、闭路应验表。

(4)用兆欧表测量时,以 120r/min 的转速摇动手柄,转速不能过快或过慢。

(5)读取绝缘电阻值,绝缘电阻值应大于 0.5MΩ。

(6)戴绝缘手套放电。

项目四　更换离心泵

一、相关知识

(一)离心泵的优缺点

1. 优点

(1)结构简单,零部件少,便于维修。

(2)体积小,占地面积少。

（3）在动力足够的情况下,泵产生的压力取决于叶轮直径和泵的转数,并且不能超过这些参数所规定的数值。

（4）流量、压力平稳,泵正常运转时振动较小。

2. 缺点

（1）自吸能力差,容易抽空。如果抽送的液体动液面在泵的中心线以下,开泵前必须灌满或抽空(抽净空气),否则离心泵不能正常工作。

（2）在低于额定流量以下的小流量操作时,泵的效率较低。

（3）适用于输送黏度较低的各种液体,液体的黏度对泵的性能影响较大。

（二）离心泵的并联和串联

1. 并联

泵的并联是指把两台或两台以上的泵进口连接在同一条管线上,出口连接在同一条出口管线上,可解决单泵扬程不足的问题。泵并联后扬程不变,排量为两台泵或几台泵排量之和。泵并联的条件:几台泵的扬程必须基本相同,误差小于 0.2MPa。

2. 串联

泵的串联是指将两台或两台以上的排量基本相同的泵连接起来,即将第一台泵的出口连接在第二台泵的进口,将第二台泵的出口连接在第三台泵的进口上,依次类推。泵串联的条件:几台泵的排量基本相同,而后一台泵的强度应能承受两台泵的压力和。串联的目的是增加压力。离心泵并联工作时,系统的工况取决于泵组特性曲线与管路特性曲线的交点。

（三）离心泵-管道系统的工作点

离心泵-管道系统的工作点是根据质量守恒定律和能量守恒定律确定的。根据能量守恒定律,泵对液体提供的能量应等于液体消耗于管路的能量。根据质量守恒定律,泵的排量(Q_b)应等于管道的输量(Q_g)。水泵特性曲线与管路特性曲线的相交点,就是水泵的工作点或工况点。

（四）离心泵的特性曲线

离心泵的特性曲线能够反映出泵的基本性能,是正确选择和操作离心泵的依据。离心泵性能曲线主要有流量-扬程曲线(Q-H 曲线)、流量-功率曲线(Q-N 曲线)、流量-效率曲线(Q-η 曲线)等。

Q-H 曲线代表该泵的流量与压头的关系,变化趋势:随流量的增加,扬程减小。

Q-N 曲线代表该泵的流量与轴功率的关系,变化趋势:流量的增加,轴功率增加。流量为零时,轴功率减小,但不等于为零。

Q-η 曲线:随着流量的增加,泵的效率曲线出现了一个较大值(效率较高点),在与其对应的流量下工作,泵的能量损失较小。该曲线形状像山头,当流量为零时,效率也等于零,随着流量的增大,效率也逐渐增加,但增加到定数值之后效率就下降了。曲线上有个高点,即离心泵的高效率点,是离心泵经济工作的点,该点左右的范围内(般不低于高效率点的 10% 左右)都是属于效率较高的区域,在离心泵选形时,应使泵站设计所要求的流量和扬程能落在高效率段的范围内。

二、技能要求

(一)准备工作

1. 设备

离心泵 1 台。

2. 材料、工具

扳手 1 把、撬杠 1 根、胶垫若干、螺栓若干。

3. 人员

1 人操作,持证上岗,劳动保护用品穿戴齐全。

(二)操作规程

序号	工序	操作步骤
1	准备工作	准备工(用)具
2	切断电源	将电源切断
3	停机检查	停机检查
4	取下设备	卸螺栓,取下离心泵
5	安装设备	安装新离心泵
6	盘车	盘车 3~5 圈
7	清理场地	清理场地、收工具

(三)注意事项

将电源断开停机后方可操作。

项目五　检查与处理鼓风机过载

一、相关知识

(一)鼓风机的相关知识

1. 组成及工作原理

油田聚合物配制站干粉供料方式大多为鼓风机–文丘里管的风送方式,即鼓风机吹送压缩空气经文丘里管产生负压,抽吸干粉沿风力输送管道送入水粉混合器内的干粉供料方式。

鼓风机主要由叶轮和机壳两部分组成。机壳内的叶轮固定于原动机驱动的转轴上,当原动机通过转轴带动叶轮做旋转运动时,处在叶轮叶片间的流体也随叶轮高速旋转,此时流体受到离心力的作用,经叶片间出口被甩出叶轮;这些被甩出的流体挤入机壳后,机壳内流体压强增高,最后被导向风机的出口排除;与此同时,叶轮中心由于流体被甩出而形成真空,外界的流体在大气压的作用下,沿风机的进口吸入叶轮,如此源源不断地输送流体。

鼓风机的机壳由蜗壳、进风口等零部件组成。蜗壳由蜗板和左右两块侧板焊接而成,蜗板是一条对数螺旋线。蜗壳的作用是汇集叶轮中甩出来的气体,并引到蜗壳的出口,经过出风口把气体输送到管道中或排到大气中去,有的鼓风机将流体的一部分动压通过蜗壳转变为静压。进风口又称集风器,它保证气流能均匀地充满叶轮进口,使气流的流动损失最小。常用的进风口有圆筒形、圆锥形、圆弧形和双曲线形 4 种。进风口形状应尽可能符合叶轮进口附近气流的流动状况,以避免漏气流及引起的损失。

2. 鼓风机过载现象

鼓风机在运行或者启动过程中,经常发生过载现象,这种现象的原因见表 3-2-2。鼓风机的过载,有时不是立即显示出来的,所以要注意鼓风机温度和运转时的声音,以判断机器是否运行正常。

表 3-2-2　鼓风机过载及判断

故障现象	故障原因及分析	故障处理
鼓风机过载判断	电压差过大导致电动机电流升高,造成过载	检测 A、B、C 三相电流,判断电压差是否过大
	吸入口管路堵塞导致主轴负荷增大,造成过载。	清理堵塞管路
	叶轮沉积物使主轴负载过大,导致过载	清理叶轮中的沉积物
	电动机绕组出现问题导致过载	绝缘不合格或线路老化
	空气介质及温度的变化导致电动机过载	避免风机满负荷运行
	电动机冷却风扇损坏导致电动机散热性能下降,温度升高引起过载	定期检查鼓风机风扇是否损坏
	电动机缺相或线圈烧毁	更换电动机

(二)电动机的相关知识

1. 电动机过载的原因及处理方法

在配制站分散装置中,螺杆下料器、鼓风机均是其中的设备之一,均由电动机带动来实现生产运行。电动机过载报警信号产生的直接原因是热继电器动作,动作的条件是线路中电流过高,如电动机缺相运行、设备润滑不好、接线端子松脱导致电动机过载。电动机缺相运行会使通电部分电流大幅度上升,因而引起过载。设备过载报警后,通过测量电动机电流可确认故障现象。

2. 配制站常用设备过载的处理方法

1)清水泵过载处理方法

(1)检查热继电器设定值与电动机额定电流是否相同。

(2)测量电动机运行电流,检查其是否超过额定电流。

(3)检查电动机是否有额外负载。

(4)检查导线连接端子是否松动。

2)母液输送泵过载处理方法

(1)检查热继电器设定值是否与电动机额定电流相同。

(2)测量电动机运行电流是否超过额定电流;检查有关阀门是否全部打开。

(3)检查有关阀门是否全部打开。

(4)检查是否有异常温升或噪声、有无额外负载。

(5)检查导线连接端子是否松动。

二、技能要求

(一)准备工作

1. 设备

分散装置 1 套。

2. 材料、工具

200mm 活动扳手 2 把、内六角扳手 1 套、200mm 一字螺丝刀 1 把、200mm 十字螺丝刀 1 把、钳形电流表 1 块。

3. 人员

1 人操作,持证上岗,劳动保护用品穿戴齐全。

(二)操作规程

序号	工序	操作步骤
1	准备工作	准备工具、用具
2	切换工作状态	将分散装置切换到手动工作状态
3	检查复位热继电器	(1)检查热继电器电流设定值,应与电动机额定电流相同。 (2)复位热继电器
4	启动鼓风机	手动启动鼓风机
5	测量电流并检查电路	(1)测量三相电流,判断电流是否超过额定电流或三相不平衡。 (2)检查电路连接是否松动
6	检查安装鼓风机	(1)拆开鼓风机外壳。 (2)检查叶轮是否转动灵活、有无卡滞。 (3)检查风路是否有堵塞现象。 (4)根据检查结果处理故障。 (5)安装鼓风机
7	复位并切换工作状态	(1)复位报警。 (2)分散装置切换到自动工作状态
8	清理场地	清理场地、收工具

(三)注意事项

(1)鼓风机的过载有时不是立即显示出来的,所以要注意风机温度和运转时的声音以判断机器是否运行正常。

(2)严格按操作程序执行操作。

项目六　检查与处理分散装置进水低流量问题

一、相关知识

(一)分散装置的相关知识

油田配制站常用的聚合物分散装置如图 3-2-3 所示。

1. 料斗

一般料斗的容积应大于或等于螺杆下料器每小时下料量的 2 倍。

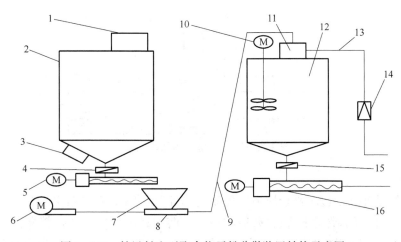

图 3-2-3　鼓风射流型聚合物干粉分散装置结构示意图

1—分散装置加料口；2—干粉料斗；3—振动器；4—料位开关；5—螺杆给料器；6—鼓风机；7—电热漏斗；
8—文丘里喷嘴；9—风力输送管道；10—搅拌器；11—水粉混合器；12—溶解罐；13—供水管道；
14—供水流量计；15—流量调节阀；16—螺杆泵（混配液输送泵）

2. 螺杆下料器

螺杆下料器是分散装置中最关键的部分，它的计量精度直接影响聚合物分散装置配制溶液的浓度。螺杆下料器主要由干粉漏斗、挤压板、计量螺杆、电动机及传动装置等组成。它是用两个挤压板来挤压柔性乙烯树脂漏斗的外侧，挤压板的轻柔起伏运动使干粉相互产生错位而均匀地落入螺杆螺杆，并以统一的容积密度均匀地填满计量螺杆的每个条板，保证了螺杆下料器具有较高的计量精度。挤压板的频率和摆动幅度都可以调节，以适应干粉在不同情况下的流动性能。驱动计量螺杆的电动机采用直流电动机，这样计量螺杆的转速可以在一定范围内进行调节以调整干粉的输出量，如图 3-2-4 所示。

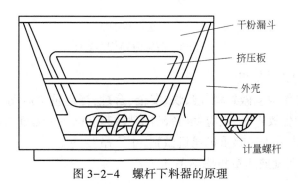

图 3-2-4　螺杆下料器的原理

3. 文丘里喷嘴

风力输送干粉的关键部件之一就是文丘里喷嘴，其结构如图 3-2-5 所示。文丘里喷嘴由两部分组成喷嘴 A 和喷嘴 B，压缩空气由文丘里喷嘴的动力口经喷嘴 A 和喷嘴 B，在干粉吸入口处形成一个涡流区，其压力低于大气压；聚合物干粉从吸入口被吸入，由排出口进入风力输送管道，送入水粉混合器。选用时应根据生产实际干粉的流量来选择文丘里喷嘴的技术参数。

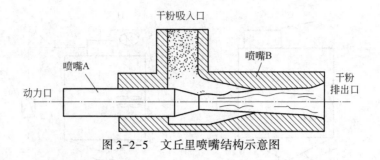

图 3-2-5 文丘里喷嘴结构示意图

4. 溶解罐

溶解罐的设计与制造应符合压力容器制造标准,当溶解罐的自控装置失灵时,混合液可以从溢流管溢出,而不致溢出溶解罐,造成污染。溶解罐上设置一个搅拌器,搅拌刚刚配成的混合液,使干粉迅速均匀地溶于水中。溶解罐上还应有一个液位传感器,当溶解罐液位达到一定高度时,液位传感器发出电信号,自动开启混配液输送泵自动停机,如图 3-2-6 所示。

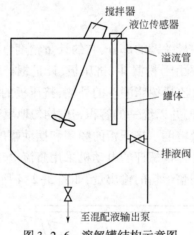

图 3-2-6 溶解罐结构示意图

(二)起重安全的相关知识

起重机司机在操作中应做到稳、准、快、安全、合理;当起重机启动后,应发出警告信号;在吊运过程中设备发生故障时,也应发出警告信号;起重机在吊运过程中接近地面工作人员时,起重司机需要发出警告。起重机司机做到"十不吊":

(1)指挥信号不明确或违章指挥不吊。

(2)吊装物超载不吊。

(3)工件或吊装物捆绑不牢不吊。

(4)吊装物上面有人不吊。

(5)安全装置不齐全或有动作不灵敏、失效者不吊。

(6)工件埋在地下或地面建筑物与设备有挂钩不吊。

(7)光线阴暗视线不清不吊。

(8)棱角物件无防切割措施不吊。

(9)斜拉歪拽工件不吊。

(10)吊装物有洒落危险不吊。

二、技能要求

(一)准备工作

1. 设备

分散装置1套。

2. 材料、工具

200mm活动扳手2把、尖嘴钳1把、200mm一字螺丝刀1把、200mm十字螺丝刀1把、擦布1块。

3. 人员

1人操作,持证上岗,劳动保护用品穿戴齐全。

(二)操作规程

序号	工序	操作步骤
1	准备工作	准备工具、用具
2	检查水泵	检查清水泵运行情况及泵进出口压力情况
3	检查供水管路畅通情况	(1)确认清水泵进出口畅通。 (2)检查分散装置上水管路手动阀门打开的情况。 (3)检查电动球阀和电动调节阀状态。 (4)检查上水管路的堵塞情况。 (5)检查水粉混合器喷嘴堵塞的情况
4	检查低流量设定值	检查低流量设定值的情况
5	根据检查结果处理故障	(1)根据检查结果处理故障。 (2)分散装置切换到自动运行状态,报警复位,恢复系统运行
6	恢复计算机正常工作画面	恢复计算机正常工作画面
7	清理场地	清理场地、收工具

(三)注意事项

(1)分散装置上水管路手动阀门开度不能小于50%。

(2)故障排除后分散装置切换到自动运行状态。

(3)需先停运分散装置再处理故障。

项目七　更换物流检测器尼龙隔片

一、相关知识

(一)物流检测器的故障处理

物流检测器故障原因分析及处理方法见表3-2-3。

表 3-2-3　物流检测器故障原因分析及处理

故障现象	故障原因及分析	故障处理
物流检测器报警	某种原因导致干粉结块,附着在干粉料斗内壁,造成堵塞,物流检测器检测不出介质通过	将分散装置调至手动状态,启动振动器,清理结块干粉
	干粉中有杂物(如岗位员工在加药不慎将手套等物品加入料斗),导致螺杆下料器故障堵塞	清理螺杆下料器及料斗中杂物
	电热漏斗处滤网堵塞	清理堵塞干粉,疏通上粉管路

(二)设备状态检测及故障诊断技术

状态检测通常是指通过测定设备的某个较为单一的特征参数来检查其状态是否正常。由计算机完成状态检测的全部装置,称为自动监测系统。设备诊断技术中的设备是指机械设备和电气设备;故障一般分为机械故障和电路故障。设备故障诊断一般要求由专业检定机构进行。静态设备诊断技术的主要诊断对象是压力容器、结构件和管道系统。诊断技术属于信息技术范畴,包括从最原始最简单地用人的感官来判断,一直到现代化的计算机自动诊断系统。

开发设备故障诊断技术最早的国家是美国。不少资料都说明诊断技术的经济效益是明显的,主要表现在可以减少事故,降低维修费用。

二、技能要求

(一)准备工作

1. 设备

物流检测器 1 个。

2. 材料、工具

尼龙隔片若干(与待换片同规格)、300mm 活动扳手 2 把、200mm 一字螺丝刀 1 把、200mm 十字螺丝刀 1 把、无感应电螺丝刀 1 把、150mm 尖嘴钳 1 把、皮老虎 1 个、擦布若干。

3. 人员

1 人操作,持证上岗,劳动保护用品穿戴齐全。

(二)操作规程

序号	工序	操作步骤
1	准备工作	准备工具、用具
2	取下旧尼龙片	(1)停分散装置并切断电源。 (2)卸下物流检测器。 (3)卸下卡环及尼龙片
3	安装新的尼龙片	(1)清理物流检测器中残留干粉。 (2)安装尼龙片及卡环
4	调整物流检测器的灵敏度	(1)安装物流检测器。 (2)分散装置送电并切换到手动状态。 (3)启动鼓风机,手动加入干粉,下料量为正常下料量的 1/4~3/4,通过线路板指示灯调整物流检测器灵敏度,下料量低于正常下料量的 1/2 时应报警

序号	工序	操作步骤
5	将分散装置切换到自动	将分散装置切换到自动状态
6	恢复计算机正常工作画面	恢复计算机正常工作画面
7	清理场地	清理场地、收工具

（三）注意事项

（1）卸物流检测器时不要用力过猛发生磕碰；

（2）安装尼龙片及卡环要到位；

（3）安装物流检测器时方向要正确，螺栓松紧程度一致，不能漏干粉；

（4）手动加入干粉时下料量不能过高或过低；

（5）未停分散装置停止操作、未切断电源停止操作。

项目八　更换离心泵对轮胶垫

一、相关知识

（一）离心泵的相关概念

离心泵的基本参数是指表示泵的整体性能的参数，泵在所规定范围内运转，是最经济、最合理的。

1. 扬程

离心泵扬程的影响因素：（1）泵的扬程与泵的结构、转速和流量有关；（2）与它的吸入口和排出口的距离有关；（3）吸入口真空度大小和排出的压力高低有关；（4）与吸入口、排出口的速度有关。

示例：已知水泵的流量 $Q_1 = 180m^3/h$，扬程 $H_1 = 250m$，转速 $n_1 = 2900r/min$，改用 $n_2 = 1450r/min$ 的电动机，试求该泵改变转速后的扬程。

解：

根据 $H_1/H_2 = (n_1/n_2)^2$，则：

$$H_2 = H_1(n_2/n_1)^2$$
$$= 250 \times (1450 \div 2900)^2$$
$$= 62.5(m)$$

答：该泵改变转速后的扬程是 62.5m。

2. 功率

流量增加时功率也增加，增加快、慢与比转速有关。离心泵的比转数越小，流量增加后功率增加越快；比转数越大，流量增加后功率增加越慢。

示例1：一台污水处理泵，在提升密度为 $1150kg/m^3$ 的污水时，流量为 $140m^3/h$，扬程为 36m，试求该泵此时的有效功率。

解：

$$N_e = \rho g Q H / 1000$$

$$= 1150 \times 9.8 \times (140 \div 3600) \times 36 \div 1000$$
$$= 15.78(kW)$$

答:该泵的有效功率为 15.78kW。

示例 2:某泵抽清水时,流量为 $360m^3/h$,扬程为 27m,效率为 80%,试求该泵的轴功率。($\rho = 1000kg/m^3$)

解:

$$N_{轴} = \rho g H Q / (1000\eta)$$
$$= 1000 \times 9.8 \times (360 \div 3600) \times 27 \div (1000 \times 0.8)$$
$$= 33.1(kW)$$

答:该泵的轴功率为 33.1kW。

3. 效率

水泵从原动机那里取得的轴功率,不可能全部转化为有效功率,因为泵内有各种损失(水力损失、容积损失、机械损失)存在。离心泵的流量和效率之间的关系曲线称为流量-效率($Q-\eta$)曲线。$Q-\eta$ 曲线上的效率最高点称为额定工况点。离心泵最佳工作负荷是指泵的效率最高时泵的工作情况。离心泵的实际流量与额定流量相差越小,则效率越高。

示例 1:有一台离心泵,测得其抽水的两组数据,$Q_1 = 1440m^3/h$,$N_1 = 105kW$,$H_1 = 22m$,$Q_2 = 1260m^3/h$,$N_2 = 102kW$,$H_2 = 26m$,请问在哪一组运行最经济?($\rho = 1000kg/m^3$)

解:

$$\eta = \rho g Q H / (1000N_{轴}) \times 100\%$$
$$\eta_1 = 1000 \times 9.8 \times (1440 \div 3600) \times 22 \div (1000 \times 105) \times 100\%$$
$$= 82\%$$
$$\eta_2 = 1000 \times 9.8 \times (1260 \div 3600) \times 26 \div (1000 \times 102) \times 100\%$$
$$= 87\%$$

$\eta_2 > \eta_2$,则第二组运行最经济。

答:在第二组运行时最经济。

示例 2:60Y-60 离心泵在设计工况下抽水时流量为 $0.00625m^3/s$,在扬程 49m 时,轴功率为 6.125kW,试问该泵效率为多少?($\rho = 1000kg/m^3$)

解:

$$\eta = N_e \times 100\% / N_{轴}$$
$$= \rho g H Q \times 100\% / N_{轴}$$
$$= 1000 \times 9.8 \times 49 \times 0.00625 \div (1000 \times 6.125) \times 100\%$$
$$= 49\%$$

答:该泵的效率为 49%。

4. 比转数

为将具有不同流量,不同扬程的水泵进行比较,将某一台泵的实际尺寸几何相似地缩小为标准泵,此标准泵应满足流量为 75L/s,扬程为 1m,有效功率为 1hp,此时泵的转数就称为比转数,用 n_s 表示。

（二）离心泵的汽蚀

离心泵运转时，若其过流部分的局部区域，因为某种原因抽送液体的绝对压力降低到当时温度下的液体汽化压力，液体便在该处开始汽化，产生大量蒸气，形成气泡，当含有大量气泡的液体向前经叶轮内的高压区时，气泡周围的高压液体致使气泡急剧地缩小以至破裂，气泡凝结破裂的同时，液体质点以很高的速度填充空穴，瞬间产生很强烈的水击作用，以很高的冲击频率打击金属表面，冲击应力达几百至几千个大气压，冲击频率可达每秒几万次，严重时会将壁厚击穿。泵中产生的气泡和气泡破裂使过流部件遭受到破坏的过程称为离心泵的汽蚀过程。离心泵产生汽蚀后除了过流部件会产生破坏作用外，还会产生噪声和振动，导致泵的性能下降，严重时会使泵中液体中断。

汽蚀余量是指在泵吸入口处单位重量液体所具有的超过汽化压力的富余能量，又指泵入口处液体所具有的总水头与液体汽化时的压力头之差，实质上是用来克服液流从泵的入口处到压力最低点之间的摩擦阻力。泵的汽蚀余量越大，则泵的吸入能力越低。汽蚀余量只取决于泵的结构、转速和流量。

汽蚀余量的分类：装置汽蚀余量，又称有效汽蚀余量，越大越不易汽蚀；泵汽蚀余量，又称必需的汽蚀余量或泵进口动压降，越小抗汽蚀性能越好；临界汽蚀余量，对应泵性能下降一定值的汽蚀余量；许用汽蚀余量，是确定泵使用条件用的汽蚀余量。

防止汽蚀的措施：增加离心泵入口处储液罐中液面的压力，可以提高有效汽蚀余量；降低液体的输送温度，以降低液体的饱和蒸气压，改进叶轮材质和进行流道表面喷镀；提高吸入罐高度或降低离心泵的安装高度；由于液体在泵入口处具有的动能和静压能可以相互转化，其值保持不变，入口液体流速高时压力低，流速低时压力高。因此，增大泵入口的通流面积、降低叶轮的入口速度可以防止泵产生汽蚀；输送液体的温度升高时液体的饱和蒸气压也升高。在泵的入口压力不变的情况下，输送液体的温度升高时，液体的饱和蒸气压可能升高至等于或高于泵的入口压力，泵就会产生汽蚀，因而控制输送液体的温度也可以防止泵产生汽蚀。

（三）离心泵的通用性能曲线

通用性能曲线是指利用相似理论组合而成的无量纲参数表示流体机械的性能曲线，就是将若干不同转速的 Q-H 性能曲线画在同一张图上，它具有不受进口条件变化限制的优点。

从通用性能曲线可知，对于每一台泵，都有一个相对有限的最佳工况范围；离心泵改变转速后，流量的变化规律是 $Q_1/Q_2 = n_1/n_2$；从通用性能曲线上容易求出任何扬程和流量组合下的转速效率和功率，可有效地确定泵的运转特性；根据离心泵的性能曲线确定该泵的工作点，由工作点便可查该泵的流量和扬程。

离心泵的比例定律：当转速变化时，流量与转速成正比；扬程与转速的平方成正比；功率与转速的立方成正比。

离心泵的切割定律：在同一转速下，离心泵叶轮切割前后的外径与对应工况点的流量、扬程、功率间的关系。在转速不变的情况下，减小叶轮外径将使泵的性能曲线下降，并且叶轮切割前后的扬程和流量比例关系是不变的，即扬程和流量的平方成正比关系不变，这种关系称为切割抛物线。叶轮的切割量不能太大，否则切割定律失效，并使泵效率明显降低。

示例 1：经测试某单螺杆泵的实际流量为 $45m^3/h$，已知该泵的理论汽量是 $50m^3/h$，试求该泵的容积效率。

解：

根据公式泵的容积效率：

$$\eta_v = Q_实/Q_理 \times 100\% = \frac{45}{50} \times 100\% = 90\%$$

答：该泵的容积效率为 90%。

离心泵的通用性能曲线通常是以 20℃ 水为输送介质用试验方法测定的。在离心泵性能测试中，流量可以用孔板流量计测量，也可用涡轮流量计等测量。

二、技能要求

(一)准备工作

1. 设备

离心泵 1 台、电动机 1 台(与泵配套)。

2. 材料、工具

0.3mm、0.5mm、1mm 铁皮垫片若干，0.3mm、0.5mm、1mm 铜皮垫片若干，梅花胶垫 3 个(其中两个规格和选用规格相近)，擦布若干，250mm 一字螺丝刀 1 把，250mm 十字螺丝刀 1 把，开口扳手 1 套，梅花扳手 1 套，2~3m 加力杠 1 根，200mm 钢板尺 1 把，1500mm 撬杠 2 根，0.88kg 手锤 1 个。

3. 人员

1 人操作，持证上岗，劳动保护用品穿戴齐全。

(二)操作规程

序号	工序	操作步骤
1	准备	准备工具、用具
2	切断电源	将电源切断
3	停运离心泵	停机检查，放空残余液
4	拆开电动机	拆开电动机地脚螺栓取出垫片，清理电动机对轮爪，挪动电动机到适合更换胶垫的角度
5	更换胶垫	按要求更换同型号新胶垫
6	安装电动机对轮找正	安装电动机，利用垫片找正泵与电动机的同心度
7	盘车试运	关闭放空阀，打开离心泵进口阀，盘车 3~5 圈，应灵活无卡阻，试运平稳无异响
8	清理场地	清理场地、收工具

(三)技术要求

(1)电动机同心度及对轮间隙要合适，不能过大或过小，对轮平衡同心。

(2)对角紧固电动机地脚螺栓。

（3）电动机挪动不要过大以免影响安装。

（4）启泵要盘车 3~5 圈，灵活无卡阻。

（5）启泵试运无异响。

（四）注意事项

（1）未将电源断开停止操作，未停运离心泵停止操作。

（2）扳手不能反打。

模块三　操作仪器、仪表

项目一　采用直尺法测量与调整离心泵机组同心度

一、相关知识

(一)离心泵机组同心度相关知识

1. 定义

以电动机轴为主动轴,与泵轴同轴心的程度称为同心度,离心泵与电动机轴同心度偏差过大,会对离心泵产生危害。长期运转的离心泵与电动机轴不同心,其轴承会严重磨损,造成设备损坏;离心泵与电动机轴不同心还会使离心泵在运转时产生噪声和振动,缩短离心泵寿命,并影响离心泵效率。因此在安装时应认真细致地测试调整离心泵的同心度。

2. 同心度调整的基本原理

泵机组大部分是通过联轴器连接在一起的,理想状态下泵轴的中心线应成为原动机的轴心线的延长线,而两个转子的轴一般是用联轴器连接的,所以只要调整两个半联轴器的轴心线使两个半联轴器的轴心线成为一条直线即可,而要实现以上要求则必须同时满足以下条件:(1)使两个半联轴器的两个外圆同心;(2)使两个半联轴器的端面平行(即机泵的两轴心线平行)。实际生产中泵一般是固定不能移动的,因此大多数是通过调整原动机的轴心线来迎合泵的轴心线,使原动机的轴心线成为泵的轴心线的延长线。

3. 误差的原因及危害

原因:(1)设备制造安装的误差使联轴器所连接的两轴线不能完全重合;(2)设备运转过程中零件变形、旋转部位的质量不均匀、温度变化、基础下沉等都会使两轴线位置发生进一步偏差。

危害:以上原因会导致产生附加应力和变形,引起设备剧烈振动,使轴、轴承、轴上的零件工作情况恶化,进而导致事故的发生。

4. 联轴器不同心度的调整方法

同心度调整方法很多,但是多数比较麻烦,无论按什么方式分类,它们的原理及分析方法是一致的,主要是测量两半联轴器的不同心度和不平行度,即径向位移和径向间隙、轴向位移和轴向间隙。根据所用测量工具的不同,一般分为以下几种方法:

(1)塞尺法。这种方法直观、简单、方便,主要适用于转速较低、负荷较小、精密度要求不高、不需要精确校正中心的机器。首先将板尺或直角尺靠在泵的联轴器上,用塞尺检查另一个联轴器径向间隙的大小,利用平面规和楔形间隙规测量联轴器端面的不平行度。具体测量方法如图 3-3-1 所示,用塞尺依次检查联轴器上、下、左、右间隙的数值,然后根据上下数值差值调整原动机的高低,根据左右间隙的数值差值调整原动机的左右位置,使二者的不同心度值符合要求。

（2）百分表法调整同心度。此方法操作比较麻烦，但是因使用了精密度较高的千分表来测量径向误差和轴向误差，所以精密度也最高。此方法主要适用于需要精确校正中心的大负荷、高转速的泵机组设备。

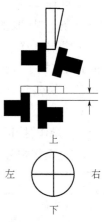

两种方法也可以结合使用来测定、调整机泵的不同心度。

（二）同心度调整相关操作要点及注意事项

（1）很多资料中介绍调整方法时，要求先调整上下高差，但是在实际操作中非常麻烦，费时费力。因为上下高差的变化随着机爪前后垫片厚度的调整是动态变化的，例如原来上下高差是 0.5mm，上张口 0.1mm，通过计算电动机前脚垫了 0.2mm，后脚垫了 0.5mm 垫片后，高差本应该完全消失，可是实际操作中高差只是由 0.5mm 变成了 0.2mm。即使上下高差调整合格，还存在上下张口，在调整张口时，上下高差又会随之变化。并且百分表头测量点以及联轴器端面间的间

图 3-3-1　塞尺法
测量方法

隙变化也直接影响到测量结果。而先调整轴向间隙值的方法，在调整小型机组计算数值时虽然也不是特别准确，但经过 2~3 次的调整都能顺利地消除上下张口，先调整轴向间隙值的方法的最大优点是既思路清晰又省时省力。

（2）百分表固定正确后，为了提高测量精度，盘动转子时，应按机组的旋转方向盘动转子。

（3）同心度质量的要求随泵的结构、转数等因素的不同而不同，考虑到泵机组运行时会发生轴向窜动，根据联轴器的大小、连接方式等，联轴器两端面间应留有一定的间隙。

（4）现场中的泵，联轴器端面有飘偏并不影响调同心工作，待测量点与 0°、90°、180°、270°作记号处刻度对齐后，方可读数以减小误差。记录读数时采用正负值法或大小指针同时读的方法都可以，但计算一定要正确。

（5）有时电动机应该向下落，可是电动机机爪下已无垫片可撤了，这时只能将电动机垫高后再调整。

（6）同心度调整达到要求后，紧固地脚螺栓时用力过大会拉动电动机，造成调整结果再次超标，应均匀紧固四角螺栓，边紧边观察百分表指针的变化以防紧偏。

（三）压力容器

凡是承受一定压力的容器称为压力容器，压力容器在油田生产过程中的用途较为广泛。压力容器按等级可分为低压容器、中压容器、高压容器和超高压容器 4 种。低压容器，$0.1MPa \leqslant p$（设计压力）$< 1.6MPa$；中压容器，$1.6MPa \leqslant p < 10MPa$；高压容器，$10MPa \leqslant p < 100MPa$；超高压容器，$p \geqslant 100MPa$。压力容器的实验压力是工作压力的 1.5 倍，即安全系数。工作压力是指设备、仪器、仪表，在正常安全条件下工作，并能达到技术质量要求时所允许的压力。

二、技能要求

（一）准备工作

1. 设备

IS80-65-160 型离心泵机组 1 台。

2. 材料、工具

锯条 1 根(取垫子用),$\delta = 0.05mm/0.1mm/0.2mm/0.3mm/0.5mm/1.0mm$ 铜皮垫片各 4 片,计算器 1 个,200×200mm 擦布 2 块,记录表、笔 1 套,粉笔或石笔 1 支,14～17mm、17～19mm 梅花扳手 2 把,500mm 撬杠 1 根,$\phi 25mm \times 250mm$ 紫铜棒 1 根,$\delta = 1mm/2mm/3mm$ 标准块各 1 块(15mm×50mm),100mm 塞尺 1 把,150mm 钢板尺 1 把。

3. 人员

1 人操作,持证上岗,劳动保护用品穿戴齐全。

(二)操作规程

序号	工序	操作步骤
1	准备	准备工具、用具
2	检查并划线	检查联轴器有无裂痕和缺陷,将联轴器按 0°、90°、180°、270°分成四等份,并画上标记
3	测量	(1)用钢板尺和塞尺测量机泵联轴器上下偏差,并做好记录。 (2)用钢板尺和塞尺测量机泵联轴器左右偏差,并做好记录。 (3)用标准块和塞尺测量机泵联轴器上下开口尺寸,计算轴向上下偏差值,并做记录。 (4)用标准块和塞尺测量机泵联轴器左右开口尺寸,计算轴向左右偏差值,并做记录
4	计算垫片厚度	(1)径向:径向上下偏差为垫子厚度 $\Delta h = \dfrac{(0° + 180°)}{2}$。 (2)轴向:$x_1 = \dfrac{a-b}{D} \times L_1$,$x_2 = \dfrac{a-b}{D} \times L_2$。 (3)垫片总厚度:$s_1 = \Delta h + x_1$,$s_2 = \Delta h + x_2$
5	选加垫片	根据垫片总厚度选择垫片,每组垫片数量不超过 3 个,外露不超过 1mm,将选好的垫片分别加在电动机四个底脚下
6	调整	(1)用标准块将两联轴器间距调整至 4～6mm。 (2)调整电动机径向左右偏差,用铜棒击打电动机左侧或右侧,使电动机向左或向右平移。 (3)调整电动机轴向左右偏差,用铜棒击打电动机右后侧角或左后侧角。 (4)用对角紧固地脚螺钉的方法调整上下左右偏差,并二次紧固
7	复测	用钢板尺、塞尺进行复测,径向、轴向偏差应小于 0.1mm
8	清理场地	清理场地、收工具

项目二　调整电动阀限位开关位置

一、相关知识

(一)电动阀概述

电动阀是通过中间继电器驱动的,控制精准度很高,而且控制触点很多,要求对应的阀门准确以避免电动阀不能自锁。在正常工作时,电动阀只能处于完全打开或完全关闭的位置。电动阀的松紧程度影响阀的动作时间,动作时间过长会产生开关失灵报警。

(二)处理电动阀失灵的方法

熟化罐进口阀开关失灵的处理方法:(1)检查阀门开关时执行器的指示是否正确;(2)调整限位开关的位置;(3)检查电源和中间继电器的工作状态。

分散装置上水阀开关失灵的处理方法:(1)手动开关球阀,检查开关是否灵活;(2)调整固定螺钉,使阀门开关灵活;(3)检查限位开关的位置是否正确。

二、技能要求

(一)准备工作

1. 设备

计算机自动控制系统 1 套、电动蝶阀 1 个。

2. 材料、工具

200mm 活动扳手 1 把、200mm 一字螺丝刀 1 把、200mm 十字螺丝刀 1 把、试电笔 1 支、擦布 1 块。

3. 人员

1 人操作,持证上岗,劳动保护用品穿戴齐全。

(二)操作规程

序号	工序	操作步骤
1	准备	准备工具、用具
2	设备准备	将熟化罐切到停运状态
3	调整限位开关位置	(1)拆开执行器上盖。 (2)手动开启阀门。 (3)调整开限位凸轮至刚好动作。 (4)手动关闭阀门。 (5)调整关限位凸轮刚好动作
4	检查运行	(1)手动开关阀门,确认信号准确。 (2)自动开关阀门,确认动作和信号准确。 (3)安装执行器上盖。 (4)熟化罐切换到自动状态
5	清理场地	清理场地、收工具

(三)注意事项

(1)手动开关阀门要使用锁止杆,阀门开关要到位。

(2)调整开关限位凸轮至刚好动作,动作不能过早或过晚。

(3)拆执行器上盖要避免设备损坏,不能使用。

项目三 使用电钻在工件上钻孔

一、相关知识

(一)电钻的构造

电钻的构造如图 3-3-2 所示。

(二)电钻的维护和使用方法

(1)电钻的塑性外壳要妥善保护以防碰裂;电钻不要与汽油及其他溶剂接触。

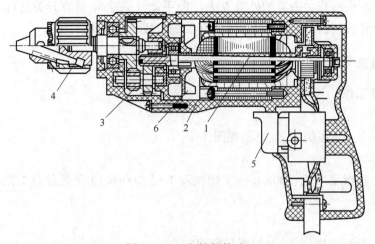

图 3-3-2　电钻的构造

1—绝缘转子;2—绝缘机壳;3—减速箱;4—钻夹头;5—开关;6—风叶

(2)要保持电钻通风畅通,防止铁屑等杂物进入,以免损坏电钻。

(3)保持钻头的锋利,钻孔时不宜用力过猛,以防电钻过载;当转速明显降低时,应立即减小压力;电钻因故突然停止转动时,必须立即切断电源进行检查。

(4)装夹钻夹头时,切忌用锤子等物敲击,以免损坏钻夹头。

(5)使用时,必须握持电钻手柄,不能一边拉动软线一边搬动电钻,以防软线被擦破、割断和轧坏而引起触电事故。

(三)钻孔方法

1.工件的夹持

钻孔时应根据钻孔直径大小和工件的形状及大小的不同选用合适的夹持方法,以确保钻孔质量及安全生产。

2.一般工件的钻孔方法

(1)试钻:钻孔前,先把孔中心的样冲眼冲大一些,这样钻孔时钻头不易偏心。试钻一浅坑并观察钻出的锥坑与所划的钻孔圆周线是否同心。

(2)借正:当试钻不同心时,应及时借正,一般靠移动工件位置借正。如果偏离较多,可用样冲或油槽錾在需要多钻去材料的部位錾几条槽,以减少此处的切削阻力而让钻头偏过来。

(3)限速限位:当钻通孔即将钻穿时,必须减少进给量,最好改成手动进给。

(4)深孔钻削要注意排屑:当钻进深度达到直径3倍时,钻头就要退出排屑,且每钻进一定深度,钻头就要退刀排屑一次。

(5)直径超过30mm的大孔可分两次钻削:先用0.5~0.7倍孔径的钻头钻孔,然后再用所需孔径的钻头扩孔。

(四)钻孔的安全注意事项

(1)钻孔前清理工作台。

(2)钻孔前要夹紧工件,钻通孔时要垫垫块或使钻头对准工作台的沟槽,防止钻头损坏工作台。

（3）通孔快被钻穿时，要减小进给量，以防发生事故。

（4）松紧钻夹头应在停车后进行，且要用"钥匙"来松紧而不能敲击；当钻头要从钻头套中退出时要用斜铁敲出。

（5）钻床需变速时应停车后变速。

（6）钻孔时应戴安全帽，不可戴手套，以免被高速旋转的钻头伤害。

（7）切屑的清除应用刷子刷。不可用嘴吹，以防切屑飞入眼中。

（五）电工螺钉旋具、电工刀的使用方法及注意事项

螺钉旋具是一种紧固和拆卸螺钉的工具。电工必备的螺钉旋具有 50mm 和 150mm 两种规格。螺钉旋具按头部形状不同可分为一字形和十字形两种。十字形螺钉旋具 1 号规格适用的螺钉直径为 2~2.5mm，2 号规格适用的螺钉直径为 3~5mm。

电工使用的螺钉旋具必须具备绝缘性；为防止螺钉旋具的金属杆触及皮肤或邻近带电体，应在金属杆上套上绝缘管；使用螺钉旋具紧固或拆卸带电的螺钉时，手不要触及螺钉旋具的金属杆（螺丝刀杆），以免发生触电事故；一般螺钉的螺纹是正螺纹，顺时针为拧入，逆时针为拧出；使用螺钉旋具时，螺钉旋具头部厚度应与螺钉尾部槽形相配合，使头部的厚度正好卡入螺母上的槽，否则易损伤螺钉槽。

使用电工刀时，应将刀口朝外剖削；刀口常以 45°角倾斜切入。用电工刀剖削电线绝缘层时，应使刀面与导线成较小的锐角；可把刀略微翘起一下用刀刃的圆角抵住线芯；切忌把刀刃垂直对着导线切割绝缘层，因为这样容易割伤电线线芯。电工刀因没有绝缘层包住手柄，所以不可在带电的导线或带电器材上剥削。不用时，应把电工刀刀片收缩到刀把内。

二、技能要求

（一）准备工作

1. 设备

可调速手电钻 1 台。

2. 材料、工具

指定钢板或角铁等小型工件 1 件、木块若干、1m 钢卷尺（直尺）1 把、3~8mm 钻头若干、毛刷 1 把、手锤 1 把、样冲 1 个。

3. 人员

1 人操作，持证上岗，劳动保护用品穿戴齐全。

（二）操作规程

序号	工序	操作步骤
1	准备工具	（1）工具、材料准备齐全。 （2）确保工具、用具使用正确
2	检查电钻	（1）确认电钻完好。 （2）按钻孔直径及工件大小调至适当转速
3	安装钻头	（1）确保钻头直径适当。 （2）用钥匙夹紧钻头。 （3）根据工件需要，调整好钻头上下行距离

续表

序号	工序	操作步骤
4	画线打样冲印	根据要求画"+"线、打样冲印
5	固定工件钻孔	(1)工件应放置平稳或用钳子夹持,并在工件下面垫好木块。 (2)钻孔时,应用力均匀、不得过猛,发现异常应立即停钻并查明原因。 (3)清理铁屑时,不能用手拨或嘴吹,应用毛刷
6	清理场地	清理场地、收工具

项目四　更换行程开关

一、相关知识

(一)行程开关的相关知识

行程开关又称位置开关或限位开关,利用生产设备某些运动部件的机械位移而碰撞位置开关,使其触头动作将机械信号变为电信号,接通、断开或变换某些控制电路的指令,借以实现对机械的电气控制要求。通常这类开关被用于限制机械运动的位置或行程自动停止、反向运动、变速运动或自动往返运动。各种系列位置开关的基本结构大体相同,都由操作头、触头系统和外壳组成。操作头接收机械设备发出的动作指令或信号,并将其传递到触头系统,触头再将操作头传来的指令或信号,通过本身的结构功能变为电信号,输出到有关控制回路,使之作出必要的反应。位置开关的结构形式种类很多,但基本是以某种位置开关元件为基础,安装不同的操作头,得到各种不同的形式,按其动作及结构可分为按钮式(直动式)、旋转式(滚轮式)和微动式3种。

位置开关的选用要求:

(1)根据应用场合及控制对象选择种类;

(2)根据安装环境选择防护形式;

(3)根据控制回路的额定电压和电流选择系列;

(4)根据机械与位置开关的传力与位移关系选择合适的操作头形式。

为了提高工作的可靠性和使用寿命,适应更高的操作频率,近年来在机床上逐步推广使用晶体管无触点位置开关,又称接近开关。它的功能是当有某物体与之接近到一定距离时就发出动作信号,以控制继电器或逻辑元件。它的用途除行程控制和限位保护外,还可作为检测金属体的存在、高速计数、测速、定位、变换运动方向、检测零件尺寸、液面控制及用作无触点按钮等,具有工作可靠、寿命长、操作频率高以及能适应恶劣的工作环境等特点。接近开关按工作原理可分为高频振荡型(检测各种金属)、电磁感应型(检测导磁或非导磁性金属)、电容型(检测各种导电或不导电的液体或固体)、水磁型及磁敏元件型(检测磁场或磁性金属)、光电型(检测不透光的所有物质)、超声波型(检测不透过超声波的物质)。

(二)电气着火及灭火器的相关知识

1. 电气着火

电气火灾的特点是火灾隐患的分布性、持续性和隐蔽性。由于电气系统分布广泛、长期持续运行,电气线路通常敷设在隐蔽处(如吊顶、电缆沟内),火灾初期时不易被火灾报警系统发现,也不易为肉眼所观察到。电气火灾的危险性还与用电情况密切相关,当用电负荷增大时,容易过电流而造成电气火灾。电气火灾会通过金属线上的易燃物引起其他设备的火灾。电气着火在没切断电源时,应使用二氧化碳灭火器灭火。在有爆炸危险的厂房内,应采用防爆灯。冬季用电量大、空气干燥、风大,当有断线、摩擦放电、倒杆、用电设备散热不良、静电等状况的产生,都可能导致电气火灾。

2. 常用灭火器的使用注意事项

酸碱灭火器适用于扑救木、棉、麻、毛、纸等一般废物火灾,不宜用于泡沫和忌水、忌酸物质及电气设备的火灾。

灭火器的使用注意事项:

(1)泡沫灭火器在使用时应将灭火器颠倒过来。

(2)冬季使用二氧化碳灭火器时应防止冻伤。

(3)干粉灭火器的操作关键是开启提环。

(4)使用灭火器时一定首先仔细看一下灭火器压力是否合格。

(5)电气火灾可用二氧化碳灭火器、干粉灭火器,但绝不可使用泡沫灭火器。

二、技能要求

(一)准备工作

1. 设备

球阀(带电信号)1 套。

2. 材料、工具

行程开关 1 个(与待换件同规格)、绝缘手套 1 双、试电笔 1 把、200mm 一字螺丝刀 1 把、200mm 十字螺丝刀 1 把、万用表 1 块、150mm 尖嘴钳 1 把、剥线钳 1 把、擦布若干。

3. 人员

1 人操作,持证上岗,劳动保护用品穿戴齐全。

(二)操作规程

序号	工序	操作步骤
1	准备	准备工具、用具
2	停运设备	(1)停运设备。 (2)切断控制电源
3	手动调整阀门	(1)转动阀门释放行程开关导轮。 (2)拆掉连接线并作好标记,拆下行程开关。 (3)检查待换行程开关触点连接情况
4	安装调整行程开关	(1)安装行程开关,按标记接上连接线。 (2)调整行程开关安装位置至行程刚好使触点动作
5	恢复控制电源,启动设备进行生产	(1)恢复电源,确认电信号准确。 (2)倒回正常生产流程,恢复生产
6	清理场地	清理场地、收工具

(三)注意事项

(1)切断电源后应用试电笔确认。

(2)行程开关行程不能过大或过小,状态应正确。

(3)应正确使用试电笔。

项目五 检查与处理分散装置上水阀开关失灵问题

一、相关知识

(一)分散装置的常见故障

分散装置上水阀故障判断、分析及处理方法见表 3-3-1。

表 3-3-1 分散装置上水阀故障原因分析及处理

故障现象	故障原因及分析	故障处理
计算机显示进水流量低或上水阀开关故障报警	电动上水阀电路出现故障,导致阀门不动作	由电工检查电动阀电路
	电动上水阀阀体损坏,导致阀门开关不到位	阀门阀体损坏建议更换
	自动化程序节点出现问题,导致阀门动作异常出现报警信息	由专业人员检查程序节点

(二)压力异常的现象

压力变送器的信号通过 AD 模块进入 PLC,因此,它的工作状态异常也会产生报警。压力异常的报警是通过 PLC 进行判断的。泵供液不足时会发生进口压力过低报警。外输泵供液不足时会产生外输泵进口压力过低的报警。压力变送器的测试端子短路导致压力变送器输出为零的原因是壳内二极管损坏;导致压力变送器压力变量读数偏低或偏高的原因是压力传输发生堵塞。

二、技能要求

(一)准备工作

1. 设备

分散装置 1 套。

2. 材料、工具

试电笔 1 把、200mm 活动扳手 2 把、200mm 一字螺丝刀 1 把、200mm 十字螺丝刀 1 把、150mm 尖嘴钳 1 把。

3. 人员

1 人操作,持证上岗,劳动保护用品穿戴齐全。

（二）操作规程

序号	工序	操作步骤
1	准备工作	准备工具、用具
2	操作设备	（1）将分散装置切换到手动位置。 （2）通过旋钮开关上水阀。 （3）用试电笔检查电路是否正常。 （4）断开电源，拆下执行器。 （5）手动开关球阀，检查动作是否灵活。 （6）调整球阀固定螺钉，使球阀动作灵活。 （7）检查限位开关凸轮的位置。 （8）调整并紧固限位开关凸轮。 （9）安装执行器，接通电源。 （10）通过旋钮开关上水阀，检查动作是否灵活准确。 （11）将分散装置切换到自动工作状态
3	清理场地	清理场地、收工具

项目六　检查与处理分散装置无干粉流问题

一、相关知识

分散装置无干粉流的故障原因及处理方法见表 3-3-2。

表 3-3-2　分散装置无干粉流的故障原因及处理方法

故障现象	故障原因及分析		故障处理
分散装置 无干粉流	干粉有板结及杂物		清除结块干粉及杂物
	料斗无干粉		向料斗中加入干粉
	螺杆下料器故障	轴承损坏	更换轴承
		联轴器损坏	更换联轴器
		电动机故障	检查电动机和交流接触器
	系统发生故障停运（水系统发生故障、分散系统发生故障、物流报警器故障或程序发生故障）		处理系统发生的故障

二、技能要求

（一）准备工作

1. 设备

分散装置 1 套。

2. 材料、工具

1.5~12mm 内六角扳手 1 套、200mm 活动扳手 2 把、200mm 一字螺丝刀 1 把、200mm 十字螺丝刀 1 把、150mm 尖嘴钳 1 把、450mm 管钳 2 把。

3. 人员

1 人操作，持证上岗，劳动保护用品穿戴齐全。

(二)操作规程

序号	工序	操作步骤
1	准备工作	准备工具、用具
2	操作设备	(1)将分散装置切换到手动位置。 (2)通过旋钮启动鼓风机,检查风机工作是否正常。 (3)通过旋钮启动螺杆下料器,检查下料是否正常。 (4)检查下料软管内是否充满干粉,判断刀阀处是否有堵塞现象。 (5)检查文丘里喷嘴是否被干粉堵塞。 (6)检查物流检测器信号是否与实际相互对应。 (7)根据检查结果排除堵塞,处理设备故障或调整物流检测器的灵敏度。 (8)手动调整分散装置,确定故障并排除。 (9)分散装置切换到自动工作状态
3	恢复计算机正常工作画面	恢复计算机正常工作画面
4	清理场地	清理场地、收工具

(三)注意事项

(1)鼓风机应无异响。

(2)下料软管应无堵塞物,刀阀开关应灵活。

(3)文丘里喷嘴应无堵塞物。

(4)物流检测器应无堵塞,灵敏度应合适。

(5)拆卸设备时要操作得当,防止设备损坏影响使用。

项目七　更换超声波液位计探头

一、相关知识

(一)液位计和物位计的相关知识

1.浮球液位计

浮球液位计主要是基于浮力和静磁场原理工作的,带有磁体的浮球(简称浮球)在被测介质中的位置受浮力作用影响,液位的变化导致磁性浮子位置的变化。浮球中的磁体和传感器(磁簧开关)作用,使连入电路的元件(如定值电阻)的数量发生变化,进而使仪表电路系统的电学量(电磁测量的重要内容)发生改变,也就是使磁性浮子位置的变化引起电学量的变化,通过检测电学量的变化来反映容器内液位的情况。

2.雷达液位计

雷达液位计传感器的天线以波束的形式发射电磁波信号,发射波在被测物料表面产生反射,反射回来的回波信号仍由天线接收,发射及反射波束中的每一点都采用超声采样的方法进行采集,信号经智能处理器处理后得出介质与探头之间的距离。

特点:(1)连续准确地测量;(2)对干扰回波具有抑制功能;(3)准确、安全、节省能源;(4)维护方便,操作简单;(5)适用范围广,几乎可以测量所有介质。

3.压力液位变送器

压力液位变送器(液位计)是基于所测液体静压与该液体的高度成比例的原理工作的,

采用隔离型扩散硅敏感元件或陶瓷电容压力敏感传感器将静压转换为电信号,再经过温度补偿和线性修正转化成标准电信号(一般为 4~20mA/1~5V DC)。

4. 音叉物位计

音叉物位计是一种物位开关,又称为音叉式物位计或者音叉式物位控制器,是利用音叉振动的原理设计制作的。音叉物位计是在音叉物位开关的感应棒底座透过压电晶片驱动音叉棒,并且由另外一个压电晶片接收振动信号,使振动信号得以循环,并且使感应棒产生共振。当物料与感应棒接触时,振动信号逐渐变小,直到停止共振时,控制电路会输出电气接点信号。由于感应棒感度有由前端向后座依次减弱的自然原理,所以当桶槽内物料与桶周围向上堆积,触及感应棒底座(后部)或排料时,均不会产生错误信号。简单地说,音叉在压电晶体激励下产生机械振动,这种振动具有一定的频率和振幅。

(二)分散装置常见故障的处理

1. 高、低液位故障

分散装置低液位处理:(1)作为一种自控功能,控制系统将连续停止混配液输送泵;(2)同时完全开上水流量调节,调整液位到正常工作液位。

分散装置高液位处理:(1)做好自控功能,自控系统将停运分散部分。(2)通过排污使溶解罐液位降低到高液位处,自控系统自动调节液位。

2. 电磁流量计故障

电磁流量计运行中的各种故障会导致测量不准,一般电磁流量计运行中的故障可分为两类,一类为流量计本身故障,元器件损坏引发的故障;一类为外界条件的改变引起的故障,例如安装的不合理造成流动畸变、沉积和结垢等。

1)被测介质中含有气泡导致测量故障

介质中含有气泡导致测量不准或测量值波动(输出波动)的原因分析:介质中泡状气体的形成有从外界吸入和液体中溶解气体(空气)转变成游离状气泡两种途径。若介质中含有较大气泡,则因擦过电极时能遮盖整个电极,使流量信号输入回路瞬间开路,导致输出信号出现晃动。

判别方法:当遇到晃动时,切断磁场励磁回路电流,如果此时仪表依然有显示且不稳定,则说明大概率是气泡造成的。此时万用表测量电极电阻,可测量到电极的回路电阻要比正常时高。

处理方法:对于被测介质中含有空气的情况,若是由安装位置引起的管线高点而滞留气体或外界吸入空气造成流量计晃动,则更换安装位置是彻底的解决方法,在管线低点或采用U形管安装。

2)智能电磁流量计无流量信号输出

原因分析及处理方法:(1)仪表供电不正常,确认已接入电源后,检查电源线路板输出各路电压是否正常,或者尝试更换整个电源线路板,判别其好坏。(2)液体流动状况不符合安装要求,检查液体流动方向和管内液体是否充满。

3)输出值有波动

原因分析:此类故障大多是测量介质或外界环境的影响造成的,在外界干扰排除后故障可自行消除。为保证测量的准确性,此类故障也不可忽视。在有些生产环境中,测量管道或液体的振动大会造成流量计的电路板松动,也可能引起输出值的波动。

处理方法:(1)确认是否为工艺操作原因导致流体发生脉动,此时流量计仅如实反映流动状况,脉动结束后故障可自行消除。(2)外界杂散电流等产生的电磁干扰,检查仪表运行环境是否有大型电器或电焊机在工作,要确认仪表接地和运行环境良好。(3)电磁流量计前后的截止阀是否处于全开状态,此时可请求工艺人员确认,确认后输出值可恢复正常。(4)现场测量管道或液体振动大常会造成流量计的电源、信号线是否松动,重新固定好后方可消除故障。

4)智能电磁流量计测量值与实际值不符

原因分析及处理方法:(1)信号电缆出现连接不好现象或使用过程中电缆的绝缘性能下降引起测量不准确,检查信号电缆连接和电缆的绝缘性能是否完好,若出现信号电缆松动现象,将其重新连接即可,若检查到电缆的绝缘性不符合绝缘要求,则需要换新的电缆。(2)转换器的参数设定值不准确,例如阻尼系数高则输出的流量偏高,重新对转换器设定值进行设定,并对转换器的零点、满度值进行校验。

5)零点不稳

原因分析及处理方法:(1)液体方面的原因,如液体电导率均匀性不好、电极污染等,若杂质沉积在测量管内壁或在测量管内壁结垢,或电极被污染,均有可能出现零点变动,此时必须清洗;若零点变动不大,也可尝试重新调零。(2)信号回路绝缘下降,由于受环境条件的影响,灰尘、油污等可能进入表壳体内,因此需要检查电极部位绝缘是否下降或破坏,若不符合绝缘要求,则必须进行清理。

6)流量计的电极结垢或电极短路导致测量故障

当被测液体中含有金属时,流量计的电极容易发生短路现象,这时流量计的测量值明显偏小或趋于零,在日常生产运行中这种现象不是经常发生的。当测量高黏度介质时,由于介质易附着和沉淀在管壁,若被测液体电导率低于附着的介质电导率,电极的信号电势就会被沉淀分流从而不能正常工作,出现电极短路现象;如果沉淀的介质是非导电层,会造成电极开路流量计也不能正常工作。若氧化铁锈层附着于衬里管壁,或者主要成分是金属的沉淀物,其电导率大于液体电导率,实际流量值会高于流量计测得的流量值;若沉淀物是碳酸钙等水垢层,则被测液体的电导率高于沉淀物的电导率,结果测得的流量值会小于实际的流量。

7)信号失真,输出信号表现非线性或信号晃动

原因分析及处理方法:流量信号小易受外界干扰影响,干扰源主要有管道杂散电流、静电、电磁波和磁场等。强磁场干扰会导致磁场回路饱和及外部磁场进入电磁流量计的磁场回路并形成杂散磁场而影响输出的线性度。将电磁流量传感器的安装位置远离强磁场源可防止磁场干扰,还可采取增强屏蔽等措施防止强电场干扰。如仍无效,则可将电磁流量传感器与连接管道绝缘。

(三)安全知识

1. 灭火器的分类

灭火器的种类很多,按其移动方式可分为手提式和推车式;按驱动灭火剂的动力来源可分为储气瓶式、储压式、化学反应式;按所充装的灭火剂又可分为泡沫灭火器、干粉灭火器、卤代烷灭火器、二氧化碳灭火器、清水灭火器等。

2.机械伤害的预防

机械伤害事故是指机械性外力的作用而造成的事故,通常有两种情况,一是人身伤害,二是机械设备的损坏。预防机械伤害的原则是操作管理机械设备的岗位工人必须懂设备性能、用途,会操作、会检查、会排除故障;必须持有上岗操作证。机械设备的操作人员应按规定穿戴使用劳动保护用品。对机械设备外露的运动部分,按设计要求必须加防护罩,以免引起绞碾伤害。

二、技能要求

(一)准备工作

1.设备

FDU80系列超声波液位计1套(与待换探头同规格)。

2.材料、工具

FDU80系列探头1个(与待换探头同规格)、200mm活动扳手2把、剥线钳1把、一字螺丝刀1把、十字螺丝刀1把。

3.人员

1人操作,持证上岗,劳动保护用品穿戴齐全。

(二)操作规程

序号	工序	操作步骤
1	准备	准备工(用)具
2	切断电源	(1)停运与液位计相关的设备。 (2)切断超声波液位计电源
3	拆卸	(1)拆开液位计连接法兰,取下护罩。 (2)从端子上拆下探头电源和信号线,标记连接顺序。 (3)拆下旧探头
4	更换	(1)安装新探头。 (2)按顺序连接新探头的电源和信号线。 (3)安装护罩和法兰。 (4)接通超声波液位计电源
5	检查恢复运行	(1)确认液位计工作正常。 (2)将相关设备切换到自动位置,恢复生产
6	清理场地	清理场地、收工具

(三)注意事项

安装护罩及法兰时不能松动,以免影响使用。

项目八　更换数字压力变送器

一、相关知识

(一)压力仪表的相关知识

1.电接点压力表

电接点压力表一般有双节点作为报警或启泵的条件,如图3-3-3所示。

图 3-3-3　电接点压力表

2. 压力变送器

压力变送器(图 3-3-4)是把被测压力转换成标准信号(4~20mA DC)的测量装置,在压力测量及应用的自动控制系统中应用广泛,如除氧压力、给水压力、炉膛压力、蒸气压力等参数的测量一般都采用压力变送器。

电容传感元件

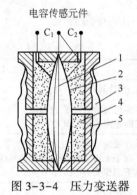

图 3-3-4　压力变送器
1—测量膜片;2—电容固定模板;3—灌充油;4—刚性绝缘体;5—金属基体

压力变送器主要由感压元件和信号调理电路组成,感压元件把压力信号转换为电参数,信号调理电路对感压元件输出的电参数进行一系列处理后,最终将其变成标准信号(4~20mA DC)输出,可供显示、记录或调节之用。采用压力变送器的压力测量系统如图 3-3-5所示,由取压口、导压管、压力变送器、配电器及显示、记录或控制仪表等组成。取压口和导压管的作用是将被测压力信号取出并送往压力变送器;变送器将被测压力线性地转换成4~20mA DC 的信号;配电器一方面为变送器供电(24V DC),另一方面又对变送器的输出信号进行隔离转换;显示、记录或控制仪表用以完成对被测压力的显示、记录或自动调节。

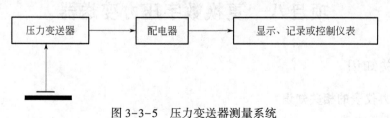

图 3-3-5　压力变送器测量系统

(二)石油、天然气着火的特点

在时间和空间上失去控制的燃烧所造成的灾害称为火灾,根据可燃物的类型和燃烧特性分为 A、B、C、D、E、F 六类。原油引起的火灾是 B 类火灾,石油着火时,在燃烧过程中会产生有害气体,严禁用水灭火。天然气引起的火灾是 C 类火灾,属于易燃易爆物质,容易引起火灾,和空气混合后,温度达到 550℃ 左右就会燃烧。天然气的爆炸浓度极限范围宽,爆炸极限下限低爆炸危险度大,传爆能力强,扩散速度快,比空气重,易扩散积聚,爆炸威力较大。

二、技能要求

(一)准备工作

1. 设备

YSB 型压力变送器 1 个、配制站现场外输阀组组 1 套。

2. 材料、工具

200mm 活动扳手 2 把、100mm 一字螺丝刀 2 把、200mm 一字螺丝刀 2 把、废液桶 2 个、生料带 2 卷。

3. 人员

1 人操作,持证上岗,劳动保护用品穿戴齐全。

(二)操作规程

序号	工序	操作步骤
1	准备	准备工(用)具
2	切断电源	切断压力变送器电源
3	开放空阀泄压	打开外输阀组的放空阀放空
4	拆卸	(1)拆开压力变送器后盖。 (2)从端子上拆下电源线和信号线,标记连接顺序。 (3)拆下旧压力变送器
5	更换	(1)用生料带在变送器进水口螺纹上顺时针缠绕3~5圈。 (2)安装新压力变送器。 (3)按顺序连接新压力变送器的电源线和信号线。 (4)安装压力变送器后盖。 (5)接通压力变送器电源
6	检查恢复运行	(1)关闭外输阀组放空阀。 (2)检查压力变送器工作压力
7	清理场地	清理场地、收工具

(三)注意事项

切断电源方可操作。

理论知识练习题

初级工理论知识练习题及答案

一、单项选择题(每题 4 个选项,只有 1 个是正确的,将正确的选项号填入括号内)

1. AA001　采收率是(　　　)。
　　A. 累计采油量与地质储量的比值　　　　B. 可采储量与地质储量的比值
　　C. 累计采油量与可采储量的比值　　　　D. 年采油量与地质储量的比值

2. AA001　最终采收率是(　　　)。
　　A. 累计采油量与地质储量的比值　　　　B. 可采储量与地质储量的比值
　　C. 累计采油量与可采储量的比值　　　　D. 年采油量与地质储量的比值

3. AA001　影响采收率的因素包括井网系数、(　　　)、驱油效率。
　　A. 油层深度　　　　B. 示踪剂　　　　C. 注入水矿化度　　　　D. 体积波及系数

4. AA002　流度比是(　　　)。
　　A. 油田注入水地下体积与采出液地下体积的比值
　　B. 水相的相对渗透率与其黏度的比值
　　C. 水相流度与油相流度的比值
　　D. 有效渗透率与绝对渗透率的比值

5. AA002　流度比与水、油的(　　　)有关。
　　A. 水解度　　　　　　B. 酸碱度　　　　　　C. 黏度　　　　　　　D. 矿化度

6. AA002　液体在油层内的流度定义为岩石对该流体的(　　　)除以该流体的黏度。
　　A. 酸碱度　　　　　　B. 渗透率　　　　　　C. 溶解度　　　　　　D. 矿化度

7. AA003　有效孔隙度是指相互连通的、半径(　　　)的孔隙。
　　A. 大于 10^{-3} mm　　　　　　　　　　B. 大于 10^{-4} mm
　　C. 大于 10^{-5} mm　　　　　　　　　　D. 大于 10^{-6} mm

8. AA003　绝对孔隙度是岩石的(　　　)与岩石的体积之比。
　　A. 总孔隙体积　　　　　　　　　　　　B. 有效孔隙体积
　　C. 无效孔隙体积　　　　　　　　　　　D. 连通孔隙体积

9. AA003　有效孔隙度是指岩石的(　　　)与岩石的体积之比。
　　A. 总孔隙体积　　　B. 有效孔隙体积　　C. 无效孔隙体积　　D. 连通孔隙体积

10. AA004　在相同条件下,与注水相比,注入一定浓度的聚合物溶液地层压力会(　　　)。
　　A. 升高　　　　　　B. 降低　　　　　　C. 保持不变　　　　D. 先升高后降低

11. AA004　油水前缘沿高渗透率凸进的现象称为(　　　)。
　　A. 扩散　　　　　　B. 溶解　　　　　　C. 发散　　　　　　D. 舌进

12. AA004　以下不可以提高水驱油效率的是(　　　)。
　　A. 吸附作用　　　　B. 稀释作用　　　　C. 黏滞作用　　　　D. 增加驱动压差

13. AA005　部分水解聚丙烯酰胺是聚丙烯酰胺中（　　）水解而成的。

　　A. 丙烯　　　　　　B. 部分酰胺基　　　C. 丙烯酰胺　　　　D. 全部酰胺基

14. AA005　油田聚合物驱油工程中常用的人工合成聚合物是（　　）。

　　A. 聚丙烯酰胺　　　B. 黄原胶　　　　　C. 纤维素　　　　　D. 磷酸酯铝盐

15. AA005　由一种单体经（　　）反应而生成的物质称为聚合物。

　　A. 聚合　　　　　　B. 缩合　　　　　　C. 分解　　　　　　D. 裂解

16. AA006　聚丙烯酰胺的英文缩写为（　　）。

　　A. PNA　　　　　　B. PAN　　　　　　C. EOR　　　　　　D. PAM

17. AA006　根据不同的聚合方法,聚丙烯酰胺可制成（　　）、水溶液、乳液三种形式。

　　A. 悬浊液　　　　　B. 合金　　　　　　C. 气体　　　　　　D. 固体

18. AA006　乳液状聚合物的有效含量为（　　）。

　　A. 20%～30%　　　B. 30%～50%　　　C. 50%～70%　　　D. 70%～90%

19. AA007　聚丙烯酰胺有（　　）三种化学结构。

　　A. 非离子型、阴离子型、阳离子型　　　　B. 分子型、原子型、离子型

　　C. 链状、单体、聚合物　　　　　　　　　D. 粉状、胶液状、溶液状

20. AA007　测聚合物特性黏度时,需加入（　　）。

　　A. 水　　　　　　　B. 铬黑 T　　　　　C. I^-　　　　　　　D. 缓冲溶液

21. AA007　聚丙烯酰胺可以通过（　　）聚合得到。

　　A. 丙烯酰胺　　　　B. 丙烯腈　　　　　C. 丙烯酸　　　　　D. 丙烯醛

22. AA008　生产用聚合物干粉的固含量应不小于（　　）。

　　A. 89%　　　　　　B. 88%　　　　　　C. 87%　　　　　　D. 86%

23. AA008　聚丙烯酰胺在使用时要求水中不溶物小于（　　）。

　　A. 0.05%　　　　　B. 0.1%　　　　　　C. 0.2%　　　　　　D. 0.4%

24. AA008　聚丙烯酰胺的水解度为（　　）。

　　A. 15%～21%　　　B. 29%～33%　　　C. 23%～27%　　　D. 51%～55%

25. AA009　聚合物在油层中的滞留方式为吸附和（　　）。

　　A. 机械捕集　　　　B. 附着　　　　　　C. 交联　　　　　　D. 浓集

26. AA009　聚合物主要通过（　　）、多重氢键和静电作用吸附在矿物表面。

　　A. 范德华力　　　　B. 色散力　　　　　C. 分子力　　　　　D. 化学键

27. AA009　聚合物浓度升高,吸附量（　　）。

　　A. 保持不变　　　　B. 降低　　　　　　C. 先降后增　　　　D. 增大

28. AA010　聚合物中的不溶物会堵塞地层,因此要严格控制其含量,一般要求小于（　　）。

　　A. 0.1%　　　　　　B. 0.2%　　　　　　C. 0.3%　　　　　　D. 0.4%

29. AA010　在相同条件下,筛网系数小,说明聚合物（　　）较好,水中不溶物少。

　　A. 溶解性　　　　　B. 增黏性　　　　　C. 过滤性　　　　　D. 渗透性

30. AA010　固含量是指从聚丙烯酰胺中除去（　　）等挥发物后固体物质的百分含量。

　　A. 残余单体　　　　　　　　　　　　　B. 粒径大于 1mm 的聚丙烯酰胺

　　C. 粒径小于 1mm 的聚丙烯酰胺　　　　D. 水分

31. AA011　大庆油田是一套(　　)沉积。

　　A. 海相　　　　　　　　　　　　B. 海陆过渡相

　　C. 河流-三角洲　　　　　　　　D. 陆相

32. AA011　在一定压差条件下,岩石能让流体通过的能力称为(　　)。

　　A. 渗透率　　　　B. 地层系数　　　　C. 流度　　　　D. 流动性

33. AA011　油层的渗透率变异系数为(　　)适合采用聚合物驱油。

　　A. 0.4~0.6　　　B. 0.5~0.7　　　C. 0.6~0.8　　　D. 0.8~0.9

34. AA012　在不同井网对比中,(　　)井网聚驱效果最佳。

　　A. 正对行列　　　B. 五点法　　　C. 九点法　　　D. 斜对行列

35. AA012　提高微观驱油效率最有效的途径是(　　)。

　　A. 降低油水界面张力　　　　　　B. 提高渗流速度

　　C. 提高注入水黏度　　　　　　　D. 提高水相渗透率

36. AA012　斜对行列和五点法井网的注采井数比为(　　)。

　　A. 1∶2　　　B. 2∶1　　　C. 1∶3　　　D. 1∶1

37. AA013　聚合物降解分为机械降解、化学降解和(　　)三种。

　　A. 热降解　　　B. 水解降解　　　C. 生物降解　　　D. 氧化降解

38. AA013　生物聚合物的降解是受(　　)控制的化学过程。

　　A. 细菌　　　B. 酶　　　C. 真菌　　　D. 还原菌

39. AA013　在一定条件下聚合物的聚合度降低的现象称为(　　)。

　　A. 聚合　　　B. 缩合　　　C. 降解　　　D. 分解

40. AA014　用于指示聚合物驱、表面活性剂驱等化学方法驱油的是(　　)模型。

　　A. 化学驱　　　B. 黑油　　　C. 物理驱　　　D. 混相

41. AA014　根据油气藏的基本分类,断层型油气藏属于(　　)。

　　A. 地层油气藏　　　　　　　　　B. 构造油气藏

　　C. 岩性油气藏　　　　　　　　　D. 地层超覆油气藏

42. AA014　石油多数储藏在(　　)中。

　　A. 岩浆岩　　　B. 变质岩　　　C. 沉积岩　　　D. 花岗岩

43. AA015　在相同条件下,聚合物溶液中 Fe^{2+} 增加,则溶液黏度(　　)。

　　A. 增大　　　B. 降低　　　C. 保持不变　　　D. 先升高后降低

44. AA015　在相同条件下,聚合物溶液的温度越高,黏度(　　)。

　　A. 越大　　　B. 越小　　　C. 保持不变　　　D. 先变大后变小

45. AA015　在油田应用范围内,pH 值对聚合物溶液黏度的影响(　　)。

　　A. 较大　　　B. 较小　　　C. 恒定　　　D. 为零

46. AA016　高压对聚合物溶液取样使用高压取样器的目的是防止(　　)降解。

　　A. 生物　　　B. 化学　　　C. 机械　　　D. 热

47. AA016　聚合物驱油对地面工艺的基本要求是在设定的聚合物溶液配制浓度下最大限
　　　　　度地提高聚合物溶液的(　　)。

　　A. 温度　　　B. 水解度　　　C. 过滤因子　　　D. 黏度

48. AA016　聚合物驱油的地面工艺中要求所使用的设备、材质均应满足聚合物母液(　　)的标准。

　　A. 防止溶解　　　　B. 促进溶解　　　　C. 防止降解　　　　D. 促进降解

49. AA017　在能注入的情况下,应尽量选择(　　)相对分子质量的聚合物。

　　A. 高　　　　　　　B. 中　　　　　　　C. 低　　　　　　　D. 任意

50. AA017　由于微生物对聚合物溶液性能有影响,因此需要在配制水和注入水加入(　　)。

　　A. 氧化剂　　　　　B. 示踪剂　　　　　C. 螯合剂　　　　　D. 杀菌剂

51. AA017　聚合物驱油系统共包括(　　)子系统。

　　A. 7 个　　　　　　B. 8 个　　　　　　C. 9 个　　　　　　D. 10 个

52. AA018　黏度的单位符号是(　　)。

　　A. Pa·m　　　　　B. Pa·s　　　　　　C. g/cm^3　　　　　D. MPa

53. AA018　聚合物母液的浓度是(　　)时,加 4 倍的水能稀释成 1000mg/L 的溶液。

　　A. 1000mg/L　　　B. 3000mg/L　　　C. 5000mg/L　　　D. 7000mg/L

54. AA018　聚合物配制是按照一定的工艺过程在特定的容器设备中将聚合物干粉与低矿化度清水配制成一定浓度的(　　)的过程。

　　A. 聚合物母液　　　B. 聚合物注入液　　C. 胶体　　　　　　D. 悬浊液

55. AA019　流体在圆形管道(　　)处流速最大。

　　A. 管壁　　　　　　　　　　　　　　B. 管中线与管壁中间

　　C. 管中心　　　　　　　　　　　　　D. 以上选项均不正确

56. AA019　聚合物流变曲线包括牛顿段、假塑段、极限牛顿段、黏弹段和(　　)。

　　A. 增黏段　　　　　B. 聚合段　　　　　C. 溶解段　　　　　D. 降解段

57. AA019　聚合物母液管道起始点的压降应小于(　　)。

　　A. 0. 5MPa　　　　B. 1. 0MPa　　　　C. 1. 5MPa　　　　D. 2. 0MPa

58. AA020　聚合物母液输送管道不应选用(　　)。

　　A. 铸铁管　　　　　B. 不锈钢管　　　　C. 玻璃钢管　　　　D. 钢骨架复合管

59. AA020　使用普通铁管输送聚合物母液会造成(　　)降解。

　　A. Fe^{2+}　　　　　B. Ca^{2+}　　　　　C. Mg^{2+}　　　　　D. Na^{+}

60. AA020　选择聚合物母液输送设备时,最合适的是(　　)。

　　A. 单级离心泵　　　B. 多级离心泵　　　C. 螺杆泵　　　　　D. 回转式往复泵

61. AA021　经过不断实践和试验研究,大庆油田已形成(　　)聚合物驱油地面工艺流程。

　　A. 1 种　　　　　　B. 2 种　　　　　　C. 3 种　　　　　　D. 4 种

62. AA021　配注合一流程主要适用于(　　)形成聚合物驱油的区块。

　　A. 小规模　　　　　B. 大规模　　　　　C. 中规模　　　　　D. 井组

63. AA021　配注分开流程是一座配制站供给(　　)注入站的流程。

　　A. 1 个　　　　　　B. 2 个　　　　　　C. 8 个　　　　　　D. 多个

64. AB001　Windows 10 是(　　)。

　　A. 高级语言解释程序　　　　　　　　B. 操作系统

　　C. 应用程序　　　　　　　　　　　　D. 数据库

65. AB001　应用程序一般存放在计算机的(　　)中。

　　A. 主机内　　　　　　B. ROM 中　　　　　C. RAM 中　　　　　D. 外存储器

66. AB001　可编程控制器的英文缩写是(　　)。

　　A. ROM　　　　　　　B. PAM　　　　　　　C. RAM　　　　　　　D. PLC

67. AB002　PLC 的主机由(　　)、存储器、电源、输入、输出接口组成。

　　A. 中央处理单元　　B. I/O 扩展机　　C. 图形监控系统　　D. 磁带机

68. AB002　计算机的硬件结构中指挥着计算机各部分工作的部件称为(　　)。

　　A. 存储器　　　　　　B. 运算器　　　　　C. 控制器　　　　　D. 中央处理器

69. AB002　在计算机中,硬盘是(　　)。

　　A. 输入设备　　　　　B. 输出设备　　　　C. 内存储器　　　　D. 外存储器

70. AB003　显示器是计算机的(　　)之一。

　　A. 输入设备　　　　　B. 输出设备　　　　C. 存储器　　　　　D. CPU

71. AB003　以下不属于计算机输入设备的是(　　)。

　　A. 键盘　　　　　　　B. 鼠标器　　　　　C. 磁盘驱动器　　　D. 显示器

72. AB003　计算机软盘是通过(　　)读写信息的。

　　A. 磁盘驱动器　　　B. 磁带机　　　　　C. 打印机　　　　　D. 显示器

73. AB004　FOXBASE 允许用户打开(　　)工作区。

　　A. 7 个　　　　　　　B. 8 个　　　　　　　C. 9 个　　　　　　　D. 10 个

74. AB004　数据库管理系统中,数据库文件的后缀是(　　)。

　　A. . DBF　　　　　　　B. . NDX　　　　　　C. . PRG　　　　　　D. . TXT

75. AB004　DBASE Ⅲ 数据库中,每个文件可容纳(　　)记录,每条记录最多有 128 个字段。

　　A. 5M 条　　　　　　B. 10M 条　　　　　C. 15M 条　　　　　D. 20M 条

76. AB005　关闭计算机时,选择命令可以在不关闭程序的情况下迅速地使用另一个用户登录到系统,选择命令保存设置,关闭当前登录用户应点击开始菜单中的(　　)。

　　A. 注销　　　　　　　B. 重新启动　　　　C. 待机　　　　　　D. 以上都不对

77. AB005　计算机任务栏上不需要进行添加而系统默认存在的工具栏是(　　)。

　　A. 地址工具栏　　　B. 链接工具栏　　　C. 语言工具栏　　　D. 快速启动工具栏

78. AB005　在计算机一个窗口中使用"Alt+空格"组合键可以(　　)。

　　A. 打开快捷菜单　　B. 打开控制菜单　　C. 关闭窗口　　　　D. 以上答案都不对

79. AB006　在 Windows 系统中,删除的文件进入(　　)。

　　A. 收件箱　　　　　　B. 网上邻居　　　　C. 我的公文包　　　D. 回收站

80. AB006　在 Windows 系统中,如果要打开文件或文件夹,则需用鼠标(　　)该文件或文件夹。

　　A. 定位　　　　　　　B. 单击　　　　　　C. 双击　　　　　　D. 拖线

81. AB006　Windows 是由(　　)研发的操作系统。

　　A. 微软公司　　　　　B. 英特尔公司　　　C. 苹果公司　　　　D. 通用公司

82. AB007　用计算机实现电子邮件收发和浏览功能时,可使用(　　)软件。

　　A. RealPlayer　　　　B. Outlook Express　　C. QQ2004　　　　D. Internet Explorer

83. AB007　二进制数 1100B 转换的十进制数应是(　　　)。

　　A. 10　　　　　　　B. 11　　　　　　　C. 12　　　　　　　D. 13

84. AB007　计算机系统通过(　　)实现计算机主机与输入/输出设备的连接。

　　A. 单向传送总线　　B. 双向传送总线　　C. 接口电路　　　　D. 内存储器

85. AB008　工控软件常用的编程方法是(　　　)。

　　A. 梯形图　　　　　B. BASIC 语言　　　C. C 语言　　　　　D. FORTRAN 语言

86. AB008　LD 指令的功能是将梯形图常开触点的内容存入(　　)中。

　　A. 寄存器　　　　　B. I/O 接口　　　　C. 数据总线　　　　D. CPU

87. AB008　OUT 指令的功能是把逻辑操作的结果输出到一个指定的(　　　)。

　　A. 接触器　　　　　B. 存储器　　　　　C. 继电器　　　　　D. 编程器

88. AB009　PowerPoint 演示文稿文件的扩展名是(　　　)。

　　A. DOC　　　　　　B. PPT　　　　　　C. BMP　　　　　　D. XLS

89. AB009　关于 PowerPoint 窗口中布局,以下符合一般情况的是(　　)。

　　A. 菜单栏在工具栏的下方　　　　　　　B. 状态栏在最上方

　　C. 幻灯片区在大纲区的左边　　　　　　D. 标题栏在窗口的最上方

90. AB009　利用 PowerPoint 制作幻灯片时,幻灯片在(　　　)制作。

　　A. 状态栏　　　　　B. 幻灯片区　　　　C. 大纲区　　　　　D. 备注区

91. AB010　计算机网络按结构可分为集中式网、(　　)、分布式网。

　　A. 局域网　　　　　B. 环式网　　　　　C. 通信子网　　　　D. 资源子网

92. AB010　多数控制系统的特点是(　　　)。

　　A. 反馈　　　　　　B. 输入　　　　　　C. 输出　　　　　　D. 模拟

93. AB010　计算机系统中,用来传送信息并具有逻辑控制功能的通信线组称为(　　)。

　　A. 总线结构　　　　B. 运算器　　　　　C. 存储器　　　　　D. 控制器

94. AB011　Internet 的网络协议是(　　　)。

　　A. TCP/IP　　　　　B. SMTP　　　　　C. FTP　　　　　　D. ARP

95. AB011　匿名上网所使用的 IP 地址是(　　　)。

　　A. 固定的　　　　　B. 不确定的　　　　C. 不存在的　　　　D. 以上选项均不正确

96. AB011　直接按快捷键(　　　),可快速将当前 Web 网页保存到收藏夹中。

　　A. Alt+R　　　　　B. Shift+Y　　　　　C. Ctrl+R　　　　　D. Ctrl+D

97. AB012　关闭计算机的顺序是(　　　)。

　　A. 主机、外设、电源　　　　　　　　　　B. 主机、电源、外设

　　C. 外设、电源、主机　　　　　　　　　　D. 电源、外设、主机

98. AB012　计算机的工作环境应保证(　　　)。

　　A. 干燥、无灰尘　　B. 潮湿　　　　　　C. 阳光暴晒　　　　D. 潮湿、有灰尘

99. AB012　计算机光盘使用后,应(　　　)以防止损坏。

　　A. 放入专门保护套　B. 擦拭盘片　　　　C. 冲洗盘片　　　　D. 以上选项均不正确

100. AC001　按构造原理,天平分为(　　　)。

　　A. 两大类　　　　　B. 三大类　　　　　C. 四大类　　　　　D. 五大类

101. AC001 机械天平是依据( )设计的。
    A. 第一杠杆原理　　B. 电力原理　　　C. 磁力原理　　　　D. 电磁力原理

102. AC001 电子天平采用的是( )原理。
    A. 第一杠杆平衡　　B. 电力平衡　　　C. 磁力平衡　　　　D. 电磁力平衡

103. AC002 将温度较高的物品放在分析天平上称量,其结果( )。
    A. 大于真实值　　　B. 等于真实值　　C. 小于真实值　　　D. 或高或低

104. AC002 使用天平砝码时,应( )。
    A. 直接用手拿　　　　　　　　　B. 用砝码镊子拿
    C. 用戴洁净手套的手拿　　　　　D. 用戴乳胶手套的手拿

105. AC002 只能把( )的物体放在天平上称量。
    A. 热　　　　　　　B. 过冷　　　　　C. 室温　　　　　　D. 热的或过冷

106. AC003 以下因素会使天平变动性增大的是( )。
    A. 房间面积小　　　　　　　　　B. 天平台高度不够
    C. 房间面积过大　　　　　　　　D. 振动和气流

107. AC003 天平室的温度应保持稳定,对于分析天平,要求室内温度在( )。
    A. 14～26℃　　　　B. 15～35℃　　　C. 15～32℃　　　　D. 18～26℃

108. AC003 天平室的相对湿度应保持在( )。
    A. 55%～75%　　　B. 65%　　　　　C. 75%　　　　　　D. 50%～70%

109. AC004 天平和砝码的检定周期为( )。
    A. 1年　　　　　　B. 2年　　　　　　C. 半年　　　　　　D. 3年

110. AC004 天平使用前先调( )。
    A. 零　　　　　　　B. 灵敏度　　　　C. 水平　　　　　　D. 感量

111. AC004 使用分析天平进行称量的过程中,加减砝码或取放物体时应把天平盘托起,这是为了( )。
    A. 称量迅速　　　　　　　　　　B. 减少玛瑙刀口的磨损
    C. 防止天平摆动　　　　　　　　D. 防止指针跳动

112. AC005 使用电子分析天平时,( ),视屏上显示"0.0000"。
    A. 插上电源　　　　B. 按去皮按钮　　C. 打开电源　　　　D. 放入样品

113. AC005 使用电子天平称量原油样品,样品放入量与目标值( )时,稍停,然后微量地加放药品。
    A. 绝对相等　　　　B. 超量1g　　　　C. 接近　　　　　　D. 相差1g

114. AC005 使用电子天平称量时,玻璃门开着( )影响测定准确度。
    A. 不会　　　　　　　　　　　　B. 无法判断是否会
    C. 会　　　　　　　　　　　　　D. 绝对不会

115. AC006 易吸水、易氧化或易与二氧化碳反应的物质适合用( )称样。
    A. 固定法　　　　　B. 减量法　　　　C. 增量法　　　　　D. 安瓿法

116. AC006 称量挥发性液体试样宜用( )。
    A. 称量瓶　　　　　B. 滴瓶　　　　　C. 安瓿　　　　　　D. 三角瓶

117. AC006　用天平称量挥发性、腐蚀性物质时,必须将待测物质放在(　　)中称量。

    A. 烧杯　　　　　　　B. 称量盘　　　　　　C. 容量瓶　　　　　　D. 密封加盖的容器

118. AC007　可加热的玻璃仪器是(　　)。

    A. 玻璃试剂瓶　　　　B. 容量瓶　　　　　　C. 烧杯　　　　　　　D. 量筒

119. AC007　以下不属于量器类的是(　　)。

    A. 量筒　　　　　　　B. 移液管　　　　　　C. 刻度吸管　　　　　D. 圆底烧瓶

120. AC007　以下不属于容器类的玻璃仪器是(　　)

    A. 三角烧瓶　　　　　B. 试剂瓶　　　　　　C. 滴瓶　　　　　　　D. 量杯

121. AC008　烘箱中高温烘干的药剂,取出后应马上放入(　　)中。

    A. 干燥器　　　　　　　　　　　　　　B. 锥形瓶

    C. 具有磨口盖子的密闭厚壁玻璃器皿　　D. 烧杯

122. AC008　干燥器的正确使用方法是(　　)。

    A. 打开干燥器时用力提掀盖,盖子打开后轻轻平放在桌上

    B. 打开干燥器时,应在水平方向稍用力推盖,慢慢打开

    C. 烘箱中高温烘干的药剂应渐冷后放入干燥器

    D. 为提高干燥效果,干燥剂越多越好

123. AC008　干燥器是具有磨口盖子的密闭厚壁玻璃器皿,以下不能存放于干燥器中的是(　　)。

    A. 色谱柱　　　　　　B. 过氧化氢　　　　　C. 碳酸钠　　　　　　D. 碳酸氢钠

124. AC009　溶液转入容量瓶中加蒸馏水稀释,稀释到约(　　)体积时,开始进行初步混合。

    A. 1/2　　　　　　　B. 1/3　　　　　　　C. 3/4　　　　　　　D. 1/4

125. AC009　常量滴定管中最常用的是容积为(　　)的滴定管。

    A. 100mL　　　　　　B. 25mL　　　　　　C. 5mL　　　　　　　D. 1mL

126. AC009　用容量瓶配制溶液,当加水至刻度后,混匀溶液的正确方法是(　　)。

    A. 平摇容量瓶　　　　　　　　　　　　B. 将容量瓶反复倒转并振荡

    C. 把容量瓶平端在胸前用力晃动　　　　D. 将容量瓶平放在桌面上来回滚动

127. AD001　一般认为,引起听力损失的噪声大于(　　)。

    A. 80dB　　　　　　　B. 90dB　　　　　　C. 100dB　　　　　　D. 110dB

128. AD001　噪声除了经过外耳道传入听觉器官外,特别强的噪声还可通过颅骨传导对内耳造成损伤,这种情况下使用(　　)效果较好。

    A. 耳塞　　　　　　　B. 耳罩　　　　　　　C. 防噪声头盔　　　　D. 防声棉

129. AD001　为了有效地防止工作环境中的噪声危害,GB 12348—2008《工业企业厂界环境噪声排放标准》规定新企业作业环境的噪声不得超过(　　)。

    A. 80dB　　　　　　　B. 85dB　　　　　　C. 90dB　　　　　　　D. 95dB

130. AD002　以下具有颗粒小、在空中飘浮时间长、易被人体吸收的特点,因此对人危害较大的是(　　)。

    A. 自然漂浮粉尘　　　B. 风沙　　　　　　　C. 尘土　　　　　　　D. 生产性粉尘

131. AD002　自然漂浮粉尘,如粉沙、尘土等,都不会引起尘肺病,这是由于(　　),不易进入肺泡或其化学成分不会造成肺部纤维化。

　　A. 粉尘较小　　　　B. 粉尘较大　　　　C. 粉尘较多　　　　D. 粉尘较少

132. AD002　在实际工作中,并非接触粉尘者都会患尘肺病,该病的发生与粉尘颗粒的大小有关,粉尘直径在(　　)以下的危险性最大。

　　A. 5μm　　　　　　B. 6μm　　　　　　C. 8μm　　　　　　D. 10μm

133. AD003　皮肤上溅有(　　)时,应先用布将之擦干,再用大量水冲洗,最后用2%碳酸氢钠液冲洗。

　　A. 浓硝酸　　　　　B. 浓盐酸　　　　　C. 浓硫酸　　　　　D. 浓醋酸

134. AD003　呼吸系统中毒应迅速离开现场,移至(　　)。

　　A. 通风良好的地方　　　　　　　　B. 封闭的房间内

　　C. 人多喧闹的地方　　　　　　　　D. 无毒、封闭的房间内

135. AD003　石油对人的身体是有害的,吸入含(　　)石油蒸气的空气就会引起急性中毒。

　　A. $5 \sim 10 g/m^3$　　B. $15 \sim 20 g/m^3$　　C. $35 \sim 49 g/m^3$　　D. $60 \sim 80 g/m^3$

136. AD004　我国安全生产方针是(　　)第一,预防为主。

　　A. 安全　　　　　　B. 生产　　　　　　C. 保护　　　　　　D. 健康

137. AD004　劳动保护用品是保护工人在劳动生产过程中的安全与(　　)的防护设施和用品。

　　A. 卫生　　　　　　B. 健康　　　　　　C. 产量　　　　　　D. 效益

138. AD004　劳动保护法是有关保护劳动者在生产过程中(　　)权益的法律文件的总称。

　　A. 合法　　　　　　B. 生产　　　　　　C. 安全　　　　　　D. 劳动

139. AE001　企业安全生产方针是安全第一,(　　)为主。

　　A. 质量　　　　　　B. 经营　　　　　　C. 预防　　　　　　D. 生产

140. AE001　事故具有三个重要特征,即因果性、(　　)和偶然性。

　　A. 特殊性　　　　　B. 潜伏性　　　　　C. 必然性　　　　　D. 不可预见性

141. AE001　安全生产对象是指企业的(　　)领导和岗位员工。

　　A. 生产　　　　　　B. 主管　　　　　　C. 一线　　　　　　D. 各级

142. AE002　在生产管理思想观念上高度重视企业安全生产,是(　　)的安全生产责任的内容。

　　A. 岗位员工　　　　B. 主管领导　　　　C. 生产领导　　　　D. 各级领导

143. AE002　严格执行安全生产规章制度和岗位操作规程,遵守劳动纪律,是(　　)的安全生产责任的内容。

　　A. 岗位员工　　　　B. 主管领导　　　　C. 生产领导　　　　D. 各级领导

144. AE002　油田生产单位要定期进行安全检查,基层队(　　)一次。

　　A. 每周　　　　　　B. 每天　　　　　　C. 每月　　　　　　D. 每季

145. AE003　安全教育是企业为提高员工安全技术素质和(　　)、搞好企业的安全生产和安全思想建设的一项重要工作。

　　A. 安全意识　　　　B. 安全知识　　　　C. 安全技能　　　　D. 防范事故的能力

146. AE003 安全标志分为禁止标志、( )、指令标志和提示标志。

A. 符号标志 B. 警示标志 C. 警戒标志 D. 警告标志

147. AE003 安全标志是由安全色、几何图形和( )构成。

A. 标示牌 B. 警示灯 C. 图形符号 D. 路标

148. AE004 HSE 管理系统文件是国际石油工业中较有影响的( )HSE 管理组织协调组织起草的系统文件。

A. 3 个 B. 1 个 C. 4 个 D. 2 个

149. AE004 HSE 管理系统文件是当前各国际石油组织遵循的 HSE 管理的( )文件。

A. 一般性 B. 普通 C. 纲领性 D. 唯一

150. AE004 HSE 管理系统文件有( )。

A. 7 个 B. 3 个 C. 6 个 D. 1 个

151. AE005 戴明模式是质量管理体系、环境管理体系和( )所依据的管理模式。

A. 健康管理体系 B. HSE 环境管理体系

C. 安全管理体系 D. 生产管理体系

152. AE005 戴明模式由计划、实施、检查和( )四个阶段的循环组成。

A. 程序 B. 管理 C. 改进 D. 要求

153. AE005 戴明模式简称为( )循环模式。

A. PDCA B. PCDA C. PACD D. PCAD

154. AE006 "两书一表"是( )标准下的具体操作文件。

A. SY/T 6276—2014《石油天然气工业健康、安全与环境管理体系》

B. SY/T 6276—2014《生产管理体系》

C. SY/T 6276—2014《安全管理体系》

D. SY/T 6276—2014《环境管理体系》

155. AE006 "HSE 作业计划书"是( )操作文件之一。

A. 风险识别 B. "两书一表" C. 应急预案 D. 生产程序

156. AE006 "两书一表"包括"HSE 作业计划书""HSE 作业指导书"和( )。

A. "生产日报表" B. "危险场所进站人员登记表"

C. "HSE 现场检查表" D. "施工现场检查表"

157. AE007 中国石油天然气总公司于( )批准发布了《石油天然气工业健康、安全与环境管理体系》行业标准。

A. 1997 年 6 月 27 日 B. 1998 年 3 月 24 日

C. 1999 年 5 月 17 日 D. 1996 年 11 月 1 日

158. AE007 《石油天然气工业健康、安全与环境管理体系》行业标准代码为( )。

A. SY/T 6276—1996 B. SY/T 6276—1999

C. SY/T 6276—1997 D. SY/T 6276—2001

159. AE007 《石油天然气工业健康、安全与环境管理体系》是一项关于组织内部健康、安全与环境管理体系的建立、实施与审核的( )。

A. 实施标准 B. 通用标准 C. 措施标准 D. 程序标准

160. BA001　为了及时录取现场资料,一般每(　　)进行一次巡回检查。
　　A. 1.5h　　　　　　B. 2h　　　　　　C. 4h　　　　　　D. 8h

161. BA001　录取的资料应当用(　　)进行记录。
　　A. 宋体　　　　　　B. 楷体　　　　　　C. 仿宋体　　　　　　D. 手写体

162. BA001　评价资料录取的指标是(　　)。
　　A. 全准率　　　　　　B. 正确率　　　　　　C. 普及率　　　　　　D. 合格率

163. BA002　聚合物干粉中,对分散装置运行和配制质量影响最大的指标是(　　)。
　　A. 粒度　　　　　　B. 水解度　　　　　　C. 相对分子质量　　D. 黏度

164. BA002　聚合物干粉的检测指标有(　　)。
　　A. 3 种　　　　　　B. 11 种　　　　　　C. 15 种　　　　　　D. 8 种

165. BA002　聚合物干粉检测的资料按(　　)原则进行录取。
　　A. 随机　　　　　　B. 全部　　　　　　C. 抽样　　　　　　D. 平均

166. BA003　以下对聚合物溶液的黏度影响最大的是(　　)。
　　A. CO_3^{2-}　　　　B. Mg^{2+}　　　　C. Na^+　　　　D. Cl^-

167. BA003　为了尽可能提高聚合物溶液的黏度,一般控制配制水的矿化度在(　　)以下。
　　A. 900mg/L　　　　B. 1500mg/L　　　C. 400mg/L　　　D. 2000mg/L

168. BA003　聚合物配制用清水资料主要包括(　　)、铁含量、悬浮物含量等。
　　A. pH 值　　　　　　B. 含氟量　　　　　　C. 温度　　　　　　D. 矿化度

169. BA004　配制站化验原始记录中记录的聚合物母液指标有(　　)。
　　A. 水解度　　　　　　B. 粒度　　　　　　C. 黏度　　　　　　D. 溶解性

170. BA004　聚合物母液的配制浓度应控制在方案浓度的(　　)。
　　A. ±2%　　　　　　B. ±3%　　　　　　C. ±4%　　　　　　D. ±5%

171. BA004　以下不用进行取样操作的部位是(　　)。
　　A. 熟化罐出口　　B. 过滤器出口　　C. 外输泵出口　　D. 分散装置出口

172. BA005　配制站设备资料主要有设备运转记录和设备(　　)。
　　A. 维修保养记录　　B. 档案　　　　　　C. 使用说明书　　　D. 铭牌

173. BA005　日常生产过程中泵设备录取资料的主要内容有流量、压力、(　　)。
　　A. 温度　　　　　　B. 电流　　　　　　C. 振动　　　　　　D. 运转时间

174. BA005　设备进行保养时,要把保养的内容填写在设备运转记录和(　　)中。
　　A. 原始报表　　　　　　　　　　B. 岗位交接班记录
　　C. 设备档案　　　　　　　　　　D. 巡回检查记录

175. BA006　以下物质是在化工厂生产的是(　　)。
　　A. 人工合成聚合物　　　　　　　B. 生物聚合物黄胞胶
　　C. 纤维素类聚合物　　　　　　　D. 天然聚合物

176. BA006　由于(　　)比较昂贵,除非在高矿化度、高剪切的油层中,一般都使用聚丙烯酰胺。
　　A. 人工合成聚合物　　　　　　　B. 黄胞胶
　　C. 纤维素类聚合物　　　　　　　D. 生物聚合物黄胞胶

177. BA006　聚丙烯酰胺有非离子型、阴离子型和阳离子型三类产品,其中应用于驱油的是( )。

A. 非离子型　　　　　　　　　　　B. 阴离子型

C. 阳离子型　　　　　　　　　　　D. 以上选项任意一种均可

178. BA007　聚丙烯酰胺溶解过程的第一阶段是( )分子渗入聚合物内部,使聚合物体积膨胀,称为溶胀。

A. 溶质　　　　　B. 溶剂　　　　　C. 清水　　　　　D. 污水

179. BA007　聚丙烯酰胺溶解过程的第二阶段是高分子均匀地分散在溶剂中,形成( )的分子分散体系。

A. 部分溶解　　　B. 完全溶解　　　C. 部分膨胀　　　D. 完全膨胀

180. BA007　水中含盐量增加(即矿化度增加),溶剂的性能变差,因而其溶液的黏度( )。

A. 降低　　　　　B. 升高　　　　　C. 保持不变　　　D. 无法确定

181. BA008　送达配制站的每包重750kg的聚合物干粉,其标准质量为( ),不包括托盘、纸壳等外包装,如达不到标准应拒绝验收并及时向有关领导汇报。

A. (750±2)kg　　　　　　　　　　B. (750±3)kg

C. (753±2)kg　　　　　　　　　　D. (753±3)kg

182. BA008　聚合物送达配制站后,应视检验情况分成( )区域放置。

A. 1个　　　　　B. 2个　　　　　C. 3个　　　　　D. 4个

183. BA008　聚合物配制站叉车司机在摆放聚合物干粉时,750kg包装的干粉摆放层数不宜超过( )。

A. 1层　　　　　B. 2层　　　　　C. 3层　　　　　D. 4层

184. BB001　风力输送聚合物干粉部分主要由料斗、( )、文丘里喷嘴、风机、风力输送管线组成。

A. 螺杆下料器　　B. 电磁流量计　　C. 旋涡流量计　　D. 水粉混合器

185. BB001　聚合物分散装置的功能是( )。

A. 使聚合物母液充分熟化　　　　　B. 实现水与干粉的定量混合

C. 储存聚合物母液　　　　　　　　D. 将聚合物母液外输

186. BB001　以下属于聚合物配制工艺流程的是( )。

A. 短流程　　　　B. 初溶流程　　　C. 速溶流程　　　D. 混合流程

187. BB002　油田水通常有( )。

A. 沼气味　　　　B. 酸气味　　　　C. 陈腐味　　　　D. 油气臭味

188. BB002　水臭须在( )的情况下测定。

A. 室温和搅拌　　B. 室温和加热　　C. 振动和搅拌　　D. 摇动和加热

189. BB002　颜色、( )是油田化验室对水样进行物理描述的指标,一般不做定量测量。

A. pH值　　　　　B. 臭气　　　　　C. 矿化度　　　　D. 溶解度

190. BB003　对于水驱高渗透油田,注水水质指标要求悬浮物含量不超过( )。

A. 2mg/L　　　　B. 3mg/L　　　　C. 4mg/L　　　　D. 5mg/L

191. BB003　对于水驱高渗透油田,注水水质指标要求含铁量不超过(　　)。

　　A. 0. 1mg/L　　　　B. 0. 3mg/L　　　　C. 0. 5mg/L　　　　D. 0. 7mg/L

192. BB003　水驱高渗透油田注水水质指标要求含油量不超过(　　)。

　　A. 5mg/L　　　　B. 10mg/L　　　　C. 15mg/L　　　　D. 20mg/L

193. BB004　聚合物分散装置的作用是把一定(　　)的聚合物干粉均匀地分散于一定质量的配制水中,形成确定浓度的水粉混合液。

　　A. 体积　　　　B. 容积　　　　C. 质量　　　　D. 重量

194. BB004　聚合物分散系统的混合搅拌部分由(　　)、搅拌器和溶解罐组成。

　　A. 喷头　　　　B. 水粉混合器　　C. 超声波液位计　　D. 鼓风机

195. BB004　一般料斗的容积应不小于计量下料器每小时下料量的(　　)。

　　A. 1 倍　　　　B. 2 倍　　　　C. 3 倍　　　　D. 4 倍

196. BB005　分散装置螺杆下料器电动机的运行频率(　　)。

　　A. 不小于 25Hz　　B. 不小于 20Hz　　C. 不小于 15Hz　　D. 不小于 10Hz

197. BB005　使用分散装置时,应调节清水来水水量,使其与(　　)尽量接近,以减少由于设备频繁启停而增大的故障率。

　　A. 螺杆下料器下料量　　　　　　B. 螺杆输送泵排量

　　C. 料斗的容积　　　　　　　　　D. 熟化罐容量

198. BB005　使用分散装置时,应保证母液输送泵的油位在(　　),无卡阻、无渗漏。

　　A. 1/2 ~ 2/3　　　　B. 1/2 ~ 3/4　　　　C. 1/3 ~ 1/2　　　　D. 1/3 ~ 3/4

199. BB006　聚合物干粉分散系统一般由加聚合物干粉部分、加清水部分、混合搅拌部分、混合溶液输送部分及(　　)部分组成。

　　A. 电源供给　　　　B. 熟化　　　　C. 自动控制　　　　D. 监控

200. BB006　分散装置的加聚合物干粉部分包括料斗、(　　)、鼓风机、物流检测器、文丘里喷嘴,加热料斗及干粉输送管道等。

　　A. 水粉混合物　　　B. 螺杆下料器　　C. 螺杆输送机　　D. 电动调节器

201. BB006　分散装置给水系统包括清水泵、流量计、电动球阀及(　　)等。

　　A. 超声波液压计　　B. 文丘里喷嘴　　C. 电动控制阀　　D. 螺杆下料器

202. BB007　螺杆下料器转速越高,下料量越(　　)。

　　A. 小　　　　B. 大　　　　C. 稳定　　　　D. 波动

203. BB007　螺杆下料器由螺杆、电动机、(　　)等几种部分组成。

　　A. 联轴器　　　　B. 弹性块　　　　C. 封闭胶套　　　　D. 轴

204. BB007　拆卸螺杆下料器时,应将(　　)关掉,防止漏干粉现象的发生。

　　A. 鼓风机　　　　B. 除尘器　　　　C. 振荡器　　　　D. 料斗下部的刀开关

205. BB008　分散装置的(　　)水粉混合器是将清水喷成雾状,以利于干粉的溶解。

　　A. 水幔型　　　　B. 喷头型　　　　C. 瀑布型　　　　D. 射流型

206. BB008　水粉混合器配制成的混合物溶液落入(　　)中后经搅拌器搅拌,达到干粉和水的充分混合。

　　A. 熟化罐　　　　B. 储罐　　　　C. 水罐　　　　D. 溶解罐

207. BB008　人们习惯上根据(　　)对聚合物分散装置进行分类。

A. 水和粉的接触方式　　　　　　　　B. 分散装置的产地

C. 分散装置的生产能力　　　　　　　D. 溶解罐容积

208. BB009　聚合物母液熟化系统由熟化罐、搅拌器、(　　)、执行机构和控制单元设备构成。

A. 控制仪表　　　　B. 检测仪表　　　　C. 流量计　　　　D. 过滤器

209. BB009　熟化系统中,完成熟化作用的设备是(　　)。

A. 超声波液位计　　　　　　　　　　B. 电动蝶阀

C. 搅拌机　　　　　　　　　　　　　D. 音叉

210. BB009　熟化罐内应设有折流板与(　　)以确保罐内液位无"死区"。

A. 流量计　　　　B. 电动蝶阀　　　　C. 导流装置　　　　D. 检测器

211. BB010　熟化罐出现假液位可能的原因是(　　)。

A. 音叉受干扰　　　　　　　　　　　B. 超声波液位计受干扰

C. 罐入口阀未关到位　　　　　　　　D. 罐出口阀未关到位

212. BB010　当熟化罐内进液达到熟化罐设定的(　　)液位时,熟化罐进口阀关闭,开始熟化计时。

A. 低　　　　B. 中　　　　C. 高　　　　D. 超高

213. BB010　熟化罐进口阀开启的原则是(　　)。

A. 先关下一座罐出口阀,再开当前罐进口阀

B. 先开下一座罐出口阀,再开当前罐进口阀

C. 先关下一座罐进口阀,再关当前罐进口阀

D. 先开下一座罐进口阀,再关当前罐进口阀

214. BB011　熟化罐设定的低液位通常应保证在(　　)。

A. 0%　　　　B. 5%~10%　　　　C. 50%~55%　　　　D. 80%~85%

215. BB011　熟化罐中的液位是用(　　)液位高度表示的。

A. 海拔　　　　B. 实际　　　　C. 相对　　　　D. 绝对

216. BB011　熟化罐设定的高液位通常应保证在(　　)。

A. 0%　　　　B. 5%~10%　　　　C. 50%~55%　　　　D. 80%~85%

217. BB012　配制站储罐用于储存(　　)的聚合物母液。

A. 正在配制　　　　B. 正在熟化　　　　C. 已熟化完毕　　　　D. 无须熟化

218. BB012　储罐中的聚合物母液通过(　　)直接输送到注入站。

A. 转输泵　　　　B. 外输泵　　　　C. 母液输送泵　　　　D. 注聚泵

219. BB012　在一般情况下,聚合物配制站储罐的容积应(　　)熟化罐的容积。

A. 大于　　　　B. 小于　　　　C. 等于　　　　D. 不大于

220. BB013　搅拌器一般由电动机、(　　)、联轴器、搅拌轴、叶轮等组成。

A. 离合器　　　　B. 减速器　　　　C. 差速器　　　　D. 缓冲器

221. BB013　搅拌器可以搅拌几种不易混合的液体以获得一种(　　)。

A. 溶液　　　　B. 悬浊液　　　　C. 乳浊液　　　　D. 黏液

222. BB013　搅拌器对聚合物的溶解起到(　　　)。

　　A. 破坏作用　　　　B. 平衡作用　　　　C. 减缓作用　　　　D. 增进作用

223. BB014　搅拌器启动时,应遵循四个原则,即全面检查、(　　　)、缓慢升压、额定运行。

　　A. 低载启动　　　　B. 高载启动　　　　C. 手动启动　　　　D. 自动启动

224. BB014　搅拌器启动后,应检查减速轴和电动机温度,减速轴温度不超过(　　　),电动机温度不超过85℃。

　　A. 60℃　　　　　　B. 65℃　　　　　　C. 70℃　　　　　　D. 75℃

225. BB014　搅拌器启动后4h 内,应每(　　　)巡回检查一次,以后每2h 巡回检查一次。

　　A. 10min　　　　　B. 20min　　　　　C. 30min　　　　　D. 40min

226. BB015　在聚合物母液配制工艺中,(　　　)中需要安装搅拌器。

　　A. 料斗　　　　　　B. 水过滤器　　　　C. 母液过滤器　　　D. 湿化罐及熟化罐

227. BB015　聚合物母液熟化罐的搅拌器一般采用(　　　)。

　　A. 三叶推进式　　　B. 桨式　　　　　　C. 涡轮式　　　　　D. 锚式

228. BB015　推进式搅拌机选择单层式或双层式,应以液体黏度、液面高度及(　　　)为依据。

　　A. 液体浓度　　　　B. 介质类型　　　　C. 循环速率　　　　D. 罐内容积

229. BB016　三叶式搅拌器叶片宽度一般是长度的(　　　)。

　　A. 1/3　　　　　　B. 1/2　　　　　　C. 2/3　　　　　　D. 3/4

230. BB016　三叶片式搅拌器属于(　　　)。

　　A. 双螺带式　　　　B. 推进式　　　　　C. 杆式　　　　　　D. 卧式

231. BB016　搅拌机的转速一般用"转/分"表示,简写为(　　　)。

　　A. r/s　　　　　　B. m/s　　　　　　C. r/min　　　　　D. m^3/min

232. BB017　熟化系统中,完成熟化作用的设备是(　　　)。

　　A. 超声波液位计　　B. 电动蝶阀　　　　C. 搅拌机　　　　　D. 音叉

233. BB017　在实际使用中,熟化罐搅拌器应有(　　　)的功率余量,以防止损坏设备。

　　A. 10%　　　　　　B. 5%　　　　　　　C. 20%　　　　　　D. 15%

234. BB017　母液熟化罐搅拌器启动时,应保证液面(　　　)。

　　A. 在高液位　　　　　　　　　　　　　B. 淹没第二层叶片

　　C. 没到达第一层叶片　　　　　　　　　D. 不淹没第二层叶片

235. BC001　分散装置在正式投运前,应对(　　　)进行标定。

　　A. 料斗　　　　　　B. 文丘里喷嘴　　　C. 螺杆下料器　　　D. 物流检测器

236. BC001　分散装置试运前,应将料斗、(　　　)、溶解罐、加热料斗、气输管线内的杂质彻底除去。

　　A. 除尘器　　　　　B. 料斗振荡器　　　C. 物流检测器　　　D. 螺杆下料器

237. BC001　料斗加药完毕后,应在关闭除尘器(　　　)后关闭除尘器振荡器。

　　A. 2min　　　　　　B. 3min　　　　　　C. 5min　　　　　　D. 4

238. BC002　分散装置设定的母液配制浓度与实际配制浓度误差应在(　　　)以内。

　　A. ±5%　　　　　　B. ±4%　　　　　　C. ±3%　　　　　　D. ±2%

239. BC002 分散装置实际配液量与需要配液量误差应在( )以内。

    A. ±4%   B. ±3%   C. ±2%   C. ±1%

240. BC002 分散装置螺杆下料器给料精度应在( )以内。

    A. 3%   B. 4%   C. 5%   D. 6%

241. BC003 分散装置启动时,螺杆下料器在电动上水阀打开( )启动。

    A. 同时   B. 10min 前   C. 20min 前   D. 之后

242. BC003 分散装置停止工作时,螺杆下料器在电动下水阀关闭( )停止。

    A. 之前   B. 之后   C. 同时   D. 10min 后

243. BC003 分散装置启动时,螺杆下料器在鼓风机启动( )启动。

    A. 10min 前   B. 同时   C. 之前   D. 之后

244. BC004 螺杆下料器的转速是受( )控制的。

    A. 变频调速器   B. 延时器   C. 降压启动器   D. 供水量

245. BC004 标定螺杆下料器所需的工具有台秤、桶式容器、( )、直条坐标纸和记录笔。

    A. 圆规   B. 秒表   C. 刻度尺   D. 取样器

246. BC004 螺杆下料器的标定依据是( )。

    A. 水和干粉混合比例   B. 供水量

    C. 要求的聚合物溶液浓度   D. 聚合物溶液黏度

247. BC005 溶解罐的容积应不小于分散装置每小时配液能力的( )。

    A. 1/20   B. 1/30   C. 1/40   D. 1/50

248. BC005 溶解罐混配液输出部分包括( )和各种控制阀门。

    A. 输送泵   B. 排污泵   C. 外输泵   D. 离心泵

249. BC005 溶解罐下部的混配液输送泵不应选用( )。

    A. 螺杆泵   B. 齿轮泵   C. 柱塞泵   D. 离心泵

250. BC006 料斗的顶部应缓慢地( ),以防止内部水汽凝结而影响干粉流动性。

    A. 吹干燥空气   B. 吹氧气   C. 吹水蒸气   D. 吹氮气

251. BC006 料斗下部应呈( ),便于干粉流动。

    A. 三角形   B. 菱形   C. 梯形   D. 锥形

252. BC006 料斗内安装了料位控制器,当料斗内干粉( )时,能发出报警信号。

    A. 过量   B. 充满   C. 不足   D. 不流动

253. BC007 开机后,鼓风机( )方可向射流器内输送干粉。

    A. 停止后   B. 运行 30min 后   C. 启动后   D. 运转平稳后

254. BC007 螺旋送料器停止送料后( )停止鼓风机,以便清除气输管线内残余干粉固体。

    A. 不可立即   B. 立即   C. 不能   D. 手动

255. BC007 文丘里喷嘴是气力输送系统的关键部件之一,由( )喷嘴组成。

    A. 1 个   B. 2 个   C. 3 个   D. 4 个

256. BC008 为防止干粉在其内部潮解成团,( )内加装了电热带。

    A. 电热漏斗   B. 气输管线   C. 文丘里供料器   D. 干粉料斗

257. BC008 以下可用于检查气输管线的工作状态,发现气输管线堵塞或没有物料流动可及时报警并关机的是(   )。

    A. 超声波液位计   B. 低料位开关   C. 物流监测仪   D. 浮球液位计

258. BC008 电热漏斗的作用是保持料斗内干燥,防止聚合物干粉受潮,使干粉均匀地流入(   ),保证聚合物干粉的连续供给。

    A. 溶解罐   B. 熟化罐   C. 文丘里喷嘴   D. 储罐

259. BC009 鼓风机连续运转(   )应检修一次,更换润滑脂。

    A. 3 个月   B. 半年   C. 1 年   D. 2 年

260. BC009 文丘里喷嘴器连续运转(   )后,应将其拆卸清洗,清除堵塞物。

    A. 500h   B. 1000h   C. 1500h   D. 2000h

261. BC009 除尘器应每(   )检查一次滤袋,根据滤袋完好程度进行更换。

    A. 2 个月   B. 3 个月   C. 4 个月   D. 6 个月

262. BC010 干粉输送管无干粉的原因可能是螺旋给料器不下料、鼓风机工作不正常、输送管线堵塞或(   )。

    A. 射流器堵塞   B. 物流检测仪失灵

    C. 水粉混合器堵   D. 除尘器坏

263. BC010 除尘器工作不正常时应检查振动电动机工作情况、轴面是否损坏和(   )。

    A. 料斗内干粉量   B. 滤袋是否堵塞或破损

    C. 下料振动器情况   D. 低料位开关情况

264. BC010 振动器振动不均匀应检查(   )的调节螺栓是否松动、壳体固定螺栓是否松脱。

    A. 电动机   B. 除尘器   C. 低料位开关   D. 振动块

265. BC011 螺杆泵不允许在日光直接暴晒下或在 −20℃ 环境下工作,长时间停泵时,应保持泵腔内存水,以免(   )损坏。

    A. 万向节   B. 转子   C. 轴承   D. 橡胶件

266. BC011 螺杆泵在启动前,应进行放空,直至(   )。

    A. 泵启动后   B. 泵停运后

    C. 放空口有气体喷出   D. 有液体流出

267. BC011 螺杆泵停泵操作:按停止按钮,关闭电源开关,关阀,(   )。

    A. 放净余液   B. 放净余压   C. 更换定子   D. 出口憋压

268. BC012 螺杆泵在安装前,其(   )必须保持干净,以防异物进入泵内。

    A. 输入管道   B. 输出管道   C. 万向节   D. 传动轴

269. BC012 在新投产的流程中,螺杆泵在启动前要放空,防止(   )

    A. 压力过高   B. 压力过低   C. 泵体进气   D. 流量过低

270. BC012 输送含有泡沫或气体的液体时应选用(   )。

    A. 五螺杆泵   B. 三螺杆泵   C. 双螺杆泵   D. 单螺杆泵

271. BC013 同轴向排列的螺杆泵泵体,减速装置电动机轴承应保持同心,其水平及垂直两个方向上的差距应保持在(   )。

    A. 0.1~0.3mm   B. 0.2~0.4mm   C. 0.3~0.5mm   D. 0.4~0.6mm

272. BC013 单螺杆泵定子螺纹的导程等于螺杆泵螺距的(　　)。

A. 8 倍　　　　　　B. 6 倍　　　　　　C. 4 倍　　　　　　D. 2 倍

273. BC013 单螺杆泵定子和螺杆的横截面积之差称为螺杆泵的(　　)。

A. 理论流量　　　　B. 过流面积　　　　C. 出口直径　　　　D. 闭合空间

274. BC014 与单螺杆泵相比,三螺杆泵具有体积小、(　　)等优点。

A. 重量轻　　　　　B. 功率小　　　　　C. 排量大　　　　　D. 耐用

275. BC014 常用单螺杆泵通常工作压力(　　)。

A. 非常高　　　　　B. 非常低　　　　　C. 不高　　　　　　D. 无法确定

276. BC014 三螺杆泵输送的介质黏度(　　)。

A. 范围广　　　　　B. 为定值　　　　　C. 有限　　　　　　D. 无法确定

277. BC015 螺杆泵按(　　)可分为单螺杆泵、双螺杆泵、三螺杆泵等。

A. 输送介质　　　　B. 螺杆形状　　　　C. 螺杆根数　　　　D. 螺杆的螺纹头数

278. BC015 单螺杆泵主要由(　　)、定子、万向联轴节组成。

A. 螺杆　　　　　　B. 叶轮　　　　　　C. 柱塞　　　　　　D. 水锤

279. BC015 螺杆泵属于(　　)。

A. 叶片式泵　　　　B. 容积式泵　　　　C. 喷射泵　　　　　D. 电磁泵

280. BC016 过滤器属于压力容器,应经常观察进出口(　　)变化情况,以保证使用安全。

A. 温度　　　　　　B. 流量　　　　　　C. 体积　　　　　　D. 压力

281. BC016 过滤器应根据(　　)的不同而制定出不同的清洗周期。

A. 滤材及过滤介质　　　　　　　　　B. 压力及温度

C. 流量及温度　　　　　　　　　　　D. 压力及流量

282. BC016 过滤器刚开始使用时,应当(　　)。

A. 快速升压　　　　　　　　　　　　B. 逐步升压

C. 快速降压　　　　　　　　　　　　D. 逐步降压

283. BC017 聚合物驱油用母液过滤器主要由壳体、(　　)、辅助装置三部分组成。

A. 叶轮　　　　　　B. 转子　　　　　　C. 柱塞　　　　　　D. 滤芯

284. BC017 为了防止生成二价铁离子造成聚合物化学降解,母液过滤器壳体一般采用(　　)。

A. 不锈钢　　　　　B. 铸铁　　　　　　C. 普通碳钢　　　　D. 水泥

285. BC017 滤芯主要分为(　　)两种。

A. 介质和滤群　　　　　　　　　　　B. 袋式和金属网结构

C. 袋式和滤饼　　　　　　　　　　　D. 介质和金属网结构

286. BC018 使用母液过滤器时,需将理论过滤面积增大到实际过滤面积的(　　)。

A. 2~3 倍　　　　　B. 4~5 倍　　　　　C. 8~10 倍　　　　　D. 10~15 倍

287. BC018 过滤器进口端和出口端压差应小于(　　)。

A. 0.1MPa　　　　　B. 0.2MPa　　　　　C. 0.3MPa　　　　　D. 0.4MPa

288. BC018 聚合物驱油用过滤器的过滤精度一般应达到(　　)。

A. 100%　　　　　　B. 98%　　　　　　C. 90%　　　　　　D. 80%

289. BC019　聚合物配制站用取样器的材质为(　　)。

A. 任意材质　　　　B. 铸铁　　　　　　C. 普通碳钢　　　　D. 不锈钢

290. BC019　取样器阀一般应使用(　　)。

A. 球阀　　　　　　B. 闸阀　　　　　　C. 针形阀　　　　　D. 止回阀

291. BC019　取样器一般安装在熟化罐的(　　)。

A. 进口处　　　　　B. 出口处　　　　　C. 罐体上部　　　　D. 罐体下部

292. BC020　聚合物母液取样时,放空速度应不大于(　　)。

A. 500mL/min　　B. 472mL/min　　C. 436mL/min　　D. 386mL/min

293. BC020　聚合物母液取样时,用取样瓶取样后,应先倒掉(　　)。

A. 2~3 次　　　　B. 5~6 次　　　　　C. 10 次　　　　　D. 1 次

294. BC020　取样时,应将取样阀打开到(　　)位置。

A. 微开　　　　　　B. 半开　　　　　　C. 全开　　　　　　D. 任意

295. BC021　所取聚合物样品必须密封,并在(　　)内检测完毕。

A. 1h　　　　　　　B. 6h　　　　　　　C. 12h　　　　　　D. 24h

296. BC021　配制站外输泵出口(　　)取样一次。

A. 每 1 天　　　　B. 每 3 天　　　　　C. 每 5 天　　　　　D. 每 7 天

297. BC021　聚合物溶液取样用的取样瓶需用(　　)冲洗。

A. 水　　　　　　　B. 放空液　　　　　C. 污水　　　　　　D. 地层水

298. BC022　聚合物溶液取样时的放空量约为(　　)。

A. 100mL　　　　B. 150mL　　　　　C. 200mL　　　　　D. 250mL

299. BC022　聚合物溶液取样时,样品瓶标签上应注明(　　)、取样时间、取样人。

A. 取样量　　　　　B. 溶液类型　　　　C. 取样点　　　　　D. 取样设备

300. BC022　以下不属于聚驱高压取样点的是(　　)。

A. 注聚泵出口　　　B. 静态混合器　　　C. 储罐出口　　　　D. 井口

301. BC023　供水系统由离心泵、输水管线、(　　)、截止阀、电动调节阀、储水罐等几部分组成。

A. 自控部分　　　　B. 搅拌器　　　　　C. 螺杆泵　　　　　D. 自动化仪表

302. BC023　冬季为防止配制清水温度过低而影响聚合物溶液的配制质量,通常在供水系统使用(　　)。

A. 电热板　　　　　B. 电热带　　　　　C. 换热器　　　　　D. 电暖气

303. BC023　在配制站配制过程中,为了清除清水中的杂质,需在离心泵出口安装(　　)。

A. 除垢器　　　　　B. 过滤器　　　　　C. 沉降罐　　　　　D. 离子罐

304. BC024　冬季生产期间,采用换热器加热后的清水温度应在(　　)。

A. 5~10℃　　　　B. 10~20℃　　　　C. 20~30℃　　　　D. 8~25℃

305. BC024　在供水系统运行期间,应根据(　　)来确定水过滤器滤芯的清洗时间。

A. 出口压力　　　　B. 进口压力　　　　C. 进出口压差　　　D. 水源来水压力

306. BC024　在配液过程中,应通过流量传感器来控制(　　)的开启程度,实现清水的定量输送。

A. 闸阀　　　　　　B. 截止阀　　　　　C. 球阀　　　　　　D. 电动调节阀

307. BC025 配制聚合物母液清水的温度不应低于( )。

A. 8℃ B. 10℃ C. 12℃ D. 14℃

308. BC025 换热器的主要技术参数包括设计压力、设计温度及( )等。

A. 制造日期 B. 生产厂家 C. 整机重量 D. 换热能力

309. BC025 换热器的换热能力一般通过( )表示。

A. 设计压力 B. 换热面积 C. 设计温度 D. 整机重量

310. BC026 离心泵停止运转时,应( )。

A. 关闭入口阀门 B. 开大入口阀门

C. 关闭出口阀门 D. 开大出口阀门

311. BC026 离心泵启动前,应盘车( ),确保转动灵活。

A. 1~2 圈 B. 2~3 圈 C. 3~4 圈 D. 3~5 圈

312. BC026 离心泵正常运行后,密封填料的漏失量不得超过( )。

A. 5 滴/min B. 10 滴/min C. 15 滴/min D. 20 滴/min

313. BC027 离心泵机组安装时,所用斜垫铁一般与同序号的平垫铁配用,每组数量不超过( )。

A. 1 块 B. 2 块 C. 3 块 D. 4 块

314. BC027 离心泵在进行机泵连接前应首先确定( )是否正确。

A. 电动机旋转方向 B. 泵的旋转方向

C. 电动机的安装 D. 泵的安装

315. BC027 离心泵安装叶轮时,叶轮与密封环间隙一般为( )。

A. 0.1~0.5mm B. 0.5~1.0mm C. 1.0~2.0mm D. 2.0~3.0mm

316. BC028 离心泵倒泵前,应按启泵前检查的内容认真检查( )。

A. 离心泵机组 B. 站内设备 C. 备用泵机组 D. 大罐及阀门

317. BC028 倒泵时,关小准备停用泵的出口阀门,控制好排量,注意( )的变化情况。

A. 泵体 B. 周围安全 C. 电压 D. 压力等参数

318. BC028 离心泵倒泵操作的第一步是( )。

A. 按照停运操作规程停运待停泵 B. 导通备用泵流程

C. 检查备用泵是否具备启动条件 D. 启动备用泵

319. BC029 离心泵泵体( )、机泵转子移位或注水站系统发生刺漏,必须紧急停泵。

A. 发热 B. 发冷 C. 刺水 D. 变色

320. BC029 管压高、泵排量( )或排不出水,效率极低,必须紧急停泵。

A. 正常 B. 过高 C. 不断变化 D. 很小

321. BC029 离心泵若出现严重的位移现象,超过( )时,必须紧急停泵。

A. 2mm B. 3mm C. 4mm D. 6mm

322. BC030 要保证离心泵的吸入部分不漏气,否则会影响泵的( )。

A. 额定功率 B. 排量 C. 扬程 D. 工况

323. BC030 启泵时,非操作人员应离距泵( )以上。

A. 3m B. 7m C. 6m D. 8m

324. BC030　离心式供水泵启动时,要检查分散装置(　　)是否打开。

    A. 转输泵　　　　　　B. 上水阀　　　　　　C. 刀阀　　　　　　D. 鼓风机

325. BC031　停泵后,立即(　　)水罐水位,以免泵抽空和冒罐现象的发生。

    A. 调整控制　　　　　B. 检查提高　　　　　C. 关闭　　　　　　D. 降低

326. BC031　按动停泵按钮,电流表指针归零后,观察转子(　　)情况。

    A. 转速　　　　　　　B. 磨损　　　　　　　C. 惰走　　　　　　D. 发热

327. BC031　为防止离心泵突然停电反转,出口要安装(　　)。

    A. 安全阀　　　　　　B. 截止阀　　　　　　C. 单流阀　　　　　D. 闸板阀

328. BC032　天吊使用过程中,起重钩在(　　)方向上有限位装置。

    A. 1个　　　　　　　B. 2个　　　　　　　C. 3个　　　　　　D. 6个

329. BC032　聚合物配制站天吊由大车、(　　)、钢丝绳、起重钩和配电等部分组成。

    A. 电动葫芦　　　　　B. 配电箱　　　　　　C. 变速箱　　　　　D. 滑轮

330. BC032　天吊起重钩吊起的重物可向(　　)方向移动。

    A. 2个　　　　　　　B. 4个　　　　　　　C. 6个　　　　　　D. 8个

331. BC033　起吊重物时,应垂直起吊,钢丝绳倾斜角不应超过(　　)。

    A. 24°　　　　　　　B. 22°　　　　　　　C. 18°　　　　　　D. 20°

332. BC033　配制站吊车运行(　　)后,应进行"二保"和安全检查。

    A. 500~550h　　　　B. 450~500h　　　　C. 400~450h　　　　D. 360~400h

333. BC033　钢丝绳(　　),应换成新的。

    A. 有一整股折断　　　　　　　　　　　B. 出现压扁或折痕现象

    C. 在一节距内断丝为5%　　　　　　　D. 外层钢丝磨损

334. BC034　吊车带重物运行时,严禁(　　)运行。

    A. 从人或重要设备两侧　　　　　　　　B. 从人或重要设备上方

    C. 双人协调　　　　　　　　　　　　　D. 低速

335. BC034　起吊重物刚脱离地面时,应(　　)观察吊钩是否挂好。

    A. 急速上升　　　　　B. 左、右移动　　　　C. 停1~5s　　　　　D. 前、后移动

336. BC034　吊车运行完成后,应(　　)。

    A. 停放到吊物处　　　　　　　　　　　B. 吊起另外重物,防止钢丝绳松脱

    C. 卸下小车　　　　　　　　　　　　　D. 停放在指定位置并关闭电源

337. BC035　天吊启动前应了解电源工作情况,电源电压低于额定值的(　　)时不应开动
    起重机。

    A. 90%　　　　　　　B. 80%　　　　　　　C. 85%　　　　　　D. 60%

338. BC035　起重机开机前应检查操作按钮开关、电气设备开关,均应在(　　)位置。

    A. 前进挡　　　　　　B. 左行进挡　　　　　C. 空挡　　　　　　D. 上升挡

339. BC035　吊运接近额定负荷时,应升至(　　)停车检查刹车能力。

    A. 0.1m　　　　　　B. 0.2m　　　　　　C. 0.3m　　　　　　D. 0.4m

340. BC036　天吊控制手柄线是(　　)电缆。

    A. 3芯　　　　　　　B. 4芯　　　　　　　C. 5芯　　　　　　D. 7芯

341. BC036 天吊电动葫芦起重钩在上、下方向是靠( )限位的。
 A. 导绳器　　　　　　　　　　　　B. 断火开关
 C. 导绳器和断火开关　　　　　　　D. 交流接触器

342. BC036 使用天吊手柄控制器时,最好只按( )按钮。
 A. 1个　　　　　　B. 2个　　　　　　C. 3个　　　　　　D. 4个

343. BC037 组成钢丝绳的( )与钢丝断面的比值称为钢丝绳的密度。
 A. 每股钢丝断面数量之和　　　　　B. 每股钢丝断面面积
 C. 各钢丝面数量总和　　　　　　　D. 各钢丝断面面积总和

344. BC037 使用天吊过程中,应定期检查( )的完好性,防止起重钩顶电葫芦。
 A. 限位器　　　　B. 手柄线　　　　C. 变速箱　　　　D. 钢丝绳

345. BC037 选择天吊时,应保证吊物重量小于铭牌上标注的( )。
 A. 额定功率　　　　　　　　　　　B. 额定负荷
 C. 最大高度　　　　　　　　　　　D. 额定电压

346. BC038 变压器由( )或磁芯和线圈组成。
 A. 铁芯　　　　　　B. 铜芯　　　　　　C. 钛矿芯　　　　　　D. 铬芯

347. BC038 配电装置无论是在运行还是备用中,每班均要进行( )巡回检查。
 A. 2次　　　　　　B. 1次　　　　　　C. 3次　　　　　　D. 4次

348. BC038 新安装或大修后投入运行的配电装置,在起始( )内,每班检查2次。
 A. 48h　　　　　　B. 24h　　　　　　C. 12h　　　　　　D. 36h

349. BC039 电气测量仪表主要是指用于测量、记录、( )各种电学量的表计和仪器。
 A. 计算　　　　　　B. 统计　　　　　　C. 计量　　　　　　D. 备份

350. BC039 交流仪表主要用于( )电力系统中。
 A. 直流　　　　　　B. 交流　　　　　　C. 交直流　　　　　　D. 恒定电流

351. BC039 绝对误差与被测量的实际值之间的比值称为( )。
 A. 误差　　　　　　B. 偶然误差　　　　C. 相对误差　　　　D. 系统误差

352. BD001 离心泵主要由吸入管、排出管和( )组成。
 A. 泵体　　　　　　B. 电动机　　　　　　C. 泵轴　　　　　　D. 叶片

353. BD001 泵轴上只有一个叶轮的离心泵是( )。
 A. 多级泵　　　　　　B. 单级泵　　　　　　C. 双吸泵　　　　　　D. 单吸泵

354. BD001 离心泵过流部件的核心是( )。
 A. 吸入室　　　　　　B. 叶轮　　　　　　C. 压出室　　　　　　D. 轴承

355. BD002 离心泵的流量单位是( )。
 A. kg/m^3　　　　B. N/m^2　　　　C. m^3/h　　　　D. m/s

356. BD002 离心泵运行过程中的排量大小( )。
 A. 随压力变化,调节方便　　　　　B. 不随压力变化,调节方便
 C. 不随压力变化,调节不方便　　　D. 随压力变化,调节不方便

357. BD002 离心泵的扬程是指液体通过泵获得的能量的大小,单位是( )。
 A. m　　　　　　B. Pa　　　　　　C. kg　　　　　　D. m^2

358. BD003 与柱塞泵相比,离心泵具有(　　)的特点。

　　A. 排量高　　　　　B. 压力高　　　　　C. 噪声大　　　　　D. 扬程大

359. BD003 离心泵低于额定流量操作时,泵的(　　)较低。

　　A. 扬程　　　　　B. 转速　　　　　C. 效率　　　　　D. 电压

360. BD003 与电动柱塞泵相比,电动(　　)具有流量大、压力平稳的优点。

　　A. 离心泵　　　　　B. 螺杆泵　　　　　C. 旋涡泵　　　　　D. 齿轮泵

361. BD004 由于离心泵的作用,液体从叶轮进口流向出口的过程中,其(　　)都得到增加。

　　A. 流量、扬程　　　B. 电流、电压　　　C. 速度、压力　　　D. 流速、流量

362. BD004 被叶轮排出的液体经过压出室大部分都能转换成(　　),然后沿排出管路输出。

　　A. 动能　　　　　B. 压能　　　　　C. 能量　　　　　D. 高压

363. BD004 叶轮的吸入口与排出口成直角,液体经叶轮后的流动方向与轴线成(　　)角。

　　A. 45°　　　　　B. 90°　　　　　C. 180°　　　　　D. 270°

364. BD005 D250150×11 型高压注水泵的排量为(　　)。

　　A. 250m³/h　　　B. 150m³/h　　　C. 110m³/h　　　D. 160m³/h

365. BD005 DFl40150×11 型高压注水泵的扬程为(　　)。

　　A. 1500m　　　　B. 1600m　　　　C. 1650m　　　　D. 1550m

366. BD005 单吸多级分段式泵用(　　)表示。

　　A. BA　　　　　B. IS　　　　　C. DA　　　　　D. GC

367. BD006 高压离心泵的工作压力为(　　)。

　　A. 1.6MPa 以下　　　　　　　　B. 1.6~2.5MPa

　　C. 1.6~4.0MPa　　　　　　　　D. 5.0MPa 以上

368. BD006 液体从一面进入叶轮的离心泵称为(　　)。

　　A. 单级泵　　　　B. 单吸泵　　　　C. 双吸泵　　　　D. 悬臂式泵

369. BD006 离心泵按比转数大小分类,中比转数泵的比转数为(　　)。

　　A. 20~50　　　　B. 50~80　　　　C. 80~150　　　D. 150~200

370. BD007 离心泵吸入室的作用是使液体以最小的损失均匀地进入(　　)。

　　A. 叶轮　　　　　B. 泵体　　　　　C. 排出室　　　　D. 平衡盘

371. BD007 离心泵密封环的作用是减少高压区向低压区流动所造成的(　　)。

　　A. 水力损失　　　B. 机械损失　　　C. 容积损失　　　D. 压头损失

372. BD007 填料函的作用主要是封闭泵壳与(　　)之间的空隙。

　　A. 叶轮　　　　　B. 轴套　　　　　C. 泵轴　　　　　D. 联轴器

373. BD008 离心泵的(　　)是决定离心泵的安装位置的重要参数。

　　A. 扬程　　　　　　　　　　　B. 允许吸入高度

　　C. 流量　　　　　　　　　　　D. 比转数

374. BD008 离心泵的允许吸入真空高度的单位是(　　)。

　　A. kg　　　　　B. m　　　　　C. m²　　　　　D. m/s

375. BD008　离心泵安装后的吸水高度加上吸水扬程损失,如果在泵的允许吸入真空高度之内,就可以保证泵在工作时的正常(　　　)。

　　A. 转数　　　　　　B. 效率　　　　　　C. 流量　　　　　　D. 有效功率

376. BD009　离心泵运行(　　　)进行一级保养。

　　A.（1000±5）h　　B.（1000±8）h　　C.（2000±5）h　　D.（2000±8）h

377. BD009　离心泵的吸入和排出同时进行,所以取消了(　　　)。

　　A. 空气包　　　　　B. 真空表　　　　　C. 压力表　　　　　D. 泵阀

378. BD009　离心泵进行更换密封填料压盖操作前,首先应当(　　　)。

　　A. 卸密封填料压盖　　　　　　　　B. 挖出口密封填料

　　C. 启泵憋压　　　　　　　　　　　D. 停泵放压

379. BD010　离心泵正常运行时,要检查密封填料(　　　)是否正常。

　　A. 添加量　　　　　B. 厚度　　　　　　C. 泄漏量　　　　　D. 容量

380. BD010　离心泵的运行要严格按操作规程进行,不得(　　　)启动机泵。

　　A. 强制　　　　　　B. 按时　　　　　　C. 按规定　　　　　D. 按要求

381. BD010　离心泵启动后要检查泵的振动情况,振动不得超过(　　　)。

　　A. 0. 06mm　　　　B. 0. 05mm　　　　C. 0. 02mm　　　　D. 0. 08mm

382. BD011　机泵出现不正常的响声或剧烈的振动时必须紧急(　　　)。

　　A. 报告　　　　　　B. 停泵　　　　　　C. 处理　　　　　　D. 拉闸

383. BD011　离心泵抽空或(　　　)、泵压变化异常时必须紧急停泵。

　　A. 进口压力平稳　　　　　　　　　B. 出现杂音

　　C. 发生汽蚀　　　　　　　　　　　D. 出口压力平稳

384. BD011　离心泵运行正常后应每(　　　)对机泵进行一次检查,记录好生产数据。

　　A. lh　　　　　　　B. 2h　　　　　　　C. 3h　　　　　　　D. 4h

385. BD012　准备启泵时应按泵的(　　　)盘泵2~3圈。

　　A. 额定功率　　　　B. 方向　　　　　　C. 启动顺序　　　　D. 旋转方向

386. BD012　滚动轴承温度不得超过(　　　)。

　　A. 60℃　　　　　　B. 70℃　　　　　　C. 80℃　　　　　　D. 90℃

387. BD012　离心泵正常运行时要保证泵的吸入管路及泵的进口(　　　)。

　　A. 不漏气　　　　　B. 不振动　　　　　C. 不冒烟　　　　　D. 不松动

388. BD013　离心泵的漏失量大于30滴/min时,首先应检查(　　　)。

　　A. 电动机温度是否正常　　　　　　B. 出口阀是否关闭

　　C. 密封填料磨损情况　　　　　　　D. 进口阀是否打开

389. BD013　更换密封填料时,首先停泵断电,关闭(　　　),打开放空阀进行泄压放空,泄掉泵内余压。

　　A. 进口阀　　　　　B. 出口阀　　　　　C. 进出口阀　　　　D. 压力表阀

390. BD013　离心泵密封填料切口平面应垂直于泵轴,相邻两填料切口错开(　　　),最后一层接口向下。

　　A. 30°~45°　　　　B. 30°~60°　　　　C. 60°~90°　　　　D. 90°~180°

391. BD014 扳手上有"200×24"字样,其中"24"表示(　　)。

A. 扳手全长 24mm　　　　　　　　　　B. 扳手全长 24cm

C. 扳手虎口全开 24mm　　　　　　　　D. 扳手虎口全开 24cm

392. BD014 不论使用哪种扳手,要得到最大的扭力,拉力方向与扳手柄均应成(　　)角。

A. 30°　　　　　　B. 60°　　　　　　C. 90°　　　　　　D. 120°

393. BD014 拆卸或安装螺帽时,最好使用(　　)。

A. 固定扳手　　　B. 活动扳手　　　C. 手钳　　　　　D. 管钳

394. BD015 梅花扳手适用于拆装(　　)的螺母和螺栓。

A. 特殊规格　　　B. 一般标准规格　C. 一定范围　　　D. 普通规格

395. BD015 使用梅花扳手时不能用手锤敲打(　　)。

A. 扳头　　　　　B. 螺栓　　　　　C. 扳手柄　　　　D. 梅花沟槽

396. BD015 梅花扳手常用的规格有(　　)。

A. 2 种　　　　　B. 3 种　　　　　C. 4 种　　　　　D. 5 种

397. BD016 活动扳手适用于拧紧或卸掉(　　)规格的螺母、螺栓。

A. 特殊　　　　　B. 标准　　　　　C. 不同　　　　　D. 相同

398. BD016 开口宽度可以调节,能扳一定尺寸范围内的螺栓或螺母的是(　　)。

A. 活动扳手　　　B. 梅花扳手　　　C. 套筒扳手　　　D. 固定扳手

399. BD016 使用活动扳手时,活动部分在前,使力量大部分承担在(　　)上,反向用力时,扳手应翻转 180°。

A. 活动部分虎口　B. 固定部分虎口　C. 手柄　　　　　D. 所接套筒

400. BD017 F 形扳手主要用于阀门的(　　)操作。

A. 保养　　　　　B. 维修　　　　　C. 拆装　　　　　D. 开关

401. BD017 使用 F 形扳手开压力较高的阀门时,(　　)要朝外。

A. 力臂杆　　　　B. 前力臂　　　　C. 后力臂　　　　D. 开口

402. BD017 F 形扳手的开口宽度是(　　)。

A. 活动的　　　　B. 统一的　　　　C. 不可以调节的　D. 可以调节的

403. BD018 阀门是用于调节管路系统介质(　　)及其他介质参数的装置。

A. 黏度　　　　　B. 压力　　　　　C. 流量　　　　　D. 密度

404. BD018 常见的截止阀有直流式、角式及(　　)。

A. 平行式　　　　B. 垂直式　　　　C. 锥式　　　　　D. 标准式

405. BD018 闸阀闸板的结构形式有楔式和(　　)两种。

A. 平行式　　　　B. 垂直式　　　　C. 柱式　　　　　D. 球式

406. BD019 阀门是一种通过改变其内部(　　)来控制管路内介质流动的通用机械产品。

A. 压力　　　　　B. 体积　　　　　C. 容积　　　　　D. 通道截面积

407. BD019 真空阀的工作压力应低于(　　)。

A. 9.80MPa　　　B. 2.47MPa　　　C. 1.57MPa　　　D. 1atm

408. BD019 阀门产品型号由(　　)单元顺序组成。

A. 10 个　　　　　B. 9 个　　　　　C. 8 个　　　　　D. 7 个

409. BD020　安装过程中对阀门的安装方向有严格要求的是(　　)。
　　A. 球阀　　　　　　　B. 单流阀　　　　　　C. 闸阀　　　　　　　D. 旋塞阀

410. BD020　截止阀不适用于带颗粒介质和介质(　　)的管道。
　　A. 黏度大　　　　　　B. 温度高　　　　　　C. 含气泡　　　　　　C. 易挥发

411. BD020　由于流动压力损失大,聚驱地面工程中母液管道中不可使用(　　)。
　　A. 阀门　　　　　　　B. 球阀　　　　　　　C. 蝶阀　　　　　　　D. 截止阀

412. BD021　一次动作安全阀适用于输送(　　)的管道及设备。
　　A. 砂浆　　　　　　　B. 聚合物母液　　　　C. 清水　　　　　　　C. 溶液

413. BD021　弹簧式安全阀适用于输送(　　)类介质的管道及设备。
　　A. 颗粒　　　　　　　B. 纯净无杂质　　　　C. 砂浆　　　　　　　D. 任意

414. BD021　碟簧式安全阀的结构特点是以(　　)代替了圆柱螺旋弹簧。
　　A. 碟片　　　　　　　B. 弹簧片　　　　　　C. 碟形弹簧　　　　　D. 气囊

415. BD022　螺杆泵在启动前应检查泵的减速装置,保证其中有足够的(　　)。
　　A. 水　　　　　　　　B. 柴油　　　　　　　C. 润滑油　　　　　　D. 聚合物母液

416. BD022　螺杆泵可以输送(　　)黏度的液体。
　　A. 中　　　　　　　　B. 低　　　　　　　　C. 高　　　　　　　　D. 任意

417. BD022　螺杆泵长时间空转会使定子发热失去(　　)作用,进而使泵失效。
　　A. 紧固　　　　　　　B. 平衡　　　　　　　C. 润滑　　　　　　　D. 密封

418. BD023　聚合物配制站中用于外输聚合物母液的主要是(　　)。
　　A. 柱塞泵　　　　　　B. 单螺杆泵　　　　　C. 离心泵　　　　　　D. 三螺杆泵

419. BD023　单螺杆泵是一种(　　)螺杆泵,属于转子式容积泵。
　　A. 柱塞泵式　　　　　　　　　　　　　　　B. 螺旋式
　　C. 内啮合密闭式　　　　　　　　　　　　　D. 往复式

420. BD023　螺杆泵工作时,转子由电动机驱动在定子内做(　　)转动。
　　A. 活塞式　　　　　　B. 螺旋式　　　　　　C. 行星　　　　　　　D. 往复式

421. BD024　在实际生产中,配制母液的(　　)对螺杆泵的排量、压力、运行温度有着直接
　　的影响。
　　A. 浓度和黏度　　　　B. 温度　　　　　　　C. 水质　　　　　　　D. 相对分子质量

422. BD024　聚合物母液浓度和黏度上升会导致同频率下螺杆泵的排量(　　)。
　　A. 上升　　　　　　　B. 下降　　　　　　　C. 保持不变　　　　　D. 无法确定

423. BD024　聚合物母液浓度和黏度上升会导致同频率下螺杆泵的压力(　　)。
　　A. 上升　　　　　　　B. 下降　　　　　　　C. 保持不变　　　　　D. 无法确定

424. BD025　闭合电源、开关闸阀时应(　　)站立,有预见性地躲避伤害。
　　A. 面对设备　　　　　B. 在设备左侧　　　　C. 在设备右侧　　　　D. 侧身

425. BD025　螺杆泵润滑油位应在油箱的(　　)。
　　A. 1/2～1/3　　　　　B. 1/2～2/3　　　　　C. 1/3～2/3　　　　　D. 1/2～3/4

426. BD025　更换螺杆泵润滑油的部位是(　　)。
　　A. 电动机　　　　　　B. 减速机　　　　　　C. 密封腔　　　　　　D. 万向节

427. BD026　大小和方向都不随时间变化的电流称为(　　　)。

　　A. 交流电流　　　　B. 直流电流　　　　C. 脉动电流　　　　D. 方波电流

428. BD026　直流电的正极用(　　　)号表示。

　　A. +　　　　　　　B. -　　　　　　　　C. ※　　　　　　　D. com

429. BD026　由直流电源和负载组成的电路称为(　　　)。

　　A. 交流电路　　　　B. 直流电路　　　　C. 电感电路　　　　D. 电容电路

430. BD027　交流电路中电流的大小和方向随(　　　)变化。

　　A. 温度　　　　　　B. 电压　　　　　　C. 电阻　　　　　　D. 时间

431. BD027　交流电每秒变化的角度称为交流电的(　　　)。

　　A. 频率　　　　　　B. 周期　　　　　　C. 相位　　　　　　D. 角频率

432. BD027　交流电每循环一次所需要的时间称为(　　　)。

　　A. 频率　　　　　　B. 周期　　　　　　C. 瞬时值　　　　　D. 最大值

433. BD028　熔断器熔管的作用是(　　　)。

　　A. 保护熔体　　　　B. 安装熔体　　　　C. 灭弧　　　　　　D. 安装熔体兼灭弧

434. BD028　熔体的熔断时间与通过熔体的(　　　)。

　　A. 电流成正比　　　　　　　　　　　B. 电流的平方成正比

　　C. 电流的平方成反比　　　　　　　　D. 电流成反比

435. BD028　RL 系列熔断器的熔管内充填石英砂是为了(　　　)。

　　A. 绝缘　　　　　　B. 防护　　　　　　C. 灭弧　　　　　　D. 填充空间

436. BD029　低压验电笔测电压的范围为(　　　)。

　　A. 500V 以下　　　B. 380V 以下　　　C. 220V 以下　　　D. 500V 以上

437. BD029　当用验电笔测试带电体时,只要带电体与大地之间的电位差超过(　　　),电笔中的氖管就发光。

　　A. 80V　　　　　　B. 60V　　　　　　C. 30V　　　　　　D. 120V

438. BD029　在交流电路中,验电笔触及导线时使氖管发亮的是(　　　)。

　　A. 相线　　　　　　B. 零线　　　　　　C. 地线　　　　　　D. 中性线

439. BD030　交流接触器运行中的主要发热部位是(　　　)。

　　A. 线圈　　　　　　B. 铁芯　　　　　　C. 触头　　　　　　D. 灭弧罩

440. BD030　直流接触器运行中的主要发热部位是(　　　)。

　　A. 线圈　　　　　　B. 铁芯　　　　　　C. 触头　　　　　　D. 灭弧罩

441. BD030　交流接触器吸合后的电流与未吸合时的电流比(　　　)。

　　A. 大小 1　　　　　B. 小于 1　　　　　C. 等于 1　　　　　D. 不小于 1

442. BD031　启动器的机械寿命不应低于(　　　)。

　　A. 30 次　　　　　B. 3 万次　　　　　C. 30 万次　　　　　D. 300 万次

443. BD031　电磁启动器是由交流接触器、(　　　)组成的直接启动电动机的电器。

　　A. 热继电器　　　　B. 熔断器热　　　　C. 互感器　　　　　D. 自动空气开关

444. BD031　启动器是串联于电源与被控制(　　　)之间的三相反并联闸管及其电子控制电路。

　　A. 电源　　　　　　B. 供电电路　　　　C. 泵　　　　　　　D. 电动机

445. BD032 测量范围为25~50℃的 wGGll 型温度计测量时的插入深度范围为(   )。

    A. 85~230mm   B. 280~530mm   C. 750~150mm   D. 400~1000mm

446. BD032 测量温度范围为0~50℃的 wPG01 型号的温度计,测量时插入深度为(   )。

    A. 67mm±2mm   B. 56mm±2mm   C. 全浸   D. 76mm±2mm

447. BD032 压力式温度计由(   )两部分组成。

    A. 测量系统和感应系统   B. 指示系统和感应系统

    C. 测量系统和指示系统   D. 压力系统和感应系统

448. BD033 使用水银玻璃温度计测量时,以下读数方法正确的是(   )。

    A. 按照凸液面最高点读数

    B. 按照凸液面最低点读数

    C. 使视线与液柱面位于同一平面,按照凸液面最高点读数

    D. 使视线与液柱面位于同一平面,按照凸液面最低点读数

449. BD033 以下不能作为玻璃液体温度计的测温介质的是(   )。

    A. 水银   B. 酒精   C. 汽油   D. 甲苯

450. BD0335 玻璃液体温度计的测量范围较宽,为(   )。

    A. -100~200℃   B. -150~300℃   C. -200~400℃   D. -200~500℃

451. BD034 华氏温标用符号(   )来表示。

    A. ℉   B. ℃   C. cc   D. K

452. BD034 使 lg 纯水温度升高 1℃时所需要的热量是(   )。

    A. 0. 2777J   B. 4. 1868J   C. 735. 6J   D. 10. 332J

453. BD034 华氏温标把一个标准大气压下冰的熔点到沸点分成了(   )。

    A. 100 份   B. 200 份   C. 150 份   D. 180 份

454. BD035 玻璃液体温度计按结构可分为(   )。

    A. 酒精式、水银式和煤油式   B. 酒精式、水银式和有机液体式

    C. 透明棒式、内标式和外标式   D. 透明棒式、触点式和液泡式

455. BD035 玻璃液体温度计按用途可分为(   )。

    A. 工业用、实验室用和标准用   B. 工业用、实验室用和现场用

    C. 工业用、实验室用和室内用   D. 工业用、实验室用和人体用

456. BD035 测温仪器的总称是(   ),它可以准确的判断和测量温度。

    A. 温度计   B. 双金属温度计   C. 压力式温度计   D. 指针式温度计

457. BE001 锉刀型号中的(   )表示油光锉。

    A. 1 号   B. 2 号   C. 3 号   D. 4 号

458. BE001 锉刀的锉纹密度是指每(   )内的主锉纹数目。

    A. 25. 4mm   B. 5mm   C. 10mm   D. 100mm

459. BE001 按锉纹密度分,2 号锉刀是指(   )锉刀。

    A. 粗齿   B. 中齿   C. 细齿   D. 双细齿

460. BE002 细齿锯条适用于(   )材料。

    A. 尺寸大的   B. 软质   C. 硬度适中   D. 硬质

461. BE002 常用的普通锯条的长度为( )。

　　A. 200mm 　　　　　B. 250mm 　　　　　C. 300mm 　　　　　D. 350mm

462. BE002 锯割软质厚材料时,应选用( )锯条。

　　A. 细齿 　　　　　B. 中齿 　　　　　C. 粗齿 　　　　　D. 细齿或中齿

463. BE003 用手钢锯锯工件时,起锯的角度约为( )。

　　A. 15° 　　　　　B. 30° 　　　　　C. 45° 　　　　　D. 90°

464. BE003 锯缝接近锯弓高度时,应将锯条与锯弓调成( )。

　　A. 30° 　　　　　B. 45° 　　　　　C. 60° 　　　　　D. 90°

465. BE003 安装锯条时应使齿尖的方向( )。

　　A. 偏里 　　　　　B. 偏外 　　　　　C. 向后 　　　　　D. 向前

466. BE004 台虎钳是( )的必备工具。

　　A. 电工 　　　　　B. 钳工 　　　　　C. 电焊工 　　　　　D. 车工

467. BE004 台虎钳装在工作台上,用以( )加工工件。

　　A. 安装 　　　　　B. 移动 　　　　　C. 夹稳 　　　　　D. 摆放

468. BE004 台虎钳固定钳身和活动钳身上均装有( )钳口,并用螺钉固定。

　　A. 钢制 　　　　　B. 铁制 　　　　　C. 铝制 　　　　　D. 铜制

469. BE005 适合灭电气火灾的灭火器是( )。

　　A. 四氯化碳灭火器 　　　　　　　　B. 二氯化碳灭火器

　　C. 泡沫灭火器 　　　　　　　　　　D. 干粉灭火器

470. BE005 对于石油化工类产品火灾,使用( )灭火器是最有效的灭火方法。

　　A. 酸碱式 　　　　　B. 泡沫式 　　　　　C. 干粉式 　　　　　D. 四氯化碳

471. BE005 灭火的四项基本措施:控制可燃物、( )、消除火源、防止火势蔓延。

　　A. 控制火势 　　　　　　　　　　　B. 隔绝空气

　　C. 控制灭火速度 　　　　　　　　　D. 防止二次燃烧

472. BE006 灭火器的检修周期是( )。

　　A. 2 年 　　　　　B. 1. 5 年 　　　　　C. 1 年 　　　　　D. 0. 5 年

473. BE006 在使用泡沫灭火器时,只要( ),两种溶液就能很快地混合发生化学反应,产生一种含有二氧化碳的泡沫,并以一定的压力使泡沫从喷嘴射出来,喷在燃烧物上灭火。

　　A. 将筒身倒置 　　　B. 将筒身倾斜 　　　C. 打开保险销 　　　D. 压下手柄

474. BE006 不宜用于扑灭电气设备及珍贵物品火灾的是( )灭火器。

　　A. 泡沫 　　　　　B. 二氧化碳 　　　　　C. 四氯化碳 　　　　　D. 干粉

475. BE007 使用泡沫灭火器时不必( )。

　　A. 拉出插销 　　　　　　　　　　　B. 对准火源按下压把

　　C. 防止冻伤 　　　　　　　　　　　D. 将灭火器颠倒过来

476. BE007 冬季使用二氧化碳灭火器时应该注意的是( )。

　　A. 拉出插销 　　　　　　　　　　　B. 对准火源按下压把

　　C. 防止冻伤 　　　　　　　　　　　D. 将灭火器颠倒过来

477. BE007　泡沫灭火器的操作关键是(　　)。

A. 拉出插销　　　B. 轻轻抖动几下　C. 防止冻伤　　　D. 将灭火器颠倒过来

478. BE008　泡沫灭火器(　　)对木、纸、织物等物表面的初期火灾进行扑救。

A. 可以　　　　　B. 不能　　　　　C. 只可　　　　　D. 以上选项均不正确

479. BE008　泡沫灭火器通过(　　)与水和空气混合后,产生大量的泡沫,使燃烧物表面冷却,降低燃烧物表面温度,起到灭火作用。

A. 泡沫液　　　　B. 二氧化碳　　　C. 四氯化碳　　　D. 氮气

480. BE008　二氧化碳灭火器主要用于扑救(　　)电气设备、仪器仪表等场所的初期火灾。

A. 6kV 以上　　　B. 6kV 以下　　　C. 3×10^4V 以下　D. 3×10^4V 以下

481. BE009　10kg 泡沫灭火器一般能喷(　　)。

A. 6m　　　　　　B. 10m　　　　　C. 15m　　　　　D. 20m

482. BE009　站内泡沫灭火器(　　)检查一次。

A. 1 个月　　　　B. 2 个月　　　　C. 3 个月　　　　D. 4 个月

483. BE009　泡沫灭火器适用于扑灭(　　)火灾。

A. 电气　　　　　B. 油气　　　　　C. 化学药品　　　D. 草木

484. BE010　使用干粉灭火器时,将灭火器推至着火现场,置于(　　)。

A. 上风头方向　　B. 下风头方向　　C. 火源侧面　　　D. 火源上方

485. BE010　干粉灭火器具有(　　)、灭火快的特点。

A. 无毒、无腐蚀性　　　　　　　　　B. 无毒、有腐蚀性

C. 有毒、无腐蚀性　　　　　　　　　D. 有毒、有腐蚀性

486. BE010　干粉灭火器中的干粉是由装在筒体内的灭火主剂(　　)和少量的添加剂研磨制成的一种干燥、易于流动的微细固体粉末。

A. 碳酸氢氨　　　B. 碳酸氢钠　　　C. 碳酸钠　　　　D. 碳酸镁

487. BE011　常用的灭火剂有水、产泡剂、惰性气体、化学干粉和(　　)。

A. 不燃性挥发液　　　　　　　　　　B. 不燃性不挥发液

C. 可燃性挥发液　　　　　　　　　　D. 可燃性不挥发液

488. BE011　燃烧时应具备的三个条件:一应有可燃物存在,二是具有助燃物质存在,三是(　　)。

A. 有热源　　　　B. 有火源　　　　C. 有气源　　　　D. 有水源

489. BE011　将火与可燃物质隔离,使燃烧无法蔓延的方法称为(　　)。

A. 隔离法　　　　B. 冷却法　　　　C. 窒息法　　　　D. 助燃法

490. BE012　清水灭火属于(　　)灭火。

A. 隔离法　　　　B. 冷却法　　　　C. 窒息法　　　　D. 抑制法

491. BE012　在燃烧区撒土和砂子属于(　　)灭火。

A. 抑制法　　　　B. 隔离法　　　　C. 冷却法　　　　D. 窒息法

492. BE012　用液态二氧化碳或氮气做动力,将灭火器内的灭火剂喷出来进行灭火的是(　　)灭火器。

A. 泡沫　　　　　B. 二氧化碳　　　C. 清水　　　　　D. 干粉

493. BE013 石棉垫以( )、橡胶为主要原料再辅以橡胶配合剂和填充料,经过混合搅拌、热辊成型、硫化等工序制成。

    A. 植物纤维   B. 动物纤维   C. 石棉纤维   D. 聚酯纤维

494. BE013 石棉纤维垫片根据其配方、工艺性能及用途的不同,可分为普通橡胶垫片和( )石棉橡胶垫片。

    A. 耐水   B. 耐高温   C. 耐咸   D. 耐油

495. BE013 石棉垫适用于水、水蒸气、油类、溶剂、中等酸、碱的密封,应用在( )法兰连接的密封中。

    A. 中压   B. 低压   C. 中压、低压   D. 高压

496. BE013 石棉垫最常用的厚度是( )。

    A. 2~3mm   B. 3~4mm   C. 3~5mm   D. 4~5mm

497. BE014 由一种白色的温石棉纤维制成,适合于大多数低温、低压需求的是( )。

    A. 低压石棉垫片   B. 中压石棉垫片   C. 高压石棉垫片   D. 耐油石棉垫片

498. BE014 以下石棉垫片主要用于蒸汽、水力、气体、油类溶剂及无侵蚀性介质密封的是( )。

    A. 低压石棉垫片   B. 中压石棉垫片   C. 高压石棉垫片   D. 耐油石棉垫片

499. BE015 以下是轴与轴之间相互连接的零件,用于管端之间连接的是( )。

    A. 蝶阀   B. 闸阀   C. 截止阀   D. 法兰

500. BE015 法兰连接或法兰接头,是指由法兰、垫片及( )三者相互连接作为一组组合密封结构的可拆连接。

    A. 管道   B. 阀门   C. 螺栓   D. 仪表

501. BE015 法兰按结构形式分为整体法兰、( )、螺纹法兰。

    A. 平焊法兰   B. 对接法兰   C. 活套法兰   D. 容器法兰

502. BE016 清理法兰密封端面时,需露出( )。

    A. 端面   B. 端面本色   C. 密封水线   D. 整体法兰

503. BE016 用钢板尺量法兰密封面( )尺寸时,尺边与两个对称法兰螺栓孔的边缘交叉相切。

    A. 内径   B. 外径   C. 内径和外径   D. 螺栓孔

504. BE016 用钢板尺量法兰外径尺寸以便确定手柄尺寸时,手柄露出法兰外( )。

    A. 20mm±2mm   B. 20mm±3mm   C. 20mm±4mm   D. 20mm±5mm

505. BF001 电磁流量计主要由( )组成。

    A. 变送器和转换器 B. 转子和积算仪 C. 转子和变送器   D. 转换器和积算仪

506. BF001 电磁流量计的变送器由( )、测量导管、电极、外壳、正交干扰调整装置及若干引线构成。

    A. 电路系统   B. 调整系统   C. 磁路系统   D. 控制系统

507. BF001 电磁流量计是根据( )原理工作的。

    A. 万有引力   B. 法拉第电磁感应

    C. 能量守恒   D. 相对论

508. BF002　电磁流量计的量程可以根据不低于最大流量值的原则选择满量程刻度,正常流量最好能超过满量程流量的(　　),以获得较高的测量精度。

A. 20%　　　　　　B. 30%　　　　　　C. 40%　　　　　　D. 50%

509. BF002　由于使用压力必须低于电磁流量计规定的工作压力,所以用于计量聚合物母液的流量计耐压必须不小于(　　)。

A. 5MPa　　　　　　B. 10MPa　　　　　C. 12MPa　　　　　D. 16MPa

510. BF002　国内已定型生产的电磁流量计的工作温度一般为(　　)。

A. 0~50℃　　　　　B. 10~50℃　　　　C. 5~60℃　　　　　D. 5~100℃

511. BF003　电磁流量计变送器垂直安装时,介质流动方向应该(　　)经过变送器,确保测量管内充满介质。

A. 自上而下　　　　B. 自下而上　　　　C. 不断变化　　　　D. 间歇式

512. BF003　安装电磁流量计变送器管道的前置管段长度至少应为测量管内径 D 的(　　)(后置直管段为 $3D$),才能确保测量精度。

A. 1 倍　　　　　　B. 2 倍　　　　　　C. 4 倍　　　　　　D. 5 倍

513. BF003　电磁流量计转换器与变送器的距离越近越好,这一距离与被测介质的电导率有关,当电导率大于 $50\mu S/cm$ 时,两者间隔的最大距离为(　　)左右。

A. 10m　　　　　　B. 50m　　　　　　C. 100m　　　　　　D. 200m

514. BF004　电磁流量计的优点是压损极小,可测流量(　　)。

A. 范围大　　　　　B. 范围小　　　　　C. 范围固定　　　　D. 范围不确定

515. BF004　电磁流量计最大流量与最小流量的比值一般为(　　)以上。

A. 10:1　　　　　　B. 20:1　　　　　　C. 30:1　　　　　　D. 40:1

516. BF004　电磁流量计适用的工业管径范围宽,最大可达(　　)。

A. 1m　　　　　　　B. 2m　　　　　　　C. 3m　　　　　　　D. 4m

517. BF005　压力表是指以弹性元件为敏感元件,测量并指示(　　)环境压力的仪表。

A. 低于　　　　　　B. 高于　　　　　　C. 等于　　　　　　D. 不大于

518. BF005　压力表通过表内的敏感元件的弹性形变,再由表内机芯的(　　)将压力形变传导至指针,引起指针转动来显示压力。

A. 传动机构　　　　B. 导热机构　　　　C. 转换机构　　　　D. 传导机构

519. BF005　压力表按(　　)可以分为直接安装式、嵌装式和凸装式。

A. 使用功能　　　　B. 测量精度　　　　C. 表的用途　　　　D. 安装结构形式

520. BF006　更换压力表时,首先要选择量程合适的压力表,压力范围在新表量程的(　　)。

A. 1/2~1/3　　　　B. 1/3~1/4　　　　C. 1/3~2/3　　　　D. 2/3~3/4

521. BF006　更换压力表时要检查新压力表铅封、外观、(　　)、螺纹、引压孔、量程线且指针归零。

A. 合格证　　　　　B. 材质　　　　　　C. 包装　　　　　　D. 使用说明书

522. BF006　拆卸压力表前应关闭需要拆卸的压力表的(　　),打开放空阀泄压。

A. 控制阀门　　　　B. 排液阀　　　　　C. 来液阀　　　　　D. 放空阀

523. BF007　一般压力表关键的两大部件为(　　　)。

　　　A. 弹簧管、机芯　　　　　　　　　B. 弹簧管、示值机构

　　　C. 机芯、示值机构　　　　　　　　D. 机芯、外壳

524. BF007　以下可充当压力表的感压元件,可将压力变换成位移的是(　　　)。

　　　A. 连杆　　　　　　　B. 机芯　　　　　　C. 弹簧管　　　　　　D. 示值机构

525. BF007　以下可充当压力表的心脏,能将弹簧管自由端的微小位移量放大,使读数易于

　　　　　观察的是(　　　)。

　　　A. 示值机构　　　　　B. 机芯　　　　　　C. 调节螺钉　　　　　D. 连杆

526. BF008　选择压力表时,被测压力最高不得超过刻度盘满刻度的(　　　)。

　　　A. 1/3　　　　　　　B. 2/3　　　　　　　C. 2/4　　　　　　　D. 3/4

527. BF008　压力表应垂直安装,倾斜度不大于(　　　),并力求与测定点保持同一水平位

　　　　　置,以免指示迟缓。

　　　A. 15°　　　　　　　B. 30°　　　　　　　C. 45°　　　　　　　D. 60°

528. BF008　选择压力表的使用范围时,按负荷状态的通用性来说,以选用全量程的(　　　)

　　　　　为宜,因为这一使用范围准确度较高,平稳、波动两种负荷下兼可使用。

　　　A. 1/4～3/4　　　　B. 2/4～3/4　　　　C. 1/3～2/3　　　　D. 1/3～3/4

529. BF009　压力的表示法分为绝对压力和(　　　)。

　　　A. 大气压力　　　　　B. 相对压力　　　　C. 表压力　　　　　　D. 真空度

530. BF009　以绝对真空作为基准所表示的压力,称为(　　　)。

　　　A. 相对压力　　　　　B. 表压力　　　　　C. 绝对压力　　　　　D. 大气压力

531. BF009　以(　　　)作为基准所表示的压力,称为相对压力。

　　　A. 相对压力　　　　　B. 表压力　　　　　C. 绝对压力　　　　　D. 大气压力

532. BF010　标准器的允许误差绝对值应不大于被检压力表允许误差绝对值的(　　　)。

　　　A. 1/2　　　　　　　B. 1/3　　　　　　　C. 1/4　　　　　　　D. 1/5

533. BF010　标准器的工作环境条件:温度为15～25℃,相对湿度不大于(　　　)。

　　　A. 55%　　　　　　　B. 65%　　　　　　　C. 75%　　　　　　　D. 85%

534. BF010　压力表校验仪在使用时须先检查管路,使用(　　　)作为传压介质的,要保持管

　　　　　路清洁不被污染。

　　　A. 固体　　　　　　　B. 液体　　　　　　C. 气体　　　　　　　D. 胶体

535. BF011　在工程上,压力定义为垂直均匀地作用于(　　　)上的力。

　　　A. 固体表面　　　　　B. 液体表面　　　　C. 单位面积　　　　　D. 单位体积

536. BF011　国际单位制中定义1N垂直作用于(　　　)所形成的压力为1Pa。

　　　A. 0.5m^2　　　　　　B. 1m^2　　　　　　C. 1.5m^2　　　　　　D. 2m^2

537. BF011　弹簧管压力表弹簧弯管受到介质压力的作用,迫使弹簧弯管逐渐伸直,从而使

　　　　　弹簧弯管的自由端向(　　　)翘起。

　　　A. 上　　　　　　　　B. 下　　　　　　　C. 左　　　　　　　　D. 右

538. BF012　钳形电流表的精确度(　　　)。

　　　A. 不高　　　　　　　B. 较高　　　　　　C. 很高　　　　　　　D. 无法确定

539. BF012 钳形电流表的精确度通常为( )。

A. 0. 5 级   B. 1. 0 级   C. 1. 5 级   D. 2. 5 级

540. BF012 MG-28 型钳形电流表有( )活动部分。

A. 1 个   B. 2 个   C. 3 个   D. 4 个

541. BF013 钳形电流表使用完毕后要将仪表的量程开关置于( )量程位置。

A. 最小   B. 最大   C. 中挡   D. 任意

542. BF013 为了减小测量误差,被测导线应置于电流表钳口内的( )位置。

A. 中心   B. 靠近钳口   C. 靠近表头   D. 任意

543. BF013 钳形电流表测量( )时,可把被测导线缠绕几圈后卡入钳口。

A. 大电流   B. 小电流   C. 超大电流   D. 超小电流

544. BF014 断线钳一般有 130mm、160mm、160mm、( )四种。

A. 185mm   B. 195mm   C. 200mm   D. 220mm

545. BF014 剪切带电的电线时,断线钳绝缘胶把的耐压必须高于电压( )以上。

A. 1 倍   B. 2 倍   C. 3 倍   D. 4 倍

546. BF014 有绝缘柄的断线钳,可以( )使用。

A. 破损   B. 沾水   C. 带电   D. 以上选项均不正确

547. BF015 内卡钳可用于测量工件的( )。

A. 外径   B. 厚度   C. 宽度   D. 孔和槽

548. BF015 测量工件外径时,卡钳与工件应成( )角,中食指捏住卡钳股,卡钳松紧度要适中。

A. 30°   B. 60°   C. 90°   D. 120°

549. BF015 用内卡钳测量工件内孔时,先把卡钳一脚靠在孔壁上作为支撑点,另一卡钳脚左右摆动探试,以测得近孔径的( )尺寸。

A. 最大   B. 最小   C. 平均   D. 近介入

550. BF016 1in 等于( )。

A. 15mm   B. 22. 5mm   C. 24. 5mm   D. 25. 4mm

551. BF016 1mm 等于( )。

A. 10μm   B. 100μm   C. 1000μm   D. 10000μm

552. BF016 1m 等于( )。

A. 10mm   B. 100mm   C. 1000mm   D. 10000mm

553. BF017 游标卡尺是利用主尺刻度间距与( )间距读数的。

A. 活动卡角   B. 固定卡角   C. 副尺刻度   D. 副尺零线以右

554. BF017 游标卡尺读数时,视线与卡尺成( )角。

A. 30°   B. 60°   C. 90°   D. 120°

555. BF017 精度为 0. 02mm 的游标卡尺,主尺与副尺相对一格之差为( )。

A. 0. 98mm   B. 0. 01mm   C. 0. 2mm   D. 0. 02mm

556. BF018 用双面游标卡尺测量孔径时,游标卡尺的读数值应加上单量爪宽度的( )。

A. 1 倍   B. 2 倍   C. 1/2 倍   D. 4 倍

557. BF018 深度游标卡尺用来测量( )。

A. 内径　　　　　B. 孔和槽的深度　　C. 线长　　　　　　D. 外径

558. BF018 游标卡尺可分为普通游标卡尺、高度游标卡尺和( )三种,使用时要选好种类。

A. 长度游标卡尺　　　　　　　　　B. 宽度游标卡尺

C. 深度游标卡尺　　　　　　　　　D. 特殊游标卡尺

559. BF019 游标卡尺的精度一般有( )。

A. 0.1mm、0.05mm、0.01mm　　　　B. 0.1mm、0.03mm、0.02mm

C. 0.10mm、0.2mm、0.01mm　　　　D. 0.1mm、0.05mm、0.02mm

560. BF019 精度为 0.1mm 游标卡尺的副尺每格是( )。

A. 0.2mm　　　　B. 0.5mm　　　　C. 0.9mm　　　　D. 1mm

561. BF019 精度为 0.01mm 的游标卡尺,当两脚合并时,主尺上 9mm 刚好等于副尺上的( )。

A. 1 倍　　　　　B. 5 倍　　　　　C. 9 倍　　　　　D. 10 倍

562. BF020 外径千分尺有 0~25mm、25~50mm、50~75mm、75~100mm、( )等多种规格。

A. 100~125mm　　B. 125~150mm　　C. 150~175mm　　D. 175~200mm

563. BF020 操作外径千分尺时,需将固定套筒上部的( ),加上微分筒上的小数,就是被测零件的外径尺寸。

A. 小数　　　　　B. 整数　　　　　C. 分数　　　　　D. 百分数

564. BF020 当外径千分尺两个测杆的测量面与被测件表面( )时,停止旋转微分筒,只旋转棘轮,发出"咔咔"响声后即可进行读数。

A. 未接触　　　　B. 已经接触　　　　C. 快要接触　　　D. 紧靠

565. BF021 钢卷尺适用于( )要求不高的场合。

A. 准确度　　　　B. 精确度　　　　C. 质量　　　　　D. 操作

566. BF021 使用钢卷尺测量时,必须保持测量卡点在被测工件的( )截面上。

A. 交叉　　　　　B. 垂直　　　　　C. 水平　　　　　D. 剖面

567. BF021 钢卷尺出现测量误差的原因不包括( )。

A. 温度　　　　　　　　　　　　　B. 拉力

C. 钢卷尺最大测量值　　　　　　　D. 钢卷尺不水平

568. BF022 阀门是( )输送系统中的控制部件。

A. 固体　　　　　B. 粉末　　　　　C. 胶体　　　　　D. 流体

569. BF022 阀门是用于控制流体的方向、( )、流量的装置。

A. 物理性质　　　B. 化学性质　　　C. 压力　　　　　D. 温度

570. BF022 阀门可用于改变通路断面和介质( )。

A. 物理性质　　　B. 化学性质　　　C. 压力　　　　　D. 流动方向

571. BF023 截断类阀门又称闭路阀、( )。

A. 调节阀　　　　B. 放空阀　　　　C. 截止阀　　　　D. 止回阀

572. BF023　单向阀又称(　　)或逆止阀。

　　A. 调节阀　　　　　B. 放空阀　　　　　C. 截止阀　　　　　D. 止回阀

573. BF023　水泵吸水阀的底阀属于(　　)类。

　　A. 调节阀　　　　　B. 放空阀　　　　　C. 截止阀　　　　　D. 止回阀

574. BF024　自由电子在电场力的作用下的定向移动称为(　　)。

　　A. 电源　　　　　B. 电流　　　　　C. 电压　　　　　D. 电阻

575. BF024　我国规定(　　)为安全电压。

　　A. 6V、12V、36V、48V　　　　　B. 6V、12V、48V、220V

　　C. 12V、36V、48V、110V　　　　　D. 6V、12V、24V、36V

576. BF024　导体对电流起阻碍作用的能力称为(　　)。

　　A. 电源　　　　　B. 电流　　　　　C. 电压　　　　　D. 电阻

577. BF025　金属导体的电阻与导体(　　)成反比。

　　A. 长度　　　　　B. 横截面积　　　　　C. 两端电压　　　　　D. 电阻率

578. BF025　一段圆柱状金属导体,若将其拉长为原来的 2 倍,则拉长后的电阻是原来的(　　)。

　　A. 1 倍　　　　　B. 2 倍　　　　　C. 3 倍　　　　　D. 4 倍

579. BF025　一段圆柱状金属导体,若从其中点处折叠在一起,则折叠后的电阻是原来的(　　)。

　　A. 1　　　　　B. 1/2　　　　　C. 1/3　　　　　D. 1/4

580. BF026　以下不属于直流电电源的是(　　)。

　　A. 碱性电池　　　　　B. 铅酸电池　　　　　C. 充电电池　　　　　D. 市网电源

581. BF026　电路的开关是电路中不可缺少的元件,主要用于(　　)。

　　A. 提供电源　　　　　B. 保证电压

　　C. 保证电路畅通　　　　　D. 控制电路工作状态

582. BF026　电路中某一处中断,没有导体连接,电流无法通过,导致电路中电流消失,这种状态称为(　　)。

　　A. 通路　　　　　B. 断路　　　　　C. 开路　　　　　D. 分路

583. BF027　电路中形成电流的必要条件是有(　　)存在,而且电路必须闭合。

　　A. 电阻　　　　　B. 电流　　　　　C. 电源　　　　　D. 用电器

584. BF027　电路有电能的传输、分配、转换以及(　　)作用。

　　A. 信息的传递、处理　　　　　B. 电流的分配

　　C. 电压的分配　　　　　D. 电源的输出

585. BF0275　电源电动势是衡量(　　)做功能力的物理量。

　　A. 磁场　　　　　B. 电场　　　　　C. 安培力　　　　　D. 电源力

586. BF028　电场中任意两点间的(　　)之差称为两点间的电压。

　　A. 电源　　　　　B. 电流　　　　　C. 电位　　　　　D. 电阻

587. BF028　电压的物理意义是电场力对(　　)所做的功。

　　A. 电源　　　　　B. 电流　　　　　C. 电荷　　　　　D. 电阻

588. BF028 电压的单位是( )。
  A. 欧姆   B. 安   C. 库仑   D. 伏特

589. BF029 异步电动机可分为( )电动机和交流换向器电动机
  A. 感应   B. 磁阻   C. 磁滞   D. 永磁

590. BF029 电动机的绝缘等级是指其所用绝缘材料的耐热等级,包括( )。
  A. A、B、C、D、E   B. A、B、D、H、N
  C. A、C、D、E、G   D. A、E、B、F、H

591. BF029 电动机类型代号中用( )表示异步电动机。
  A. T   B. Y   C. A   D. B

592. BF030 熔断丝是( )易熔合金。
  A. 铅镍   B. 铅铝   C. 铅锡   D. 镍锡

593. BF030 安全电压是指对地电压低于( )的电压。
  A. 220V   B. 75V   C. 60V   D. 36V

594. BF030 人站在大地上,身体碰到一根带电的导线而触电,称为( )触电。
  A. 双相   B. 单相   C. 跨步   D. 接触电压

595. BF031 在特别潮湿的场所中,工作人员经常接触的电气设备必须采用( )以下的安全电压。
  A. 12V   B. 24V   C. 36V   D. 75V

596. BF031 遇有人触电时,如果电源开关在附近,应( )。
  A. 立即切断电源进行抢救   B. 尽快用棒子打断导线进行抢救
  C. 用手把触电者推开进行抢救   D. 通知安全员进行抢救

597. BF031 为了防止触电,电气设备应( )。
  A. 加外壳   B. 采取绝缘措施
  C. 使用专用的接零导线   D. 使用熔断器

598. BF032 发现断落电线或设备带电,人员应立即( )带电体,并派专人守护。
  A. 检查   B. 离开   C. 修理   D. 解决

599. BF032 如果发现用电设备温度升高、( )降低,应立即查明原因,清除故障。
  A. 速度   B. 压力   C. 绝缘   D. 声音

600. BF032 电气设备采用了超过( )的电压时,必须具有防止直接接触带电体的保护措施。
  A. 42V   B. 12V   C. 24V   D. 36V

601. BF033 人体触电后( )内采取正确的现场急救措施,有可能挽救生命。
  A. 300s   B. 500s   C. 600s   D. 800s

602. BF033 采用心脏按压法现场抢救伤员时,按摩频率为( )左右。
  A. 100 次/min B. 120 次/min C. 60 次/min D. 30 次/min

603. BF033 若触电者脱离电源,应立即( )。
  A. 送往医院   B. 移到通风的地方
  C. 汇报领导   D. 进行人工呼吸

604. BF034 用油开关切断电源时会产生( ),如不能迅速有效地灭弧,电弧将产生300~
400℃的高温,使油分解成含有氢的可燃气体,可能引起燃烧或爆炸。

    A. 气体　　　　　B. 泄漏　　　　　C. 电弧　　　　　D. 高温

605. BF034 电气火灾会通过金属线设备上的( )引起其他设备的火灾。

    A. 残留电压　　　B. 易燃物　　　　C. 静电　　　　　D. 温度

606. BF034 电气着火,在没切断电源时,应使用( )灭火器灭火。

    A. 泡沫　　　　　B. 干粉　　　　　C. 二氧化碳　　　D. 清水

607. BF035 由一些电路器件或元件按一定方式连接起来的电流通路称为( )。

    A. 串联　　　　　B. 并联　　　　　C. 电路　　　　　D. 闭路

608. BF035 对于简单的电路来说,电流的实际流向是( )运动的方向。

    A. 负电荷　　　　B. 正电荷　　　　C. 正极　　　　　D. 负极

609. BF035 在电路中,电流和( )都具有方向性。

    A. 电压　　　　　B. 电功率　　　　C. 电阻　　　　　D. 电容

610. BF036 描述做功快慢的物理量称为( )。

    A. 功率　　　　　B. 无功功率　　　C. 有功电率　　　D. 总功率

611. BF036 功的数量一定,时间越短,功率值( )。

    A. 越大　　　　　B. 越小　　　　　C. 保持不变　　　D. 越波动

612. BF036 功是物理学中表示力对( )的累积的物理量。

    A. 位移　　　　　B. 正电荷　　　　C. 负电荷　　　　D. 机械

613. BF037 电路处于( )状态时,其中有电流,且正常运行。

    A. 通路　　　　　B. 断路　　　　　C. 短路　　　　　D. 无源支路

614. BF037 任何电路都由电源、( )和连接导线(包括开关)三个部分组成。

    A. 电阻　　　　　B. 电容　　　　　C. 负载　　　　　D. 电荷

615. BF037 交流电路的三种基本形式是纯电阻电路、( )和纯电容电路。

    A. 纯感应电路　　B. 纯互感电路　　C. 纯电感电路　　D. 三相交流电路

二、判断题(对的画√,错的画×)

( )1. AA001 油田各个开采阶段采出的原油总量与地质储量的比值称为阶段采收率。

( )2. AA002 水与油的流度比为1或大于1为有利的流度比。

( )3. AA003 根据岩石中孔隙的大小和渗流中所引起的作用不同,孔隙可分为超毛细
管孔隙、毛细管孔隙和微毛细管孔隙。

( )4. AA004 层系井网对注入水的面积波及系数无任何影响,对纵向波及系数有较大
影响。

( )5. AA005 一般水解度小于4%的聚丙烯酰胺均属于非水解聚丙烯酰胺。

( )6. AA006 驱油用聚合物大致可分为天然聚合物和人工聚合物两类。

( )7. AA007 部分水解聚丙烯酰胺是强碱弱酸盐。

( )8. AA008 聚丙烯酰胺干粉易溶于油,不易溶于水。

( )9. AA009 对于中高渗透层,聚合物降低油层渗透率的主要机理是吸附。

( )10. AA010 用黏度计测定的聚合物溶液黏度是真实黏度。

( )11. AA011 油藏砂体的沉积环境与分布形态对体积波及系数有很大影响。

( )12. AA012 阻力系数和残余阻力系数是描述聚合物流度控制和降低渗透能力的重要指标。

( )13. AA013 化学降解的主要问题是水中氧和铁存在使聚合物降解、黏度降低。

( )14. AA014 凹形复合韵律油层是指一个油层可分成每个韵律段,其中有正韵律的,也有反韵律的。

( )15. AA015 在相同条件下,水中矿化度越高,聚合物溶液的黏度越大。

( )16. AA016 熟化罐内聚合物母液在投入使用前不必经过熟化过程。

( )17. AA017 聚合物驱油系统中的聚合物的配制及注入工艺子系统负责对聚合物驱油效果及经济效益进行评价。

( )18. AA018 聚合物溶液的黏度表征聚合物分子内部的内摩擦力。

( )19. AA019 流体不稳定流动时,任一截面处的流速、流量和压力等有关物理量不仅随空间位置变化,也随时间变化。

( )20. AA020 输送聚合物母液时,必须使用铁管。

( )21. AA021 大庆油田已形成配注合一和配注分开两大聚合物配制地面工艺流程。

( )22. AB001 运算器又称为算术逻辑部件,简称 RAM。

( )23. AB002 计算机内存储器包括 RAM 和 ROM。

( )24. AB003 打印机是计算机系统中的输入设备。

( )25. AB004 计算机软件的质量高低不会影响硬件功能的发挥。

( )26. AB005 打开计算机开始菜单时,可以单击"开始"按钮,也可以使用 Ctrl+Alt 组合键。

( )27. AB006 Windows 操作系统是闭源操作系统。

( )28. AB007 计算机在进行运算时,一般采用十进制。

( )29. AB008 梯形图是系统软件常用的编程方法。

( )30. AB009 PowerPoint 有普通视图、幻灯片浏览视图、幻灯片放映视图、阅读视图等。

( )31. AB010 计算机网络在逻辑功能上分为通信子网和用户资料子网两部分。

( )32. AB011 用户不可以对因特网的浏览内容进行设置。

( )33. AB012 连接主机与显示器之间的通信信号线时,主机的电源必须关闭,显示器电源可以不关。

( )34. AC001 电子天平是依据第一杠杆原理设计的。

( )35. AC002 同一实验可以使用不同的天平和砝码。

( )36. AC003 天平的准确度越高对环境的要求也越高。

( )37. AC004 夹取砝码可用合金钢镊子。

( )38. AC005 接通电子分析天平电源后,显示"CAL"继而显示"0"时可进行称量。

( )39. AC006 滴瓶适用于称量挥发性试样。

( )40. AC007 玻璃仪器按性能可分为可加热的和不宜加热的两种。

（　）41. AC008　变色硅胶干燥后为蓝色,受潮后为粉红色。受潮的硅胶可待烘干变蓝后反复使用,直至破碎为止。

（　）42. AC009　为使容量瓶中的物质迅速溶解,可以用热水温热容量瓶。

（　）43. AD001　工作场所的噪声控制达不到职业安全标准的允许值或处于噪声大于85dB 的环境中的人都应使用护耳器。

（　）44. AD002　尘肺病主要发生在肺泡和最小的细支气管里,每个肺泡的直径只有几个到十几微米,一般能看见的粉尘直径都在十几微米以上,所以不会进入人体肺泡。

（　）45. AD003　更换熔断丝时,应先切断电源,切勿带电操作。

（　）46. AD004　国务院发布的安全生产五项规定是安全生产责任制、安全措施计划、安全生产教育、安全生产的定期检查、伤亡事故的调查和处理。

（　）47. AE001　安全生产的指导思想是"生产必须安全,安全促进生产"。

（　）48. AE002　企业及各级领导的安全责任是在生产管理思想观念上要高度重视企业安全生产,在行动上要为工人创造必要的安全生产条件,提供有效的安全保障。

（　）49. AE003　安全色是表达安全信息的颜色,包括红、黄、绿三种颜色。

（　）50. AE004　HSE 管理系统文件中前三个文件——领导和承诺、政策战略和目标、组织资源和记录文件,是针对企业员工的。

（　）51. AE005　健康、安全与环境管理体系标准,既是组织建立和维护健康、安全与环境管理体系的指南,又是进行健康、安全与环境管理体系审核的标准。

（　）52. AE006　"两书一表"的最终目的是识别风险、降低危害、防止事故发生。

（　）53. AE007　SY/T 6276—2014《石油天然气工业健康、安全与环境管理体系》能够推动健康、安全与环境管理体系的有效运行。

（　）54. BA001　资料录取就是对聚合物产品的检测。

（　）55. BA002　录取聚合物干粉资料应在不同批号之间按抽样原则进行。

（　）56. BA003　测定水中铁离子含量时应用比色法。

（　）57. BA004　由于聚合物溶液是非牛顿流体,因此只能在同一剪切速率下测量的黏度进行对比。

（　）58. BA005　在配制站生产过程中,因为设备处于间歇运行状态,因而无法取得准确的运行时间数据。

（　）59. BA006　非水解聚丙烯酰胺常写成 PAM。

（　）60. BA007　在相同条件下,水解度越高,聚合物溶液的黏度越大,当水解度达到一定程度后,黏度就不再增加了。

（　）61. BA008　加料人员每次加完料后资料员要及时准确地填写干粉投料记录,要详细记录每套分散投料袋数、每袋的批号。

（　）62. BB001　聚合物溶液配制过程:配比→分散→熟化→泵输→过滤→注入站储罐。

（　）63. BB002　在 20℃和 45℃测定的水臭是不一样的。

（　）64. BB003　油田注水水质要求水驱高渗透层注入水中悬浮物含量不超过 5mg/L。

( )65. BB004　料斗的作用是储存聚合物干粉并不断向计量器中输送干粉。

( )66. BB005　分散系统除尘器运行时,应同时运行除尘器振荡器。

( )67. BB006　聚合物干粉分散装置由加干粉部分、加清水部分、混合搅拌部分和混合溶液输送四部分组成。

( )68. BB007　螺杆下料器是把聚合物干粉由加热料斗输送至水粉混合器的装置。

( )69. BB008　水粉混合器是将聚合物母液与水混合在一起配制溶液的装置。

( )70. BB009　熟化罐内应设有折流板与导流装置以确保罐内液位无"死区"。

( )71. BB010　冬季生产时,由于熟化系统部分设备位于室外,因此,应当经常检查其工艺流程是否畅通、超声波液位计工作是否正常。

( )72. BB011　熟化罐超高液位一般设定为 80%~85%。

( )73. BB012　储罐安装时应该与外输泵体有一定的高度差,这样可以充分保证外输螺杆泵供液充足。

( )74. BB013　搅拌器可以减缓溶解过程。

( )75. BB014　一般在空载运行时,搅拌器的搅拌轴摆动幅度不应大于 40°。

( )76. BB015　母液熟化罐搅拌器采用层流式搅拌器。

( )77. BB016　搅拌机的容积循环速率一般用立方米/分钟表示,简写为 m^3/min。

( )78. BB017　搅拌器叶轮在使用前,应做过动平衡试验。

( )79. BC001　分散装置运行时,停止进料后,应立即停止鼓风机。

( )80. BC002　分散装置只能配制 $5000 cm^3/m^3$ 的聚合物母液。

( )81. BC003　螺杆下料器输送的干粉是通过鼓风机到达水粉混合器的。

( )82. BC004　螺杆下料器是控制单位时间内下料量的装置。

( )83. BC005　溶解罐的设计与制造应符合压力容器制造标准。

( )84. BC006　料斗的作用是储存聚合物干粉并不断向水粉混合器输送干粉。

( )85. BC007　鼓风机开机前应检查风机的旋转方向是否正确。

( )86. BC008　鼓风机把高压气流输送到文丘里供料器,通过供料器的喷嘴后,气体流动速度增大,通过产生的负压区把干粉吸入气输管线,输送到水粉混合头。

( )87. BC009　除尘器连续工作半年后应维护保养一次,检查振动器电动机轴承并加注电动机轴承的润滑脂。

( )88. BC010　当叶片和壳体腔内进入干粉而堵塞叶片时,鼓风机会出现启动困难现象。

( )89. BC011　螺杆泵首次使用前,应用手或辅助工具盘泵,以免损坏零件。

( )90. BC012　螺杆泵螺杆是悬臂结构,因此螺杆泵可以安装在振动很剧烈的地方。

( )91. BC013　螺杆泵在设计时应使进液管道出液管道的直径尽量接近泵的进出口直径。

( )92. BC014　三螺杆泵适用于输送含固体颗粒的液体。

( )93. BC015　单螺杆泵的定子通常由橡胶构成,转子由不锈钢制成,这是它可用于聚合物母液输送的原因之一。

（　　）94. BC016　过滤器在使用前,首先应检查顶盖螺栓是否拧紧,排气阀是否打开,过滤器进、出口阀是否关闭。

（　　）95. BC017　在配制过程中,对聚合物母液进行过滤,去除不溶物是十分必要的。

（　　）96. BC018　从本质上看,过滤是多相流体通过多孔介质的流动过程。

（　　）97. BC019　取样器一般由总阀、放空阀、取样阀、取样器壳体组成。

（　　）98. BC020　取样器使用时,首先应放空,放空量应不大于取样器总容积。

（　　）99. BC021　聚合物母液可以从储罐里取样。

（　　）100. BC022　聚合物配注过程中,高压取样点的阀门均为球形阀。

（　　）101. BC023　在输水管线的入口处,为防止水压过高,应安装安全溢流,以达到自行溢流泄压的目的。

（　　）102. BC024　供水系统的供水量应与分散系统的生产能力相匹配。

（　　）103. BC025　换热器是冷热介质通过相互渗透实现相互间热交换的。

（　　）104. BC026　离心泵启动前,应先进行泵内注水,然后启泵。

（　　）105. BC027　离心泵现场组装时,泵轴对中心线的跳力允差每米为 1mm。

（　　）106. BC028　倒完泵后,要认真检查电流、电压、进出口压力及润滑情况等有关参数有无明显变化。

（　　）107. BC029　泵抽空或发生汽蚀现象时、泵压变化异常,必须紧急停泵。

（　　）108. BC030　离心泵启动后应检查泵进出口压力。

（　　）109. BC031　离心泵停泵时,首先由泵工缓慢关闭泵的进口、出口阀门。

（　　）110. BC032　天吊控制器符号"O""+"表示电动葫芦沿轨道前后移动。

（　　）111. BC033　应防止钢丝绳碾压或过度弯曲。

（　　）112. BC034　吊车操作应有专人负责,其他人不得随意操作。

（　　）113. BC035　吊车运行过程中,应密切注意吊车各运行部位的变化,无论何人发出紧急停车信号,均应立即停车,查明原因,处理完毕后,方可继续使用。

（　　）114. BC036　在天吊使用过程中,天吊轨道无须紧固。

（　　）115. BC037　吊车在维护保养时,应定期检查各交流接触器触点的工作性能。

（　　）116. BC038　巡视检查配电装置的同时,必须检查各类安全工具。

（　　）117. BC039　在油田实际生产中,检测仪表根据其被测介质的不同可分为压力检测、物位检测、流量检测、温度检测仪表等。

（　　）118. BD001　离心泵的转动部分包括泵壳、叶轮、泵轴和轴承。

（　　）119. BD002　离心泵的功率包括轴功率、有效功率和原动机功率。

（　　）120. BD003　离心泵排液无脉冲现象。

（　　）121. BD004　离心泵液体的吸入、排出不同时进行。

（　　）122. BD005　单级双吸泵壳水平中开的卧式离心泵的代号为 bh。

（　　）123. BD006　油田注水一般使用分段式单级单吸离心泵。

（　　）124. BD007　离心泵叶轮排出的液体经过压出室大部分都能转换成动能。

（　　）125. BD008　离心泵的安装位置如果超过了允许高度,泵的流量上升,效率升高。

（　　）126. BD009　离心泵的吸入水管上安装有阀门时,一般用吸入管上的闸阀调节水量。

（　　）127. BD010　操作人员启动离心泵时,在泵管压差较大的情况下开着泵出口阀启动。

（　　）128. BD011　离心泵在运行过程中要与另一台泵的运行状况相比较,看这台泵的情况是否正常。

（　　）129. BD012　离心泵运行时间过长,轴瓦比较热,润滑油液变为黄锈色或灰黑色,这就证明锈蚀和磨损较严重。

（　　）130. BD013　离心泵停泵后放空阀和排气阀要全部开到底并回半圈。

（　　）131. BD014　普通扳手可以接套管加力或用铁锤击手柄。

（　　）132. BD015　梅花扳手的扳头是一个封闭的梅花形,当螺母和螺栓头的周围空间狭小不能容纳普通扳手时,就采用这种扳手。

（　　）133. BD016　活动扳手是用于扳动螺栓、螺母、启闭阀类、上卸杆类螺纹的工具。

（　　）134. BD017　F形扳手是采油工人在生产实践中“发明”出来的,由钢筋棍直接焊接而成。

（　　）135. BD018　单流阀又称止回阀,是一种利用重力自动启闭的阀门,使介质只能沿一个方向流动,防止介质倒流。

（　　）136. BD019　阀门按用途和作用可分为手动阀、动力驱动阀,自动阀。

（　　）137. BD020　球阀在管道上主要用于切断、分配和改变介质流动方向。

（　　）138. BD021　安全阀通常有弹簧式安全阀、一次动作安全阀和碟簧式安全阀三种。

（　　）139. BD022　螺杆泵启动前,应检查泵内有无液体。

（　　）140. BD023　螺杆泵可以输送含有坚硬磨损性杂质及固体颗粒的介质和黏稠的液体。

（　　）141. BD024　母液浓度上升会导致母液与泵体的摩擦力下降。

（　　）142. BD025　加注润滑油后要检查各连接部位螺栓是否紧固、有无松动。

（　　）143. BD026　直流电无正负极之分。

（　　）144. BD027　具有交流电压的电路,称为交流电路。

（　　）145. BD028　熔断器应串接在所保护的电路中。

（　　）146. BD029　笔式验电笔由电阻、弹簧、笔身和笔尖组成。

（　　）147. BD030　交流接触器线圈电压过高或过低都会造成线圈过热。

（　　）148. BD031　启动器分为全压直接启动器和减压启动器两大类。

（　　）149. BD032　玻璃水银棒式温度计分为直形和90°角弯形两种。

（　　）150. BD033　为了测量准确,应使玻璃液体温度计贴近容器壁。

（　　）151. BD034　玻璃有机液体温度计用水银作为感温液体。

（　　）152. BD035　玻璃液体温度计是根据物体热胀冷缩的特性制成的。

（　　）153. BE001　使用锉刀时,锉削必须用力过猛,但推进速度不宜过大。

（　　）154. BE002　锯割硬质材料时,应选用粗齿锯条。

（　　）155. BE003　锯割工件时,锯条往返走直线,并用中间部分锯条进行锯割。

（　　）156. BE004　丝杠装在台虎钳活动钳身上,可以旋转,但不能轴向移动,并与安装在固定钳身内的丝杠螺母配合。

（　　）157. BE005　干粉灭火剂一般分为BC干粉灭火剂和ABC干粉灭火剂。

（　）158. BE006　泡沫灭火器喷嘴不能堵塞,应防冻、防晒,一年校检一次。

（　）159. BE007　冬季使用二氧化碳灭火器时应注意防止冻伤。

（　）160. BE008　MFZT50 推车式干粉灭火器的有效喷射距离不小于 5m,有效喷射时间不少于 20s。

（　）161. BE009　泡沫式灭火器有 MP 型手提式和 MPT 推车式两种类型。

（　）162. BE010　干粉灭火器适用于扑灭油气、草木等一般性火灾。

（　）163. BE011　冷却法就是降低着火温度,消除燃烧条件。

（　）164. BE012　水系灭火器可以用来扑灭任何类型的火灾。

（　）165. BE013　石棉垫适用于反应釜的罐口、人孔、手孔、锅炉人手孔、烟箱带、蒸球密封。

（　）166. BE014　只有中压石棉垫片可用于蒸汽、水力、气体、油类及无侵蚀性介质的密封。

（　）167. BE015　不同压力的法兰厚度相同,它们使用的螺栓也相同。

（　）168. BE016　制作法兰石棉垫片时,需清洁密封垫片,调整划规尺寸并锁紧,转动石棉垫画石棉垫样。

（　）169. BF001　当导电流体沿电磁流量计测量管在交变磁场中做与磁力线垂直方向的运动时,导电流体切割磁力线而产生感应电动势,由于仪表常数确定后,感应电势 E 与流量 Q 正比,由变送器测出感应电势 E 信号,输入转换核算仪后,即可显示体积流量。

（　）170. BF002　电磁流量计属于非容积式计量仪表,不与介质发生机械切割,比较适合测量聚合物水溶液流量。

（　）171. BF003　电磁流量计日常维护只要在壳体中拆下传感器,清洗测量管和电极上的结构即可。

（　）172. BF004　电磁流量计可测量电导率不小于 $5\mu S/cm$ 的酸、碱、盐溶液、水、污水、腐蚀性液体以及泥浆、矿浆、纸浆等的流体流量。

（　）173. BF005　直接安装式压力表,又分为径向直接安装式和轴向直接安装式。

（　）174. BF006　新压力表安装上之后,应快速打开控制阀门试压。

（　）175. BF007　一般压力表包括工业用单圈弹簧管压力表(普通压力表)、压力真空表、氧气压力表、电接点压力表等。

（　）176. BF008　压力表经过一阶段的使用与受压,不可能自始至终显示正确数值,内部机件难免要出现一些变形和磨损,导致产生各种误差和故障,为了保持其原有精度,不使传递失真,一定要定期检定检验。

（　）177. BF009　由于大多数测压仪表测得的压力都是相对压力,故相对压力也称表压力。

（　）178. BF010　校检压力表时应确认压力表零部件装配牢固,无松动现象。

（　）179. BF011　普通压力表所受压力越高,自由端向上翘起的幅度越大。

（　）180. BF012　钳形电流表的精确度很高,它具有不需要切断电源即可测量的优点。

（　）181. BF013　钳形电流表可以不停电测量交流、直流电流。

( ) 182. BF014 断线钳不能当作锤子使用。

( ) 183. BF015 卡钳不必与钢尺配合就可测出工件的精确尺寸。

( ) 184. BF016 一把钢尺150mm,对应的英制刻度是5.9in。

( ) 185. BF017 精度为0.1mm的游标卡尺主尺每小格是0.1mm。

( ) 186. BF018 游标卡尺用完后,应直接放在所用盒中。

( ) 187. BF019 游标卡尺是一般精度的量具,它可以直接量出工件的内外直径、宽度和长度。

( ) 188. BF020 外径千分尺测量零件外形尺寸精度比游标卡尺低。

( ) 189. BF021 钢卷尺适用于小尺寸长度的测量。

( ) 190. BF022 阀门可以在压力、温度或其他形式传感信号的作用下,按预定的要求动作,或者不依赖传感信号而进行简单的开启或关闭。

( ) 191. BF023 安全阀的作用是防止管路或装置中的介质压力超过规定数值,从而达到安全保护的目的。

( ) 192. BF024 电源是供给和维持电路所需的能量源,又称为电动势。

( ) 193. BF025 金属导体的电阻率与其长度成正比,与其横截面积成反比。

( ) 194. BF026 电路的开关是电路中不可缺少的元件,主要是用于控制电路的工作状态。

( ) 195. BF027 电动势与电压的单位都是伏特。

( ) 196. BF028 电流是指在单位时间内通过导体横截面的电荷量。

( ) 197. BF029 在防爆场所安装电动机时,应考虑必要的保护方式和电动机的结构形式,确定电动机的防爆等级和防护等级。

( ) 198. BF030 人体因触及带电体而承受过高的电压以致死亡或局部受伤的现象称为触电。

( ) 199. BF031 遇人员触电时,应尽快用手将触电人员推开并进行抢救。

( ) 200. BF032 人触电后如呼吸、脉搏、心脏都停止了,则认为已经死去。

( ) 201. BF033 进行人工体外心脏按压法救护触电者时,每分钟挤压次数为60次左右。

( ) 202. BF034 有爆炸危险的厂房内,应采用白炽灯。

( ) 203. BF035 电路处于断路状态时,其中有电流且正常运行。

( ) 204. BF036 串联电路中各电阻消耗的功率与它的阻值成正比,且电路消耗的总功率等于各电阻消耗的功率之和。

( ) 205. BF037 在电路中,若干个电阻的首尾端分别连接在两个节点之间,使每个电阻随同一电压的连接电路称为并联电路。

答　案

一、单项选择题

1. B	2. A	3. D	4. C	5. C	6. B	7. B	8. A	9. B	10. A
11. D	12. B	13. B	14. A	15. A	16. D	17. D	18. B	19. A	20. D
21. A	22. B	23. C	24. C	25. A	26. B	27. D	28. B	29. A	30. D
31. C	32. A	33. C	34. D	35. A	36. D	37. C	38. B	39. C	40. A
41. B	42. C	43. B	44. B	45. B	46. C	47. D	48. C	49. A	50. D
51. D	52. B	53. C	54. A	55. C	56. D	57. B	58. A	59. A	60. C
61. B	62. A	63. D	64. B	65. D	66. D	67. A	68. C	69. D	70. B
71. D	72. A	73. D	74. A	75. B	76. A	77. C	78. B	79. D	80. C
81. A	82. B	83. C	84. C	85. A	86. A	87. C	88. B	89. D	90. B
91. B	92. A	93. A	94. A	95. B	96. D	97. A	98. A	99. A	100. A
101. A	102. D	103. C	104. B	105. C	106. D	107. D	108. A	109. A	110. C
111. B	112. B	113. C	114. C	115. B	116. C	117. D	118. C	119. D	120. D
121. A	122. B	123. B	124. C	125. B	126. B	127. A	128. C	129. B	130. D
131. B	132. A	133. C	134. A	135. C	136. A	137. B	138. C	139. C	140. B
141. D	142. D	143. A	144. A	145. D	146. D	147. C	148. D	149. C	150. A
151. B	152. C	153. A	154. A	155. B	156. C	157. A	158. C	159. B	160. B
161. C	162. A	163. C	164. B	165. C	166. B	167. A	168. D	169. C	170. D
171. D	172. B	173. D	174. C	175. A	176. B	177. B	178. B	179. B	180. A
181. B	182. B	183. C	184. A	185. B	186. A	187. D	188. B	189. B	190. D
191. C	192. C	193. C	194. B	195. B	196. A	197. B	198. A	199. C	200. B
201. C	202. B	203. A	204. D	205. B	206. D	207. A	208. B	209. C	210. C
211. B	212. C	213. D	214. B	215. C	216. D	217. C	218. B	219. A	220. B
221. C	222. D	223. A	224. B	225. C	226. B	227. A	228. C	229. A	230. B
231. C	232. C	233. C	234. D	235. B	236. D	237. C	238. A	239. C	240. D
241. D	242. A	243. D	244. A	245. B	246. C	247. D	248. B	249. D	250. A
251. D	252. C	253. D	254. A	255. B	256. A	257. C	258. C	259. B	260. D
261. C	262. A	263. B	264. D	265. D	266. D	267. B	268. A	269. C	270. D
271. A	272. D	273. B	274. C	275. C	276. C	277. B	278. A	279. B	280. D
281. A	282. B	283. D	284. A	285. B	286. A	287. C	288. B	289. D	290. A
291. B	292. D	293. A	294. C	295. B	296. A	297. B	298. D	299. C	300. C
301. A	302. C	303. B	304. D	305. C	306. D	307. A	308. D	309. B	310. C

311. D	312. C	313. C	314. A	315. A	316. C	317. D	318. C	319. C	320. D
321. A	322. D	323. A	324. B	325. A	326. C	327. C	328. B	329. A	330. C
331. C	332. D	333. A	334. B	335. C	336. D	337. A	338. C	339. A	340. D
341. C	342. A	343. D	344. A	345. B	346. A	347. B	348. B	349. C	350. B
351. C	352. A	353. B	354. B	355. C	356. A	357. A	358. A	359. C	360. A
361. C	362. B	363. B	364. A	365. C	366. C	367. D	368. B	369. C	370. A
371. C	372. C	373. B	374. B	375. C	376. B	377. D	378. D	379. C	380. A
381. A	382. B	383. C	384. B	385. D	386. C	387. C	388. C	389. C	390. D
391. C	392. C	393. A	394. B	395. A	396. D	397. C	398. A	399. B	400. D
401. D	402. C	403. C	404. D	405. A	406. D	407. D	408. D	409. C	410. A
411. D	412. A	413. B	414. C	415. C	416. D	417. D	418. B	419. C	420. C
421. A	422. B	423. A	424. D	425. A	426. B	427. B	428. A	429. C	430. A
431. D	432. B	433. D	434. C	435. C	436. A	437. B	438. A	439. B	440. A
441. B	442. D	443. A	444. D	445. A	446. C	447. C	448. C	449. C	450. A
451. A	452. B	453. D	454. B	455. A	456. A	457. D	458. C	459. B	460. D
461. C	462. C	463. A	464. D	465. D	466. B	467. C	468. A	469. A	470. C
471. B	472. D	473. A	474. A	475. C	476. C	477. A	478. A	479. A	480. B
481. B	482. A	483. B	484. A	485. A	486. B	487. A	488. B	489. A	490. B
491. D	492. D	493. C	494. D	495. C	496. C	497. A	498. D	499. D	500. C
501. C	502. C	503. A	504. D	505. A	506. C	507. B	508. D	509. D	510. C
511. B	512. D	513. C	514. A	515. B	516. C	517. B	518. C	519. D	520. C
521. A	522. A	523. A	524. C	525. B	526. D	527. B	528. C	529. B	530. C
531. D	532. C	533. D	534. C	535. C	536. B	537. A	538. A	539. D	540. B
541. B	542. A	543. B	544. C	545. A	546. C	547. D	548. C	549. A	550. D
551. C	552. C	553. C	554. C	555. D	556. B	557. B	558. C	559. B	560. D
561. D	562. A	563. B	564. C	565. A	566. B	567. C	568. D	569. C	570. D
571. C	572. D	573. D	574. B	575. D	576. D	577. B	578. B	579. D	580. D
581. D	582. C	583. C	584. A	585. D	586. C	587. C	588. D	589. A	590. D
591. B	592. C	593. D	594. B	595. A	596. A	597. C	598. B	599. C	600. C
601. A	602. C	603. D	604. C	605. B	606. C	607. C	608. B	609. A	610. A
611. A	612. A	613. A	614. C	615. C					

二、判断题

1. √　2. ×　正确答案:水与油的流度比为1或小于1为有利的流度比。　3. √　4. ×　正确答案:层系井网对注入水的面积波及系数和纵向波及系数均有较大的影响。　5. √　6. √　7. √　8. ×　正确答案:聚丙烯酰胺干粉不易溶于油,易溶于水。　9. √　10. ×　正确答案:用黏度计测定的聚合物溶液黏度是相对黏度。　11. √　12. √　13. √　14. √　15. ×　正确答案:在相同条件下,水中矿化度越高,聚合物溶液的黏度越小。　16. ×　正确答案:熟化罐内聚合物母液在投入使用前必须经过熟化过程。　17. ×　正确答案:聚合物驱油系统中的聚合物的配制及注入工艺子系统负责聚丙烯酰胺干粉质量、母液配制、注入工艺、聚合物溶液输送及涉及的钻井、计量等方面的工作。　18. √　19. √　20. ×　正确答案:输送聚合物母液时,不能使用铁管,以防止聚合物母液降解,应使用玻璃钢管、不锈钢管或复合管。　21. √　22. ×　正确答案:运算器又称为算术逻辑部件,简称ALU。　23. √　24. ×　正确答案:打印机是计算机系统中的输出设备。　25. ×　正确答案:计算机软件的作用是更好地发挥硬件系统的功能。　26. ×　正确答案:打开计算机开始菜单时,可以单击"开始"按钮,也可以使用Ctrl+Esc组合键。　27. √　28. ×　正确答案:计算机在进行运算时,一般采用二进制。　29. ×　正确答案:梯形图是工控软件常用的编程方法。　30. √　31. √　32. ×　正确答案:用户可以对因特网的浏览内容进行设置,将一些不好的、消极的内容隔离在浏览范围之外。　33. ×　正确答案:连接主机与显示器之间的通信信号线时,应关主机与显示器的电源。　34. ×　正确答案:电子天平是依据电磁力平衡的原理设计的。　35. ×　正确答案:同一实验应使用同一天平和砝码。　36. √　37. ×　正确答案:夹取砝码应用骨质或塑料材质的镊子。　38. ×　正确答案:接通电子分析天平电源后,显示"CAL"继而显示"0.000"时可进行称量。　39. ×　正确答案:安瓿或密封加盖的容器适用于称量挥发性试样。　40. √　41. √　42. ×　正确答案:为使容量瓶中的物质迅速溶解,可以采用搅拌的方法,但不能用热水温热容量瓶。　43. √　44. √　45. √　46. √　47. √　48. √　49. ×　正确答案:安全色是表达安全信息的颜色,包括红、蓝、黄、绿四种颜色。　50. ×　正确答案:HSE管理系统文件中前三个文件——领导和承诺、政策战略和目标、组织资源和记录文件,是针对企业领导层而言的。　51. √　52. √　53. √　54. ×　正确答案:资料录取包括干粉、水、母液和设备运行的资料录取等几个方面。　55. √　56. √　57. √　58. ×　正确答案:在配制站生产过程中,即使设备处于间歇运行,仍能通过自控系统取得准确的运行时间数据。　59. √　60. ×　正确答案:在相同条件下,水解度越高,聚合物溶液的黏度越大,当水解度达到一定程度后,黏度的增加变得缓慢。　61. √　62. √　63. √　64. √　65. √　66. √　67. ×　正确答案:聚合物干粉分散装置由加干粉部分、加清水部分、混合搅拌部分、混合溶液输送和自动控制五部分组成。　68. ×　正确答案:螺杆下料器是把聚合物干粉由料斗输送至加热料斗的装置。　69. ×　正确答案:水粉混合器是将干粉和水混合在一起配制溶液的装置。　70. √　71. √　72. √　73. √　74. ×　正确答案:搅拌器可以加速溶解过程。　75. ×　正确答案:一般在空载运行时,搅拌器的搅拌轴摆动幅度不应大于10°。　76. ×　正确答案:母液熟化罐搅拌器一般采用轴流式搅拌器。　77. √　78. ×　正确答案:搅拌器叶轮在使用前,应做过静平衡试验。　79. ×　正确答案:分散装置运行时,停止进料后,不应立即停止鼓风机,待气输管线内残存的干粉固体吹净后方可停鼓风机。　80. ×　正确答案:在设备能力及性能等条件允许的情况下,分散装置可以配制不同浓度的聚合物溶液。　81. √　82. √　83. √　84. ×　正确答案:料斗的作用是储存聚合物干粉并不断向螺杆下料器输送干粉。　85. √　86. √　87. √　88. √　89. √　90. ×　正确答案:螺杆泵螺杆是悬臂结构,而且螺杆在定子中做行星运动,所以螺杆泵安装在振动很剧烈的地方会影响它的密封性能。　91. √　92. ×　正确答案:三螺杆泵适用于输送不含固体颗粒的润滑性液体。　93. √　94. ×　正确答案:过滤器在使用前,首先应检查顶盖螺栓是否拧紧,排气阀是否关闭,过滤器进、出口阀是否打开。 95. √ 96. √ 97. √ 98. × 正确答案:取样器使用时,首先应放空,放空量应大于取样器总容积。 99. √ 100. × 正确答案:聚合物配注过程中,低压取样点的阀门均为球形阀。 101. √ 102. √ 103. × 正确答案:换热器是冷热介质通过热交换材料实现相互间热交换的。 104. × 正确答案:离心泵启动前,应先进行泵内注水,并打开放气孔,将泵内空气排净后关闭放气孔,然后启泵。 105. × 正确答案:离心泵现场组装时,泵轴对中心线的跳力允差每米为 0.05mm。 106. √ 107. √ 108. √ 109. × 正确答案:离心泵停泵时,首先由泵工缓慢关闭泵的出口阀门。 110. × 正确答案:天吊控制器符号"O""+"表示天吊整体沿轨道前、后移动。 111. √ 112. √ 113. √ 114. × 正确答案:在天吊使用过程中,要定期紧固,校正天吊轨道。 115. √ 116. √ 117. √ 118. × 正确答案:离心泵的转动部分包括泵轴、叶轮和轴承。 119. √ 120. √ 121. × 正确答案:离心泵液体的吸入、排出同时进行。 122. × 正确答案:单级双吸泵壳水平中开的卧式离心泵的代号为 sh。 123. × 正确答案:油田注水一般使用分段式多级单吸离心泵。 124. × 正确答案:离心泵叶轮排出的液体经过压出室大部分都能转换成压能。 125. × 正确答案:离心泵的安装位置如果超过了允许高度,泵的流量就要下降,效率降低。 126. × 正确答案:离心泵一般采用出口管上的闸阀调节水量,不宜使用吸入管上的闸阀调节水量。 127. × 正确答案:操作人员启动离心泵时,禁止在泵管压差较大的情况下开着泵出口阀启动。 128. √ 129. √ 130. √ 131. × 正确答案:普通扳手禁止接套管加力或用铁锤击手柄。 132. √ 133. √ 134. √ 135. × 正确答案:单流阀又称止回阀,是一种利用流体本身的力量自动启闭的阀门,使介质只能沿一个方向流动,防止介质倒流。 136. × 正确答案:阀门按用途和作用可分为截断阀、止回阀、调节阀、分流阀、安全阀。 137. √ 138. √ 139. √ 140. √ 141. × 正确答案:母液浓度上升会导致母液与泵体的摩擦力上升。 142. √ 143. × 正确答案:直流电有正负极之分。 144. × 正确答案:具有交流电源的电路,称为交流电路。 145. √ 146. × 正确答案:笔式验电笔由氖管、电阻、弹簧、笔身和笔尖等组成。 147. √ 148. √ 149. √ 150. × 正确答案:为了确保测量数据的准确性,应使玻璃液体温度计的感温泡离开被测对象的容器壁一定的距离。 151. × 正确答案:玻璃有机液体温度计用有机液体作为感温液体。 152. √ 153. × 正确答案:使用锉刀时,锉削推进速度不宜过大,用力不能过猛。 154. × 正确答案:锯割硬质材料时,应选用细齿锯条。 155. × 正确答案:锯割工件时,锯条往返走直线,并用锯条全长进行锯割。 156. √ 157. √ 158. √ 159. √ 160. × 正确答案:MFZT50 推车式干粉灭火器的有效喷射距离不小于8m,有效喷射时间不少于20s。 161. × 正确答案:泡沫灭火器有 MP 型手提式、MPZ 手提式和 MPT 推车式三种类型。 162. × 正确答案:干粉灭火器适用于扑灭可燃气体、液体、固体和电气着火的火灾。 163. √ 164. × 正确答案:水系灭火器不能用来扑灭电气设备的火灾。 165. √ 166. × 正确答案:中压石棉垫片、高压石棉垫片均可用于蒸汽、水力、气体、油类及无侵蚀性介质的密封。 167. × 正确答案:不同压力的法兰厚度不同,它们使用的螺栓也不同。 168. × 正确答案:制作法兰石棉垫片时,需清洁密封垫片,调整划规尺寸并锁紧,转动划规画石棉垫样。 169. √ 170. √ 171. √ 172. √ 173. √ 174. × 正确答案:新压力表安装上之后,应缓慢开控制阀门试压。 175. √ 176. √ 177. √ 178. √

179. √　180.×　正确答案:钳形电流表的精确度虽然不高,但它具有不需要切断电源即可测量的优点。　181.×　正确答案:钳形电流表可以不停电测量交流电流。　182. √

183.×　正确答案:测量工件尺寸时,卡钳必须与钢尺配套使用。　184. √　185.×　正确答案:精度为 0.1mm 的游标卡尺主尺每小格是 1mm。　186.×　正确答案:游标卡尺用完后,应及时洗净,涂油后放在盒中。　187.×　正确答案:游标卡尺是一种精度较高的量具,它可以直接量出工件的内外直径、宽度和长度。　188.×　正确答案:外径千分尺测量零件外形尺寸精度比游标卡尺高。　189.×　正确答案:钢卷尺适用于大尺寸长度的测量。

190. √　191. √　192. √　193.×　正确答案:导体的电阻率是其固有属性。　194. √

195. √　196. √　197. √　198. √　199.×　正确答案:遇人员触电时,不能用手直接接触触电者,应当尽快断开电源或用绝缘物体将导线与触电者分开。　200.×　正确答案:人触电后如呼吸、脉搏、心脏都停止了,仍不能认为已经死去。　201. √　202.×　正确答案:有爆炸危险的厂房内,应采用防爆灯。　203.×　正确答案:电路处于通路状态时,其中有电流且正常运行。　204. √　205. √

中级工理论知识练习题及答案

一、单项选择题(每题4个选项,其中只有1个是正确的,将正确的选项填入括号内)

1. AA001　聚合物驱的机理主要在于加入少量的聚合物能够大幅度地增加水的黏度和降低水相渗透率、有效地控制水的流度,改善和降低(　　),扩大驱替的波及体积,从而提高原油采收率。
　　A. 油水界面张力　　B. 洗油效率　　C. 流度比　　D. 孔隙度

2. AA001　应用大孔隙体积、低浓度的表面活性剂溶液为驱油剂提高采收率的方法称为(　　)。
　　A. 化学驱　　　　　　　　　　B. 表面活性剂稀溶液驱
　　C. 混相驱　　　　　　　　　　D. 聚合物驱

3. AA001　三元复合驱利用碱—表面活性剂—(　　)的复配作用进行驱油。
　　A. 聚合物　　　　B. 二氧化碳　　C. 化学剂　　D. 微生物

4. AA002　聚合物驱油用(　　)作为驱油剂。
　　A. 表面活性剂　　B. 碱水溶液　　C. 聚丙烯酰胺　　D. 液化石油气

5. AA002　聚合物驱油是(　　)采油技术。
　　A. 热力驱　　　　B. 水驱　　　　C. 气体混相驱　　D. 化学驱

6. AA002　聚合物可以增加水的(　　)。
　　A. 温度　　　　　B. 矿化度　　　C. 流速　　　　D. 黏度

7. AA003　用于驱油的聚丙烯酰胺是(　　)。
　　A. 非离子型　　　B. 阴离子型　　C. 阳离子型　　D. 两性离子

8. AA003　聚丙烯酰胺不存在(　　)形式。
　　A. 固体　　　　　B. 水溶液　　　C. 气体　　　　D. 乳液

9. AA003　当(　　)增加到足以使高分子链断裂时,聚合物降解,聚合物溶液黏度降低。
　　A. 剪切速率　　　B. 湿度　　　　C. 压力　　　　D. 温度

10. AA004　聚合物溶液的盐敏性是指黏度随(　　)的变化的特性。
　　A. 浓度　　　　　B. pH 值　　　C. 矿化度　　　D. 相对分子质量

11. AA004　聚合物在(　　)作用下会发生交联反应。
　　A. 热　　　　　　　　　　　　B. 光、热、辐射或交联剂
　　C. 机械　　　　　　　　　　　D. 生物

12. AA004　聚合物在(　　)作用下会发生氧化降解。
　　A. 热　　　　　B. 机械　　　　C. 空气中氧化　　D. 生物

13. AA005　聚合物溶液浓度为(　　)的是凝胶。
　　A. 5% ~ 10%　　B. 10% ~ 20%　　C. 20%以上　　D. 60%以上

14. AA005　聚合物溶液浓度为(　　)的是稀溶液。

    A. 5%~10%　　　　　B. 5%以下　　　　　C. 15%以上　　　　　D. 10%~15%

15. AA005　以下因素影响聚合物溶液稳定性的是(　　)。

    A. 相对分子质量　　B. 浓度　　　　　　C. 温度　　　　　　D. 孔隙度

16. AA006　流变性就是在(　　)的作用下发生流动和变形的性质。

    A. 温度　　　　　　B. 力　　　　　　　C. 化学　　　　　　D. 光

17. AA006　聚合物的流变曲线不包括(　　)。

    A. 黏弹段　　　　　B. 刚性段　　　　　C. 降解段　　　　　D. 假塑段

18. AA006　以下不属于触变性流体的是(　　)。

    A. 油漆　　　　　　B. 钻井液　　　　　C. 含蜡原油　　　　D. 聚合物溶液

19. AA007　聚合物溶液的黏度随温度的升高而降低,温度每上升1℃,黏度下降(　　)。

    A. 1%以下　　　　　B. 10%~20%　　　　C. 1%~10%　　　　　D. 20%以上

20. AA007　聚丙烯酰胺中由酰胺变成羧酸钠基的百分数,用DH%表示的是(　　)。

    A. 矿化度　　　　　B. 水解度　　　　　C. 浓度　　　　　　D. 黏度

21. AA007　以下与聚合物黏度成正比关系的是(　　)。

    A. pH 值　　　　　　B. 矿化度　　　　　C. 温度　　　　　　D. 钙含量

22. AA008　采收率主要受体积波及系数和(　　)的影响。

    A. 油藏含油体积　　B. 含油饱和度　　　C. 流体流度　　　　D. 驱油效率

23. AA008　影响驱油效率的主要因素有毛细管数、(　　)、润湿性和原油黏度。

    A. 含油饱和度　　　B. 孔隙结构　　　　C. 渗透率　　　　　D. 界面张力

24. AA008　在毛细管数中,驱替速度与(　　)有关。

    A. 注采速度　　　　B. 渗透率　　　　　C. 界面张力　　　　D. 流体流度

25. AA009　以下不会使聚合物溶液产生机械降解的是(　　)。

    A. 水解　　　　　　B. 搅拌　　　　　　C. 管道输送　　　　D. 取样操作

26. AA009　以下会使聚合物溶液产生机械降解的是(　　)。

    A. 氯化作用　　　　B. 水解作用　　　　C. 剪切作用　　　　D. 微生物

27. AA009　可用(　　)衡量聚合物降解的大小。

    A. 重量　　　　　　B. 体积　　　　　　C. 黏度　　　　　　D. 浓度

28. AA010　聚合物溶液在化学因素作用下会发生(　　)。

    A. 机械降解　　　　B. 热降解　　　　　C. 化学降解　　　　D. 生物降解

29. AA010　聚合物的化学降解是指(　　)作用下发生的降解反应。

    A. 剪切　　　　　　B. 微生物　　　　　C. 氧化　　　　　　D. 光

30. AA010　金属及金属离子在(　　)环境不会使聚合物溶液产生降解。

    A. 氯气　　　　　　B. 无氧　　　　　　C. 空气　　　　　　D. 清水

31. AA011　聚合物的生物降解是受(　　)控制的化学过程。

    A. 氧　　　　　　　B. 酶　　　　　　　C. 温度　　　　　　D. 矿化度

32. AA011　杀菌剂甲醛浓度在(　　)时聚合物溶液的稳定效果最佳。

    A. 100~200mg/L　　B. 200~400mg/L　　C. 400~500mg/L　　D. 500mg/L 以上

33. AA011　生物聚合物在(　　)条件下最易产生生物降解。

    A. 高温度和高矿化度　　　　　　　　B. 高温度和低矿化度

    C. 低温度和低矿化度　　　　　　　　D. 低温度和高矿化度

34. AA012　为防止聚合物产生机械降解,不应采用(　　)。

    A. 单螺杆泵　　　　B. 离心泵　　　　C. 柱塞泵　　　　D. 过滤器

35. AA012　聚合物溶液承受的(　　)足以使聚合物分子断裂时,将出现机械降解。

    A. 氧化反应　　　　B. 水解作用　　　　C. 剪切应力　　　　D. 温度

36. AA012　以下可以防止聚合物溶液机械降解的是(　　)。

    A. 杀菌剂　　　　B. 离心泵　　　　C. 螯合剂　　　　D. 螺杆泵

37. AA013　Fe^{2+}的含量控制在(　　)以下时,聚合物溶液不会产生化学降解。

    A. 0.1mg/L　　　　B. 0.2mg/L　　　　C. 0.3mg/L　　　　D. 0.4mg/L

38. AA013　黄胞胶的热降解程度随温度的增加而增加,当温度大约为(　　)时,会发生激烈降解。

    A. 30℃　　　　B. 60℃　　　　C. 90℃　　　　D. 120℃

39. AA013　以下材质管道不能防止聚合物溶液降解的是(　　)。

    A. 玻璃钢管　　　　B. 不锈钢管　　　　C. 铁质管　　　　D. 钢塑复合管

40. AA014　单位体积的液体所具有的质量称为液体的(　　)。

    A. 重度　　　　B. 密度　　　　C. 流量　　　　D. 黏度

41. AA014　流体黏度可分为动力黏度和(　　)。

    A. 运动黏度　　　　　　　　　　　　B. 绝对黏度

    C. 相对黏度　　　　　　　　　　　　D. 恩氏黏度

42. AA014　流体在压力作用下体积减小的性质称为(　　)。

    A. 压缩性　　　　B. 膨胀性　　　　C. 表面张力　　　　D. 黏滞性

43. AA015　流体绝对压强低于大气压时,相对压强为负,称为(　　)。

    A. 真空度　　　　B. 表压强　　　　C. 绝对压强　　　　D. 大气压

44. AA015　液体静压强的方向是任意的,与作用面垂直,并指向(　　)。

    A. 表面　　　　B. 作用面　　　　C. 液面　　　　D. 任意面

45. AA015　流体绝对压强高于大气压时,相对压强为正,称为(　　)。

    A. 真空度　　　　B. 表压强　　　　C. 绝对压强　　　　D. 大气压

46. AA016　单位时间内流体质点流经的距离称为(　　)。

    A. 流速　　　　B. 流量　　　　C. 过流面积　　　　D. 路径

47. AA016　不稳定流是指整个液流空间中任何位置的流速、压强随(　　)变化而变化。

    A. 体积　　　　B. 流量　　　　C. 时间　　　　D. 黏度

48. AA016　稳定流是指整个流体空间任何位置的流速、压强不随(　　)变化而变化。

    A. 体积　　　　B. 时间　　　　C. 黏度　　　　D. 流量

49. AA017　液体流经孔口时,二者是(　　)接触,流体只产生局部水头损失,而不产生沿程水头损失。

    A. 点　　　　B. 面　　　　C. 线　　　　D. 边

50. AA017　液体流经(　　)时不仅有局部水头损失,而且还有沿程水头损失。
　　A. 管嘴　　　　　B. 弯头　　　　　C. 薄壁孔口　　　D. 阀门

51. AA017　为了防止和减小管道中的水击现象,实际工作中应(　　)。
　　A. 快速开关阀门　　B. 缓慢开关阀门　C. 快开慢关阀门　　D. 慢开快关阀门

52. AA018　应力是指作用在单位面积上的(　　)。
　　A. 作用力值　　　B. 外力值　　　　C. 内力值　　　　D. 平衡力值

53. AA018　轴向拉伸与轴向压缩是指直杆在其两端沿(　　)受到拉力而伸长和受到压力
　　而缩短的变形现象。
　　A. 轴向　　　　　B. 径向　　　　　C. 截面　　　　　D. 直径

54. AA018　杆件是指其(　　)远大于其截面尺寸的构件。
　　A. 宽度　　　　　B. 长度　　　　　C. 直径　　　　　D. 横截面

55. AA019　工件中间部分的相邻截面产生相对错动,这种变形称为(　　)变形。
　　A. 剪切　　　　　B. 扭转　　　　　C. 拉伸　　　　　D. 压缩

56. AA019　剪切的受力特点是在上下两段的相应侧面各受到合力的分布力作用,其大小相
　　等,方向相反,作用线之间距离(　　)。
　　A. 可重合　　　　B. 最大　　　　　C. 较小　　　　　D. 较大

57. AA019　塑性材料的剪切强度极限约等于其拉伸强度极限的(　　)。
　　A. 20% ~ 30%　　B. 40% ~ 50%　　C. 50% ~ 60%　　D. 60% ~ 80%

58. AA020　若直杆在其与杆轴垂直的平面内受到外力偶的作用,杆的纵向直线均变成螺旋
　　线,直杆的这种变形称为(　　)。
　　A. 剪切变形　　　B. 弯曲变形　　　C. 拉伸变形　　　D. 扭转变形

59. AA020　轴受到外力偶矩的作用产生旋转运动,而轴本身则产生相应的内力偶,以达到
　　力的平衡,这个(　　)力矩称为扭矩。
　　A. 外力偶　　　　B. 内力偶　　　　C. 扭转　　　　　D. 弯曲

60. AA020　外界施加给轴的力矩是(　　),它由一个沿轴外径切线方向的力和这个力到轴
　　心的距离构成。
　　A. 外力偶矩　　　B. 扭矩　　　　　C. 扭转　　　　　D. 弯曲

61. AA021　受弯杆件(梁)的轴线在纵向对称面内被弯成一条平面曲线,这种弯曲变形称为
　　(　　)弯曲。
　　A. 曲面　　　　　B. 扭转　　　　　C. 剪切　　　　　D. 平面

62. AA021　如果一直杆在通过杆的轴线一个纵向平面内受到力偶或垂直于轴线的(　　)
　　作用,杆的轴线就变成一条曲线,这种变形称为弯曲变形。
　　A. 外力　　　　　B. 内力　　　　　C. 剪切力　　　　D. 拉伸力

63. AA021　动载荷与静载荷不同之处在于,当构件受到动载荷的作用时,构件上多质点产
　　生显著的(　　)。
　　A. 速度　　　　　B. 加速度　　　　C. 温度　　　　　D. 变化

64. AA022　为防止疲劳破坏现象,在构件材料选定后,可(　　)或进行表面强化等。
　　A. 减少构件截面　B. 增加构件截面　C. 减小粗糙度　　D. 增大粗糙度

65. AA022　为防止疲劳破坏现象,在构件材料选定后,可在构件的台肩处采用(　　)过渡。
　　A. 圆弧　　　　　　B. 直角　　　　　　C. 平面　　　　　　D. 锐角

66. AA022　构件受到随时间(　　)变化的应力作用,这种应力称为交变应力或重复应力。
　　A. 无规律　　　　　B. 周期性　　　　　C. 间断　　　　　　D. 长期

67. AB001　计算机的汉字输入方法很多,按所用媒介可大致分为(　　)等。
　　A. 光盘输入、扫描输入、键盘输入　　　　B. 磁盘输入、扫描输入、键盘输入
　　C. 语音输入、扫描输入、键盘输入　　　　D. 鼠标输入、扫描输入、键盘输入

68. AB001　计算机中以键盘为媒介的汉字输入方法很多,比较常用的输入方法有(　　)。
　　A. 五笔字型和表形码　　　　　　　　B. 表形码和智能拼音
　　C. 区位码和智能拼音　　　　　　　　D. 五笔字型和智能拼音

69. AB001　五笔字型汉字输入方法从人们习惯的书写顺序出发,以(　　)为基本单位来组字编码。
　　A. 笔画　　　　　　B. 字母　　　　　　C. 拼音　　　　　　D. 字根

70. AB002　汉字输入方法中,一般同时按下(　　)键就可以在中西文之间进行切换。
　　A. Ctrl+空格　　　B. Ctrl+Alt　　　　C. Ctrl+Shift　　　D. Shift+A1t

71. AB002　在 Windows XP 中,同时按下(　　)键,就可以在输入法之间进行切换。
　　A. Ctrl+空格　　　B. Ctrl+Alt　　　　C. Ctrl+Shift　　　D. Shift+Alt

72. AB002　汉字输入法输入栏的候选字、词的默认值一般为(　　),当超过此值没有要选的字、词时,可以用翻页按钮将所需字、词逐页选出。
　　A. 3 个　　　　　　B. 4 个　　　　　　C. 5 个　　　　　　D. 6 个

73. AB003　Enter 键为(　　)键。
　　A. 空格　　　　　　B. 回车　　　　　　C. 删除　　　　　　D. 返回

74. AB003　Delet 键为(　　)键。
　　A. 空格　　　　　　B. 回车　　　　　　C. 删除　　　　　　D. 返回

75. AB003　□ 键为(　　)键。
　　A. 空格　　　　　　B. 回车　　　　　　C. 删除　　　　　　D. 返回

76. AB004　计算机 Word 文档正文编辑区中有个闪烁的(　　),那是光标。
　　A. |　　　　　　　　B. 【　　　　　　　C. →　　　　　　　D. .

77. AB004　在 Windows 操作系统中,(　　)在窗口上工具栏内。
　　A. 按钮　　　　　　B. 菜单　　　　　　C. 光标　　　　　　D. 图像

78. AB004　在 Word 文档编辑窗口中,格式刷按钮在(　　)工具栏内。
　　A. 格式　　　　　　B. 常用　　　　　　C. 功能键展示　　　D. 其他格式

79. AB005　计算机中的文件是一组具有一定(　　)的、有组织的相关信息的集合。
　　A. 格式　　　　　　B. 类型　　　　　　C. 大小　　　　　　D. 属性

80. AB005　文件(即某个具体文档)通常存储在(　　)。
　　A. 某病毒中　　　　　　　　　　　　B. 某程序内
　　C. 某文件上　　　　　　　　　　　　D. 某盘上的某文件夹内

81. AB005　文件存盘是指将编辑好的文件或正在编辑的文件储存到指定的(　　　)和路径下。

A. 盘符　　　　　　　B. 计算机　　　　　C. 内存　　　　　　D. 文件

82. AB006　Office 办公软件中适用于文字编辑和管理的是(　　　)。

A. Microsoft Word　　B. Microsoft Excel　　C. Microsoft PowerPoint　　D. Internet Explorer

83. AB006　以下软件适用于多媒体制作的是(　　　)。

A. Microsoft Word　　B. Microsoft Excel　　C. Microsoft PowerPoint　　D. Internet Explorer

84. AB006　以下软件适用于网络浏览的是(　　　)。

A. Microsoft Word　　B. Microsoft Excel　　C. Microsoft PowerPoint　　D. Internet Explorer

85. AB007　Word 办公软件属于(　　　)。

A. 文字编辑软件　　　　　　　　B. 表格制作软件

C. 绘图软件　　　　　　　　　　D. 扫描、编辑软件

86. AB007　Word 办公软件具有(　　　)功能。

A. 文、图编排　　　　　　　　　B. 图、表混排

C. 图、文、表混排　　　　　　　D. 图、文扫描

87. AB007　Word 办公软件的功能不包括(　　　)。

A. 文档处理　　　　B. 表格制作　　　　C. 网络通信　　　　D. 图形处理

88. AB008　Microsoft Office 工具软件包括字表编辑器、(　　　)、运算器、图表编辑器、幻灯片编辑器等。

A. 公式编辑器　　　B. 网上邻居　　　　C. 中央处理器　　　D. 垃圾箱

89. AB008　中文 Word 插入功能:可在光标所在点处插入强制"分页符"或(　　　)、分节符。

A. 页码　　　　　　B. 字符　　　　　　C. 分栏符　　　　　D. 索引目录

90. AB008　计算机键盘上的英文打字键盘区有 Backspace 键,该键又称为(　　　)。

A. 跳格键　　　　　B. 删除键　　　　　C. 脱离键　　　　　D. 退格键

91. AB009　要关闭正在编辑的文档时,必须立即(　　　)。

A. 关闭计算机　　　B. 关闭文档　　　　C. 保存文档　　　　D. 退出文档

92. AB009　在编辑一篇很长的文章时,发现某段内少了一句关键的话,那么最好的解决办法是(　　　)。

A. 重新输入　　　　B. 重建文档　　　　C. 选择插入　　　　D. 删除本段

93. AB009　在 Word 软件中,以下操作不能保存文件的是(　　　)。

A. 在文件菜单中选择"保存"命令　　　B. 在文件菜单中选择"另存为"命令

C. 单击工具栏上的"保存"按钮　　　　D. 双击该文件的标题栏

94. AB010　编辑 Word 文档时,文字的颜色可以在(　　　)工具栏中调整。

A. 格式　　　　　　B. 视图　　　　　　C. 常用　　　　　　D. 数据

95. AB010　编辑 Word 文档时,将光标定位在需删除字符的右侧,单击键盘上的退格键即可删除光标(　　)的字符。

  A. 右侧　　　　　　　B. 左侧　　　　　　　C. 两侧　　　　　　　D. 上侧

96. AB010　将 Word 光标定位在需删除字符的(　　),单击键盘上的 Delete 健即可删除光标所在(　　)的字符。

  A. 上方,下方　　　B. 左侧,右侧　　　C. 右侧,左侧　　　D. 下方,上方

97. AB011　要在 Word 中设置字符显示高于纸面的浮雕效果,需选择"格式"菜单"字体"选项中的(　　)。

  A. 阳文　　　　　　　B. 阴文　　　　　　　C. 空心　　　　　　　D. 阴影

98. AB011　Word 中段落缩进是指改变(　　),使文档段落更加清晰、易读。

  A. 文本之间行距　B. 文本和页边距　C. 左右页边距　　D. 文本起始位置

99. AB011　Word 中两端对齐是指除段落中(　　)外,其他行文本的左右两端分别以文档的左右边界向两端对齐。

  A. 首行和最后一行文本　　　　　　　B. 字符最少行文本

  C. 首行文本　　　　　　　　　　　　　D. 最后一行文本

100. AB012　Word 文档进行打印时,选择(　　)后打印范围内的文档都按所选纸的大小进行打印。

  A. 纸型　　　　　　　B. 方向　　　　　　　C. 版式　　　　　　　D. 区域

101. AB012　在 Word 文档编辑中,要设置每行的字符以及每页的行数,可在"文件"菜单中选择"页面设置"中的(　　)选项卡,选定后单击"确定"按钮即可。

  A. 版式　　　　　　　B. 文档网格　　　　C. 方向　　　　　　　D. 应用于

102. AB012　Word 文档编辑需修改页面格式时,首先要选定(　　),在"页面设置"对话框中进行操作。

  A. 全部文档　　　　　　　　　　　　　B. 修改页面的文档范围

  C. 文档首页　　　　　　　　　　　　　D. 文档最后一页

103. AB013　编辑文档时,Word 提供了分栏排版功能,用户可以控制栏数、栏宽度以及(　　)。

  A. 栏间距离　　　　B. 分栏段落　　　　C. 栏间分隔线　　　D. 行距

104. AB013　如果要加快打印 Word 文档的速度,以最少的格式打印,可以设置以(　　)的方式打印。

  A. 缩放　　　　　　　B. 人工双面打印　C. 打印当前页　　D. 草稿

105. AB013　Word 系统分栏设置应在(　　)页面下进行。

  A. 格式　　　　　　　B. 文件　　　　　　　C. 编辑　　　　　　　D. 视图

106. AB014　以下在 Word 文档中创建表格的方式不正确的是(　　)。

  A. 用"插入表格"按钮创建表格　　　　B. 用表格菜单"插入表格"命令创建表格

  C. 手工绘制表格　　　　　　　　　　　D. 用视图菜单绘制表格

107. AB014　Word 文档中的表格可以采用鼠标拖动的方法完成整体移动,用鼠标左键按住表格(　　)内置 4 个箭头的小方框可完成拖动。

  A. 左上角　　　　　　B. 左下角　　　　　　C. 右上角　　　　　　D. 右下角

108. AB014　Word 文档中的表格可以用鼠标左键按住表格（　　　）出现的空心小方框完成整体缩放。

A. 左上角　　　　　B. 左下角　　　　　C. 右上角　　　　　D. 右下角

109. AB015　选择 Word 文档中"（　　　）"菜单中"图片"中的图表项可将一个新图表插入文档中。

A. 编辑　　　　　　B. 视图　　　　　　C. 工具　　　　　　D. 插入

110. AB015　Word 文档中的图表能进行的编辑项目有（　　　）。

A. 改变图表大小

B. 改变大小、移动图表

C. 改变大小、移动图表、修改数据

D. 改变大小、移动图表、修改数据、旋转图表

111. AB015　Word 文档中，编辑图表坐标刻度方法是（　　　）。

A. 双击打开图表，在数值轴或分类轴击右键，出现"设置坐标轴格式"后进行编辑

B. 双击打开图表，在图表区击右键，出现"图表选项"中"坐标轴"后进行编辑

C. 双击打开图表，在图表区击右键，出现"图表类型"后进行编辑

D. 双击打开图表，在图表区击右键，出现"设置图表区格式"后进行编辑

112. AC001　班组经济核算是社会主义企业经济核算的（　　　）。

A. 无关项　　　　　B. 最简单部分　　　C. 反映　　　　　　D. 基础

113. AC001　企业的经济活动大部分通过（　　　）进行。

A. 市场　　　　　　B. 竞争　　　　　　C. 班组　　　　　　D. 职工

114. AC001　经济核算是企业实行科学管理和民主管理的一个（　　　）。

A. 基本单位　　　　B. 前提　　　　　　C. 有效方法　　　　D. 分配方法

115. AC002　落实经济责任制，进一步明确班组与企业、班组与个人之间的（　　　）是班组经济核算的主要作用之一。

A. 经济效益　　　　B. 经济管理　　　　C. 经济责任　　　　D. 内部协作

116. AC002　班组经济核算的主要作用之一是指导经济活动，为管理和决策部门提供（　　　）。

A. 报告　　　　　　B. 报表　　　　　　C. 可靠依据　　　　D. 理论基础

117. AC002　班组经济核算可以发动广大工人进行，有利于勤俭办企业和提高企业的（　　　）。

A. 经济效益　　　　B. 经济管理　　　　C. 经济责任　　　　D. 内部协作

118. AC003　企业的经济效果，很大程度上要通过（　　　）来实现。

A. 工人　　　　　　B. 班组　　　　　　C. 车间　　　　　　D. 管理层

119. AC003　产量计划完成率是（　　　）。

A. 合格产品总量与送检产品总量之比

B. 实际完成产量数与计划定额数之比

C. 实际完成定额工时数与计划完成定额工时数之比

D. 实际产值与计划产值之比

120. AC003　核算中要计算出超产或欠产数及(　　　)的百分比。

    A. 计划完成数　　　B. 实际完成数　　　C. 实际产值　　　D. 计划产值

121. AC004　质量指标主要是指产品的(　　　)。

    A. 质量　　　　　　B. 标准　　　　　　C. 合格率　　　　D. 商标

122. AC004　以下不属于产品产量指标的是(　　　)。

    A. 作业井次　　　　B. 钻井进尺　　　　C. 运输量　　　　D. 废品率

123. AC004　班组产品质量指标的核算是指用实际质量与计划或计划要求相对比以检查质量指标(　　　)。

    A. 完成情况　　　　B. 好坏　　　　　　C. 是否达标　　　D. 实施效果

124. AC005　搞好班组经济核算,必须依靠(　　　)的力量,群策群力,协同参与。

    A. 广大员工　　　　B. 领导　　　　　　C. 班组　　　　　D. 劳动

125. AC005　班组经济核算工作顺利开展的前提是(　　　)。

    A. 注重培训和宣传　　　　　　　　B. 企业上下的高度重视

    C. 有效的激励和约束机制　　　　　D. 加强班组基础工作

126. AC005　制定考核方案时要充分考虑各层面的职责权限,按照"奖惩体现公平、考核宽严适度、(　　　)、措施行之有效"的原则进行。

    A. 培训及时有效　　B. 指标科学合理　　C. 制度完善　　　D. 责任分清

127. AC006　节约额核算法适用于工序定额、(　　　)和计量手段构成较为完备的班组。

    A. 质量指标　　　　B. 计划产品　　　　C. 工序价格　　　D. 成本核算

128. AC006　材料能源实际单耗等于实际总消耗量与(　　　)的比值。

    A. 实际产品产量　　　　　　　　　B. 计划产品产量

    C. 合格产品产量　　　　　　　　　D. 生产产品产量

129. AC006　班组经济核算大致可分为数量指标核算法和(　　　)两大类。

    A. 质量指标核算法　　　　　　　　B. 产品指标核算法

    C. 金额指标核算法　　　　　　　　D. 劳动指标核算法

130. AC007　以下不属于节约额核算内容的是(　　　)。

    A. 超产节约价值　　　　　　　　　B. 完成产值超(欠)数

    C. 原材料节约价值　　　　　　　　D. 降低消耗节约价值

131. AC007　产量指标的计算公式:产品合格率=(　　　)×100%。

    A. 合格产品总量/送检产品总量　　　B. 不合格产品总量/送检产品总量

    C. 送检产品总量/合格产品总量　　　D. 送检产品总量/不合格产品总量

132. AC007　劳动出勤率等于实际出勤工日数与(　　　)之比的百分数。

    A. 制度规定工时数　　　　　　　　B. 制度规定工日数

    C. 累计工时数　　　　　　　　　　D. 累计工日数

133. AD001　电压一定,电流通过金属导体,其电功与(　　　)成反比。

    A. 导体截面积　　　B. 电流　　　　　C. 时间　　　　　D. 电阻

134. AD001　若导体两端的电压提高 1 倍,则电功率是原来的(　　　)。

    A. 4 倍　　　　　　B. 2 倍　　　　　　C. 8 倍　　　　　D. 1 倍

135. AD001　若通过一导体的电流增加 1 倍,则电功率是原来的(　　)。

　　A. 1 倍　　　　　　　B. 2 倍　　　　　　　C. 4 倍　　　　　　　D. 8 倍

136. AD002　电阻器通常是指电路中使(　　)相匹配或对电路进行控制的元器件。

　　A. 负载与电源　　　　　　　　　　B. 电容与电源

　　C. 电阻与电源　　　　　　　　　　D. 电容与电阻

137. AD002　电阻器的规格通常是指(　　)。

　　A. 导体截面积　　　　B. 最大电流　　　　C. 储存电能量　　　　D. 功率及阻值

138. AD002　电阻器通用的符号是(　　)。

　　A. ──▭──　　　　B. ──◁├──　　　　C. ──┤├──　　　　D. ──ᄊᄊᄊ──

139. AD003　电容是电路中常用的一种具有(　　)功能的电气元件。

　　A. 储存电能　　　　B. 交流隔断　　　　C. 直流通路　　　　D. 单向导通

140. AD003　电容规格(技术参数)主要是指(　　)。

　　A. 导体截面积　　　　B. 最大电流　　　　C. 电容量　　　　D. 功率及阻值

141. AD003　电容通用的符号是(　　)。

　　A. ──▭──　　　　B. ──◁├──　　　　C. ──┤├──　　　　D. ──ᄊᄊᄊ──

142. AD004　电感线圈主要是利用通电线圈产生的(　　)与其他元件相互配合使用的电气元件。

　　A. 电源感应　　　　B. 磁场感应　　　　C. 电压　　　　D. 电阻

143. AD004　电感线圈的技术参数通常是指(　　)。

　　A. 感应面积　　　　B. 最大电流值　　　　C. 电流互感比　　　　D. 功率及阻值

144. AD004　电感线圈通用的符号是(　　)。

　　A. ──▭──　　　　B. ──◁├──　　　　C. ──┤├──　　　　D. ──ᄊᄊᄊ──

145. AD005　变压器的(　　)是指在正常工作条件下能够提供的最大容量。

　　A. 额定容量　　　　B. 相数　　　　C. 额定频率　　　　D. 额定电阻

146. AD005　某单相变压器,原、副线圈匝数比为 1:10,则输入与输出的(　　)不变。

　　A. 电流　　　　B. 电压　　　　C. 频率　　　　D. 相位

147. AD005　某变压器铭牌型号为 SJL-560/10,其中"560"表示(　　)。

　　A. 输入电压　　　　B. 输出电压　　　　C. 额定容量　　　　D. 额定电流

148. AD006　电工必备的绝缘保护用具包括绝缘手套和(　　)。

　　A. 电工钳　　　　B. 验电器　　　　C. 绝缘棒　　　　D. 熔断管

149. AD006　用于 1000V 以下电力系统的基本安全用具有绝缘杆、绝缘夹钳、(　　)、电工测量钳、带绝缘手柄的钳式工具和电压指示器等。

　　A. 钢丝钳　　　　B. 绝缘手套　　　　C. 防护眼镜　　　　D. 压接钳

150. AD006　高压绝缘棒主要用于(　　)。

　　A. 换电灯　　　　　　　　　　B. 换电动机

　　C. 换大理石熔断器　　　　　　D. 闭合或断开高压隔离开关

151. AD007　电流表是用于测量(　　)的。

　　A. 电动机电压　　　　B. 电路电流　　　　C. 电路电阻　　　　D. 电灯电容

152. AD007 电流表分为直流电流表和( )电流表。

    A. 大功率   B. 交流   C. 高压   D. 低压

153. AD007 钳形电流表是根据( )互感器的原理制成的。

    A. 电路   B. 电压   C. 电阻   D. 电流

154. AD008 手提式灭火器的喷射滞后时间不得大于( )。

    A. 3s   B. 5s   C. 7s   D. 10s

155. AD008 推车式灭火器的喷射滞后时间不得大于( )。

    A. 5s   B. 7s   C. 10s   D. 12s

156. AD008 二氧化碳称重比钢瓶局部打的钢印总质量小( )时,应送检维修。

    A. 50g   B. 40g   C. 30g   D. 20g

157. AD009 MFZ8 型储压式干粉灭火器有效喷射时间( )。

    A. 为 6s   B. 不小于 8s   C. 不小于 10s   D. 不小于 14s

158. AD009 MFZ8 型储压式干粉灭火器的质量为( )。

    A. (2.0±0.04)kg   B. (4.0±0.10)kg

    C. (6.0±0.16)kg   D. (8.0±0.16)kg

159. AD009 MFZ8 型储压式干粉灭火器的有效距离( )。

    A. 为 2.5m   B. 不小于 3.5m   C. 不小于 4.5m   D. 不小于 5.5m

160. AD010 机械的安全状态包括( )。

    A. 机械的气候环境   B. 机械的通风

    C. 机械的防尘   D. 机械的安全防护

161. AD010 以下不是机械伤害事故危险源的是( )。

    A. 叶轮绞碾   B. 勾挂衣袖   C. 人为指挥   D. 光杆断

162. AD010 站内设备中,机组对轮必须安装( ),有明显的安全警句,以免对员工造成机械伤害。

    A. 报警   B. 压力表   C. 接地电阻   D. 护罩

163. AD011 以下属于我国规定电压等级的是( )。

    A. 16V   B. 12V   C. 10V   D. 8V

164. AD011 触电多发生在( )线路上。

    A. 关断开关   B. 启动开关   C. 高压   D. 低压

165. AD011 把电气设备某一部分通过接地装置同大地紧密连接在一起,称为( )保护。

    A. 绝缘   B. 屏障   C. 接地   D. 漏电

166. AD012 触电后电流对人体的伤害主要有电击和( )。

    A. 呼吸停止   B. 心脏停止   C. 电伤   D. 灼伤

167. AD012 通过人体内部的电流可分为感知电流、摆脱电流、( )。

    A. 轻微电流   B. 接触电流

    C. 较强电流   D. 致命电流

168. AD012 如果人在较高处触电,应采取保护措施,防止( )电源后从高处掉下来。

    A. 接触   B. 使用   C. 切断   D. 合上

169. AD013　配制站(　　)应急处置:先停运相应的外输泵及进出口阀,同时通知关联注入站关闭来液总阀,并向队管人员及大队调度汇报。

A. 电气设备起火　　　　　　　　B. 全站失电

C. 外输母液管线穿孔　　　　　　D. 全站停水

170. AD013　配制站溶解罐液位计失灵应急处置:先停运相应分散装置,关闭分散装置上水阀及(　　)进出口阀,如有母液泄漏应及时处理,并向队管人员及大队调度汇报。

A. 混配液输送泵　　B. 供水泵　　　　C. 外输泵　　　　D. 排污泵

171. AD013　配制站天吊操作过程中失控应急处置:立即断开天吊电源,在吊钩下方(　　)范围内设立警戒区,并向队管人员汇报。

A. 2m²　　　　　　　B. 3m²　　　　　C. 4m²　　　　　D. 5m²

172. AD014　配制站螺杆泵管理要求:(　　)护罩完好、牢固,警示标识清晰。

A. 联轴器　　　　　B. 电动机　　　　C. 管线　　　　　D. 安全阀

173. AD014　配制站站外的排污池剩余高度应大于(　　)。

A. 1m　　　　　　　B. 1.5m　　　　　C. 2m　　　　　　D. 2.5m

174. AD014　配制站离心泵的密封漏失量的标准要求为每分钟小于(　　)。

A. 6 滴　　　　　　B. 10 滴　　　　　C. 16 滴　　　　　D. 20 滴

175. AD015　配制站进站须知:必须穿防护服,戴安全帽,禁止(　　)。

A. 穿拖鞋　　　　　B. 戴口罩　　　　C. 穿工鞋　　　　D. 戴手套

176. AD015　配制站站内行走必须穿戴整齐的劳保用品,二人成行、三人成列,泵房内应(　　)行走。

A. 在设备以外　　　　　　　　　B. 在安全线以内

C. 随意　　　　　　　　　　　　D. 结伴

177. AD015　配制站外来人员入站应提醒对方站内注意事项,并告知(　　)。

A. 危险性　　　　　B. 穿戴劳保用品　　C. 入站须知　　　D. 站内流程

178. BA001　聚合物配制注入系统工艺有"配注合一"和(　　)两种。

A. 集中配制　　　　　　　　　　B. 集中配制、分散注入

C. 分质分压　　　　　　　　　　D. 分散配制、分散注入

179. BA001　以下属于聚合物配制工艺的是(　　)。

A. 干粉配制　　　　B. 集中配制　　　C. 气液配制　　　D. 分散配制

180. BA001　聚合物配制部分和注入部分合建在一起的聚合物配制注入工艺称为(　　)。

A. 集中配制、分散注入　　　　　B. 集中配注

C. 配注合一　　　　　　　　　　D. 分散配注

181. BA002　聚合物配制短流程又称(　　)流程。

A. 分散配制　　　　B. 熟储合一　　　C. 配注合一　　　D. 集中配制

182. BA002　聚合物配制短流程简化了配制工艺,减少了中间环节,方便了管理,减少(　　)左右的黏度损失。

A. 1%　　　　　　　B. 2%　　　　　　C. 5%　　　　　　D. 10%

183. BA002 长流程和短流程之间的区别在于,长流程工艺中有储罐和(   ),而短流程没有。

    A. 转输螺杆泵   B. 熟化罐   C. 配注合一   D. 集中配制

184. BA003 聚合物(   )装置是把一定量的聚合物干粉均匀地溶于一定重量的水中,配制成确定浓度的混合溶液的设备。

    A. 外输泵   B. 干粉分散   C. 熟化   D. 过滤

185. BA003 聚合物分散装置通过(   )把混合溶液输送到熟化罐熟化。

    A. 风机   B. 振动器   C. 搅拌器   D. 螺杆泵

186. BA003 聚合物干粉经过(   )均匀地分散在水中。

    A. 料斗   B. 水粉混合器   C. 螺杆下料器   D. 搅拌器

187. BA004 在聚合物分散装置中,当水粉混合溶液落入溶解罐内时,(   )开始工作,使溶液溶解得更加均匀彻底。

    A. 风机   B. 搅拌器   C. 振动器   D. 离心泵

188. BA004 聚合物干粉分散装置中混配液的配制程序是(   )。

    A. 干粉入料、风力输送、计量下料、水粉混合

    B. 风力输送、干粉入料、计量下料、水粉混合

    C. 干粉入料、计量下料、风力输送、水粉混合

    D. 计量下料、水粉混合、干粉入料、风力输送

189. BA004 水幔型分散装置是指在干粉与水接触之前,水流先形成一个水幔,水由四周向(   )流并与干粉混合。

    A. 外   B. 中间   C. 上   D. 下

190. BA005 料斗的下部应制成锥形,并设(   ),以便随时能监控料斗内的干粉料位情况。

    A. 振动器   B. 料位控制器   C. 物流检测器   D. 计量下料器

191. BA005 聚合物分散装置风力输送的作用是定量地向(   )内输送聚合物干粉。

    A. 料斗   B. 水粉混合器   C. 溶解罐   D. 熟化罐

192. BA005 料斗的作用是储存聚合物干粉并不断向(   )输送干粉。

    A. 螺杆下料器   B. 溶解罐   C. 振动器   D. 水粉混合器

193. BA006 分散装置中,上水调节阀的动作程度由(   )参数进行控制。

    A. 液位   B. 配制浓度   C. 浮动比例段   D. 液位波动范围

194. BA006 分散装置工作时根据(   )控制搅拌器的启停。

    A. 流量   B. 液位   C. 物流   D. 料位

195. BA006 分散装置根据(   )参数来控制水粉混合比例。

    A. 液位   B. 调节阀调节参数

    C. 液位比例段   D. 配制浓度

196. BA007 溶解罐中主要有(   )等设备。

    A. 搅拌器、液位传感器、振动器   B. 搅拌器、液位传感器、溢流及放空管

    C. 螺杆下料器、液位传感器   D. 振动器、搅拌器

197. BA007　溶解罐的容积应不小于聚合物干粉分散装置每小时配液能力的(　　　)。

　　A. 1/2　　　　　　　　B. 1/3　　　　　　　C. 1/5　　　　　　　D. 1/10

198. BA007　溶解罐的设计和制造应符合(　　　)容器制造标准。

　　A. 耐温　　　　　　　　B. 压力　　　　　　　C. 一般　　　　　　　D. 标准

199. BA008　瀑布型分散装置中,水流从(　　　),形成一个类似于瀑布的流态来溶解干粉。

　　A. 水喷射器射出　　　　　　　　　　B. 分散罐壁四周喷出

　　C. 喷头喷出　　　　　　　　　　　　D. 混合器喷出

200. BA008　喷头型水粉混合器能把(　　　)喷成雾状,有利于干粉与水混合。

　　A. 干粉　　　　　　　　B. 清水　　　　　　　C. 母液　　　　　　　D. 初溶液

201. BA008　在喷头型分散装置中,水由入口沿芯子(　　　)进入水粉混合器。

　　A. 上方　　　　　　　　B. 下方　　　　　　　C. 切线方向　　　　　D. 平行方向

202. BA009　水幔型水粉混合器使水在其下部形成一个封闭旋转的(　　　)水幔。

　　A. 方形　　　　　　　　B. 圆形　　　　　　　C. 菱形　　　　　　　D. 三角形

203. BA009　水粉混合器是将(　　　)混合在一起配成溶液的装置。

　　A. 干粉和溶液　　　　B. 干粉和水　　　　C. 溶液和水　　　　　D. 母液和水

204. BA009　水粉混合器封闭的有机玻璃外罩的作用包括(　　　)。

　　A. 封闭溶液,防爆　　　　　　　　　B. 封闭溶液,便于观察,防爆

　　C. 隔绝温度干扰　　　　　　　　　　D. 封闭溶液,便于观察,隔绝气流干扰

205. BA010　射流型聚合物分散溶解装置主要由干粉料斗部分、(　　　)、溶解润湿部分和控制系统部分组成。

　　A. 混合部分　　　　　B. 射流输送部分　　C. 配比部分　　　　　D. 计量部分

206. BA010　射流型聚合物分散溶解装置中干粉料斗部分由(　　　)、振动器、料位开关、闸板等组成。

　　A. 干粉料斗　　　　　B. 天吊　　　　　　　C. 溶解罐　　　　　　D. 风机

207. BA010　射流型聚合物分散装置中射流输送部分由射流器、漏斗、(　　　)、气输管线等组成。

　　A. 搅拌器　　　　　　B. 液位计　　　　　　C. 螺杆泵　　　　　　D. 物料监测仪

208. BA011　射流型聚合物分散装置运用(　　　)的原理工作。

　　A. 万有引力　　　　　B. 冲压　　　　　　　C. 射流变压　　　　　D. 螺旋送粉

209. BA011　水流经水射器高速射出后,在喷嘴周围形成局部真空,产生(　　　)。

　　A. 负压　　　　　　　B. 射流　　　　　　　C. 变压　　　　　　　D. 高速度

210. BA011　射流分散装置的运行可通过(　　　)与控制室上位机相连进行监控和操作。

　　A. 转换器　　　　　　B. 检测器　　　　　　C. 射流器　　　　　　D. 通信接口

211. BA012　集成密闭上料装置中的除尘中央程控器主要控制主上料机、副上料机、(　　　)、湿度处理空气循环风机、除湿器。

　　A. 除尘器　　　　　　B. 上料仓　　　　　　C. 气缸　　　　　　　D. 空压机

212. BA012　集成密闭上料装置中的上料仓由上料吊车、自动卸料器、自动门、(　　　)组成。

　　A. 气缸　　　　　　　B. 上料螺旋　　　　　C. 空压机　　　　　　D. 除尘器

213. BA012　集成密闭上料装置中空压机属于全自动的动作核心设备,日常生产运行时要经常检查(　　),每隔周放一次储气罐的水。

　　A. 线路　　　　　　B. 电动机　　　　　C. 气缸　　　　　　D. 机油

214. BB001　搅拌器运转时,叶片外沿线速度控制在(　　)以下。

　　A. 20r/min　　　　B. 30r/min　　　　C. 50r/min　　　　D. 60r/min

215. BB001　搅拌器电动机应有足够的功率,留有(　　)的余量。

　　A. 10%　　　　　　B. 20%　　　　　　C. 30%　　　　　　D. 40%

216. BB001　聚合物溶解后,全部升压过程不宜选用离心泵,一般选用(　　)。

　　A. 容积泵　　　　　B. 叶轮泵　　　　　C. 剪切泵　　　　　D. 搅拌泵

217. BB002　聚合物干粉装入料斗后,通过(　　)把一定重量的粉剂均匀地加入风力输送管内。

　　A. 水粉混合器　　　B. 搅拌器　　　　　C. 螺杆下料器　　　D. 振动器

218. BB002　分散装置搅拌器的剪切速率(　　)才能达到降低聚合物溶液黏损的目的。

　　A. 小于 $500s^{-1}$　　　　　　　　　B. 为 $500\sim550s^{-1}$

　　C. 为 $550\sim600s^{-1}$　　　　　　　D. 大于 $600s^{-1}$

219. BB002　一般根据(　　)的接触方式来对聚合物分散装置进行分类。

　　A. 水和水　　　　　B. 干粉和干粉　　C. 水和空气　　　D. 水和干粉

220. BB003　聚合物分散装置中风力输送是向文丘里喷嘴内射入(　　),在吸入口形成涡流使干粉吸入。

　　A. 膨胀气体　　　　B. 压缩空气　　　　C. 常压空气　　　　D. 水蒸气

221. BB003　螺杆下料器主要靠(　　)来调整干粉的输出量。

　　A. 干粉漏斗　　　　B. 挤压板　　　　　C. 计量螺杆　　　　D. 风机

222. BB003　料斗的下部呈(　　)。

　　A. 喇叭形　　　　　B. 锥形　　　　　　C. 圆柱形　　　　　D. 方形

223. BB004　分散装置运行时,料斗的顶部要缓慢地吹入干燥空气,以防内部水汽凝结,影响干粉流动,因此料斗的顶部安装了(　　),除去空气中的杂质。

　　A. 滤网　　　　　　B. 空气过滤器　　　C. 精过滤器　　　　D. 粗过滤器

224. BB004　分散装置在自动方式下工作时,主电源开关、设备运行开关、工作方式选择开关分别处于(　　)状态。

　　A. ON、OFF、AUTO　　　　　　　　B. OFF、ON、AUTO

　　C. ON、OFF、MAN　　　　　　　　 D. OFF、ON、MAN

225. BB004　分散装置在手动方式下工作时,向料斗加干粉,利用控制盘上的开关启动除尘器风机,待加完药后,先停风机,启动除尘振动器(　　)。

　　A. 1～2s　　　　　B. 2～3s　　　　　C. 3～4s　　　　　D. 3～5s

226. BB005　操作射流分散自动控制系统前应先检查控制柜内的(　　)是否合上。

　　A. 空气开关　　　　B. 指示灯　　　　　C. 控制器　　　　　D. 变频器

227. BB005　操作射流分散自动控制系统时,点击上位的分散图标,此时为灰色,弹出图标后点击(　　)按钮,这时分散装置将自动运行,分散图标将变为绿色。

　　A. 取消　　　　　　B. 开启　　　　　　C. 停止　　　　　　D. 运行

228. BB005 射流分散装置中溶解罐内的液体控制高度设定好后,(   )通过液位进行启停控制,使液位在设定的工作液位中。

    A. 射流器   B. 水粉混合器   C. 螺杆泵   D. 搅拌器

229. BB006 射流型分散装置结构(   ),运输、安装方便,可移动,能再次整套利用。

    A. 复杂化   B. 简洁化   C. 橇装化   D. 分体化

230. BB006 射流型分散浓度稳定性好,配水系统采用(   )闭环控制,精确下料器采用变频调节,混配浓度精度高,误差小。

    A. PID   B. CAD   C. DIP   D. PLD

231. BB006 射流型分散装置混配采用(   )的方式,强制混合,因此能确保聚合物母液不会发生结团、鱼眼及沉降现象。

    A. 干粉撒落在水幔的旋涡中   B. 干粉撒落在瀑布的旋涡中

    C. 水射流携带干粉   D. 风力吹送

232. BB007 射流型分散装置不启动时,应先检查该分散装置控制柜是否处于(   )状态。

    A. 手动   B. 自动   C. 停运   D. 故障

233. BB007 射流型分散装置停运后,供水泵仍然继续供水,可判断故障为(   )。

    A. 上水电动球阀失灵   B. 分散装置启动故障

    C. 供水泵故障   D. 供水泵电动机故障

234. BB007 射流型分散装置出现只走水不走粉或干粉下料不均匀现象时,原因除了可能是螺杆下料器堵塞外,还可能是(   )。

    A. 物流检测器失灵   B. 振荡器不启动

    C. 供水泵故障   D. 螺杆下料器电动机不供电

235. BB008 当分散装置需要上料时,闸板阀被打开,相应地给除尘上料中央控制器一个触发信号,中央控制器打开相应电动阀,当电动阀开到位时,自动打开(   )。

    A. 储存料仓   B. 除尘器   C. 上料机   D. 除湿器

236. BB008 分散装置上完料时,自动停止除尘器,关闭气动阀,停止(   ),关闭料仓气动阀,自动停止加料。

    A. 空压机   B. 上料机   C. 储存料仓   D. 除湿器

237. BB008 集成密闭上料装置加料时,先将聚合物用吊车放到上料吊车底,用遥控器打开自动门,启动(   ),将上料吊车移动出加料仓。

    A. 除尘器   B. 上料机   C. 上料螺旋   D. 储存料仓

238. BB009 大多数控制系统的基本特征是(   )。

    A. 误差   B. 反馈   C. 输入量   D. 输出量

239. BB009 在聚合物干粉分散系统中,电磁阀、电动球阀、电动控制阀属于控制系统中的(   )单元。

    A. 数据采集   B. 数据处理   C. 执行   D. 检测变速

240. BB009 聚合物母液配制自动控制系统的核心部分通常是(   )。

    A. 可编程序控制器   B. 个人计算机

    C. 计算机工作站   D. 人工控制

241. BB010 凡是系统输出信号对控制作用能有直接影响的系统,都称为( )控制系统。
    A. 直接   B. 间接   C. 开环   D. 闭环

242. BB010 输入信号与反馈信号之差称为( )。
    A. 误差信号   B. 输出信号   C. 模拟信号   D. 数字信号

243. BB010 控制系统一般由检测变送单元及( )单元组成。
    A. 输送   B. 执行   C. 采集   D. 处理

244. BB011 凡是系统输出量对控制作用没有影响的系统都称为( )。
    A. 直接控制系统   B. 间接控制系统
    C. 开环控制系统   D. 闭环控制系统

245. BB011 开环系统中,不需要对( )进行测量。
    A. 校准量   B. 系统精度   C. 输入量   D. 输出量

246. BB011 下列控制中属于开环控制的是( )。
    A. 聚合物母液浓度控制   B. 分散装置清水来水控制
    C. 熟化罐液位控制   D. 熟化罐搅拌器运行时间控制

247. BB012 聚合物母液浓度控制属于( )控制系统。
    A. 开环   B. 闭环
    C. 开环控制与闭环控制相结合的   D. 反馈

248. BB012 当系统的输入量已知且不存在扰动时,应优先采用( )系统。
    A. 闭环   B. 开环   C. 直接控制   D. 间接控制

249. BB012 与开环控制相比,闭环控制的控制精度高,稳定性( )。
    A. 好   B. 一般   C. 差   D. 无法判断

250. BB013 对表征系统工作状态或产品质量的物理量进行直接测量和控制,称为( )控制。
    A. 直接   B. 间接   C. 开环   D. 闭环

251. BB013 通过测量控制第二变量实现对表征系统工作状态或产品质量的物理量的测量和控制的方式称为( )控制。
    A. 直接   B. 间接   C. 开环   D. 闭环

252. BA013 聚合物母液配制浓度的控制属于( )控制。
    A. 闭环   B. 开环   C. 间接   D. 直接

253. BB014 集散控制系统是以( )为基础的集中分散型综合控制系统的简称。
    A. 计算机硬件   B. 计算机软件   C. 巨型计算机   D. 微处理机

254. BB014 集散控制系统可实现对间歇生产过程的控制,即( )。
    A. 分批控制   B. 顺序控制   C. 反馈控制   D. 监督控制

255. BB014 集散控制系统大多采用一个微处理机进行一个回路或多个回路控制的单控制器,这主要可提高系统的( )。
    A. 灵活性   B. 安全性   C. 易用性   D. 适应性

256. BB015 可编程控制器的英文缩写是( )。
    A. RAM   B. ROM   C. CPU   D. PLC

257. BB015　PLC 是一种(　　)式自动控制装置。

    A. 数字　　　　　　B. 模拟　　　　　　C. 自适应　　　　　　D. 分布

258. BB015　可编程序控制器是计算机技术与(　　)逻辑控制概念相结合的一种控制器。

    A. 存储器　　　　　B. 计数器　　　　　C. 继电器　　　　　D. 接触器

259. BB016　PLC 由(　　)组成。

    A. 硬件系统　　　　　　　　　　　　B. 硬件系统和软件系统

    C. 软件系统　　　　　　　　　　　　D. 继电器

260. BB016　PLC 的硬件系统由中央处理单元、(　　)、电源和输入输出接口组成。

    A. 继电器　　　　　B. 接触器　　　　　C. 存储器　　　　　D. 计数器

261. BB016　PLC 软件系统由(　　)程序组成。

    A. 通信和转换　　　B. 管理和执行　　　C. 存储和控制　　　D. 系统和用户

262. BB017　PLC 一般采用(　　)编程。

    A. 梯形图　　　　　B. C 语言　　　　　C. BASIC 语言　　　D. FORTRAN 语言

263. BB017　在梯形图中,"—┤├—"表示一个(　　)。

    A. 线圈　　　　　　B. 常开触点　　　　C. 常闭触点　　　　D. 继电器

264. BB017　梯形图编程原则:继电器线圈可以引用(　　),而作为它的常开常闭触点可引用多次。

    A. 4 次　　　　　　B. 3 次　　　　　　C. 2 次　　　　　　D. 1 次

265. BB018　根据(　　)和用户对自控程度的要求,可以选择不同的控制方案。

    A. 配制量　　　　　B. 控制点　　　　　C. 硬件　　　　　　D. 软件

266. BB018　控制方案主要包括(　　)控制、集中控制、集散控制。

    A. 单回路　　　　　B. 双回路　　　　　C. 三回路　　　　　D. 多回路

267. BB018　单回路控制方案是一种(　　)控制。

    A. 集散　　　　　　B. 集中　　　　　　C. 分散　　　　　　D. 手动

268. BB019　聚合物分散系统正常运转时,分散装置启动的条件是(　　)。

    A. 熟化罐母液达到高液位　　　　　　B. 熟化罐中母液已熟化好

    C. 熟化罐出口阀打开　　　　　　　　D. 熟化罐有一个为空罐

269. BB019　聚合物分散装置利用交流电动机控制下料量通过调节(　　)的输出频率来实现。

    A. 螺杆下料器　　　B. 物流检测器　　　C. 变频器　　　　　D. 总电源

270. BB019　分散装置上水量的自动控制主要是通过自动调节阀与流量变送器及二次仪表组成的(　　)闭环调节回路自动进行的。

    A. PLC　　　　　　B. PID　　　　　　C. CPU　　　　　　D. RAM

271. BB020　聚合物熟化系统的主要控制设备包括可编程控制器、(　　)、超声波液位计。

    A. 进口电动蝶阀　　　　　　　　　　B. 出口电动蝶阀

    C. 搅拌机　　　　　　　　　　　　　D. 转输泵

272. BB020　熟化系统设定的搅拌时间一般为(　　)。

    A. 150min　　　　　B. 120min　　　　　C. 90min　　　　　　D. 60min

273. BB020　在熟化系统中,音叉属于( )设备。

    A. 中央处理　　　　B. 控制　　　　　　C. 被控　　　　　　D. 计量

274. BB021　配制站监控系统通过( )变化监测各种设备、阀门的工作状态。

    A. 颜色　　　　　　B. 数字　　　　　　C. 液面　　　　　　D. 过程画面

275. BB021　配制站监控系统通过( )变化监测各种罐中液位的变化。

    A. 颜色　　　　　　B. 数字　　　　　　C. 液面　　　　　　D. 过程画面

276. BB021　配制站监控系统通过( )变化检测流量计流量、搅拌器运行时间的变化。

    A. 颜色　　　　　　B. 数字　　　　　　C. 液面　　　　　　D. 过程画面

277. BB022　分散装置中,螺杆下料器螺杆与套管间隙加大可能造成( )。

    A. 下料量过大　　B. 下料量不足　　C. 进水量不足　　D. 进水量过大

278. BB022　射流器堵塞可能造成( )。

    A. 螺杆输送泵不能启动　　　　　　　B. 除尘器无法正常工作

    C. 干粉下料量过大　　　　　　　　　D. 干粉输送管中无干粉

279. BB022　分散装置来清水过程中控制阀无法完全打开,可能造成( )。

    A. 下料量过大　　B. 下料量不足　　C. 进水量过大　　D. 进水量不足

280. BB023　配制站监控系统的生产曲线有( )、熟化罐液位、外输泵流量、过滤器压力曲线。

    A. 分散电流　　　　B. 外输电流　　　C. 干粉重量　　　　D. 外输压力

281. BB023　查询配制站监控系统生产曲线时,进入查询系统界面,按键盘( )键即可弹出数据源界面。

    A. Ctrl+W　　　　B. Ctrl+C　　　　C. Ctrl+X　　　　D. Ctrl+V

282. BB023　查询配制站监控系统生产曲线时,进入历史趋势界面,在坐标区域内双击鼠标左键,弹出对话框,鼠标左键单击对话框内( )字样即可。

    A. 文件　　　　　　B. 数据　　　　　　C. 图表　　　　　　D. 历史

283. BB024　可编程控制器出现不处理数据的故障应断电后( )。

    A. 更换模块　　　　B. 重装系统　　　C. 更换控制器　　　D. 重新启动

284. BB024　操作或运行系统瘫痪时,若重启电脑后故障仍无法排除,则启用( )进行还原。

    A. 系统镜像　　　　B. 控制器　　　　C. 模块　　　　　　D. 备用电源

285. BB024　分散装置进水低流量时应先用计算机确认,如依然不启动,到( )重新切进清水泵。

    A. 计算机　　　　　B. 分散装置　　　C. 配电柜　　　　　D. 现场

286. BC001　铸铁半联轴器外缘的极限速度不得超过( )。

    A. 35m/s　　　　　B. 25m/s　　　　　C. 70m/s　　　　　D. 50m/s

287. BC001　套筒联轴器常用于两轴直径( )、工作平稳、同轴度高的场合。

    A. 无法确定　　　　B. 较大　　　　　C. 较小　　　　　　D. 较适中

288. BC001　弹性尼龙柱销联轴器允许的径向偏移量为( )。

    A. 0~0.1mm　　　B. 0.1~0.25mm　　C. 0.25~0.5mm　　D. 0.1~0.5mm

289. BC002 减速器不能用(　　)传动来减低转速、提高转矩。

A. 齿轮　　　　　　　B. 蜗杆　　　　　　　C. 带　　　　　　　　D. 齿轮蜗轮

290. BC002 减速器由封闭在刚性箱体的(　　)组成。

A. 带传动　　　　　　B. 轴传动　　　　　　C. 齿轮传动　　　　　D. 链传动

291. BC002 在传动比(　　)时,应采用两级以上的减速器传动。

A. $i>1$　　　　　　　B. $i>5$　　　　　　　C. $i>8$　　　　　　　D. $i>10$

292. BC003 减速器齿轮圆周速度(　　)时应采用喷油润滑。

A. $v>12$m/s　　　　　B. $v>10$m/s　　　　　C. $v<5$m/s　　　　　D. $v>1$m/s

293. BC003 圆锥齿轮减速器的润滑应使圆锥齿轮的浸入深度达到齿轮的(　　)宽度。

A. 1/2　　　　　　　　B. 1/3　　　　　　　　C. 全部　　　　　　　D. 两倍

294. BC003 减速器传动零件圆周速度为(　　),应需要脂润滑,此时必须在轴承内侧设置挡油环。

A. $2\sim3$m/s　　　　　B. $4\sim5$m/s　　　　　C. $12\sim15$m/s　　　　D. $8\sim20$m/s

295. BC004 螺杆泵工作时,压力和流量稳定,脉动很小,液体在泵内做连续而均匀的(　　)运动,无搅拌现象。

A. 螺旋线　　　　　　B. 直线　　　　　　　C. 曲线　　　　　　　D. 双曲线

296. BC004 单螺杆泵是一种内啮合(　　)回转的容积式泵。

A. 偏心　　　　　　　B. 同心　　　　　　　C. 异心　　　　　　　D. 双向

297. BC004 螺杆泵主要由(　　)组成。

A. 转子和万向节　　　　　　　　　　　B. 长螺栓和中间轴

C. 衬套和螺杆　　　　　　　　　　　　D. 转子和转动轴

298. BC005 输送聚合物溶液常用(　　)。

A. 五螺杆泵　　　　　B. 双螺杆泵　　　　　C. 三螺杆泵　　　　　D. 离心泵

299. BC005 螺杆泵是靠相互(　　)的螺杆做旋转运动来输送液体的。

A. 啮合　　　　　　　B. 挤压　　　　　　　C. 撞击　　　　　　　D. 吸引

300. BC005 用螺杆泵输送聚合物溶液主要是为了防止(　　)的降解。

A. 化学　　　　　　　B. 机械　　　　　　　C. 生物　　　　　　　D. 热

301. BC006 三螺杆泵适用于输送不含(　　)的润滑性液体。

A. 油脂　　　　　　　B. 固体颗粒　　　　　C. 水　　　　　　　　D. 杂质

302. BC006 单螺杆泵运转对聚合物的(　　)作用相对较小。

A. 剪切　　　　　　　B. 摩擦　　　　　　　C. 化学　　　　　　　D. 生物

303. BC006 三螺杆泵较单螺杆泵具有(　　)的优点。

A. 体积小、排量小　　　　　　　　　　B. 体积大、排量大

C. 体积大、排量小　　　　　　　　　　D. 体积小、排量大

304. BC007 同步结构螺杆泵的分配齿轮和(　　)都装在泵腔的外面。

A. 定子　　　　　　　B. 螺杆　　　　　　　C. 变速装置　　　　　D. 转子支撑轴承

305. BC007 同步结构螺杆泵的内部方案是将齿轮和轴承都装入泵腔(　　)。

A. 内部　　　　　　　B. 外部　　　　　　　C. 上部　　　　　　　D. 下部

306. BC007 许多同步螺杆泵的同步齿轮传递动力给转子时,并不需要( )和螺旋槽之间有金属和金属的相互接触。

　　A. 齿轮　　　　　　B. 螺杆　　　　　　C. 机械密封　　　　D. 轴承

307. BC008 非同步螺杆泵不需要给( )加装外部的支撑轴承。

　　A. 定子　　　　　　B. 转子　　　　　　C. 万向节　　　　　D. 转动轴

308. BC008 把( )作为支撑从动转子的唯一手段是非同步螺杆泵独一无二的特点。

　　A. 转子　　　　　　B. 泵腔　　　　　　C. 轴承　　　　　　D. 泵体

309. BC008 非同步式螺杆泵具有滚铣形式啮合( )的螺杆。

　　A. 直槽　　　　　　B. 弯槽　　　　　　C. 凹槽　　　　　　D. 螺旋槽

310. BC009 变频调速装置能够实现泵电动机的软启动、调速、切换,( )和变频泵的自动增减及软切换。

　　A. 自动启　　　　　B. 自动停　　　　　C. 自动调节量　　　D. 定量泵

311. BC009 变频调速装置应用功能完善的智能仪表对( )进行控制,具有系统稳定性好、节能效果好的特点。

　　A. 整套系统　　　　B. 测控参数　　　　C. 泵运行　　　　　D. 电压

312. BC009 变频调速装置采用( )控制可在低速下平稳运行,增加节能效果。

　　A. 转矩矢量　　　　B. 模块　　　　　　C. 计算机　　　　　D. 变频

313. BC010 变频调速装置的( )通过电子热保护功能和内部强度检测保护变频主机。

　　A. 过压保护　　　　B. 欠压保护　　　　C. 过热保护　　　　D. 过载保护

314. BC010 变频调速装置的过压保护:当中间电路的直流电压大于( )时,主机停止工作。

　　A. 200V　　　　　　B. 400V　　　　　　C. 600V　　　　　　D. 800V

315. BC010 变频调速装置的欠压保护:当中间电路的直流电压小于( )时,主机停止工作。

　　A. 200V　　　　　　B. 400V　　　　　　C. 600V　　　　　　D. 800V

316. BC011 变频调速装置中的压力信号需转换成( )的电信号送至 PID。

　　A. 1~10mA　　　　 B. 4~10mA　　　　 C. 4~20mA　　　　 D. 5~30mA

317. BC011 变频调速装置的过程参数调节器经过比例、积分专家算法后的稳定运行信号和泵切换 I/O 送至( )。

　　A. 传感器　　　　　B. 变频器　　　　　C. 变压器　　　　　D. 电机

318. BC011 变频调速装置变频器输出的泵的运行频率和泵运行切换信号送至( )以调整当前运行泵的转速。

　　A. 电控装置　　　　　　　　　　　　　B. 变频装置

　　C. 传感器　　　　　　　　　　　　　　D. 仪表

319. BC012 聚合物母液管道设计的主要技术内容包括降压计算、( )和材质优选。

　　A. 流速计算　　　　B. 防腐设计　　　　C. 黏损控制　　　　D. 浓度控制

320. BC012 聚合物配制站到最远注入站的母液输送管道长度宜在( )以内。

　　A. 4km　　　　　　 B. 5km　　　　　　 C. 6km　　　　　　 D. 7km

321. BC012　聚合物配制站的母液输送管径的计算流速以(　　)为宜。
　　A. 0.3~0.5m/s　　　　　　　　　B. 0.5~0.8m/s
　　C. 0.5~1.0m/s　　　　　　　　　D. 1.0~2.0m/s

322. BC013　聚合物母液输送管道有(　　)、玻璃钢管、塑料合金复合管、不锈钢管、碳钢内
　　　　涂层管等几种。
　　A. 钢骨架塑料复合管　　　　　　　B. 金属管
　　C. 非金属管　　　　　　　　　　　D. 塑料管

323. BC013　钢骨架塑料复合管采用电热熔连接和(　　)两种方式。
　　A. 卡箍连接　　　B. 法兰连接　　　C. 螺纹连接　　　D. 承插胶接

324. BC013　玻璃钢管道与钢管连接可采用带线螺纹的钢制短节、(　　)和法兰连接。
　　A. 螺纹连接　　　B. 承插胶接　　　C. 管箍连接　　　D. 电热熔连接

325. BC014　聚合物母液输送的基本要求是保证各注入站需要的母液量以及母液(　　)
　　　　合格。
　　A. 压力　　　　　B. 流速　　　　　C. 剪切速率　　　D. 浓度和黏度

326. BC014　聚合物母液管道长期运行后,内壁黏性附着物增多、杂质沉淀以及部分长期不
　　　　流动的母液残留会造成(　　)。
　　A. 管道堵塞　　　B. 回压增高　　　C. 浓度变小　　　D. 黏度变小

327. BC014　聚合物母液管道内壁的黏性附着物主要为(　　)、交联聚合物和微生物产生
　　　　的絮状物。
　　A. 未充分溶解的黏团　　　　　　　B. 管壁防腐物质
　　C. 固体杂质　　　　　　　　　　　D. 遗留焊渣

328. BC015　聚合物母液管道清洗有(　　)两种方式。
　　A. 清水清洗、吹扫　　　　　　　　B. 清水清洗、化学清洗
　　C. 吹扫、化学清洗　　　　　　　　D. 鼓风清洗、热水清洗

329. BC015　聚合物母液管道连续停止使用(　　)后再次投用前、发现母液不合格的情况
　　　　下采用热水清洗。
　　A. 24h　　　　　　B. 48h　　　　　C. 72h　　　　　D. 96h

330. BC015　聚合物母液管道在输送阻力增大、回压增高,或正常使用超过(　　)未清洗的
　　　　情况下,应采用化学清洗。
　　A. 2 年　　　　　　B. 4 年　　　　　C. 5 年　　　　　D. 10 年

331. BC016　以下属于叶片式泵的是(　　)。
　　A. 往复泵　　　　B. 离心泵　　　　C. 齿轮泵　　　　D. 手摇泵

332. BC016　离心泵按叶轮进水方式可分为(　　)。
　　A. 单级泵和多级泵　　　　　　　　B. 低压泵、中压泵和高压泵
　　C. 单吸式泵和双吸式泵　　　　　　D. 蜗壳泵和透平泵

333. BC016　高压离心泵的压头(　　)。
　　A. 为 $100~200mH_2O$　　　　　　　B. 为 $240~600mH_2O$
　　C. 为 $600~1800mH_2O$　　　　　　D. 大于 $1800mH_2O$

334. BC017　低比转数离心泵的转数 n 的范围:(　　)。

　　A. 50r/min<n<80r/min　　　　　　B. 80r/min<n<150r/min

　　C. 10r/min<n<50r/min　　　　　　D. 150r/min<n<300r/min

335. BC017　离心泵运行时,泵的振动一般不应超过(　　)。

　　A. 0. 07mm　　　　B. 0. 08mm　　　　C. 0. 09mm　　　　D. 0. 10mm

336. BC017　离心泵在实际工作中的转数最高不超过许可值的(　　)。

　　A. 1%　　　　　　B. 2%　　　　　　C. 3%　　　　　　D. 4%

337. BC018　有源滤波器是一种动态抑制(　　)、补偿无功的电力电子装置。

　　A. 电流　　　　　　B. 电压　　　　　　C. 谐波　　　　　　D. 功率

338. BC018　有源滤波器能够对大小和频率都变化的谐波以及变化的无功功率进行
　　　　　　(　　)。

　　A. 改变　　　　　　B. 增大　　　　　　C. 减小　　　　　　D. 补偿

339. BC018　变频器的广泛使用起到了节能的效果,但是会产生大量的谐波,导致线路电能
　　　　　　质量降低,因此在使用变频器的同时线路中最好加装(　　)。

　　A. 有源滤波器　　B. 无源滤波器　　C. 有功补偿器　　D. 无功补偿器

340. BC019　有源滤波器是采用电力电子技术和基于高速 DSP 器件的(　　)制成的电力
　　　　　　谐波治理专用设备。

　　A. 数字传输　　　　　　　　　　　B. 数字信号处理技术

　　C. 电气元件　　　　　　　　　　　D. 抑制干扰技术

341. BC019　有源滤波器由(　　)和补偿电流发生电路两个主要部分组成。

　　A. 电气元件　　　　　　　　　　　B. 三极管

　　C. 指令电流运算电路　　　　　　　D. 数字信号处理电路

342. BC019　有源滤波器的指令电流运算电路实时监视线路中的电流,并可将模拟电流信
　　　　　　号转换为(　　)。

　　A. 电流信号　　　　B. 电压信号　　　　C. 通信信号　　　　D. 数字信号

343. BC020　以下属于静密封件的是(　　)。

　　A. 非金属衬垫和 O 形密封圈　　　　B. 金属衬垫和唇形密封圈

　　C. 机械密封和 O 形密封圈　　　　　D. 唇形密封圈和非金属衬垫

344. BC020　轴承主要有(　　)两种密封形式。

　　A. 静密封和动密封　　　　　　　　B. 衬垫密封和机械密封

　　C. 金属密封和非金属密封　　　　　D. 机械密封和金属密封

345. BC020　静密封是在(　　)的表面之间进行的密封。

　　A. 两个有相对位移　　　　　　　　B. 两个无相对位移

　　C. 一个有相对位移　　　　　　　　D. 以上选项均不正确

346. BC021　低压清水泵叶轮的泵壳一般选用(　　)。

　　A. 45 号钢　　　　B. 普通铸铁　　　　C. 不锈钢　　　　D. 40Cr

347. BC021　高压注水泵的叶轮一般采用(　　)。

　　A. 铸钢　　　　　　B. 碳素钢　　　　　C. 不锈钢　　　　　D. 铸铁

348. BC021　高压离心清水泵的平衡盘可选用(　　)。
　　A. 铜　　　　　　　B. 45 号钢　　　　C. 铸铁　　　　　　　D. 铸钢

349. BC022　离心泵的"三保"周期为(　　)。
　　A. 3000h　　　　　B. 5000h　　　　　C. 8000h　　　　　　D. 10000h

350. BC022　离心泵启动前,必须使泵壳和吸水管内(　　),然后才能启动电动机。
　　A. 排尽水　　　　　B. 充满水　　　　　C. 排尽空气　　　　D. 充满空气

351. BC022　离心泵的转数与电动机的转数比是(　　)。
　　A. 1 : 2　　　　　　B. 1 : 1　　　　　C. 2 : 1　　　　　　D. 3 : 1

352. BC023　滚动轴承润滑的注意事项:油的黏度高些,润滑脂填充空隙(　　)。
　　A. 小于 1/3　　　　B. 为 1/3～1/2　　C. 为 1/2～2/3　　D. 大于 2/3

353. BC023　油性表示润滑的极性分子在摩擦表面上的(　　)能力。
　　A. 吸附　　　　　　B. 黏附　　　　　　C. 运动　　　　　　D. 移动

354. BC023　润滑就是用某种介质把摩擦表面(　　)。
　　A. 擦净　　　　　　B. 隔开　　　　　　C. 变粗糙　　　　　D. 以上选项均不正确

355. BC024　粉状固体润滑剂与黏结剂调成的混合物可用于(　　)的场合。
　　A. 极高负荷和极低速度　　　　　　　　B. 极高负荷和极高速度
　　C. 低负荷和高速度　　　　　　　　　　D. 低负荷和低速度

356. BC024　润滑脂是(　　)润滑剂。
　　A. 液体　　　　　　B. 半液体　　　　　C. 半流体　　　　　D. 固体

357. BC024　润滑剂可分为(　　)。
　　A. 液体润滑剂、气体润滑剂及固体润滑剂
　　B. 半液体润滑剂、液体润滑剂及固体润滑剂
　　C. 半液体润滑剂、液体润滑剂和润滑脂
　　D. 液体润滑剂、半液体润滑剂、气体润滑剂、固体润滑剂

358. BC025　通常可用黏度比(　　)来判断润滑油黏温性的好坏。
　　A. 0℃/50℃　　　　B. 0℃/100℃　　　C. 50℃/100℃　　D. 50℃/80℃

359. BC025　润滑油冷却到不能流动的温度称为(　　)。
　　A. 工作温度　　　　B. 固体温度　　　　C. 闪点　　　　　　D. 凝点

360. BC025　以下可作为润滑油安全指标的是(　　)。
　　A. 凝点　　　　　　B. 闪点　　　　　　C. 黏度　　　　　　D. 酸值

361. BC026　表示润滑脂稠度的指标是(　　)。
　　A. 黏度　　　　　　B. 油性　　　　　　C. 针入度　　　　　D. 滴点

362. BC026　对于多尘工作环境的机械,可选用(　　),以利于密封。
　　A. 液体润滑剂　　　B. 润滑脂　　　　　C. 润滑剂　　　　　D. 固体润滑剂

363. BC026　对受冲击载荷或往复运动的零件,且不易形成液体油膜时,可选用(　　)。
　　A. 液体润滑剂　　　B. 固体润滑剂　　　C. 润滑油　　　　　D. 润滑脂

364. BC027　配制站的除尘系统包括(　　)、中央集尘机等。
　　A. 移动式吸尘器　　　　　　　　　　　B. 除尘中央程控器
　　C. 工控机　　　　　　　　　　　　　　D. 传感器

365. BC027　除尘系统中央除尘部分把(　　)作为治理点。
　　A. 分散装置　　　B. 分散装置泵房　　C. 外输泵房　　　D. 分散装置上料口

366. BC027　除尘系统中的集尘系统由集尘机组成,集成机分别摆放在(　　)。
　　A. 分散装置上料口　B. 外输泵房　　C. 罐区和料区　　D. 分散装置泵房

367. BC028　除尘系统自动控制时,分散装置上料时(　　)被打开,相应地给除尘中央控制器一个触发信号。
　　A. 集尘机　　　　B. 除尘器　　　C. 转换器　　　　D. 感应器

368. BC028　中央控制器接到信号后打开相应的电动阀,当电动阀开到位时,自动打开(　　)。
　　A. 除尘器　　　　B. 集尘机　　　C. 中央集尘机　　D. 除尘中央程控器

369. BC028　除尘系统的触摸屏上可以设定集尘机的运行时间和(　　)。
　　A. 运行速度　　B. 运行间隔时间　C. 运行电压　　D. 运行频率

370. BC029　熟化罐安装电热防冻控制装置的目的为(　　)。
　　A. 输送母液　　　B. 熟化母液　　C. 混合母液　　D. 防冻保温

371. BC029　电热防冻及控制装置的保温层厚度(　　)。
　　A. 小于20mm　　B. 不小于20mm　C. 大于30mm　　D. 不大于30mm

372. BC029　电热防冻及控制装置的控温范围为(　　)。
　　A. 10~200℃　　B. 0~10℃　　C. 10~90℃　　D. 20~80℃

373. BC030　由熟化罐向注入站输送聚合物母液常用(　　)过滤器。
　　A. 角式　　　　B. 精　　　　C. 粗　　　　D. 精粗

374. BC030　过滤器进出口端之间的压差一般应(　　)。
　　A. 小于0.3MPa　　　　　　B. 为0.3~0.4MPa
　　C. 为0.3~0.5MPa　　　　　D. 大于0.3MPa

375. BC030　针对聚合物母液,精过滤器大小通常为(　　)。
　　A. 10μm　　　　B. 5μm　　　　C. 100μm　　　D. 25μm

376. BC031　过滤器是对聚合物过滤的压力容器,要经常观察进出口(　　)变化情况,制定清洗周期。
　　A. 温度　　　　B. 流量　　　　C. 压力　　　　D. 浓度

377. BC031　过滤器滤芯的物理再生法之一是用压力为(　　)的压缩空气反吹。
　　A. 0.1~0.2MPa　　　　　　B. 0.2~0.4MPa
　　C. 0.4~0.6MPa　　　　　　D. 0.6~0.8MPa

378. BC031　过滤器过滤聚合物溶液时压差一般不应超过(　　)。
　　A. 0.2MPa　　　B. 0.3MPa　　C. 0.4MPa　　　D. 0.5MPa

379. BC032　串组式过滤器的外壳上部和下部分别设有入口和出口,其特征为底端是封闭的筒体,顶端设有(　　),与筒体用连接件相互连接。
　　A. 过滤网　　　B. 滤袋　　　　C. 阀门　　　　D. 快开盲板

380. BC032　串组式过滤器的滤芯由多个过滤组件(　　)组成。
　　A. 并列　　　　B. 串联　　　　C. 单独　　　　D. 混合

381. BC032　串组式过滤器各过滤组件的顶部安装在一安装板上,安装板边缘与设在该筒体内上部内缘的(　　)连接。

　　A. 卡箍　　　　　　B. 法兰　　　　　C. 环形支撑板　　　D. 螺栓

382. BC033　串组式过滤器的管口部分包括进出口汇管、进出口法兰、排气口和排污口以及(　　)。

　　A. 滤芯　　　　　　　　　　　　　B. 一、二级过滤器连接管

　　C. 滤袋　　　　　　　　　　　　　D. 金属网结构

383. BC033　串组式过滤器的单体过滤器部分包括(　　)、上盖和下底。

　　A. 过滤器筒体　　　B. 金属网结构　　C. 滤芯　　　　　　D. 滤袋

384. BC033　串组式过滤器的滤芯部分包括过滤袋、(　　)和支撑部分。

　　A. 介质和滤群　　　B. 金属网结构　　C. 筛管　　　　　　D. 介质

385. BC034　串组式过滤器采用了新式结构,相同条件下增加了(　　)。

　　A. 过滤量　　　　　B. 占地面积　　　C. 密闭性　　　　　D. 过滤面积

386. BC034　串组式过滤器与聚合物母液接触的部位全部采用(　　),避免了对聚合物母液的降解。

　　A. 铸铁材料　　　　B. 不锈钢材料　　C. 塑钢材料　　　　D. 玻璃材质

387. BC034　串组式过滤器采用(　　)结构,密封效果好,便于安装拆卸。

　　A. 紧固密封　　　　B. 槽形密封　　　C. 卡箍密封　　　　D. 机械密封

388. BD001　机器中通常使用(　　)万向联轴器,使主动、从动轴角速度相等。

　　A. 单个　　　　　　B. 2个　　　　　　C. 3个　　　　　　D. 4个

389. BD001　弹性套柱销联轴器的径向偏移允许值为(　　)。

　　A. 0.1~0.3mm　　B. 0.3~0.6mm　　C. 0.6~0.8mm　　D. 0.8~1mm

390. BD001　可移式刚性联轴器为(　　)联轴器。

　　A. 套筒　　　　　　B. 凸缘　　　　　C. 万向　　　　　　D. 弹性柱销

391. BD002　发生晶间腐蚀时,奥氏体不锈钢在500~700℃在晶界处析出碳化镉会导致晶界附近的含镉量低于(　　)。

　　A. 10.7%　　　　　B. 1.07%　　　　　C. 11.7%　　　　　D. 1.17%

392. BD002　应力腐蚀主要是材料结构上存在应力而在高(　　)化合物含量介质中产生的一种腐蚀。

　　A. 氧　　　　　　　B. 氯　　　　　　C. 氮　　　　　　　D. 碳

393. BD002　点蚀是金属材料处于氯离子含量较高的酸性介质溶液中,由于材料本身与其内部所含沉淀的杂质之间的电位差而形成的(　　)腐蚀。

　　A. 电化学　　　　　B. 电物理　　　　C. 化学　　　　　　D. 应力

394. BD003　金属材料常用的表面处理方法有(　　)、氮化、氯化等工艺。

　　A. 镀钢　　　　　　B. 镀镍　　　　　C. 镀铬　　　　　　D. 镀锌

395. BD003　若酸性不大、氯化物含量低,油田用的高压离心泵的叶轮、导叶等零部件可选用(　　)作为零件材料。

　　A. 1Cr18Ni9Ti　　B. 0Cr17Ti　　　　C. 1Cr13 或 2Cr13　D. 3Cr13 或 4Cr13

396. BD003　改善金属零件工作介质条件,能够有效地降低零件腐蚀速度、提高零件的( )。

　　A. 抗腐蚀性　　　　B. 抗氧性　　　　C. 抗菌性　　　　D. 耐磨性

397. BD004　单螺杆泵的转子由( )材料制作,运转时对聚合物的剪切作用相对较小。

　　A. 碳钢　　　　　　B. 橡胶　　　　　C. 不锈钢　　　　D. 铝合金

398. BD004　单螺杆泵的泵套常用( )制成。

　　A. 不锈钢　　　　　B. 碳钢　　　　　C. 橡胶　　　　　D. 硬塑

399. BD004　单螺杆泵的泵套螺纹导程是螺杆螺距的( )。

　　A. 1/2　　　　　　B. 1 倍　　　　　C. 2 倍　　　　　D. 3 倍

400. BD005　螺杆泵工作时,主动螺杆只受( ),基本不受其他力,因此泵的使用寿命较长。

　　A. 被动螺杆的摩擦力　　　　　　　　B. 扭转力

　　C. 轴向力　　　　　　　　　　　　　D. 液体扭转力和被动螺杆本身的径向挤力

401. BD005　螺杆泵不允许在日光下暴晒或在-20℃环境下工作,长时间停泵时,应保持泵腔内存水,以免( )损坏。

　　A. 万向节　　　　　B. 转子　　　　　C. 轴承　　　　　D. 橡胶件

402. BD005　螺杆泵每运转( )后,都要进行全拆大修,更换易损件,大修后进行必需的测试,其主要性能要达到原来的技术指标。

　　A. 1000h　　　　　B. 2000h　　　　C. 3000h　　　　D. 4000h

403. BD006　变频调速装置的最佳变频工作区间为( )。

　　A. 20～40Hz　　　B. 25～40Hz　　C. 30～40Hz　　D. 35～40Hz

404. BD006　变频调速装置长时间运行在 5Hz 以下,容易出现( )的故障。

　　A. 烧毁变频器　　　B. 烧毁电动机　　C. 变频过载　　　D. 电动机过载

405. BD006　变频调速装置长时间运行在 45Hz 以上,( )不明显,可使用工频运行。

　　A. 节能作用　　　　　　　　　　　　B. 泵启停

　　C. 电动机保护运行　　　　　　　　　D. 电动机通风

406. BD007　变频调速装置柜内的电气设备及其元器件的电气连接点处应按要求粘贴( )。

　　A. 检查时间　　　　B. 仪表检定贴　　C. 测温贴片　　　D. 厂家标牌

407. BD007　停止变频调速装置时,先把变频器的频率调至( )以下,再停变频器,最后断开电源,避免带负荷断电。

　　A. 10Hz　　　　　　B. 20Hz　　　　C. 30Hz　　　　　D. 40Hz

408. BD007　使用变频调速装置时,操作人员要熟知控制柜上的( )、指示表、开关、按钮作用,并掌握变频器的状态。

　　A. 指示灯　　　　　B. 电压值　　　　C. 电流值　　　　D. 变频值

409. BD008　使用变频调速装置时,运行设备对应的( )要完全打开,避免变频器出现过载保护。

　　A. 电动机　　　　　B. 过滤器　　　　C. 变频器　　　　D. 出口阀门

410. BD008　变频器控制电动机时,必须保证电动机具有良好的通风条件,必要时采取( )措施。

　　A. 拆卸冷却　　　　B. 外部通风冷却　　C. 更换冷却　　　　D. 人工冷却

411. BD008　变频器驱动电动机的运行与停止,不能使用低压断路器或交流接触器直接操作,应通过通用变频器的( )来操作。

　　A. 控制端子　　　　B. 配电柜　　　　　C. 遥控器　　　　　D. 总开关

412. BD009　带传动是( )传动的一种方式。

　　A. 液压　　　　　　B. 机械　　　　　　C. 电力　　　　　　D. 风力

413. BD009　以下不属于机械传动的是( )。

　　A. 带传动　　　　　B. 齿轮传动　　　　C. 液压传动　　　　D. 链传动

414. BD009　机械传动系统的基本组成部分是( )。

　　A. 带、齿轮或链　　　　　　　　　　　B. 液压泵

　　C. 马达、液压缸　　　　　　　　　　　D. 液压泵、液压缸

415. BD010　螺杆传动利用( )和螺母组成的螺旋实现传动。

　　A. 螺旋齿　　　　　B. 螺杆　　　　　　C. 齿轮　　　　　　D. 轴

416. BD010　以下属于带有中间挠性件的啮合传动的是( )。

　　A. 带传动　　　　　B. 链传动　　　　　C. 齿轮传动　　　　D. 蜗杆传动

417. BD010　蜗杆传动常用于( )的工作条件。

　　A. 传动比大、传递功率大　　　　　　　B. 传动比大、传递功率小

　　C. 传动比小、传递功率小　　　　　　　D. 传动比小、传递功率大

418. BD011　齿轮传动的基本要求是( )。

　　A. 传动平稳,承载能力强　　　　　　　B. 传动平稳,润滑良好

　　C. 润滑良好,啮合精度高　　　　　　　D. 润滑良好,承载能力强

419. BD011　标准齿轮的齿廓由两条对称的( )构成。

　　A. 双曲线　　　　　B. 渐进线　　　　　C. 弧线　　　　　　D. 单曲线

420. BD011　根据工作条件,齿轮传动可分为( )。

　　A. 开式传动和半开式传动　　　　　　　B. 开式传动和闭式传动

　　C. 开式传动、半开式传动和闭式传动　　D. 半开式传动、半闭式传动和闭式传动

421. BD012　三角带具有一定的厚度,为了制造和测量方便,以其( )作为标准长度。

　　A. 圆周长　　　　　B. 展开长度　　　　C. 内周长　　　　　D. 外周长

422. BD012　生产中最常见的带传动是( )带传动。

　　A. 平行　　　　　　B. 三角　　　　　　C. 圆形　　　　　　D. 齿形

423. BD012　三角带的截面积形状为( )。

　　A. 正方形　　　　　B. 矩形　　　　　　C. 三角形　　　　　D. 梯形

424. BD013　机器密封分为固定密封和( )密封两大类。

　　A. 动　　　　　　　B. 静　　　　　　　C. 密封填料　　　　D. 机械

425. BD013　动密封分为接触式、非接触式和( )三种方式。

　　A. 固定式　　　　　B. 半接触式　　　　C. 滚式　　　　　　D. 滑动式

426. BD013　动密封的接触方式包括密封圈密封和(　　)密封。

　　A. 机械　　　　　　　B. O形密封圈　　　C. 填料　　　　　　　D. 防尘圈

427. BD014　烧蚀量是衡量密封填料(　　)的重要依据。

　　A. 质量　　　　　　　B. 强度　　　　　　C. 耐高温　　　　　D. 耐磨性

428. BD014　铅箔、铝箔包石棉密封填料耐磨性好,宜用在转速高的(　　)上。

　　A. 螺杆泵　　　　　　B. 离心泵　　　　　C. 容积式泵　　　　D. 柱塞泵

429. BD014　在常温的水泵及阀门上,为防止拉杆、阀杆生锈,宜选用(　　)。

　　A. 石棉密封填料　　　　　　　　　　B. 橡胶密封填料

　　C. 穿心编结密封填料　　　　　　　　D. 油浸石棉密封填料

430. BD015　机械密封装置安装时有4个密封点,即(　　)、动环与轴之间、静环的密封圈、
　　　　　　 法兰与密封箱端面间。

　　A. 摩擦副端面之间　　B. 填料　　　　　　C. 轴套表面　　　　D. 压盖之间

431. BD015　机械密封必须有良好的润滑,以防止(　　)而阻碍密封件运动。

　　A. 热循环形成焦化　　　　　　　　　B. 冷循环造成变形

　　C. 热循环破坏　　　　　　　　　　　D. 冷循环破坏

432. BD015　机械密封主要用在回转体上,其密封表面通常(　　)轴,使摩擦面保持的接触
　　　　　　 力和轴线平行。

　　A. 平行于　　　　　　B. 重合于　　　　　C. 垂直于　　　　　D. 紧靠于

433. BD016　压力润滑方式是指提供润滑用的润滑油具有一定的(　　)。

　　A. 量　　　　　　　　B. 温度　　　　　　C. 压力　　　　　　D. 黏度

434. BD016　设备的润滑方式按润滑装置分为(　　)。

　　A. 集中润滑和分散润滑　　　　　　　B. 连续润滑和间歇润滑

　　C. 压力润滑和无压润滑　　　　　　　D. 循环润滑和非循环润滑

435. BD016　甘油润滑是(　　)润滑剂。

　　A. 液体　　　　　　　B. 半固体　　　　　C. 固体　　　　　　D. 气体

436. BD017　吸附在摩擦表面的(　　)具有分层结构,层间易滑动,摩擦系数小,是建立润
　　　　　　 滑的必要条件。

　　A. 润滑剂　　　　　　B. 润滑膜　　　　　C. 润滑脂　　　　　D. 润滑油

437. BD017　油环润滑是设备的(　　)润滑方法。

　　A. 浸油　　　　　　　B. 溅油　　　　　　C. 带油　　　　　　D. 手工加油

438. BD017　手工加油润滑常用的润滑机具是(　　)。

　　A. 油嘴、油枪　　　　B. 油芯式油杯　　　C. 油链、油池　　　D. 油轮、刮板

439. BD018　聚合物驱油设备中(　　)装有搅拌器装置。

　　A. 料斗　　　　　　　B. 熟化罐　　　　　C. 过滤器　　　　　D. 换热器

440. BD018　聚合物驱油设备中搅拌器的主要目的是加速(　　)过程。

　　A. 化学反应　　　　　B. 溶解　　　　　　C. 传热　　　　　　D. 混合

441. BD018　搅拌高黏度液体时,效果最好的是(　　)搅拌器。

　　A. 框式　　　　　　　B. 螺带式　　　　　C. 螺杆式　　　　　D. 螺带式、螺杆式

442. BD019　聚合物驱油设备中推进式搅拌器主要是(　　)。

    A. 平直叶形　　　　　B. 船舶形　　　　　C. 折叶形　　　　　D. 圆盘弯叶形

443. BD019　聚合物驱油设备中通常采用(　　)搅拌器。

    A. 斜入式　　　　　B. 旁入式　　　　　C. 推进式　　　　　D. 框式

444. BD019　螺杆式搅拌器是以具有一定螺距的(　　)焊接在轴上制成的。

    A. 螺旋带　　　　　B. 螺旋片　　　　　C. 角钢弯制　　　　　D. 桨叶

445. BD020　熟化罐搅拌器的传动装置维护每(　　)进行一次。

    A. 一个月　　　　　B. 三个月　　　　　C. 半年　　　　　D. 一年

446. BD020　维护熟化罐搅拌器的传动装置时通过(　　)加注润滑油。

    A. 放空口　　　　　B. 油箱　　　　　C. 排污口　　　　　D. 注油孔

447. BD020　熟化罐的轮毂螺栓每(　　)检查一次。

    A. 一个月　　　　　B. 三个月　　　　　C. 半年　　　　　D. 一年

448. BD021　电动单梁起重机的主梁采用钢板压延成形的(　　)槽钢,再与工字钢组焊成箱形实腹梁。

    A. U 形　　　　　B. Z 形　　　　　C. A 形　　　　　D. L 形

449. BD021　电动单梁起重机的主梁和横梁之间用(　　)精制螺栓连接成一体。

    A. M10　　　　　B. M20　　　　　C. M30　　　　　D. M40

450. BD021　电动单梁起重机采用分别驱动形式,驱制动靠锥形制动(　　)来完成。

    A. 电动机　　　　　B. 电动葫芦　　　　　C. 操作手柄　　　　　D. 行程开关

451. BD022　电动单梁起重机一级保养时要对(　　)、电气设备部分和金属结构三大部分进行全面检查。

    A. 机械传动部分　　B. 电动葫芦　　　　C. 电动机　　　　　D. 传动部位

452. BD022　应向电动单梁起重机油塞注入钙基润滑脂润滑车轮轴承,且建议不超过(　　)换油一次。

    A. 一个月　　　　　B. 三个月　　　　　C. 半年　　　　　D. 一年

453. BD022　润滑电动单梁起重机车轮轴承时,加注润滑脂的油量为(　　)轴承容量。

    A. 1/2　　　　　B. 1/3　　　　　C. 1/2~1/3　　　　　D. 1/2~2/3

454. BD023　除尘系统接上电源,控制箱板上的主机电源指示灯(　　),反转警示灯(　　)。

    A. 亮,亮　　　　　B. 不亮,不亮　　　　C. 不亮,亮　　　　　D. 亮,不亮

455. BD023　除尘系统运行时要有足够的空气从连接管内吸入(　　),以提高机器使用寿命。

    A. 风机　　　　　B. 集尘机　　　　　C. 料斗　　　　　D. 主机

456. BD023　除尘系统的中央集尘机过载后,热继电器会自动断开电路,应(　　)处理。

    A. 重启中央集尘机　　　　　　　　B. 拔掉电源重启

    C. 拔电源后消除过载再复位　　　　D. 返厂家维修

457. BD024　电热防冻控制装置由电源控制、(　　)、传感器三部分组成。

    A. 功率仪表　　　　B. 电流仪表　　　　C. 控温仪表　　　　D. 电压仪表

458. BD024 电热防冻控制装置中( )安装在电热保温材料内,经信号电缆与控温仪表连接。

    A. 传感器   B. 电源   C. 电流表   D. 电压表

459. BD024 电热防冻控制装置安装在( )内为系统主电路提供电源及温度控制。

    A. 仪表箱   B. 电源箱   C. 电热材料   D. 控温器

460. BE001 机械零件的修复方法包括磨损、机械损伤和( )零部件的修复方法。

    A. 塑性变形   B. 变形   C. 扭伤   D. 刮伤

461. BE001 滚动轴承检修时,如发现磨损后间隙增大且超过规定值,应( )。

    A. 更换新的轴承   B. 修复后使用   C. 打磨后使用   D. 持续使用

462. BE001 对于开式滑动轴承,磨损使间隙增大时,可采用( )的方法使轴瓦与轴的配合间隙达到规定值。

    A. 调整瓦口尺寸   B. 更换新的轴承

    C. 调整瓦口垫薄厚的尺寸   D. 修复间隙的大小

463. BE002 滑动轴承根据( )的不同可分为液体摩擦滑动轴承和非液体摩擦滑动轴承两种。

    A. 运动和静止   B. 形状和形态   C. 润滑和摩擦   D. 承载和受载

464. BE002 液体摩擦滑动轴承的轴颈和轴承表面( ),可大大降低摩擦损失和表面磨损。

    A. 完全断开   B. 被一层油膜隔开

    C. 直接接触   D. 有部分间隙

465. BE002 对于非液体摩擦滑动轴承,摩擦发热易使轴承温度升高,严重时将出现( )现象,影响轴承的正常工作。

    A. 轻微磨损   B. 烧结黏合   C. 移位偏离   D. 磨削变形

466. BE003 若滚动轴承无保持架,则由于相邻滚动体接触点表面运动方向是相反的,相对摩擦速度是表面速度的( ),所以磨损严重。

    A. 1 倍   B. 2 倍   C. 3 倍   D. 4 倍

467. BE003 滚动轴承按所能承受的载荷方向分为向心轴承、推力轴承、向心推力轴承和( )。

    A. 推力向心轴承   B. 滚子轴承   C. 球轴承   D. 调心轴承

468. BE003 滚动轴承中的推力轴承仅能承受( )载荷。

    A. 向外   B. 向心   C. 轴向   D. 径向

469. BE004 千分尺主要用于测量精度要求较高的工件,其精度可达( )。

    A. 0.1mm   B. 0.01mm   C. 0.001mm   D. 0.0001mm

470. BE004 千分尺利用直线移动量与旋转角度之间的( )进行读数。

    A. 正比关系   B. 反比关系   C. 对数关系   D. 逻辑关系

471. BE004 千分尺使用前应擦净砧座并校 0 位,卡在工件上旋转棘轮,听到( )即可读数。

    A. 嘟嘟声   B. 滴滴声   C. 咔咔声   D. 啦啦声

472. BE005　千分尺读数时,要先从( )刻度尺刻线上读取毫米数或半毫米数,再从( )刻度尺与固定套筒上中线对齐的刻线上读取格数(每一格为0.01mm)。

　　A. 外测试,外测试　　　　　　　　　B. 内测试,内测试

　　C. 外测试,内测试　　　　　　　　　D. 内测试,外测试

473. BE005　千分尺读数时,读取内测试刻度尺下侧的半刻度时,若半刻度已露出,记作( )。

　　A. 1mm　　　　　B. 5mm　　　　　C. 0.25mm　　　　　D. 0.5mm

474. BE005　千分尺读数时,读取外测试刻度尺上的数值后乘以( )。

　　A. 0.1mm　　　　B. 0.01mm　　　　C. 1mm　　　　　D. 10mm

475. BE006　游标卡尺的精度包括( )。

　　A. 0.01mm　　　　B. 0.02mm　　　　C. 0.001mm　　　　D. 0.002mm

476. BE006　使用外径千分尺与游标卡尺之前都要检查尺况,再校准( )。

　　A. 刻度　　　　　　B. 量程　　　　　C. 零位　　　　　D. 数值

477. BE006　使用外径千分尺与游标卡尺后,都要( ),放在盒内。

　　A. 检查刻度　　　　B. 擦净上油　　　C. 包起来　　　　D. 校验精度

478. BE007　使用容量瓶配制溶液时,观察视线必须与液面保持( )。

　　A. 在同一水平　　　B. 相交　　　　　C. 平行　　　　　D. 垂直

479. BE007　每一容量瓶都标有它的容积和计量该容积时的温度,一般规定为( )下的体积。

　　A. 0℃　　　　　　B. 10℃　　　　　C. 20℃　　　　　D. 30℃

480. BE007　由于配制药品要求不同,容量瓶分为( )两种。

　　A. 红色和无色　　　B. 黑色和白色　　　C. 棕色和无色　　　D. 棕色和白色

481. BE008　以有效聚合物计算,PAM水解度的检测方法为( )。

　　A. 阳离子滴定法　　　　　　　　　B. 乌式黏度法

　　C. 过滤干燥称重法　　　　　　　　D. 液相色谱分析

482. BE008　测量聚合物溶液的配伍性时一般采用( )。

　　A. 筛网黏度计法　　　　　　　　　B. 液相色谱分析法

　　C. 过滤性能测试法　　　　　　　　D. 阳离子滴定法

483. BE008　聚合物溶液筛网系数的检测方法为( )。

　　A. 液相色谱分析　　B. 乌式黏度法　　C. 阳离子滴定法　　D. 筛网黏度计法

484. BE009　聚合物溶液的黏度测定一般在( )下。

　　A. 0℃　　　　　　B. 10℃　　　　　C. 25℃　　　　　D. 45℃

485. BE009　聚合物溶液特性黏度的检测方法为( )。

　　A. 阳离子滴定法　　　　　　　　　B. 淀粉—碘化镉比色法

　　C. 乌式黏度法　　　　　　　　　　D. 液相色谱分析

486. BE009　聚合物溶液的特性黏度标准为( )。

　　A. 13~15mPa·s　　B. 15~17mPa·s　　C. 17~19mPa·s　　D. 19~21mPa·s

487. BE010　测定聚合物溶液浓度的方法中能够形成蓝色络合物的是(　　　)。
　　　A. 淀粉—碘化镉显色法　　　　　　B. 浊度法
　　　C. 四氯化锡度法　　　　　　　　　D. 紫外分光光度法

488. BE010　淀粉—碘化镉显色法是在 pH 值等于(　　　)的条件下通过分光光度进行显色测定。
　　　A. 1　　　　　　　B. 2　　　　　　C. 3.5　　　　　　D. 6.5

489. BE010　浊度法测定聚合物溶液浓度的原理是聚合物在酸性溶液中与(　　　)反应,产生不溶物,使溶液混浊。
　　　A. 碘化镉　　　　B. 溴化钠　　　　C. 次氯酸钠　　　　D. 氯化钠

490. BE011　用乌式黏度计测量相对分子质量时,重复 3 次,测定结果相差不得超过(　　　)。
　　　A. 1s　　　　　　B. 0.8s　　　　　C. 0.6s　　　　　D. 0.5s

491. BE011　聚合物的相对分子质量一般在(　　　)。
　　　A. $10^1 \sim 10^3$　　B. $10^2 \sim 10^5$　　C. $10^3 \sim 10^7$　　D. $10^7 \sim 10^{10}$

492. BE011　聚合物的相对分子质量具有(　　　)。
　　　A. 聚集性　　　　B. 多分数性　　　　C. 均一性　　　　D. 稳定性

493. BE012　测定聚合物固含量所用的分析天平需准确至(　　　)。
　　　A. 0.1g　　　　　B. 0.01g　　　　　C. 0.001g　　　　D. 0.0001g

494. BE012　固含量是指从聚合物中除去水分等挥发物后(　　　)的百分含量。
　　　A. 水　　　　　　　　　　　　B. 挥发物
　　　C. 固体物质　　　　　　　　　D. 溶液

495. BE012　测量聚合物固含量所用的称量瓶规格是(　　　)。
　　　A. 内径 30mm,高 40mm　　　　B. 内径 40mm,高 30mm
　　　C. 内径 50mm,高 20mm　　　　D. 内径 60mm,高 20mm

496. BE013　任何计量容器在使用(　　　)必须小心洗净。
　　　A. 前　　　　　　B. 后　　　　　　C. 期间　　　　　D. 前后

497. BE013　准确移取一定量的液体使用(　　　)。
　　　A. 烧杯　　　　　B. 量筒　　　　　C. 滴定管　　　　D. 移液管

498. BE013　检查天平是否处于水平状态的方法是(　　　)。
　　　A. 看水准器的水泡是否位于中心　　B. 肉眼观察底座是否水平
　　　C. 看台面是否水平　　　　　　　　D. 观察水平顶部是否水平

499. BE014　电热保温箱是低温用的,温度限在(　　　)左右。
　　　A. 30℃　　　　　B. 40℃　　　　　C. 50℃　　　　　D. 60℃

500. BE014　容量器皿用自来水清洗后,必须用蒸馏水淋洗(　　　)。
　　　A. 1~2 次　　　　B. 2~3 次　　　　C. 3~4 次　　　　D. 4~5 次

501. BE014　高温电热恒温箱的烧干温度可在(　　　)三个温度内任意选定。
　　　A. 100℃、200℃、300℃　　　　B. 100℃、150℃、250℃
　　　C. 200℃、250℃、300℃　　　　D. 250℃、300℃、400℃

502. BE015　当水中所有钙、镁离子总量超过碳酸根之和时余下的钙、镁离子所形成的硬度
称为(　　)硬度。

A. 碳酸盐　　　　　B. 非碳酸盐　　　　C. 终止　　　　　D. 暂时

503. BE015　甲基橙测定的变色范围为 pH 值=(　　)。

A. 3.1~3.9　　　　B. 3.0~4.4　　　　C. 3.9~5.1　　　　D. 5.1~7.8

504. BE015　在矿化度测定过程中,铬黑 T 指示剂必须要控制 pH 值为(　　)。

A. 5　　　　　　　B. 7　　　　　　　C. 10　　　　　　D. 12

505. BE016　聚合物浓度标准曲线的计算公式 $C=(KA+b)N$ 中的"N"表示(　　)。

A. 标准曲线斜率　　　　　　　　　B. 聚合物溶液吸光值

C. 聚合物溶液稀释倍数　　　　　　D. 标准曲线截距

506. BE016　聚合物浓度标准曲线以(　　)为纵坐标,(　　)为横坐标。

A. 浓度,黏度　　　B. 黏度,浓度　　　C. 吸光值,浓度　　D. 浓度,吸光值

507. BE016　当测定条件发生变化时,如环境温度变化,(　　),重配试剂,化验仪器的校
验、更换、维修,聚合物干粉更换不同厂家,水质指标发生较大变化等,都应重
做标准曲线。

A. 气候变化,相对分子质量不同　　　B. 更换药品,相对分子质量不同

C. 气候变化,不同颗粒　　　　　　　D. 更换药品,不同颗粒

508. BE017　样品及化验数据交接资料中每项资料必须手写清楚、整洁,核实送样人签字,
与样品一同及时送到配制站,每个样品必须标明(　　)、取样人、日期。

A. 黏度、方案浓度　　　　　　　　　B. 方案浓度、站号

C. 取样点、黏度　　　　　　　　　　D. 取样点、方案浓度

509. BE017　配制母液用水及注入站注入用水的水质化验应每周至少取样(　　),如发现
异常情况应加密取样化验。

A. 1 次　　　　　　B. 2 次　　　　　　C. 3 次　　　　　　D. 4 次

510. BE017　化验仪器设备运转中要求每隔一个月要进行一次(　　)。

A. 保养　　　　　　B. 校验　　　　　　C. 更换　　　　　　D. 维修

511. BE018　配制站站内黏损为从熟化罐到(　　)的黏度差值的百分比。

A. 外输泵　　　　　B. 粗滤器　　　　　C. 精滤器　　　　　D. 注入站储罐

512. BE018　注入站的黏损为从(　　)到注入井的黏度差值的百分比。

A. 配制站外输泵　　　　　　　　　　B. 注聚泵

C. 静态混合器　　　　　　　　　　　D. 注入站储罐

513. BE018　配制站到注入站的黏损为从(　　)到注入站储罐的黏度差值的百分比。

A. 配制站外输泵　　B. 粗滤器　　　　　C. 精滤器　　　　　D. 注聚泵

514. BE019　化验室无机酸类处理:将废酸慢慢倒入(　　)水溶液中相互中和后,用大量清
水冲洗。

A. 硝酸　　　　　　B. 碳酸氢钠　　　　C. 碳酸钠　　　　　D. 氢氧化钠

515. BE019　化验室无机碱类处理:可用(　　)溶液中和后用大量清水冲洗。

A. 盐酸　　　　　　B. 氢氧化钠　　　　C. 碳酸钠　　　　　D. 碳酸氢钠

516. BE019　化验室可燃性有机物可用(　　)处理。

　　A. 回收法　　　　　B. 填埋法　　　　　C. 焚烧法　　　　　D. 中和法

517. BF001　计量器具及测控设备分为(　　)、A、B、C 四类管理。

　　A. 自控仪表　　　　B. 强制检定　　　　C. 计量仪表　　　　D. 电气仪表

518. BF001　强制检定计量器具是列入《中华人民共和国强制检定工作计量器具目录》并直接用于贸易结算、安全防护、医疗卫生、(　　)方面的计量器具。

　　A. 环境监测　　　　B. 生产工艺　　　　C. 节能　　　　　　D. 科研

519. BF001　A 类计量器具及测控设备是用于厂内部量值传递的计量标准器(装置)及(　　)。

　　A. 使用频繁量值易变的计量器具　　　　B. 不易拆卸的计量器具

　　C. 石油专用计量器具　　　　　　　　　D. 配套的计量器具

520. BF002　依据《中华人民共和国计量法》有关规定,任何单位和个人不准在工作岗位上使用(　　)或者超过检定(校准)周期以及经检定不合格的计量器具。

　　A. 无检定合格印、证　　　　　　　　　B. 石油专用计量器具

　　C. 配套的计量器具　　　　　　　　　　D. 不易拆卸的计量器

521. BF002　检定证书或检定结果通知书必须(　　),有检定、核验、主管人员签字,并加盖检定单位印章。

　　A. 手写　　　　　　　　　　　　　　　B. 用特殊纸张

　　C. 字迹清楚、数据无误　　　　　　　　D. 打印

522. BF002　计量检定员是指经(　　),持有计量检定证件,从事计量检定工作的人员。

　　A. 单位指定　　　　　　　　　　　　　B. 检定站指定

　　C. 自愿报名　　　　　　　　　　　　　D. 考核合格

523. BF003　生产过程中新改造或购进的计量器具及测控设备安装前(　　)后方可进入生产现场。

　　A. 进行校验　　　　B. 检定合格　　　　C. 出具合格证　　　D. 清洗

524. BF003　仪表受检(校准)率是经过(　　)检定(或校准)的数量与完好数的百分比。

　　A. 检定(或校准)的数量　　　　　　　　B. 实际完好数

　　C. 实际在用数量　　　　　　　　　　　D. 实配数

525. BF003　计量彩色标志可分为合格证、计量标准、准用证、限用证、禁用和(　　)六种管理形式。

　　A. 不合格　　　　　B. 暂时　　　　　　C. 封存　　　　　　D. 自控

526. BF004　电动执行机构能够现场实时显示阀门的(　　)。

　　A. 压力大小　　　　B. 开度大小　　　　C. 流量大小　　　D. 温度

527. BF004　电动执行机构以(　　)输出来指示阀门的开关限位及故障报警。

　　A. 模块　　　　　　B. 继电器触点　　　C. 电流　　　　　D. 电压

528. BF004　电动执行机构的蜗轮与蜗杆的(　　)防止了执行机构在断电或断信号情况下的反转现象。

　　A. 自动性　　　　　B. 保护性　　　　　C. 自锁性　　　　D. 扭矩性

529. BF005 电动执行机构提供了( )，使得在主电源掉电或控制电路失灵等特殊情况下可以进行手动操作。

  A. 备用切换阀   B. 切换按钮

  C. 操作手轮和电动(手轮)切换手柄   D. 电动(手轮)切换手柄

530. BF005 电动执行机构若进行就地电动操作,需要将( )置于就地位置,然后用( )对执行器进行控制。

  A. 红钮,红钮   B. 黑钮,黑钮

  C. 红钮,黑钮   D. 黑钮,红钮

531. BF005 电动执行机构的远程控制方式分为远程( )控制方式和远程( )控制方式。

  A. 数字化,模拟量   B. 开关量,模拟量

  C. 数字化,开关量   D. 模拟量,扭矩量

532. BF006 电磁流量计对其在线前后直管段长度要求是( )。

  A. 5~7 倍   B. 1~3 倍   C. 无要求   D. 3~5 倍

533. BF006 电磁流量计比较适合测量聚合物溶液,是因为它计量流体介质时不发生( )降解。

  A. 化学   B. 机械   C. 生物   D. 热

534. BF006 电磁流量计基于( )电磁感应定律工作的。

  A. 欧姆   B. 恒定   C. 法拉第   D. 高斯

535. BF007 电磁流量计的变送器用( )引出感应电动势。

  A. 磁路系统   B. 测量导管   C. 电极   D. 转换器

536. BF007 国内已定型生产的电磁流量计的工作温度通常为( )。

  A. -50~50℃   B. 0~50℃   C. 5~60℃   D. 0~100℃

537. BF007 浓度为 1000mg/L、温度为 10℃ 的聚合物溶液经过流量计的压力损失应不大于( )。

  A. 0.03MPa   B. 0.05MPa   C. 0.07MPa   D. 0.09MPa

538. BF008 变送器管道的前置直管段长度至少应为测量管内径的( )。

  A. 1 倍   B. 2 倍   C. 5 倍   D. 10 倍

539. BF008 电磁流量计变送器的外壳接地端应采用总截面积( )的多股铜线可靠接地。

  A. 大于 1mm^2 B. 大于 2mm^2 C. 大于 3mm^2 D. 大于 4mm^2

540. BF008 电磁流量计的传感器是用输出与( )成反比的感应电动势来检测流体的。

  A. 输入   B. 流量   C. 压力   D. 温度

541. BF009 电磁流量计工作时流量累计值偏小或偏大的原因可能是( )。

  A. 传感器失灵   B. 流体未充满管道

  C. 管路有泄漏或堵塞   D. 接地有故障

542. BF009 维护修理电磁流量计时,一定要先( )。

  A. 调零   B. 断开电源   C. 接通电源   D. 放空

543. BF009　电磁流量计的日常维护只需拆下(　　)清洗测量管。

　　A. 变送器　　　　　B. 转换器　　　　　C. 电极　　　　　　D. 外壳

544. BF010　物流检测器发射的波是(　　)。

　　A. 微波　　　　　　B. 声波　　　　　　C. 超声波　　　　　D. 光波

545. BF010　物流检测器是根据(　　)工作的。

　　A. 波的反射原理　　B. 共振原理　　　　C. 多普勒效应　　　D. 衍射作用

546. BF010　波从运动物体表面反射回来时,其(　　)会发生变化的现象称为多普勒效应。

　　A. 速度　　　　　　B. 相位　　　　　　C. 振幅　　　　　　D. 频率

547. BF011　物流检测器可采用(　　)安装的方法。

　　A. 水平或垂直　　　B. 倾斜　　　　　　C. 任意角度　　　　D. 倒置式

548. BF011　为防止波在传播过程中的堵塞,物流检测器与管线连接处要使用(　　)的隔片。

　　A. 铁　　　　　　　B. 不锈钢　　　　　C. 塑料　　　　　　D. 金属

549. BF011　物流检测器可检测(　　)的流动。

　　A. 水　　　　　　　B. 干粉　　　　　　C. 母液　　　　　　D. 油

550. BF012　物流检测器的灵敏度越高,产生假信号的可能性(　　)。

　　A. 越小　　　　　　B. 越大　　　　　　C. 保持不变　　　　D. 无法判断

551. BF012　调整(　　)可以改变物流检测器的输出状态。

　　A. 电源　　　　　　B. 安装方向　　　　C. 灵敏度　　　　　D. 转换开关

552. BF012　对于瞬间断流,物流检测器可采用(　　)来避免产生假信号。

　　A. 延时　　　　　　B. 连续采样　　　　C. 暂停采样　　　　D. 干涉

553. BF013　压力变送器的测量范围原为 0~100kPa,现需将零位迁移 50%,则仪表的测量范围为(　　)。

　　A. −50~50kPa　　　B. 50~150kPa　　　C. 100~200kPa　　　D. 无法确定

554. BF013　数字压力变送器有普通型和(　　)。

　　A. 耐震型　　　　　B. 防爆型　　　　　C. 特殊型　　　　　D. 优化型

555. BF013　数字压力变送器选型时,选择的变送器测量上限值应比被测介质压力上限高(　　)。

　　A. 1/3　　　　　　　B. 1/2　　　　　　C. 1/4　　　　　　D. 1/5

556. BF014　超声波液位计探头向液面发射(　　)的超声波信号。

　　A. 连续　　　　　　B. 脉冲　　　　　　C. 高速　　　　　　D. 低频

557. BF014　超声波在空气中传播速度为(　　)。

　　A. 1540m/s　　　　B. 34m/s　　　　　C. 154m/s　　　　　D. 340m/s

558. BF014　根据发射和接收回波的时间间隔可计算(　　)。

　　A. 液位　　　　　　　　　　　　　　　B. 容器的容积

　　C. 探头与液面的距离　　　　　　　　　D. 液位的密度

559. BF015　超声波液位计的探头和二次表之间的连接应(　　)。

　　A. 接地　　　　　　B. 屏蔽　　　　　　C. 分离　　　　　　D. 裸露

560. BF015　安装超声波液位计时,应该尽可能( )罐壁。

　　A. 贴近　　　　　　B. 远离　　　　　　C. 垂直　　　　　　D. 平行

561. BF015　安装超声波液位计探头时,应尽可能与液面( )。

　　A. 接近　　　　　　B. 远离　　　　　　C. 平行　　　　　　D. 垂直

562. BF016　液位计可以同时连接( )液位检测信号。

　　A. 1 路　　　　　　B. 2 路　　　　　　C. 3 路　　　　　　D. 4 路

563. BF016　超声波液位计表面结霜会产生( ),因此应经常进行检查。

　　A. 假液位　　　　　B. 无信号现象　　　C. 短路　　　　　　D. 断路

564. BF016　超声波液位计二次表中设计有( ),可以用来控制设备的运转。

　　A. 检测器　　　　　B. 指示灯　　　　　C. 继电器　　　　　D. 报警器

565. BF017　半导体的压阻效应主要体现在( )上。

　　A. 外形　　　　　　B. 电阻率　　　　　C. 结构　　　　　　D. 泊松比

566. BF017　压力变送器由( )和转换器组成。

　　A. 变送器　　　　　B. 传感器　　　　　C. 压力计　　　　　D. 连接器

567. BF017　材料受到压力作用,其电阻或( )发生明显变化的现象称为压阻效应。

　　A. 长度　　　　　　B. 面积　　　　　　C. 电流　　　　　　D. 电阻率

568. BF018　压力变送器有( )和压差变送器两种。

　　A. 相对压力变送器　　　　　　　　　B. 绝对压力变送器

　　C. 海拔高度计　　　　　　　　　　　D. 液压传感器

569. BF018　压力变送器的模拟接口一般为( )信号。

　　A. 4~20mA　　　　B. 0~5V　　　　　C. 0~1V　　　　　D. 0~10mA

570. BF018　压力变送器测量上、下限之差称为( )。

　　A. 量程　　　　　　B. 带宽　　　　　　C. 工作幅度　　　　D. 压力范围

571. BF019　以下用于直接感受被测量并输出与被测量成确定关系的某一物理量的元件为
( )。

　　A. 敏感元件　　　　　　　　　　　　B. 转换元件

　　C. 转换电路　　　　　　　　　　　　D. 传递电路

572. BF019　传感器一般由敏感元件、转换元件和( )电路三部分组成。

　　A. 传递　　　　　　B. 转移　　　　　　C. 输送　　　　　　D. 转换

573. BF019　根据( ),传感器可分为结构型与物理型两大类。

　　A. 使用条件　　　　B. 结构　　　　　　C. 工作机理　　　　D. 测量性质

574. BF020　传感器输入按同一方向做全量程连续多次变动时所得特性曲线不一致的程度
称为( )。

　　A. 线性质　　　　　B. 迟滞　　　　　　C. 重复性　　　　　D. 稳定性

575. BF020　传感器输入( )附近的分辨率称为阈值。

　　A. 最高点　　　　　B. 最低点　　　　　C. 临界点　　　　　D. 零点

576. BF020　静特性表示传感器在被测量各个值处于( )状态时的输出、输入关系。

　　A. 波动　　　　　　B. 稳定　　　　　　C. 停滞　　　　　　D. 递减

577. BF021 传感器的组成环节可分为接触式环节、模拟环节和(　　)环节三类。

　　A. 中间　　　　　　　B. 数字　　　　　　　C. 传输　　　　　　　D. 交联

578. BF021 传感器的模拟环节可分为(　　)。

　　A. 接触式环节和非接触式环节　　　　　B. 中间环节和间接环节

　　C. 普通环节和特殊环节　　　　　　　　D. 数字环节和模拟环节

579. BF021 研究传感器动特性时,通常只能根据(　　)输入来考察传感器响应。

　　A. 随机性　　　　　　B. 线性　　　　　　　C. 阶段　　　　　　　D. 规律性

580. BF022 数字万用表的显示器最大指示值为 1999 或 -1999,当被测量超过最大指示值时,显示(　　)。

　　A. "1"　　　　　　　B. "-1"　　　　　　　C. "1"或"-1"　　　　D. "0"

581. BF022 数字万用表测量时,将黑色测试笔插入"COM"插座,将红色测试笔插入(　　)。

　　A. "+"插座　　　　　B. "-"插座　　　　　C. 无插座　　　　　　D. 电源插座

582. BF022 使用数字万用表测量交流电压时,应将红色测试笔插入(　　)插座。

　　A. "COM"　　　　　B. "ACV"　　　　　　C. "+"　　　　　　　　D. "-"

583. BF023 电能表接入互感器后,被测电路的实际电能消耗应是电能表计数器所记录的数值乘以(　　)。

　　A. 电流互感器倍率　　　　　　　　　　B. 电压互感器倍率

　　C. 电流互感器比电压互感器的倍率　　　D. 电流互感器和电压互感器的倍率

584. BF023 当配电盘上电流表的变比与电流互感器变比不同时,仪表读数应为(　　)。

　　A. 读数　　　　　　　　　　　　　　　B. 读数×电流互感器变比

　　C. 读数×互感器变比/仪表变比　　　　　D. 读数×仪表变比/互感器变比

585. BF023 抄取电能表读数的正确方法是(　　)。

　　A. 本次读数减上次读数　　　　　　　　B. 本次读数减上次读数然后乘以倍率

　　C. 上次读数减本次读数　　　　　　　　D. 上次读数减本次读数然后乘以倍率

586. BF024 外壳直径在(　　)以上的弹簧管压力表主要用作标准压力表。

　　A. ϕ40mm　　　　　B. ϕ60mm　　　　　C. ϕ100mm　　　　D. ϕ150mm

587. BF024 当被测压力小于 20MPa 时,弹簧管压力表应采(　　)材料。

　　A. 磷青铜　　　　　　B. 不锈钢　　　　　　C. 合金钢　　　　　　D. 碳钢

588. BF024 弹簧管压力表属于(　　)压力计。

　　A. 液柱式　　　　　　B. 活塞式　　　　　　C. 弹性式　　　　　　D. 电气式

589. BF025 测量氨气压力必须使用(　　)材质的弹簧管压力表。

　　A. 磷青铜　　　　　　B. 不生锈　　　　　　C. 合金钢　　　　　　D. 碳钢

590. BF025 当压力发生变化后,弹簧管压力计的弹簧管不能立即产生相应变形的现象称为弹性(　　)。

　　A. 滞后　　　　　　　B. 后效　　　　　　　C. 失效　　　　　　　D. 变形

591. BF025 外壳直径为(　　)的弹簧管压力表是现场指示型压力表的主要应用规格。

　　A. ϕ40mm　　　　　B. ϕ100mm　　　　C. ϕ150mm　　　　D. ϕ250mm

592. BF026 压力表的引压管内径一般为(　　)。
　　　A. 1~5mm 　　　B. 5~8mm 　　　C. 6~10mm 　　　D. 10~15mm

593. BF026 压力表的测量点要选在(　　)。
　　　A. 拐弯处 　　　B. 分岔处 　　　C. 直管段 　　　D. 死角

594. BF026 测量气体压力时,压力表测压点应在管道的(　　),以便排除导压管内凝液。
　　　A. 下部 　　　B. 中部 　　　C. 上部 　　　D. 中下部

595. BF027 弹簧管压力表出现指示偏高或偏低现象的原因是(　　)。
　　　A. 指针松动 　　B. 导压管堵塞 　　C. 传动比失调 　　D. 弹簧管裂开

596. BF027 弹簧管压力表长期使用后,会因弹簧管的弹性衰退而产生(　　),所以应定期效验。
　　　A. 缓变误差 　　B. 机械误差 　　C. 相对误差 　　D. 偏差

597. BF027 校验压力表时,所选标准表的允许最大绝对误差应小于被校表允许最大绝对误差的(　　)。
　　　A. 1/2 　　　B. 1/3 　　　C. 2/3 　　　D. 1/4

598. BF028 变压器最基本的结构包括(　　)。
　　　A. 铁芯、线圈及油箱 　　　　　　　B. 铁芯、线圈及冷却装置
　　　C. 铁芯、线圈及电线套管 　　　　　D. 铁芯、线圈及绝缘部分

599. BF028 变压器具有(　　)的功能。
　　　A. 变频 　　　　　　　　　　　　　B. 变换阻抗
　　　C. 变压、变流、变换阻抗 　　　　　D. 变换功率

600. BF028 变压器铭牌上的额定容量是指(　　)。
　　　A. 有功功率 　　B. 无功功率 　　C. 视在功率 　　D. 最大功率

二、判断题(对的画"√",错的画"×")

(　　)1. AA001 向油层注入起泡剂和稳定剂使气和水形成泡沫液用以驱油的方法称为泡沫驱。

(　　)2. AA002 聚合物驱油是三次采油技术。

(　　)3. AA003 驱油用的聚合物包括天然聚合物和人工合成聚合物。

(　　)4. AA004 人工合成聚合物的基本反应主要有加聚反应和缩聚反应两种。

(　　)5. AA005 交联度高的体型聚合物易溶解。

(　　)6. AA006 聚合物的流变性可划分为弹性、黏性和塑性三种。

(　　)7. AA007 聚合物溶液黏度随水解度的增加而增加。

(　　)8. AA008 影响聚合物溶液在孔隙介质中流变性质的因素有两方面,分别是黏弹性和孔隙介质性质。

(　　)9. AA009 聚合物在机械力的作用下产生的降解为机械降解。

(　　)10. AA010 聚合物溶液在限量氧条件下,其黏度一般经历下降、平稳和上升三个过程。

(　　)11. AA011 生物聚合物的生物降解是受酶控制的化学过程。

(　　)12. AA012 聚合物溶液通过多孔介质时,不仅受到剪切力,还有受到拉伸力。

（　）13. AA013　化学降解的主要问题是水中氯和铁的存在使聚合物降解，黏度降低。

（　）14. AA014　毛细现象是在表面张力的作用下液体沿着很细的管道自动上升（或下降）的一种现象。

（　）15. AA015　流体静压强的第二特性：在静止流体中任一空间位置所受到各个方向的静压强大小不等。

（　）16. AA016　流量、流速与过流截面的关系：$Q=vA$（其中 Q 为流量，v 为流体的流速，A 为流体流经某横截面的面积）。

（　）17. AA017　容器孔口处器壁很薄且孔口为锐缘，则称为薄壁孔口。

（　）18. AA018　脆性材料构件的应力达到屈服极限，会发生断裂破坏。

（　）19. AA019　脆性材料的剪切强度极限约等于其拉伸强度极限的 60%～80%。

（　）20. AA020　根据静力平衡条件，扭矩和外力偶矩应大小相等、方向相同。

（　）21. AA021　等截面直梁弯曲时，一般弯矩最大的截面都是梁的危险截面，而最大弯曲正应力就在危险截面的上、下缘处。

（　）22. AA022　长期处在变应力下工作的构件，虽然其最大工作应力远低于材料的强度极限，但也会突然断裂，造成严重事故。

（　）23. AB001　用户可以在文本服务和输入语言中选择一个已安装的输入语言用作所有输入字段的默认语言。

（　）24. AB002　在进行中文输入的过程中，使用"Tab"键可以将中文输入法暂时关闭。

（　）25. AB003　在 Word 中制作表格，如果要移到前一个单元格，可按 Alt+Tab 键。

（　）26. AB004　在计算机 Word 文档正文编辑区，如果按一下 Enter 键，光标就会下移一行。

（　）27. AB005　计算机的文件通常是指浏览器窗口中某盘下的某个文件夹内的某个具体文档（本）、表格等，文件有名称、大小、类型、修改时间。

（　）28. AB006　 软件适用于创建和编辑新闻稿件。

（　）29. AB007　Word 办公软件只能图、表混排。

（　）30. AB008　Word 保存的文件是格式文件，扩展名为"DOC"。

（　）31. AB009　在文档中要将一个字符设置为上标，在选定该字符后，按下 Ctrl+Shift 组合键。

（　）32. AB010　文档中插入无法用键盘表达的符号时，选择"插入"菜单中的"符号"项，选中其中的符号后，单击"插入"按钮即可。

（　）33. AB011　设置字符为上标形式，就是将文本扩大，并提升到标准行的上方。

（　）34. AB012　编辑文档时，可以在页面视图和打印预览中通过在水平尺和垂直标尺上拖动页边距线来快速设置新的页边距。

（　）35. AB013　打印文档时，Word 系统不能将文件以文件形式打印。

（　）36. AB014　Word 文档表格中的光标插入点在最后一行的最后一个单元格时，按下 Tab 键，则在表格结尾新增添一行。

( )37. AB015　Word 文档中要改变图表类型,可通过双击图表、左键单击图表区域、在弹出的快捷菜单中选择"图表类型"命令项来完成。

( )38. AC001　班组是企业各项技术和经营管理工作的主体。

( )39. AC002　班组经济核算中建立层次分明的指标体系,进行指标的分解、转换并将责任落实到班组是量化考核的基础。

( )40. AC003　班组消耗指标的核算主要是对比原材料、燃料和动力的实际消耗量与计划定额。

( )41. AC004　班组劳动指标一般以劳动出勤、工时利用率和产品合格为基础进行核算。

( )42. AC005　搞好班组经济核算需要抓好班组经济核算工作的培训。

( )43. AC006　统计指标核算方法适用于工艺复杂、工序责任较难划分及无法制定工序价格的班组。

( )44. AC007　节约额核算的内容包括超产节约价值、提高质量节约价值、原材料节约价值、降低消耗节约价值等。

( )45. AD001　电功率的国际单位制单位是瓦特(W),$1W=1J/s$。

( )46. AD002　电阻器的文字符号为 Z。

( )47. AD003　电容是电路中常用的一种电气元件,具有储存电能(电荷)、交流通路、直流隔断以及补偿功能。

( )48. AD004　电感线圈是一种常见的电气元件,通常与其他元件相互配合使用。

( )49. AD005　变压器不能改变交流电的相位。

( )50. AD006　绝缘手套是电工必备的保护用具,形式和普通的五指手套不一样。

( )51. AD007　测量电路电流的仪表统称电流表,非特别指出时均指配电盘上的固定式电流表。

( )52. AD008　MF2 型灭火器的技术规范要求压力为 1.20～1.35MPa(氮气)。

( )53. AD009　干粉灭火器以液态二氧化碳或氮气为动力。

( )54. AD010　设备停机检修时必须拉下电源开关,以免值班室误启泵造成人员的机械伤害。

( )55. AD011　高压电力系统要采用接地接零保护。

( )56. AD012　电气设备发生火灾时,应立即切断电源,用四氯化碳灭火器灭火。

( )57. AD013　熟化罐冒罐时,只需手动关闭相应的熟化罐进出口。

( )58. AD014　熟化罐区只需平台围栏完好无缺失,有安全警示标语。

( )59. AD015　配制站进站须知中要求,禁止吸烟,可以带火种。

( )60. BA001　"配注合一"工艺中单台设备处理量小,设备数量多,占地较多,投资较高。

( )61. BA002　典型的聚合物干粉配制工艺流程有两种,一种是长流程,一种是短流程。

( )62. BA003　聚合物分散风力输送干粉管道上可以设置阀门来控制输送量。

( )63. BA004　当溶解罐内的混合液在溶解罐内达到满罐时输送泵才开始工作,送到熟化罐熟化。

（　）64. BA005　风力输送干粉可使干粉均匀地分散,水和干粉的接触面积大,干粉迅速完全溶于水中,且不易出现结块及"鱼眼"等缺陷。

（　）65. BA006　分散装置高液位报警值的设定要高于正常工作液位加上液位波动范围的液位值。

（　）66. BA007　溶解罐的容积应和聚合物干粉分散装置每小时配液能力相符。

（　）67. BA008　喷头型、水幔型及瀑布型分散装置是根据溶解罐的搅拌方式来分类的。

（　）68. BA009　水粉混合器是将聚合物干粉和水充分混合在一起配成溶液的装置。

（　）69. BA010　射流分散的螺旋送料器中的物料在螺旋的推动和物料自身重力的联合作用下,沿螺旋管向前推进,螺旋转速与送料量大小成反比。

（　）70. BA011　射流分散装置中的漏斗内加装了物流监测仪,用来检查气输管线的工作状态,一旦气输管线堵塞可及时报警并停机。

（　）71. BA012　集成密闭上料装置的控制方式只有自动控制一种。

（　）72. BB001　聚合物溶液配制全部工艺过程中不应设球阀。

（　）73. BB002　聚合物分散装置由料斗、水粉混合器、混配液输送泵、熟化罐、风力输送管线等设备组成。

（　）74. BB003　螺杆下料器中外输螺杆的转速可以在一定范围内进行调节,以调整干粉的输出量。

（　）75. BB004　分散装置有两种运行方式,其中自动方式是正常工作方式,手动方式主要用于调试与维修。

（　）76. BB005　射流分散装置自动启动时不用确认上位机是否有报警提示。

（　）77. BB006　与风力分散相比,射流分散具有设备体积小、故障率低、干粉不易堵塞、运行成本低等优点。

（　）78. BB007　射流分散装置的转输泵风机过载会出现断路保护器、交流接触器失灵现象。

（　）79. BB008　集成密闭上料装置中加完料后应立刻关闭上料螺旋。

（　）80. BB009　在聚合物干粉分散系统中,超声波液位计、物流检测仪等设备属于控制系统中的执行单元。

（　）81. BB010　反馈信号是控制系统输出的信号本身。

（　）82. BB011　在聚合物母液配制过程中,聚合物干粉给料量的控制属于闭环控制。

（　）83. BB012　从稳定性的观点出发,开环控制系统比闭环控制系统更难建造。

（　）84. BB013　系统的间接控制效果通常好于直接控制。

（　）85. BB014　集散控制系统具有过程控制功能、操作监视功能、数据通信功能、系统生成及维护功能。

（　）86. BB015　PLC 的程序是固化好的,用户无法自己编写程序。

（　）87. BB016　PLC 的输入/输出响应有超前现象。

（　）88. BB017　梯形图的编程原则:自下而上、自右至左排列。

（　）89. BB018　集中控制方案中,现场检测信号由 PLC 统一收集处理,然后再将指令发给其他控制系统进行控制。

（　　）90. BB019　分散装置利用直流电动机调节下料量的操作通过调节控制盘上的变阻器实现。

（　　）91. BB020　聚合物熟化控制系统的控制范围包括熟化罐、熟化罐进出口阀、内部转输泵和储罐。

（　　）92. BB021　配制站全部过程画面可通过 PLC 直接看到。

（　　）93. BB022　分散装置中，鼓风机启动困难的原因可能是射流器堵塞。

（　　）94. BB023　配制站计算机查询生产运行曲线：鼠标左键单击登录图标，输入用户名和口令登录。

（　　）95. BB024　若配制站计算机监控的操作系统或运行系统瘫痪无法恢复，必须更换备份硬盘，重新启动系统。

（　　）96. BC001　因弹性联轴器具有弹性元件，故可缓和冲击振动并补偿两轴间的偏移。

（　　）97. BC002　减速器的主要类型有齿轮、蜗杆、齿轮蜗杆和行星齿轮减速器等。

（　　）98. BC003　减速器的构造主要包括箱体、轴齿轮、轴承、各种连接件及其他附件。

（　　）99. BC004　螺杆泵通过空穴链的传递来输送物料。

（　　）100. BC005　螺杆泵压力和流量稳定、脉动小，液体在泵内做连续而匀速的直线流动，无搅拌现象。

（　　）101. BC006　螺杆泵出现磨损后，在相同输出压力下的容积效率逐步上升。

（　　）102. BC007　采取同步结构内部方案的螺杆泵，可输送润滑性和非润滑性液体。

（　　）103. BC008　非同步式螺杆泵由于不用分配齿轮，可平稳而连续地在转子间传递任何必需的驱动力。

（　　）104. BC009　一台变频调速装置只能控制一台机泵调速。

（　　）105. BC010　变频调速装置的电动机保护机制可在电动机停止工作前发出报警。

（　　）106. BC011　变频调速装置可将压力信号转换成 $1\sim10mA$ 的电信号。

（　　）107. BC012　聚合物母液输送管道设计时，剪切速率不应大于 $50s^{-1}$。

（　　）108. BC013　钢骨架复合管管顶埋深不小于 $2m$。

（　　）109. BC014　不合格的聚合物不会影响聚合物母液管道的内壁。

（　　）110. BC015　聚合物母液管道的输送阻力增大、回压增高超过 $0.5MPa$ 时需要进行清洗。

（　　）111. BC016　离心泵输送的液体黏度增加对泵的性能影响较大，这时泵的流量、压力及效率等会下降。

（　　）112. BC017　离心泵的流量与压力成正比关系。

（　　）113. BC018　有源滤波器需提供电源，可克服谐波，但不可无功补偿。

（　　）114. BC019　未安装有源滤波器会产生脉动转矩，致使电动机振动，影响电动机寿命。

（　　）115. BC020　动密封是对运动零件之间的密封。

（　　）116. BC021　注输泵泵轴常用的金属材料为铸铁。

（　　）117. BC022　离心泵常用的润滑方式有自行润滑和强制润滑两种。

（　　）118. BC023　润滑不仅可以降低摩擦、减轻磨损，还能起到散热降温的作用。

( )119. BC024 凡能降低摩擦阻力的介质,都可用作润滑剂。

( )120. BC025 对于重负荷蜗轮及类似部件,润滑油使用期可达到一年以上。

( )121. BC026 采用润滑脂进行润滑时,一次加油后较长时间不用换油,而且润滑脂有一定的密封作用。

( )122. BC027 除尘系统能在中央集尘机内滤筒缺损的情况下使用。

( )123. BC028 除尘系统的中央集尘机要装好灰斗,向下扳起手柄后使用。

( )124. BC029 熟化罐的电热防冻控制装置发热温度高低不可任意调节。

( )125. BC030 精细过滤器的滤芯一般主要有袋式和金属网结构两种。

( )126. BC031 用 0.3~0.4MPa 的压缩空气进行气压液混吹是过滤器滤芯物理再生法之一。

( )127. BC032 串组式过滤器的各过滤器组件之间、与外壳的内周面和底部之间均留有间隙。

( )128. BC033 串组式过滤器不需要安装滤袋过滤。

( )129. BC034 串组式二级粗精过滤器组为分体结构,只能单件组装。

( )130. BD001 万向联轴器一般由两个分别固定在主动轴、从动轴上的叉形接头和一个十字形零件用销铰接而成。

( )131. BD002 金属材料常见的腐蚀形式有晶间腐蚀、点蚀、应力腐蚀 3 种。

( )132. BD003 镀铬属于使用防腐剂对金属材料进行防腐的措施之一。

( )133. BD004 单螺杆泵泵套和螺杆螺纹旋向相反。

( )134. BD005 螺杆泵采用机械密封时,应保证动环和静环之间有适当的压力。

( )135. BD006 变频器可以做耐压实验和绝缘电阻实验。

( )136. BD007 变频器用于驱动防爆电动机时,不用将变频器置于危险场所之外。

( )137. BD008 启动变频器时,不要把频率设得过高,先低频运转,再调到高频。

( )138. BD009 机械传动应用范围较窄,只有带传动一种。

( )139. BD010 与带传动相比,链传动有打滑、有弹性、滑动等现象。

( )140. BD011 斜齿轮的端面模数和压力角是标准值。

( )141. BD012 带传动中,传动带与带轮之间存在塑性滑动,能保证准确的传动比。

( )142. BD013 密封材料中石棉制品的温度适用范围是 45℃ 以下,耐酸、碱、油等。

( )143. BD014 烧失量是密封填料失重与原重之比。

( )144. BD015 使用后的机械密封装置要及时进行冲洗以防磨料进入密封端面而损坏密封面。

( )145. BD016 设备润滑只有稀油润滑一种。

( )146. BD017 浸油润滑是在封闭的传动中把需要润滑的回转件直接浸入油池中一定深度,利用本身带油至摩擦面以进行润滑。

( )147. BD018 高黏度液体混合时,必须使用搅拌器搅拌到整个液体以达到充分混合。

( )148. BD019 搅拌器是一种能使介质充分混合或达到某种特殊目的的设备。

( )149. BD020 允许在熟化罐空罐的情况下长时间启动搅拌器。

( )150. BD021 电动单梁起重机安装后要检查主横梁的连接处,若未加施焊,更要检查。

（　）151. BD022　电动单梁起重机二级保养对起重机电气线路、老化接线和破损电气元件无要求。

（　）152. BD023　除尘系统不工作时可以不用切断电源。

（　）153. BD024　电热防冻控制装置安装时应按要求正确连接电热保温材料、传感器之间的连线。

（　）154. BE001　滑动轴承的轴颈磨损时，在其强度允许的条件下，应修磨轴颈配换轴承，但轴颈在修磨后不得比原尺寸小 2mm 以上。

（　）155. BE002　剖分式向心滑动轴承的剖分面上有少量薄垫片以便调整轴颈和轴瓦间隙。

（　）156. BE003　滚动轴承保持架用较软的材料（如低碳钢、铜、铝等）制成，其目的是减轻滚动体的磨损。

（　）157. BE004　使用外径千分尺时应注意选用合理的量程，用标准杆校正。

（　）158. BE005　外径千分尺与游标卡尺读取的数据都是整数值。

（　）159. BE006　游标卡尺与外径千分尺都可以测量适当工件的外径。

（　）160. BE007　容量瓶是长颈薄壁平底的容器，瓶颈上没有标线。

（　）161. BE008　聚丙烯酰胺粒度一般大于 $950\mu m$ 和小于 $200\mu m$ 的质量分数要大于 3%。

（　）162. BE009　测量聚合物溶液所用的量筒一般为 25mL。

（　）163. BE010　浊度法测定聚合物溶液浓度是聚合物溶液在酸性溶液中与淀粉–碘化镉反应产生混浊的方法。

（　）164. BE011　聚合物相对分子质量是不均一的，具有多分散性。

（　）165. BE012　测量聚合物固含量所用的称量瓶需在 (80 ± 5)℃ 下干燥至恒重。

（　）166. BE013　在聚合物注入过程中，计量泵出口、注入井井口取样时必须用取样器，保证聚合物溶液不受剪切。

（　）167. BE014　容量器皿洗完后，若玻璃壁上有水滴存在，表示器壁上有油脂污染物。

（　）168. BE015　油田水矿化度测量包括 Ca^{2+}、Mg^{2+}、Cl^-、K^+、Na^+、Fe^{2+} 等离子的测量。

（　）169. BE016　聚合物浓度标准曲线一般情况下每月制作一次。

（　）170. BE017　配制站聚合物干粉现场抽查中化验 $25\times10^6 \leqslant$ 相对分子质量 $< 30\times10^6$ 时，应用大庆盐水进行配样检测。

（　）171. BE018　一般情况下整体黏损较大的工艺流程为一泵多井流程。

（　）172. BE019　冰醋酸为危险化学品。

（　）173. BF001　C 类计量器具及测控设备用于高值易耗的计量器具及测控设备。

（　）174. BF002　检定合格印、证应清晰完整，手写的检定合格印、证应立即停止使用。

（　）175. BF003　B 类、C 类管理仪表的配备率不小于 95%，受检（校准）率不小于 100%，完好率不小于 100%，使用率不小于 85%。

（　）176. BF004　电动执行机构的就地操作旋钮不可现场调控阀门的位置。

（　）177. BF005　电动执行机构进行手轮操作前，应先将方式选择钮放在"停止"或"就地"位置，压下手动切换手柄至手动位置。

( )178. BF006 电磁流量计具有测量范围较宽、反应快、压力损失小以及被测液体的温度压力、黏度和流动状态对仪表表示值影响较小的特点。

( )179. BF007 电磁流量计的变送器不受工况条件影响。

( )180. BF008 电磁流量计传感器接地不良会导致显示摆动较大。

( )181. BF009 日常维护电磁流量计时,只要拆下传感器清洗测量管和电极上的结垢即可。

( )182. BF010 物流检测器是用于检测物料是否处于运动状态的仪器。

( )183. BF011 物流检测器必须安装在管路的上方。

( )184. BF012 物流检测器的输出信号是模拟量的大小信号。

( )185. BF013 数字压力变速器是一种压力测量仪表,它应用遥感技术把压力转变为电信号,经过放大、转换实现压力显示。

( )186. BF014 超声波液位计存在一定范围的盲区。

( )187. BF015 安装超声波液位计时,只要最高液位不接触探头即可。

( )188. BF016 电加热型超声波液位计探头可以避免表面结霜产生假信号。

( )189. BF017 金属应变式压力传感器具有体积小、重量轻、灵敏度高、便于集成的优点,因此应用广泛。

( )190. BF018 压力变送器的信号经过转换后可作为液位计使用。

( )191. BF019 最简单的传感器由一个敏感元件(兼转化换元件)组成。

( )192. BF020 温度稳定性又称温度漂移,是指传感器在外界温度变化情况下输出量发生的变化。

( )193. BF021 模拟式传感器可分为增量码、绝对码、频率码等几种。

( )194. BF022 使用数字式万用表时应将电源开关置于"ON"位置,使用完毕置于"OFF"位置。

( )195. BF023 电度表制动力矩是可动线圈中的电流产生的。

( )196. BF024 弹性元件是单圈或多圈弹簧管的压力计,可用于高压、中压、低压甚至负压的测量。

( )197. BF025 压力表弹簧管自由端的位移量与被测压力之间呈反比例关系。

( )198. BF026 压力表测量液体压力时,测压点应在管道的上部。

( )199. BF027 不论什么情况,被测压力下限不得低于压力表所选量程的1/2。

( )200. BF028 我国电力变压器的额定频率为50Hz。

答　案

一、单项选择题

1. C	2. B	3. A	4. C	5. D	6. D	7. B	8. C	9. A	10. C
11. B	12. C	13. D	14. B	15. C	16. B	17. B	18. D	19. C	20. B
21. A	22. D	23. B	24. A	25. A	26. C	27. C	28. C	29. C	30. B
31. B	32. B	33. C	34. B	35. C	36. D	37. A	38. C	39. C	40. B
41. A	42. A	43. A	44. B	45. B	46. A	47. C	48. B	49. C	50. A
51. B	52. C	53. A	54. B	55. A	56. C	57. D	58. D	59. B	60. A
61. D	62. A	63. B	64. C	65. A	66. B	67. C	68. D	69. D	70. D
71. C	72. C	73. B	74. C	75. A	76. A	77. A	78. B	79. A	80. D
81. A	82. A	83. C	84. D	85. A	86. C	87. C	88. A	89. C	90. D
91. C	92. C	93. D	94. A	95. B	96. B	97. A	98. B	99. B	100. A
101. B	102. B	103. A	104. D	105. D	106. D	107. A	108. D	109. D	110. D
111. A	112. D	113. C	114. C	115. C	116. C	117. A	118. B	119. B	120. A
121. C	122. D	123. A	124. A	125. B	126. B	127. C	128. C	129. C	130. B
131. A	132. B	133. D	134. B	135. C	136. A	137. D	138. A	139. A	140. C
141. C	142. B	143. C	144. D	145. D	146. C	147. C	148. C	149. A	150. D
151. B	152. B	153. D	154. C	155. C	156. A	157. D	158. D	159. C	160. A
161. C	162. D	163. B	164. D	165. C	166. C	167. D	168. D	169. C	170. A
171. C	172. A	173. B	174. A	175. A	176. B	177. C	178. B	179. A	180. C
181. B	182. A	183. A	184. B	185. D	186. B	187. C	188. B	189. B	190. D
191. B	192. A	193. C	194. B	195. D	196. B	197. C	198. B	199. B	200. B
201. C	202. B	203. B	204. D	205. B	206. A	207. D	208. C	209. A	210. D
211. A	212. B	213. D	214. D	215. B	216. A	217. C	218. A	219. D	220. B
221. C	222. D	223. B	224. A	225. D	226. B	227. B	228. C	229. C	230. A
231. C	232. B	233. A	234. D	235. C	236. B	237. C	238. B	239. C	240. A
241. D	242. A	243. B	244. C	245. D	246. D	247. C	248. B	249. A	250. A
251. B	252. C	253. D	254. A	255. B	256. D	257. A	258. C	259. B	260. C
261. D	262. A	263. B	264. D	265. B	266. A	267. C	268. D	269. C	270. B
271. A	272. B	273. B	274. A	275. C	276. B	277. B	278. D	279. D	280. C
281. A	282. C	283. B	284. A	285. C	286. A	287. C	288. B	289. C	290. C
291. C	292. A	293. C	294. B	295. B	296. A	297. C	298. B	299. A	300. B
301. B	302. A	303. D	304. D	305. A	306. B	307. B	308. A	309. D	310. D

311. B	312. A	313. D	314. D	315. B	316. C	317. B	318. A	319. C	320. C
321. B	322. A	323. B	324. C	325. D	326. B	327. A	328. B	329. C	330. A
331. B	332. C	333. C	334. A	335. B	336. D	337. C	338. C	339. A	340. B
341. C	342. D	343. A	344. A	345. B	346. B	347. C	348. B	349. D	350. C
351. B	352. B	353. A	354. B	355. A	356. B	357. D	358. C	359. C	360. C
361. C	362. B	363. D	364. B	365. D	366. C	367. D	368. C	369. B	370. D
371. B	372. C	373. D	374. A	375. D	376. C	377. C	378. B	379. D	380. A
381. C	382. B	383. B	384. C	385. D	386. B	387. B	388. C	389. B	390. C
391. C	392. B	393. A	394. C	395. C	396. A	397. C	398. C	399. C	400. B
401. D	402. C	403. D	404. B	405. A	406. C	407. A	408. A	409. D	410. B
411. A	412. B	413. C	414. A	415. B	416. B	417. B	418. A	419. B	420. C
421. C	422. B	423. D	424. A	425. C	426. C	427. A	428. C	429. C	430. A
431. A	432. C	433. C	434. A	435. B	436. B	437. C	438. A	439. C	440. B
441. D	442. B	443. C	444. B	445. B	446. C	447. C	448. A	449. C	450. A
451. A	452. B	453. C	454. D	455. A	456. C	457. C	458. A	459. B	460. A
461. A	462. C	463. C	464. B	465. B	466. B	467. A	468. C	469. C	470. A
471. C	472. D	473. D	474. B	475. B	476. C	477. B	478. A	479. C	480. C
481. A	482. C	483. D	484. D	485. C	486. B	487. A	488. C	489. C	490. D
491. C	492. B	493. D	494. C	495. C	496. D	497. D	498. A	499. C	500. B
501. C	502. B	503. B	504. C	505. C	506. D	507. B	508. D	509. B	510. A
511. C	512. D	513. C	514. D	515. A	516. C	517. B	518. A	519. C	520. A
521. C	522. D	523. B	524. A	525. C	526. C	527. B	528. C	529. C	530. C
531. B	532. D	533. B	534. C	535. C	536. C	537. A	538. C	539. C	540. B
541. C	542. B	543. A	544. A	545. C	546. D	547. A	548. C	549. B	550. B
551. D	552. A	553. B	554. B	555. A	556. B	557. B	558. C	559. B	560. B
561. C	562. B	563. A	564. C	565. B	566. B	567. D	568. B	569. A	570. C
571. A	572. D	573. C	574. C	575. D	576. B	577. B	578. A	579. D	580. C
581. A	582. B	583. D	584. C	585. B	586. D	587. A	588. C	589. B	590. B
591. B	592. C	593. C	594. C	595. C	596. A	597. B	598. D	599. C	600. C

二、判断题

1. √　2. √　3. √　4. √　5. ×　正确答案:交联度高的体型聚合物不易溶解。　6. √
7. √　8. ×　正确答案:影响聚合物溶液在孔隙介质中流变性质的因素有两方面,分别是含盐量和孔隙介质性质。　9. √　10. √　11. √　12. √　13. √　14. √　15. ×　正确答案:流体静压强的第二特性:在静止流体中任一空间位置所受到各个方向的静压强大小相等。
16. √　17. √　18. ×　正确答案:脆性材料构件的应力达到强度极限,就会发生断裂破坏。
19. ×　正确答案:脆性材料的剪切强度极限约等于其拉伸强度极限的 80% ~ 100%。　20. ×
正确答案:根据静力平衡条件,扭矩和外力偶矩应大小相等、方向相反。　21. √　22. √

23. √　24. ×　正确答案:在进行中文输入的过程中,使用"Caps lock"键可以将中文输入法暂时关闭。　25. ×　正确答案:在 Word 中制作表格,如果要移动到前一个单元格,可按 Shift+Tab 键。　26. √　27. √　28. ×　正确答案: Microsoft Office Publisher 软件适用于创建和编辑新闻稿件。　29. ×　正确答案:Word 办公软件具有图、文、表混排功能。　30. √　31. ×　正确答案:在文档中要将一个字符设置为上标,在选定该字符后,"按下 Ctrl+Shift++"组合键。　32. √　33. ×　正确答案:设置字符为上标形式,就是将文本缩小,并提升到标准行的上方。　34. √　35. ×　正确答案:打印文档时,Word 系统能将文件以文件形式打印。　36. √　37. ×　正确答案:Word 文档中要改变图表类型,可通过双击图表、右键单击图表区域、在弹出的快捷菜单中选择"图表类型"命令项来完成。　38. ×　正确答案:班组是企业各项技术和经营管理工作的基本单位。　39. ×　正确答案:班组经济核算中建立层次分明的指标体系,进行指标的分解、转换并将责任落实到人是量化考核的基础。　40. √　41. ×　正确答案:班组劳动指标一般以劳动出勤、工时利用率和劳动生产率为基础进行核算。　42. √　43. √　44. √　45. √　46. ×　正确答案:电阻器的文字符号为 R。　47. √　48. √　49. ×　正确答案:变压器可以改变交流电的相位。　50. ×　正确答案:绝缘手套是电工必备的保护用具,形式和普通的五指手套一样,只是护腕长一些、材料是绝缘橡胶制作的。　51. √　52. √　53. √　54. √　55. ×　正确答案:低压电力系统要采用接地接零保护。　56. √　57. ×　正确答案:熟化罐冒罐时,首先应停运相应分散装置,切除相应熟化罐,然后手动关闭相应的熟化罐进出口,最后做好记录并上报。　58. ×　正确答案:熟化罐区需平台围栏及挡脚线完好无缺失,有安全警示标语。　59. ×　正确答案:配制站进站须知中要求,禁止吸烟,禁止带火种。　60. √　61. √　62. ×　正确答案:聚合物分散风力输送干粉管道上不应设置阀门及其他有增加阻力的结构。　63. ×　正确答案:当溶解罐内的混合液在溶解罐内达到一定高度时,输送泵就开始工作,送到熟化罐熟化。　64. √　65. √　66. ×　正确答案:溶解罐的容积应不小于聚合物的干粉分散装置每小时配液能力的 1/5。　67. ×　正确答案:喷头型、水幔型及瀑布型分散装置是根据水粉接触方式来分类的。　68. √　69. ×　正确答案:射流分散的螺旋送料器中的物料在螺旋的推动和物料自身重力的联合作用下,沿螺旋管向前推进,螺旋转速与送料量大小成正比。　70. √　71. ×　正确答案:集成密闭上料装置的控制方式有自动控制和手动控制两种。　72. ×　正确答案:聚合物溶液配制全部工艺过程中不应设节流阀。　73. ×　正确答案:聚合物分散装置由料斗、水粉混合器、混配液输送泵、溶解罐、风力输送管线等设备组成。　74. √　75. √　76. ×　正确答案:射流分散装置自动启动时必须确认上位机是否有报警提示。　77. √　78. √　79. ×　正确答案:集成密闭上料装置中加完料后 5min 后才可以关闭上料螺旋。　80. ×　正确答案:在聚合物干粉分散系统中,超声波液位计、物流检测仪等设备属于控制系统中的检测变送单元。　81. ×　正确答案:反馈信号可以是控制系统输出的信号,也可以是输出信号的函数或导数。　82. ×　正确答案:在聚合物母液配制过程中,聚合物干粉给料量的控制属于开环控制。　83. ×　正确答案:从稳定性的观点出发,开环控制系统比闭环控制系统容易建造,因为在开环系统中,不需要将输出量的反馈量与输入量对比。　84. ×　正确答案:

系统的间接控制效果不如直接控制。 85. √ 86. × 正确答案:用户可以自己编写 PLC 的程序,并存入 PLC 和 ROM 中。 87. × 正确答案:PLC 的输入/输出响应有滞后现象。 88. × 正确答案:梯形图的编程原则:自上而下、自左至右排列。 89. × 正确答案:集中控制方案中,现场检测信号全部进入 PLC 和计算机中,由 PLC 发出指令给执行机构,实行程序控制。 90. √ 91. √ 92. × 正确答案:配制站全部过程画面在上位机的显示器中可直接看到,上位机通过接口与 PLC 实现通信。 93. × 正确答案:分散装置中,鼓风机启动困难的原因可能是电动机缺相或鼓风机叶片与壳体间进入干粉,阻碍叶片旋转。 94. √ 95. √ 96. √ 97. √ 98. × 99. √ 100. √ 101. × 正确答案:螺杆泵出现磨损后,在相同输出压力下的容积效率逐步下降。 102. × 正确答案:采取同步结构内部方案的螺杆泵,只可输送清洁的润滑性液体。 103. √ 104. × 正确答案:一台变频调速装置可以控制多台机泵调速。 105. √ 106. × 正确答案:变频调速装置可将压力信号转换成 4~20mA 的电信号。 107. × 正确答案:聚合物母液输送管道设计时,剪切速率不应大于 $90s^{-1}$。 108. × 正确答案:钢骨架复合管管顶埋深不小于 1m。 109. × 正确答案:不合格的聚合物会影响聚合物母液管道的内壁。 110. × 正确答案:聚合物母液管道的输送阻力增大、回压增高超过 0.3MPa 时需要进行清洗。 111. √ 112. × 正确答案:离心泵的流量与压力成反比关系。 113. × 正确答案:有源滤波器需提供电源,可克服谐波,也可无功补偿。 114. √ 115. √ 116. × 正确答案:注输泵泵轴常用的金属材料为 45 号钢及 40Cr。 117. √ 118. √ 119. √ 120. × 正确答案:对于重负荷蜗轮及类似部件,润滑油使用期最好不超过 6~8 个月。 121. √ 122. × 正确答案:除尘系统不能在中央集尘机内滤筒缺损的情况下使用。 123. × 正确答案:除尘系统的中央集尘机要装好灰斗,向上扳起手柄后使用。 124. × 正确答案:熟化罐的电热防冻控制装置温度控制方便,发热温度高低可任意调节。 125. √ 126. √ 127. √ 128. × 正确答案:串组式过滤器需要安装滤袋过滤。 129. × 正确答案:串组式二级粗精过滤器组为整体结构,无须单件组装。 130. √ 131. × 正确答案:金属材料常见的腐蚀形式有晶间腐蚀、点蚀、缝隙腐蚀、应力腐蚀 4 种。 132. × 正确答案:镀铬属于使用铬对金属材料进行表面处理的方法之一。 133. × 正确答案:单螺杆泵泵套和螺杆螺纹旋向相同。 134. √ 135. 正确答案:变频器不宜做耐压实验和绝缘电阻实验。 136. × 正确答案:变频器用于驱动防爆电动机时,由于变频器没有防爆性能,应将变频器置于危险场所之外。 137. √ 138. × 正确答案:机械传动应用范围较广,常用的有带传动、齿轮传动和链接传动三种。 139. × 正确答案:与带传动相比,链传动无打滑、无弹性、无滑动现象。 140. × 正确答案:斜齿轮的法向模数和压力角是标准值。 141. × 正确答案:带传动中,传动带与带轮之间存在弹性滑动,不能保证准确的传动比。 142. √ 143. √ 144. √ 145. 正确答案:设备润滑中通常采用稀油润滑和甘油润滑两种类型。 146. √ 147. √ 148. √ 149. × 正确答案:在熟化罐空罐的情况下不允许长时间启动搅拌器。 150. √ 151. × 正确答案:电动单梁起重机二级保养要求对起重机电气线路进行全面检查、更换部分老化接线和破损电气元件。 152. × 正确答案:除尘系统不工作时必须切断电源。 153. × 正确答案:电热防冻控制装置安装时应按要求正确连接电源控温箱、传感器之间的连线。 154. × 正确答案:滑动轴承的轴颈磨损时,在其强度允许的条件下,应修磨轴颈配换轴承,但轴颈在修磨后不得比原尺寸小 1mm 以上。　155. √　156. √　157. √　158. ×　正确答案:外径千分尺与游标卡尺读取的数据都是整数值加小数值的和。　159. √　160. ×　正确答案:容量瓶是长颈薄壁平底的容器,瓶颈上刻有环形标线。　161. ×　正确答案:聚丙烯酰胺粒度一般大于 950μm 和小于 200μm 的质量分数要小于 3%。　162. √　163. ×　正确答案:浊度法测定聚合物溶液浓度是聚合物溶液在酸性溶液中与次氯酸钠反应产生混浊的方法。　164. √　165. ×　正确答案:测量聚合物固含量所用的称量瓶需在 (105±2)℃ 下干燥至恒重。　166. √　167. √　168. ×　正确答案:油田水矿化度测量包括 Ca^{2+}、Mg^{2+}、Cl^-、K^+、Na^+ 等离子的测量。　169. √　170. ×　正确答案:配制站聚合物干粉现场抽查中化验 $25×10^6$ ≤ 相对分子质量 < $30×10^6$ 时,应用模拟污水进行配样检测。　171. ×　正确答案:一般情况下整体黏损较大的工艺流程为有比例调节泵的流程。　172. ×　正确答案:冰醋酸为非危险化学品。　173. ×　正确答案:C 类计量器具及测控设备用于低值易耗的计量器具及测控设备。　174. ×　正确答案:检定合格印、证应清晰完整,残缺、磨损的检定合格印、证应立即停止使用。　175. ×　正确答案:B 类、C 类管理仪表配备率不小于 95%,受检(校准)率不小于 95%,完好率不小于 92%,使用率不小于 85%。　176. ×　正确答案:电动执行机构的就地操作旋钮可现场调控阀门的位置。　177. √　178. √　179. ×　正确答案:电磁流量计的变送器是受工况条件影响的。　180. √　181. √　182. √　183. ×　正确答案:物流检测器可以安装在管路的上方或侧方。　184. ×　正确答案:物流检测器的输出信号是开关量的状态信号。　185. ×　正确答案:数字压力变速器是一种压力测量仪表,它应用传感器技术把压力转变为电信号,经过放大实现压力显示。　186. √　187. ×　正确答案:安装超声波液位计时,其检测的最高液位也不能达到盲区范围。　188. √　189. ×　正确答案:半导体应变式压力传感器具有体积小、重量轻、灵敏度高、便于集成的优点,因此应用广泛。　190. √　191. √　192. √　193. ×　正确答案:数字式传感器可分为增量码、绝对码、频率码等几种。　194. √　195. ×　正确答案:电度表制动力矩是永久磁电产生的。　196. √　197. ×　正确答案:压力表弹簧管自由端的位移量与被测压力之间呈正比例关系。　198. ×　正确答案:压力表测量液体压力时,测压点应在管道的下部或侧部,以防导压管内积存气体。　199. ×　正确答案:不论什么情况,被测压力下限不得低于压力表所选量程的 1/3。　200. √

高级工理论知识练习题及答案

一、单项选择题(每题 4 个选项,其中只有 1 个是正确的,将正确的选项填入括号内)

1. AA001　粉状驱油用聚丙酰胺的溶解时间要求(　　)。
　　A. 不多于 2h　　　　B. 不多于 3h　　　　C. 不多于 4h　　　　D. 不多于 5h

2. AA001　用户验收聚丙酰胺干粉时,每百吨抽取(　　)样品,样品应随机取自不同包装中。
　　A. 1 个　　　　　　B. 2 个　　　　　　C. 3 个　　　　　　D. 4 个

3. AA002　根据聚合物驱油水质的技术要求,总铁含量应小于(　　)。
　　A. 10mg/L　　　　B. 5mg/L　　　　　C. 1mg/L　　　　　D. 0.5mg/L

4. AA002　膜滤系数用(　　)表示。
　　A. TGB　　　　　　B. SRB　　　　　　C. MF　　　　　　　D. ST

5. AA003　评价聚合物驱油开发效果时,首先应建立各项开发指标的(　　)。
　　A. 参数　　　　　　B. 模型　　　　　　C. 标准曲线　　　　D. 开发数据

6. AA003　聚合物驱油时,由于开采层位不同,(　　)界限也不相同。
　　A. 技术　　　　　　B. 注入　　　　　　C. 变化　　　　　　D. 注采

7. AA004　在聚合物驱油开发效果评价中,矿场聚合物驱油结束时含水率应达到(　　)。
　　A. 85%　　　　　　B. 90%　　　　　　C. 95%　　　　　　D. 98%

8. AA004　吨聚合物增油量是指聚合物驱油结束时增油量除以(　　)重量。
　　A. 采购聚合物　　　　　　　　　B. 注入聚合物
　　C. 采出聚合物　　　　　　　　　D. 干粉

9. AA005　配制聚合物溶液用水宜为矿化度低于(　　)的清水。
　　A. 500mg/L　　　　B. 600mg/L　　　　C. 700mg/L　　　　D. 800mg/L

10. AA005　聚合物干粉完全溶解后,搅拌器的运动使之产生的(　　)降解极小。
　　A. 生物　　　　　　B. 化学　　　　　　C. 机械　　　　　　D. 物理

11. AA006　自动调节系统方框图中的调节对象是(　　)。
　　A. 液位　　　　　　　　　　　　B. 被控制的设备和机器
　　C. 温度　　　　　　　　　　　　D. 流量

12. AA006　一个环节在某一输入信号作用下所引起变化的量称为该环节的(　　)。
　　A. 输入量　　　　　B. 输出量　　　　　C. 检测信号　　　　D. 额定信号

13. AA007　对于新型搅拌器,要有实物(　　)数据和有关技术资料。
　　A. 外形　　　　　　B. 作业　　　　　　C. 模拟实验　　　　D. 以上选项均不正确

14. AA007　搅拌器功率应留有(　　)的余量。
　　A. 5%　　　　　　　B. 10%　　　　　　C. 15%　　　　　　D. 20%

15. AA008　输送聚合物溶液螺杆泵的过流零部件应保证不产生(　　)降解。

　　A. 生物　　　　　　　B. 机械　　　　　　　C. 物理　　　　　　　D. 化学

16. AA008　泵的噪声值应不超过(　　)。

　　A. 120dB　　　　　　B. 100dB　　　　　　C. 90dB　　　　　　D. 84dB

17. AA009　聚合物清水过滤器的过滤精度为(　　)。

　　A. 10μm　　　　　　B. 15μm　　　　　　C. 20μm　　　　　　D. 30μm

18. AA009　聚合物母液粗滤器选用网孔基本尺寸为(　　)。

　　A. 50 目　　　　　　B. 800 目　　　　　　C. 100 目　　　　　　D. 120 目

19. AA010　使用静态混合器的混合属于(　　)混合。

　　A. 静态　　　　　　　B. 动态　　　　　　　C. 分布　　　　　　　D. 分散

20. AA010　静态混合器的不均匀系数要不大于(　　)。

　　A. 0.5%　　　　　　B. 1%　　　　　　　C. 15%　　　　　　D. 10%

21. AA011　当给定量和被调量(或反馈量)出现偏差时,无差调节系统可进行调节最后使偏差为(　　)。

　　A. 零　　　　　　　　　　　　　　　　B. 某一固定值

　　C. 较小值　　　　　　　　　　　　　　D. 较大值

22. AA011　反馈调节系统又称为(　　)调节系统。

　　A. 开环　　　　　　　B. 闭环　　　　　　　C. 有差　　　　　　　D. 无差

23. AA012　流量计的重复性不得超过基本误差绝对值的(　　)。

　　A. 1/6　　　　　　　B. 1/4　　　　　　　C. 1/3　　　　　　　D. 1/2

24. AA012　聚合物溶液经过流量计的黏度损失应不大于(　　)。

　　A. 0.1%　　　　　　B. 1.5%　　　　　　C. 1%　　　　　　　D. 0.5%

25. AA013　聚合物工程所用配制管道必须做(　　)防腐层。

　　A. 内　　　　　　　　B. 外　　　　　　　　C. 内、外　　　　　　D. 加强

26. AA013　在采用涂层保护的工程中,钢质管道必须采用(　　)保护。

　　A. 阳极　　　　　　　B. 阴极　　　　　　　C. 正极　　　　　　　D. 负极

27. AA014　熟化罐出口属于(　　)取样点。

　　A. 特高压　　　　　　B. 高压　　　　　　　C. 中压　　　　　　　D. 低压

28. AA014　聚合物取样应密封,并在(　　)之内检测完毕。

　　A. 2h　　　　　　　　B. 4h　　　　　　　　C. 6h　　　　　　　　D. 8h

29. AA015　清水温度高于(　　)时,停运换热器。

　　A. 4℃　　　　　　　B. 8℃　　　　　　　C. 12℃　　　　　　　D. 16℃

30. AA015　调节换热器介质进口口、出口阀门,使换热器后的配制用水控制在(　　)。

　　A. 4~8℃　　　　　　B. 8~12℃　　　　　　C. 8~16℃　　　　　　D. 8~25℃

31. AA016　配制站来水管线上应设(　　)的过滤器。

　　A. 10μm　　　　　　B. 20μm　　　　　　C. 30μm　　　　　　D. 40μm

32. AA016　当过滤器的进口、出口压差大于(　　)或压差突然下降时,应清洗或更换滤芯。

　　A. 10MPa　　　　　　B. 1MPa　　　　　　C. 0.1MPa　　　　　　D. 0.01MPa

33. AA017 采油井产出液中聚丙烯酰胺浓度和黏度分析工作每( )进行一次。

    A. 5 天   B. 10 天   C. 半个月   D. 1 个月

34. AA017 注水井注入聚合物( )后开始化验分析。

    A. 1 个月   B. 2 个月   C. 3 个月   D. 4 个月

35. AA018 泵容积系数的代号是( )。

    A. η B. η_g C. η_v D. η_μ

36. AA018 测量泵的流量时,应选择对聚合物母液无( )作用的流量计。

    A. 搅拌   B. 机械降解   C. 生物降解   D. 化学降解

37. AA019 玻璃棒温度计设置的测温孔内应充以足够的( )。

    A. 聚合物   B. 液体   C. 机械油   D. 母液

38. AA019 压力表应在仪表全量程的( )运行。

    A. 1/4～1/2   B. 1/4～3/4

    C. 1/3～3/4   D. 1/3～2/3

39. AA020 每月进行一次水质化验,化验分析( )离子和铁含量,计算总矿化度,记录齐全准确。

    A. 4 项   B. 5 项   C. 6 项   D. 7 项

40. AA020 已入库的聚合物干粉摆放层数不宜超过( )。

    A. 2 层   B. 3 层   C. 4 层   D. 5 层

41. AB001 劳动定额是企业进行经济核算的一项重要( )。

    A. 前提   B. 途径   C. 条件   D. 依据

42. AB001 以下属于劳动定额表现形式的是( )。

    A. 产量定额   B. 工时定额   C. 质量定额   D. 数量定额

43. AB002 产品合格率是指合格品总量占( )总量的百分比。

    A. 产品   B. 送检验   C. 不合格品   D. 计划

44. AB002 以下不属于产品指标的是( )。

    A. 作业井次   B. 钻井进尺   C. 运输量   D. 废品率

45. AB003 班组经济核算的方法归纳起来大体可分为数量指标核算法和( )核算法两大类。

    A. 工时定额   B. 质量指标   C. 统计指标   D. 金额指标

46. AB003 节约额核算法适用于工序定额、工序价格和( )比较完备的班组。

    A. 节约价值   B. 节约款   C. 计量手段   D. 计量价格

47. AB004 生产分析重在分析生产成果的使用价值效果,特别要把对( )的分析放在首位。

    A. 产品数量   B. 产品质量   C. 产品价格   D. 产品价值

48. AB004 以下属于班组经济活动分析形式的是( )。

    A. 生产分析   B. 劳动分析   C. 定期分析   D. 对比分析

49. AC001 过程质量是指( )满足规定需要与潜在需要的特征和特性的总和。

    A. 过程   B. 产品   C. 工作   D. 服务

50. AC001　产品质量特性包括的性能、寿命、可靠性、安全性、(　　)和环境适应性等。
　　A. 工艺性　　　　　　B. 经济性　　　　　　C. 服务性　　　　　　D. 标准性

51. AC002　企业为稳定、提高产品质量进行质量活动所支付的费用和质量故障造成的损失总和称为(　　)。
　　A. 质量体系　　　　　B. 工作质量　　　　　C. 采购质量　　　　　D. 质量成本

52. AC002　组织协调工作是维护质量体系运行的(　　)。
　　A. 保障　　　　　　　B. 动力　　　　　　　C. 条件　　　　　　　D. 需要

53. AC003　工作标准可分为工作程序标准、工作内容标准和(　　)标准等。
　　A. 执行　　　　　　　B. 操作　　　　　　　C. 工艺　　　　　　　D. 顺序

54. AC003　标准包括技术标准、管理标准和(　　)三个方面的内容。
　　A. 企业标准　　　　　　　　　　　　　　　B. 质量标准
　　C. 工作标准　　　　　　　　　　　　　　　D. 服务标准

55. AC004　质量管理常用因果图找出产生质量问题的原因,以便确定(　　)关系。
　　A. 质量　　　　　　　B. 因果　　　　　　　C. 有效　　　　　　　D. 主观

56. AC004　排列图的横坐标表示项目,纵坐标表示项目发生的(　　)。
　　A. 数量　　　　　　　B. 时间　　　　　　　C. 因素　　　　　　　D. 原因

57. AC005　组织质量改进的基本方法是坚持(　　)循环。
　　A. PCDA　　　　　　　B. PDCA　　　　　　　C. PACD　　　　　　　D. PPDA

58. AC005　质量改进的一般程序可归纳为计划、组织、(　　)和实施四个阶段。
　　A. 安排　　　　　　　B. 分析　　　　　　　C. 实施　　　　　　　D. 诊断

59. AC006　ISO(　　)质量体系是设计、开发、生产安装和服务的质量保证模式。
　　A. 9000　　　　　　　B. 9001　　　　　　　C. 9002　　　　　　　D. 9003

60. AC006　产品质量认证标志分为方圆标志、长城标志和(　　)标志。
　　A. PC　　　　　　　　B. PR　　　　　　　　C. RPC　　　　　　　D. PRC

61. AD001　我国在(　　)建成了第一条 500kV 高压送电线路。
　　A. 1980 年　　　　　B. 1985 年　　　　　C. 1990 年　　　　　D. 1995 年

62. AD001　电力系统的主要组成部分是(　　)系统。
　　A. 配电　　　　　　　B. 发电　　　　　　　C. 工厂供电　　　　　D. 变电

63. AD002　以下不属于供电质量指标的是(　　)。
　　A. 电流　　　　　　　B. 电压　　　　　　　C. 频率　　　　　　　D. 可靠性

64. AD002　我国工业标准电流频率为(　　)。
　　A. 110Hz　　　　　　B. 100Hz　　　　　　C. 60Hz　　　　　　　D. 50Hz

65. AD003　继电保护装置是各种不同类型的(　　)。
　　A. 保护器　　　　　　B. 继电器　　　　　　C. 熔断器　　　　　　D. 电容

66. AD003　在工厂供电系统中,(　　)继电器是保护装置中重要的启动元件。
　　A. 电流　　　　　　　B. 温度　　　　　　　C. 功率　　　　　　　D. 热力

67. AD004　单端供电系统中,距(　　)端越近的断路器,其保护动作时间越短。
　　A. 电源　　　　　　　B. 负荷　　　　　　　C. 线圈　　　　　　　D. 装置

68. AD004 保护范围内出现故障和不正常工作状态时,继电保护的反应能力称为(   )。

 A. 灵敏性　　　　　　 B. 速动性　　　　　 C. 可靠性　　　　　 D. 选择性

69. AD005 系统故障时,必须保证用于供给继电保护装置工作的电源(   )不受影响。

 A. 电容　　　　　　　 B. 电压　　　　　　 C. 电阻　　　　　　 D. 电功率

70. AD005 整流操作电源有(   )补偿和复式整流两种方式。

 A. 电流　　　　　　　 B. 电压　　　　　　 C. 电容　　　　　　 D. 电抗

71. AE001 现代安全管理是指以预防事故为中心,进行(   )的安全分析与评价。

 A. 预先　　　　　　　 B. 预测　　　　　　 C. 探索　　　　　　 D. 设计

72. AE001 从(   )出发实行系统安全管理是现代安全管理的特点之一。

 A. 实际　　　　　　　 B. 总体　　　　　　 C. 评价　　　　　　 D. 分析

73. AE002 推行现代安全管理必须与(   )安全管理相结合。

 A. 专业　　　　　　　 B. 企业　　　　　　 C. 系统　　　　　　 D. 传统

74. AE002 安全(   )可以看作传统安全检查的系统化。

 A. 检查　　　　　　　 B. 评价　　　　　　 C. 检查表　　　　　 D. 评价图

75. AE003 马斯洛层次需要示意图中第一层次是(   )需要。

 A. 生理　　　　　　　 B. 安全　　　　　　 C. 社会　　　　　　 D. 尊重

76. AE003 马斯洛层次需要示意图中,第二层次是(   )需要。

 A. 生理　　　　　　　 B. 安全　　　　　　 C. 社会　　　　　　 D. 尊重

77. AE004 人的因素是指人在操作过程中的差错,包括感觉知觉、(   )及决定执行三个阶段出现的差错。

 A. 触觉嗅觉　　　　 B. 识别判断　　　　 C. 分析判断　　　　 D. 经验判断

78. AE004 环境因素指(   )中的温度、湿度、色彩、照相、噪声和振动等因素。

 A. 周围环境　　　　 B. 作业环境　　　　 C. 操作过程　　　　 D. 设计环境

79. AE005 定量安全评价方法可以分为概率风险评价法、伤害范围评价法和(   )。

 A. 风险指数评价法　　　　　　　 B. 概率指数评价法

 C. 危险指数评价法　　　　　　　 D. 伤害指数评价法

80. AE005 系统安全评价的主要特点是以事先分析和消除危险为目的,带有(   )性质。

 A. 技术　　　　　　　 B. 分析　　　　　　 C. 防范　　　　　　 D. 预测

81. AE006 据统计,有(   )以上的事故是人为错误导致的。

 A. 50%　　　　　　　 B. 60%　　　　　　 C. 70%　　　　　　 D. 80%

82. AE006 人进行生产时,必须有合适的(   )条件。

 A. 安全　　　　　　　 B. 环境　　　　　　 C. 温度　　　　　　 D. 操作

83. AE007 企业安全生产方针是安全第一、(   )为主。

 A. 质量　　　　　　　 B. 经营　　　　　　 C. 预防　　　　　　 D. 生产

84. AE007 事故具有三个重要特征,即因果性、(   )和偶然性。

 A. 特殊性　　　　　　 B. 潜伏性　　　　　 C. 必然性　　　　　 D. 不可预见性

85. AE008 在生产管理思想观念上高度重视企业安全生产,是(   )的安全生产责任的内容。

 A. 岗位员工　　　　 B. 主管领导　　　　 C. 生产领导　　　　 D. 各级领导

86. AE008 严格执行安全生产规章制度和岗位操作规程,遵守劳动纪律,是( )的安全生产责任的内容。

A. 岗位员工　　B. 主管领导　　C. 生产领导　　D. 各级领导

87. AE009 安全教育是企业为提高员工安全技术素质和( ),搞好企业的安全生产和安全思想建设的一项重要工作。

A. 增强安全意识　B. 丰富安全知识　C. 提高安全技能　D. 防范事故的能力

88. AE009 安全标志分为禁止标志、( )、指令标志和提示标志四类。

A. 符号标志　　B. 警示标志　　C. 警戒标志　　D. 警告标志

89. AE010 安全电压是为了( )而采用的特殊电源供电的电压。

A. 不烧熔断器　　B. 保证电路负荷　C. 保证设备功率　D. 防止触电事故

90. AE010 110V 已超出了我国规定安全电压最高值( )范围,是非安全电压。

A. 24V　　　　B. 32V　　　　C. 38V　　　　D. 42V

91. AE011 HSE 管理是指健康、安全、( )管理。

A. 科学　　　　B. 规范　　　　C. 劳动保护　　D. 环境

92. AE011 HSE 管理体系突出的是预防为主、安全第一,领导承诺,全面参与和( )。

A. 加强管理　　B. 生产优先　　C. 重点检查　　D. 持续发展

93. AE012 HSE 作业指导书是用于指导生产岗位人员正确操作、规避( )的程序文件。

A. 事故　　　　B. 风险　　　　C. 隐患　　　　D. 违章

94. AE012 HSE 目标及( )是 HSE 作业指导书的重要部分。

A. 员工职责　　B. 管理制度　　C. 操作规程　　D. 安全规范

95. AE013 HSE 作业计划书是指生产过程中有计划的( )管理程序文书。

A. 控制　　　　B. 程序　　　　C. 安全　　　　D. 分级

96. AE013 HSE 作业计划书中的管理模式要求做到一级( )一级,一级向一级负责。

A. 要求　　　　B. 控制　　　　C. 负责　　　　D. 管理

97. AE014 HSE 检查表是指岗位工作人员对生产检查部位进行( )的记录表。

A. 巡回检查　　B. 隐患登记　　C. 资料录取　　D. 设备维护

98. AE014 灭火器的性能检查包括检查储气( )是否正常。

A. 容积　　　　B. 重量　　　　C. 压力　　　　D. 质量

99. BA001 聚合物驱和水驱采出程度( )定义为聚合物驱增采幅度。

A. 之和　　　　B. 之差　　　　C. 之积　　　　D. 之商

100. BA001 油藏数值模拟软件是基于描述油藏地质和( )特征的数学物理方程工作的。

A. 聚合物　　　B. 母液　　　　C. 流体　　　　D. 液体

101. BA002 模拟计算研究在三维地质模型上进行时,地质模型划分为( )网格。

A. 3×3×3 个　　B. 6×6×6 个　　C. 9×9×9 个　　D. 9×9×3 个

102. BA002 通过油田在一个一维模型上的研究,可知聚合物驱没有扩大( )体积的问题。

A. 注入　　　　B. 波及　　　　C. 油相　　　　D. 流体

103. BA003　油层非均质系数的符号是(　　)。

A. V_z 　　　　　B. V_k 　　　　　C. K_z 　　　　　D. K_x

104. BA003　垂向渗透性极差的凹型复合韵律油层的聚合物驱油机理和效果与相应的 (　　)油层基本相同。

A. 正断层 　　　　B. 逆断层 　　　　C. 正韵律 　　　　D. 反韵律

105. BA004　研究发现,对于正韵律油层,在不考虑重力、毛细管力时,聚合物采出程度随油层非均质程度的提高而(　　)。

A. 上升 　　　　　B. 降低 　　　　　C. 变化 　　　　　D. 保持不变

106. BA004　研究可知,聚合物驱提高油湿油层(　　)的幅度比水湿油层高。

A. 饱和度 　　　　B. 渗透率 　　　　C. 采收率 　　　　D. 润湿性

107. BA005　油层非均质性和(　　)都是影响聚合物驱油效果的重要因素。

A. 垂向渗透性 　　B. 水平渗透性 　　C. 正韵律 　　　　D. 反韵律

108. BA005　在垂向渗透性相同的情况下,水驱聚合物驱的采出程度都随油层(　　)值的增大而下降。

A. C_k 　　　　　B. R_k 　　　　　C. V_k 　　　　　D. P_k

109. BA006　利用三维效果表征不同(　　)级别下井网对油层的控制程度,有利于聚驱综合调整方案优化。

A. 采收率 　　　　B. 渗透率 　　　　C. 孔隙度 　　　　D. 可采率

110. BA006　在相同用量下,聚合物相对分子质量高,(　　)的提高幅度大。

A. 采出程度 　　　B. 采收率 　　　　C. 最终采收率 　　D. 可采率

111. BA007　模拟计算选定以外围转注聚合物井排为分割的(　　)区域计算。

A. 菱形 　　　　　B. 长方形 　　　　C. 正方形 　　　　D. 梯形

112. BA007　聚合物驱模拟计算的关键是聚合物(　　)的确定。

A. 矿化度 　　　　　　　　　　　　　B. 相对分子质量

C. 特性参数 　　　　　　　　　　　　D. 黏度

113. BA008　聚合物配制管理计算机系统采用了(　　)备份。

A. 单机 　　　　　B. 双机 　　　　　C. 双机热 　　　　D. 多机

114. BA008　计算机显示屏出现(　　)失常、图形扭曲等现象时,应及时处理。

A. 运行图 　　　　B. 颜色 　　　　　C. 状态图 　　　　D. 监控

115. BA009　达到熟化时间且对储罐有进液要求时,开启出口阀,同时启动转输泵,经(　　)过滤后进储罐。

A. 一级 　　　　　B. 四级 　　　　　C. 两级 　　　　　D. 三级

116. BA009　熟化罐液位到(　　)时,搅拌器启动。

A. 最大值 　　　　B. 最小值 　　　　C. 中间值 　　　　D. 内定值

117. BA010　聚合物干粉料斗螺杆下料器的检查内容包括(　　)。

A. 固定螺栓 　　　B. 进料口 　　　　C. 干粉 　　　　　D. 出料口

118. BA010　干粉漏斗检查的内容包括(　　)。

A. 漏斗的尺寸 　　B. 漏斗的滤网 　　C. 漏斗的材质 　　D. 漏斗的位置

119. BA011　分散装置启动前,要确认供水系统,水罐的液位达到(　　)。

　　A. 70%　　　　　　　B. 50%　　　　　　　C. 30%　　　　　　　D. 20%

120. BA011　分散装置启动前,不需要检查(　　)。

　　A. 供水系统　　　　B. 采暖系统　　　　C. 熟化系统　　　　D. 分散装置

121. BA012　集成密闭上料装置是配制站处理(　　)的设备。

　　A. 粉尘　　　　　　B. 干粉　　　　　　C. 水量　　　　　　D. 聚合物

122. BA012　集成密闭上料装置实现了物料输送的自动化、(　　)、洁净化。

　　A. 人工传送　　　　B. 整齐化　　　　　C. 密闭化　　　　　D. 节能化

123. BA013　配制站多采用在线除尘与(　　)相结合的方式进行粉尘治理。

　　A. 吸尘器　　　　　B. 风机　　　　　　C. 自然通风　　　　D. 离线除尘

124. BA013　配制站安装的落地离线除尘装置属于(　　)除尘器。

　　A. 布袋式　　　　　B. 过滤式　　　　　C. 桶式　　　　　　D. 卧式

125. BA014　集成密闭上料装置工作时,要随时观察(　　)中物料的存储液位。

　　A. 加料斗　　　　　B. 密封舱　　　　　C. 下料器　　　　　D. 分散加药罐

126. BA014　集成密闭上料装置投加聚合物干粉时,要及时进行清除(　　),避免堵塞下料口。

　　A. 结晶块　　　　　B. 碎屑　　　　　　C. 块状杂质　　　　D. 条状物

127. BA015　处理集成密闭上料装置故障时,要(　　)后逐项进行检查维修。

　　A. 切断电源　　　　B. 停运　　　　　　C. 拆卸加料斗　　　D. 检查通风口

128. BA015　袋式除尘器处理吸湿性强的聚合物干粉时,过滤器表面(　　)潮湿的干粉。

　　A. 通过颗粒　　　　B. 堵塞　　　　　　C. 过滤　　　　　　D. 易黏附

129. BA016　表面活性物质具有使水的表面张力(　　)的性质。

　　A. 降低　　　　　　B. 升高　　　　　　C. 先升后降　　　　D. 保持不变

130. BA016　三次采油使用的 OP 型表面活性剂为(　　)表面活性剂。

　　A. 阴离子型　　　　B. 阳离子型　　　　C. 非离子型　　　　D. 两性

131. BA017　表面活性剂水溶液能够对岩石上的油膜起到(　　)作用。

　　A. 束缚　　　　　　B. 洗涤　　　　　　C. 稳定　　　　　　D. 黏附

132. BA017　向水中加入表面活性剂可使原油在岩石表面的黏附力(　　)。

　　A. 升高　　　　　　B. 先升后降　　　　C. 先降后升　　　　D. 降低

133. BA018　乳状液中,被分散的一相(以微小液珠形式存在)称为(　　)。

　　A. 固相　　　　　　B. 液相　　　　　　C. 气相　　　　　　D. 内相

134. BA018　以下方法不可鉴别乳状液类型的是(　　)。

　　A. 悬滴法　　　　　B. 稀释法　　　　　C. 染色法　　　　　D. 电导法

135. BA019　破乳的原则是(　　)。

　　A. 使乳液体充分乳化　　　　　　　　　B. 使内相颗粒直径保持在 0.1~10μm

　　C. 除去乳状液的稳定因素　　　　　　　D. 进一步减小乳状液的截面张力

136. BA019　液膜强度是液膜中(　　)作用力的一种量度。

　　A. 电子间　　　　　B. 离子间　　　　　C. 原子间　　　　　D. 分子间

137. BA020　碱水驱通过提高水的(　　)而达到提高采收率的目的。

　　A. 流动性　　　　　B. 温度　　　　　C. 黏度　　　　　D. pH 值

138. BA020　碱与原油中的酸性物质发生化学反应,可生成表面活性物质,导致油水(　　)降低。

　　A. 界面压力　　　B. 导电性　　　　C. 乳化程度　　　D. 密度

139. BA021　三次采油不包括(　　)。

　　A. 注水驱油　　　　　　　　　B. 聚合物驱油

　　C. 三元复合驱油　　　　　　　D. 混相驱油

140. BA021　三元复合驱的驱油剂由碱、(　　)和聚合物水溶液组成。

　　A. 液化烃　　　B. 表面活性剂　　C. 微生物　　　D. 曝氧污水

141. BA022　以下不属于化学驱油中添加剂作用的是(　　)。

　　A. 作为催化主剂　　　　　　　B. 提高主剂驱油效果

　　C. 减少主剂损耗　　　　　　　D. 杀菌

142. BA022　化学驱油可改善地层原油-化学剂溶液-(　　)之间的物理特性。

　　A. 地层　　　　　B. 岩石　　　　　C. 天然气　　　　D. 地层水

143. BA023　三元复合驱一般可提高采收率(　　)。

　　A. 15%~25%　　B. 10%~20%　　C. 7%~10%　　D. 25%~30%

144. BA023　以下碱性物质不可用作三元复合驱驱油剂的是(　　)。

　　A. 无机碱　　　B. 有机碱　　　　C. 氢氧化钠　　　D. 碳酸钠

145. BA024　泡沫驱油需向油层注入起泡剂和(　　)。

　　A. 稳定剂　　　B. 发泡剂　　　　C. 氧化剂　　　　D. 催化剂

146. BA024　泡沫驱油可以提高采收率(　　)。

　　A. 15%~25%　　B. 10%~20%　　C. 7%~10%　　D. 25%~30%

147. BB001　接触器是用于接通或断开带有(　　)的交直流主电路或大容量控制电路的电气元件。

　　A. 触点　　　　　B. 衔铁　　　　　C. 负载　　　　　D. 弹簧

148. BB001　交流接触器的主触头用于通断主回路,常有(　　)常开触头。

　　A. 一对　　　　　B. 两对　　　　　C. 三对　　　　　D. 四对

149. BB002　继电器的触头属于(　　)机构。

　　A. 承受　　　　　B. 中间　　　　　C. 接触　　　　　D. 执行

150. BB002　动作时间在 0.15s 以上的继电器称为(　　)继电器。

　　A. 速度　　　　　B. 时间　　　　　C. 瞬时　　　　　D. 延时

151. BB003　螺旋式快速熔断器的代表符号是(　　)。

　　A. RC　　　　　　B. RL　　　　　　C. RT　　　　　　D. RLS

152. BB003　熔断器按外壳的结构可分为插入式、螺旋式和(　　)三种。

　　A. 弹簧式　　　B. 惯性式　　　　C. 电弧式　　　　D. 管式

153. BB004　刀开关的额定电流可按电动机额定电流的(　　)来选择。

　　A. 2 倍　　　　　B. 3 倍　　　　　C. 5 倍　　　　　D. 6 倍

154. BB004　HH 代表(　　)开关。

　　A. 刀　　　　　　　B. 铁壳　　　　　　C. 自动　　　　　　D. 按钮

155. BB005　电气控制系统的主要功能有自动控制、保护、监视和(　　)。

　　A. 测量　　　　　　B. 计算　　　　　　C. 传输　　　　　　D. 连接

156. BB005　符号"DL"的意义是(　　)。

　　A. 电流　　　　　　B. 短路　　　　　　C. 电动机　　　　　D. 刀开关

157. BB006　接触器本身触电使线圈长期通电的环节称为(　　)环节。

　　A. 常开　　　　　　B. 常闭　　　　　　C. 自锁　　　　　　D. 互锁

158. BB006　电动机的基本控制方法有行程控制、时间控制、速度控制和(　　)。

　　A. 电容控制　　　　B. 阻抗控制　　　　C. 电流控制　　　　D. 电压控制

159. BB007　分析设计法是利用(　　)代数这一数学工具进行设计的。

　　A. 线性　　　　　　B. 推理　　　　　　C. 逻辑　　　　　　D. 分析

160. BB007　设计控制线路时应考虑到各控制元件的实际位置,尽可能减少(　　)。

　　A. 接触器　　　　　B. 线圈　　　　　　C. 辅助触点　　　　D. 连接导线

161. BB008　将被调量的输出信号用完的全部或一部分返送回输入端,称为(　　)控制。

　　A. 自动　　　　　　B. 反馈　　　　　　C. 主动　　　　　　D. 开环

162. BB008　引起被调量发生变化的各种外界原因称为(　　)。

　　A. 反馈　　　　　　B. 干扰　　　　　　C. 调节　　　　　　D. 程控

163. BB009　聚合物分散装置应保证无(　　)降解。

　　A. 物理　　　　　　B. 化学　　　　　　C. 机械　　　　　　D. 生物

164. BB009　聚合物分散装置系统设定的配液量与实际配液量误差在(　　)以内。

　　A. ±10%　　　　　 B. ±8%　　　　　　C. ±6%　　　　　　D. ±2%

165. BB010　聚合物干粉配制量大于 24t/d 的配制站,其自控系统应采用(　　)系统。

　　A. 集散控制　　　　B. 集中控制　　　　C. 调节控制　　　　D. 远传控制

166. BB010　分散装置干粉给料量须采用(　　)控制。

　　A. 自控系统　　　　B. 变频调速器　　　C. 集散　　　　　　D. 程序控制器

167. BB011　闭环调节能控制各种(　　)。

　　A. 振荡　　　　　　B. 干扰　　　　　　C. 偏离　　　　　　D. 变化

168. BB011　在聚合物溶液的配制过程中,分散装置上水量的控制属于(　　)控制系统。

　　A. 开环　　　　　　B. 闭环　　　　　　C. 输入　　　　　　D. 输出

169. BB012　控制系统按照给定量的特征可分为定值控制系统、随动系统和(　　)。

　　A. 监控控制系统　　B. 保护控制系统　　C. 程序控制系统　　D. 循环控制系统

170. BB012　系统给定量按照一定的时间函数变化的系统称为(　　)控制系统。

　　A. 随动　　　　　　B. 直接　　　　　　C. 间接　　　　　　D. 程序

171. BB013　一个闭环系统的稳态性能用(　　)误差来表示。

　　A. 实际　　　　　　B. 期望　　　　　　C. 稳态　　　　　　D. 控制

172. BB013　振荡过程中属于稳定系统的是(　　)。

　　A. 单调　　　　　　B. 衰减　　　　　　C. 持续　　　　　　D. 惯性

173. BB014　整流电路因变频器(　　)大小不同而不同。

A. 输入功率　　　　B. 输出功率　　　　C. 轴功率　　　　D. 有效功率

174. BB014　频率精度用变频器的实际输出和设定频率之间的(　　)与最高工作频率之比的百分数表示。

A. 最小误差　　　　B. 电压差　　　　C. 电流差　　　　D. 最大误差

175. BB015　变频调速装置出现对地短路保护的原因是电动机的(　　),负载侧接线不良。

A. 欠电压　　　　B. 绝缘劣化　　　　C. 过载　　　　D. 电路问题

176. BB015　变频调速装置的散热片(　　)的原因可能是冷却风扇故障,周围温度高,滤网堵塞。

A. 凉　　　　B. 不排风　　　　C. 不运转　　　　D. 过热

177. BB016　主接触器故障的信号源是(　　)。

A. 主接触器　　　　　　　　B. 接触器辅助触点

C. 接触器线圈　　　　　　　D. 自控模块

178. BB016　主接触器故障的直接原因是(　　)。

A. 主接触器未吸合　　B. 主接触器粘连　　C. 主接触器虚接　　D. 电动机无法启动

179. BB017　正常工作时,主接触器线圈两端电压为(　　)。

A. 380V　　　　B. 220V　　　　C. 110V　　　　D. 24V

180. BB017　主接触器线圈两端电压为0说明(　　)。

A. 主接触器未通电　　　　　　B. 辅助触点未通电

C. 线圈回路短路　　　　　　　D. 线圈电压过低

181. BB018　交流调速主要有异步电动机调整和(　　)调速两大部分。

A. 转差功率消耗　　B. 转差功率不变　　C. 同步电动机　　D. 转差功率回馈

182. BB018　同步电动机主要采用(　　)式调速。

A. 功率消耗　　　　B. 功率回馈　　　　C. 自控变频　　　　D. 变频

183. BB019　变频调速可把工频电源变换成各种频率的(　　)电源。

A. 直流　　　　B. 交直交　　　　C. 交流　　　　D. 交直流

184. BB019　异步电动机调速和同步电动机调速均属于(　　)电动机。

A. 直流调速　　　　B. 交流调速　　　　C. 交直流调速　　　　D. 交直交调速

185. BB020　间接变频装置又称为(　　)变频装置。

A. 交—直　　　　B. 直—交　　　　C. 交—直—交　　　　D. 直—交—直

186. BB020　变频调速技术可通过改变电动机工作电源的(　　)达到改变电动机转速的目的。

A. 电流　　　　B. 频率　　　　C. 电压　　　　D. 电容

187. BC001　离心泵只有与(　　)配合才能完成输送液体的任务。

A. 吸入管　　　　B. 管道　　　　C. 阀门　　　　D. 排出量

188. BC001　离心泵–管道系统的工作点是根据(　　)确定的。

A. 质量守恒定律和动量守恒定律　　　B. 热量守恒定律

C. 动量守恒定律　　　　　　　　　　D. 质量守恒定律和能量守恒定律

189. BC002　液体沿管路流动所消耗的能量随流量变化而变化的性能曲线是(　　)曲线。

A. $Q–H$　　　　　B. $Q–H_g$　　　　　C. $Q–\eta$　　　　　D. $Q–H_s$

190. BC002　管路特性曲线中,液体沿管路流动时所消耗的能量为(　　)。

A. Z　　　　　B. ΔZ　　　　　C. $\Delta Z+h$　　　　　D. $Z+h$

191. BC003　离心泵串联可解决单泵(　　)不足的问题。

A. 流量　　　　　B. 扬程　　　　　C. 效率　　　　　D. 功率

192. BC003　离心泵并联工作时,系统的工况取决于(　　)特性曲线与管路特性曲线的交点。

A. 泵　　　　　B. 泵组　　　　　C. 单泵　　　　　D. 双泵

193. BC004　表示流体绝对压力低于大气压力数值的是(　　)。

A. 真空度　　　　　B. 汽蚀余量　　　　　C. 水击压力　　　　　D. 蒸气压

194. BC004　为了保证运行时不产生汽蚀,泵的最大吸入真空度应留(　　)的安全量。

A. 0.2m　　　　　B. 0.3m　　　　　C. 0.4m　　　　　D. 0.5m

195. BC005　单螺杆泵主要由螺杆、泵套和(　　)组成。

A. 万向节　　　　　B. 减速箱　　　　　C. 过滤器　　　　　D. 电动机

196. BC005　螺杆泵的驱动方式按传动形式可分为(　　)。

A. 无级传动和分级传动　　　　　B. 液压传动和机械传动

C. 手动传动和自动传动　　　　　D. 皮带传动和齿轮传动

197. BC006　启动新投入运行的螺杆泵前需特别检查(　　)。

A. 泵前是否放空　　　　　B. 连接部位

C. 安全阀　　　　　D. 流量计

198. BC006　螺杆泵运行后不需要检查(　　)。

A. 泵进口压力　　　B. 进口阀门　　　C. 泵出口压力　　　D. 出口阀门

199. BC007　过滤器主要包括壳体、滤芯和(　　)。

A. 辅助装置　　　　　B. 放空阀　　　　　C. 支架　　　　　D. 平台

200. BC007　过滤器的壳体不包括(　　)。

A. 罐体　　　　　B. 吊装环　　　　　C. 排气孔　　　　　D. 出口法兰

201. BC008　串组式过滤器可用于(　　)母液中的杂质和干粉黏团,达到洁净母液的目的。

A. 粉碎　　　　　B. 滤除　　　　　C. 吸收　　　　　D. 排放

202. BC008　油田采用聚合物采油时,为提高驱油效果,通常使用过滤器对向地下(　　)的聚合物母液进行过滤。

A. 注入　　　　　B. 压挤　　　　　C. 排放　　　　　D. 抽吸

203. BC009　串组式过滤器由若干个成对串接筒体(　　)固定在橇装底座上。

A. 纵向排列　　　　　B. 十字排列　　　　　C. 竖直排列　　　　　D. 平行排列

204. BC009　串组式过滤器有(　　)进液口。

A. 1个　　　　　B. 3个　　　　　C. 多个　　　　　D. 2个

205. BC010　串组式过滤器的筒体A与筒体B(　　)排列。

A. 纵向　　　　　B. 横向　　　　　C. 串联　　　　　D. 并联

206. BC010　串组式过滤器的筒体 A 进液口通过连接管与(　　)相连接。

　　A. 法兰　　　　　　B. 筒体 B　　　　　C. 出口管　　　　　D. 底座

207. BC011　叉车发动前不需要检查(　　)。

　　A. 外观是否整洁　　B. 油箱的油位　　　C. 轮胎的气压　　　D. 变速杆的位置

208. BC011　以下不属于叉车行驶前注意事项的是(　　)。

　　A. 冷启动后,要低速运转　　　　　　B. 检查设备档案

　　C. 水温表指示　　　　　　　　　　　D. 燃烧情况

209. BC012　变频调速装置通过变频技术与微电子技术改变电动机工作电源(　　)来控制
　　　　　　交流电动机电力控制设备。

　　A. 工作方式　　　　B. 运行方式　　　　C. 连接方式　　　　D. 频率

210. BC012　变频调速装置主要由整流单元、滤波单元、逆变单元、(　　)、驱动单元、检测
　　　　　　单元、微处理单元等组成。

　　A. 制动单元　　　　B. 控制单元　　　　C. 开放单元　　　　D. 闭合单元

211. BC013　电动机 A 级绝缘层能容纳的最高温升是(　　)。

　　A. 55~60℃　　　　B. 20~35℃　　　　C. 5~15℃　　　　D. 70~85℃

212. BC013　电动机运行中滑动轴承温度超过(　　)时,应立即停电检查。

　　A. 50℃　　　　　　B. 60℃　　　　　　C. 70℃　　　　　　D. 80℃

213. BC014　企业固定资产的主要组成部分是(　　)。

　　A. 人　　　　　　　B. 设备　　　　　　C. 原材料　　　　　D. 资金

214. BC014　企业中用于设备零件和大型工具的资金,通常是企业流动资金的(　　)。

　　A. 1/2　　　　　　　B. 1/3　　　　　　　C. 2/3　　　　　　D. 1/4

215. BC015　班组设备管理的基本要求是(　　)。

　　A. 三会　　　　　　B. 四好　　　　　　C. 三好四会　　　　D. 四好三会

216. BC015　设备技术状况的考核指标称为(　　)。

　　A. 设备维护率　　　B. 设备完好率　　　C. 设备利用率　　　D. 设备出勤率

217. BC016　按设备损坏程度,设备事故可分为一般事故、(　　)事故、重大事故、特大事故
　　　　　　四类。

　　A. 责任　　　　　　B. 机械　　　　　　C. 自然　　　　　　D. 大型

218. BC016　润滑油的选用原则是根据载荷特性和(　　)选用标号适当的机械油。

　　A. 润滑特性　　　　B. 转速大小　　　　C. 抗氧化性　　　　D. 耐高温性

219. BC017　建立设备维护专责制,首先要做到(　　)。

　　A. 填写记录　　　　B. 定机定人　　　　C. 巡回检查　　　　D. 维护保养

220. BC017　下班时,必须关闭单班生产设备的(　　)和其他介质开关、阀门等,并将设备
　　　　　　擦拭干净。

　　A. 水、电　　　　　　　　　　　　　　B. 风、水、电

　　C. 水、电、汽　　　　　　　　　　　　D. 风、水、电、汽

221. BC018　设备的安装应严格按照设备原设计的(　　)进行。

　　A. 图样　　　　　　B. 安装标准　　　　C. 说明书　　　　　D. 安装资料

222. BC018 设备安装前要编制设备进场计划,( )、材料、机具等资源使用计划。

    A. 成本   B. 劳动力   C. 监护   D. 环境

223. BD001 离心泵的性能曲线通常是以( )的水为输送介质用试验方法测定的。

    A. 10℃   B. 15℃   C. 20℃   D. 25℃

224. BD001 一般来说,在运行期间泵的转速是( )的。

    A. 变小   B. 变大   C. 波动   D. 不变

225. BD002 以下表示流量扬程曲线的是( )。

    A. $Q\text{-}H$ B. $Q\text{-}P$ C. $Q\text{-}\eta$ D. $Q\text{-}H_g$

226. BD002 扬程与转速的( )成正比。

    A. 一次方   B. 平方   C. 三次方   D. 四次方

227. BD003 流量增加时功率也增加,增加快、慢与( )有关。

    A. 管径   B. 比转速   C. 扬程   D. 效率

228. BD003 离心泵的 $Q\text{-}P$ 曲线随着流量增加而呈上升趋势,因此离心泵应( )排出阀启动。

    A. 关闭   B. 全开   C. 半开   D. 微开

229. BD004 $Q\text{-}\eta$ 曲线上的效率最高点称为( )。

    A. 额定点   B. 工况点   C. 高效点   D. 额定工况点

230. BD004 当离心泵的比转数低于( )时,叶轮车削后,由于轴功率下降幅度大,效率反而提高。

    A. 60   B. 80   C. 90   D. 100

231. BD005 通用性能曲线是将若干不同转速的( )性能曲线画在同一张图上。

    A. $Q\text{-}H$ B. $Q\text{-}P$ C. $Q\text{-}\eta$ D. $Q\text{-}H_s$

232. BD005 离心泵转速改变后,流量的变化规律是( )。

    A. $Q_1/Q_2 = (n_1/n_2)^4$ B. $Q_1/Q_2 = (n_1/n_2)^3$

    C. $Q_1/Q_2 = (n_1/n_2)^2$ D. $Q_1/Q_2 = n_1/n_2$

233. BD006 工况调节的目的是在保证任务输量的前提下使离心泵在较高的( )范围内运行。

    A. 扬程   B. 流量   C. 效率   D. 功率

234. BD006 改变离心泵出口管线上的阀门开关,其实就是改变( )。

    A. 离心泵流量曲线   B. 管路流量曲线

    C. 离心泵特性曲线   D. 管路特性曲线

235. BD007 离心泵利用吸入罐液面上与叶轮入口处的( )将液体吸入离心泵。

    A. 黏度差   B. 压力差   C. 密度差   D. 高度差

236. BD007 汽蚀是叶轮入口处的( )造成的。

    A. 外界压力升高   B. 压力过分降低   C. 外界压力降低   D. 饱和压力降低

237. BD008 时间证明,离心泵内液体压力的( )并不在泵的入口处,而是在叶片入口稍后的 K 点。

    A. 波动点   B. 最高点   C. 平衡点   D. 最低点

238. BD008　汽蚀余量只取决于泵的(　　)、转速和流量。

　　A. 扬程　　　　　　　B. 结构　　　　　　　C. 功率　　　　　　　D. 效率

239. BD009　泵中发生汽蚀的位置是液体压力(　　)处。

　　A. 最大　　　　　　　B. 较大　　　　　　　C. 最小　　　　　　　D. 较小

240. BD009　提高吸入罐高度或降低离心泵的安装高度可以减小(　　)。

　　A. $[H_s]$　　　　　B. H_x　　　　　C. $[\Delta h_r]$　　　　　D. h_x

241. BD010　桥式起重机由(　　)组成。

　　A. 大车和小车　　　　　　　　　　B. 机械部分和电气部分

　　C. 升起机构和运行机构　　　　　　D. 电动机和排绳器

242. BD010　功能型桥式起重机由金属结构、(　　)组成。

　　A. 大车和小车　　　　　　　　　　B. 机械部分和电气部分

　　C. 升起机构和运行机构　　　　　　D. 电动机和排绳器

243. BD011　热继电器动作的条件是线路中(　　)过高。

　　A. 电压　　　　　　　B. 电流　　　　　　　C. 电功　　　　　　　D. 电量

244. BD011　以下不会导致电动机过载的是(　　)。

　　A. 电动机缺相运行　　　　　　　　B. 设备润滑不好

　　C. 熟化罐液位过高　　　　　　　　D. 接线端子松脱

245. BD012　设备过载报警后,可通过(　　)确认故障现象。

　　A. 测量电动机电流　　　　　　　　B. 检查热继电器

　　C. 检查设备负载　　　　　　　　　D. 检查电路连接情况

246. BD012　螺杆下料器过载的原因可能是热继电器整定电流偏低和(　　)。

　　A. 下料量过大　　　　　　　　　　B. 下料量过低

　　C. 下料器卡滞　　　　　　　　　　D. 无料

247. BD013　起重机司机在操作中应做到稳、准、快、(　　)、合理。

　　A. 安全　　　　　　　B. 节省　　　　　　　C. 高效　　　　　　　D. 循环

248. BD013　起重机启动后,起重司机应发出(　　)信号。

　　A. 危险　　　　　　　B. 警告　　　　　　　C. 告知　　　　　　　D. 安全

249. BD014　设备诊断技术中的设备是指(　　)和电气设备。

　　A. 机械设备　　　　B. 动态设备　　　　C. 静态设备　　　　D. 电机设备

250. BD014　设备诊断技术属于(　　)的范畴。

　　A. 数据处理　　　　B. 信息技术　　　　C. 状态判断　　　　D. 状态预报

251. BD015　状态检测通常是指通过测定设备的某个较为(　　)的特征参数来检查其状态是否正常。

　　A. 普通　　　　　　　B. 特殊　　　　　　　C. 单一　　　　　　　D. 综合

252. BD015　由计算机完成状态检测的全部装置,称为(　　)系统。

　　A. 自动　　　　　　　B. 监测　　　　　　　C. 状态监测　　　　　D. 自动监测

253. BD016　开发设备故障诊断技术最早的国家是(　　)。

　　A. 美国　　　　　　　B. 日本　　　　　　　C. 英国　　　　　　　D. 苏联

254. BD016 我国1982年对回转机械的诊断调查表明,水泵压缩机设备实行简易诊断的比例为(   )。

    A. 14%   B. 21%   C. 26%   D. 30%

255. BE001 电动阀开关失灵报警是根据(   )产生的。

    A. 动作时间   B. 动作位置   C. 开关限位器   D. 中间继电器

256. BE001 下列阀门中没有开关失灵报警的是(   )。

    A. 电动球阀   B. 电动蝶阀   C. 电动调节阀   D. 流程选通阀

257. BE002 电动蝶阀的限位开关是(   )。

    A. 行程开关   B. 按钮开关   C. 非接触开关   D. 感应开关

258. BE002 电动阀开关位置的调节是通过调节(   )实现的。

    A. 手轮   B. 限位开关

    C. 保护开关   D. 电动阀动作时间

259. BE003 压力变送器的信号通过(   )进入PLC,因此,它的工作状态也会产生报警。

    A. CPU模块   B. AD模块   C. DA模块   D. IA模块

260. BE003 压力异常的报警是通过(   )进行判断的。

    A. 压力变送器   B. 压力转换器   C. PLC   D. 安全阀

261. BE004 对于无干粉的风流,物流检测器(   )。

    A. 无法检测   B. 给出流动信号

    C. 给出无流信号   D. 以上选项均不正确

262. BE004 物流检测器的信号输入(   )后进入PLC。

    A. AD模块   B. DA模块   C. IA模块   D. ID模块

263. BE005 工艺流程管线采用密封流程是为了防止(   )。

    A. 油气泄漏   B. 油气损失   C. 散热   D. 污染

264. BE005 在燃烧区撒土和砂子属于(   )灭火。

    A. 抑制法   B. 隔离法   C. 冷却法   D. 窒息法

265. BE006 用油开关切断电源时会产生(   )。

    A. 气体   B. 泄漏   C. 电弧   D. 高温

266. BE006 电器及设备的火灾会通过金属线上的(   )引起其他设备的火灾。

    A. 残留电压   B. 易燃物   C. 静电   D. 温度

267. BE007 灭火器压力表分为三个段,其中(   )区域压力不足,灭火效果不好,甚至喷不出来,起不到灭火作用。

    A. 红色   B. 绿色   C. 黄色   D. 蓝色

268. BE007 泡沫灭火器通过(   )与水和空气混合后,产生大量的泡沫,使燃烧物表面冷却,阻止燃烧物表面温度,起到灭火作用。

    A. 泡沫液   B. 二氧化碳   C. 四氯化碳   D. 氮气

269. BE008 泡沫灭火器在使用时应(   )。

    A. 拉出插销   B. 对准火源按下压把

    C. 防止冻伤   D. 将灭火器颠倒过来

270. BE008 冬季使用二氧化碳灭火器时应( )。
   A. 拉出插销 B. 对准火源按下压把
   C. 防止冻伤 D. 将灭火器颠倒过来

271. BE009 螺钉旋具是一种( )的工具。
   A. 紧固法兰 B. 拆卸法兰
   C. 紧固和拆卸螺钉 D. 紧固和拆卸螺帽

272. BE009 电工必备的螺钉旋有( )两种规格。
   A. 50mm 和 150mm B. 50mm 和 100mm
   C. 50mm 和 200mm D. 100mm 和 200mm

273. BE010 电工使用的螺钉旋具必须具备( )。
   A. 较大的规格 B. 规格多样性 C. 绝缘性 D. 较强的扭矩

274. BE010 为防止螺钉旋具的金属杆触及皮肤或邻近带电体,应在金属杆上( )。
   A. 缠绝缘胶布 B. 套绝缘管 C. 缠绕塑料带 D. 刷油漆

275. BE011 在狭窄或凹下的地方工作,应选用( )的工具。
   A. 较大规格 B. 规格多样性 C. 绝缘 D. 有较强扭矩

276. BE011 切断细金属丝最好选用( )。
   A. 斜口钳 B. 圆嘴钳 C. 扁嘴钳 D. 弯嘴钳

277. BE012 使用电工刀剖削绝缘层时,应使刀面与导线成( )。
   A. 直角 B. 钝角 C. 较小的锐角 D. 任意角

278. BE012 使用电工刀时,应使刀口( )剖削。
   A. 向内 B. 向外 C. 垂直 D. 向任意方向

279. BE013 设备、仪器、仪表在正常安全条件下工作并能达到技术质量要求时所允许的压力称为( )压力。
   A. 安全 B. 实验 C. 工作 D. 检验

280. BE013 压力容器的实验压力是工作压力的( )。
   A. 1. 5 倍 B. 1. 3 倍 C. 1. 2 倍 D. 1. 1 倍

281. BF001 交流电的三大要素为最大值、频率和( )。
   A. 相位 B. 相位差 C. 初相角 D. 功率因数

282. BF001 交流电每变化( )所需要的时间称为周期。
   A. 1 周 B. 半周 C. 2 周 D. 3 周

283. BF002 直流电的大小和方向不随( )变化。
   A. 时间 B. 电流 C. 负载 D. 电压

284. BF002 电源内部所产生的推动电流的力量称为( )。
   A. 电动势 B. 电流 C. 电容 D. 电感

285. BF003 部分电路欧姆定律的表达式为( )。
   A. $I=Qt$ B. $I=UR$ C. $I=U/R$ D. $R=\rho S/L$

286. BF003 电阻串联后,加在各电阻的电压与电阻值的大小成( )。
   A. 指数关系 B. 正比 C. 反比 D. 倒数关系

287. BF004 功率因数是( )与视在功率之比。

A. 有功功率 　　　B. 无功功率 　　　C. 电功 　　　D. 总功率

288. BF004 在国际单位制中,功的单位是( )。

A. J 　　　B. N·m 　　　C. N 　　　D. W

289. BF005 并联电路的总电流等于各分支电流( )。

A. 之差 　　　B. 之积 　　　C. 之和 　　　D. 平均值

290. BF005 电路是能使电流流通的闭合( )。

A. 曲线 　　　B. 连接导线 　　　C. 负载 　　　D. 回路

291. BF006 三相输电线各线中流过的电流是( )。

A. 线电流 　　　B. 相电流 　　　C. 总电流 　　　D. 间电流

292. BF006 三相输电线各线(火线)间的电压是( )。

A. 线电压 　　　B. 相电压 　　　C. 总电压 　　　D. 间电压

293. BF007 变压器油要求每( )进行一次采样分析试验。

A. 1 个月 　　　B. 3 个月 　　　C. 6 个月 　　　D. 1 年

294. BF007 正常情况下,负荷应为变压器额定容量的( )。

A. 40% ~ 50% 　　　B. 50% ~ 60% 　　　C. 60% ~ 75% 　　　D. 75% ~ 90%

295. BF008 电气测量仪表按( )可分为有电压表、电流表、功率表、欧姆表等。

A. 工作原理 　　　B. 被测性质 　　　C. 使用方式 　　　D. 工作电流

296. BF008 根据工作电流,电气测量仪表可分为直流仪表、( )和交直流两用仪表。

A. 电流表 　　　B. 电磁式仪表 　　　C. 交流仪表 　　　D. 万用表

297. BF009 以下电工常用仪表是按测量对象分类的是( )。

A. 直流电流表 　　　　　　　　B. 电压表

C. 交流电流表 　　　　　　　　D. 以上选项均不正确

298. BF009 以下是电工常用仪表的是( )。

A. 万用表 　　　B. 电压表 　　　C. 功率表 　　　D. 电阻表

299. BF010 电工常用仪表符号中表示仪表防护等级的是( )。

A. ∩ 　　　B. □ 　　　C. ☆ 　　　D. ∕60

300. BF010 电工常用仪表符号中表示仪表与附件工作原理的是( )。

A. ∩ 　　　B. □ 　　　C. ☆ 　　　D. ∕60

301. BF011 以下电路测量仪表可测量低压直流电路电流的是( )。

302. BF011　以下电路测量仪表可测量低压交流电路电流的是(　　　)。

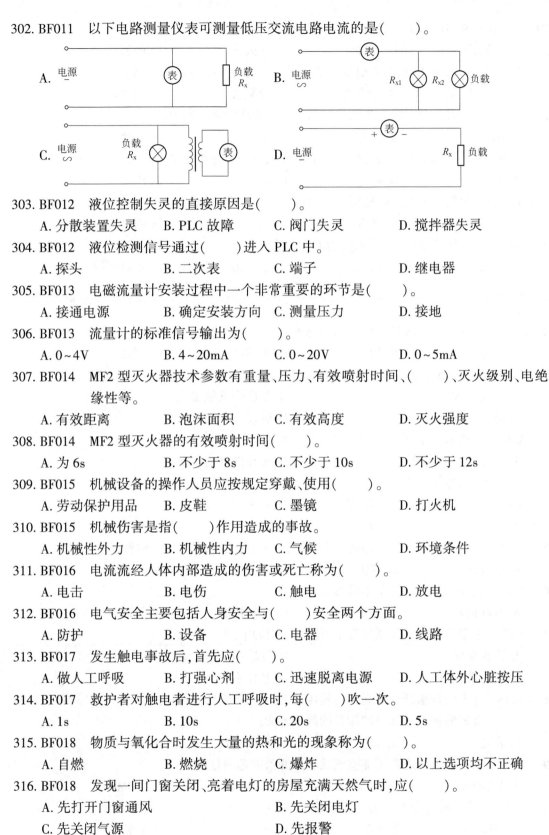

303. BF012　液位控制失灵的直接原因是(　　　)。

A. 分散装置失灵　　　B. PLC 故障　　　C. 阀门失灵　　　D. 搅拌器失灵

304. BF012　液位检测信号通过(　　　)进入 PLC 中。

A. 探头　　　B. 二次表　　　C. 端子　　　D. 继电器

305. BF013　电磁流量计安装过程中一个非常重要的环节是(　　　)。

A. 接通电源　　　B. 确定安装方向　　　C. 测量压力　　　D. 接地

306. BF013　流量计的标准信号输出为(　　　)。

A. 0~4V　　　B. 4~20mA　　　C. 0~20V　　　D. 0~5mA

307. BF014　MF2 型灭火器技术参数有重量、压力、有效喷射时间、(　　　)、灭火级别、电绝缘性等。

A. 有效距离　　　B. 泡沫面积　　　C. 有效高度　　　D. 灭火强度

308. BF014　MF2 型灭火器的有效喷射时间(　　　)。

A. 为 6s　　　B. 不少于 8s　　　C. 不少于 10s　　　D. 不少于 12s

309. BF015　机械设备的操作人员应按规定穿戴、使用(　　　)。

A. 劳动保护用品　　　B. 皮鞋　　　C. 墨镜　　　D. 打火机

310. BF015　机械伤害是指(　　　)作用造成的事故。

A. 机械性外力　　　B. 机械性内力　　　C. 气候　　　D. 环境条件

311. BF016　电流流经人体内部造成的伤害或死亡称为(　　　)。

A. 电击　　　B. 电伤　　　C. 触电　　　D. 放电

312. BF016　电气安全主要包括人身安全与(　　　)安全两个方面。

A. 防护　　　B. 设备　　　C. 电器　　　D. 线路

313. BF017　发生触电事故后,首先应(　　　)。

A. 做人工呼吸　　　B. 打强心剂　　　C. 迅速脱离电源　　　D. 人工体外心脏按压

314. BF017　救护者对触电者进行人工呼吸时,每(　　　)吹一次。

A. 1s　　　B. 10s　　　C. 20s　　　D. 5s

315. BF018　物质与氧化合时发生大量的热和光的现象称为(　　　)。

A. 自燃　　　B. 燃烧　　　C. 爆炸　　　D. 以上选项均不正确

316. BF018　发现一间门窗关闭、亮着电灯的房屋充满天然气时,应(　　　)。

A. 先打开门窗通风　　　　　　B. 先关闭电灯

C. 先关闭气源　　　　　　　　D. 先报警

317. BF019　常用的灭火方法有(　　)、窒息法、隔离法。

　　A. 冷凝法　　　　　　B. 冷却法　　　　　　C. 扑灭法　　　　　　D. 降温法

318. BF019　灭火时,降低着火温度以消除燃烧条件的方法称为(　　)。

　　A. 冷却法　　　　　　B. 窒息法　　　　　　C. 冷凝法　　　　　　D. 隔离法

319. BF020　在时间和空间上失去控制的燃烧所造成的灾害称为(　　)。

　　A. 爆炸　　　　　　　B. 闪燃　　　　　　　C. 火灾　　　　　　　D. 自燃

320. BF020　以下属于火灾按可燃物的类型和燃烧特性分类的是(　　)。

　　A. Y　　　　　　　　B. M　　　　　　　　C. G　　　　　　　　D. E

321. BF021　天然气管线或设备漏气遇到(　　)会引起火灾。

　　A. 打火机　　　　　　B. 氧气　　　　　　　C. 汽油　　　　　　　D. 明火

322. BF021　天然气是(　　)物质,容易引起火灾。

　　A. 易燃　　　　　　　B. 惰性　　　　　　　C. 不可燃　　　　　　D. 不可压缩

二、多项选择题(每题 4 个选项,其中至少有 2 个是正确的,将正确的选项填入括号内)

1. AA001　以下属于聚丙烯酰胺物理形态的是(　　)。

　　A. 胶体状　　　　　　B. 粉末状　　　　　　C. 水溶液　　　　　　D. 固体

2. AA002　水的 pH 值大于 7.8 后,聚丙烯酰胺溶液的(　　)。

　　A. 浓度增大　　　　　　　　　　B. 黏度降低很多

　　C. 浓度保持不变　　　　　　　　D. 黏度增大很少

3. AA003　三次采油中,(　　)是必须进行的。

　　A. 先导性矿场试验　　　　　　　B. 先导性室内试验

　　C. 工业性扩大试验　　　　　　　D. 工业性区域试验

4. AA004　以下油层温度适合聚丙烯酰胺驱油的是(　　)。

　　A. 105℃　　　　　　B. 70℃　　　　　　　C. 85℃　　　　　　　D. 50℃

5. AA005　与聚合物水溶液接触的设备、管道,一般都会选用(　　)材质。

　　A. 玻璃钢　　　　　　B. 碳钢　　　　　　　C. 铜质　　　　　　　D. 不锈钢

6. AA006　自动控制系统最基本的形式有(　　)。

　　A. 开环控制　　　　　B. 变量控制　　　　　C. 定量控制　　　　　D. 闭环控制

7. AA007　在聚合物母液配制过程中,搅拌器主要用于(　　)。

　　A. 清水系统　　　　　　　　　　B. 外输系统

　　C. 分散系统　　　　　　　　　　D. 熟化系统

8. AA008　许多同步螺杆泵的同步齿轮传递动力给转子时,并不需要(　　)之间有金属和
　　金属的相互接触来增加泵的使用寿命。

　　A. 齿轮　　　　　　　B. 螺杆　　　　　　　C. 机械密封　　　　　D. 螺旋槽

9. AA009　以下压力值适合压缩空气反吹过滤器滤芯的是(　　)。

　　A. 0.1MPa　　　　　B. 0.2MPa　　　　　　C. 0.4MPa　　　　　　D. 0.6MPa

10. AA010　静态混合器不均匀混合系数可以是(　　)。

　　A. 15%　　　　　　　B. 5%　　　　　　　　C. 10%　　　　　　　D. 20%

11. AA011　在反馈控制系统中,受(　　)影响,被控制量偏离规定值,就会产生相应的控制
作用去消除偏差。

　　A. 输入量　　　　　B. 外部扰动　　　　C. 控制量　　　　D. 系统内部变化

12. AA012　当需要测量大管道内流体的流量时,可选用(　　)。

　　A. 电磁流量计　　　　　　　　　B. 椭圆齿轮流量计

　　C. 匀速流量计　　　　　　　　　D. 旋涡流量计

13. AA013　聚合物溶液长距离输送一般选用(　　)材质管道。

　　A. 不锈钢　　　　　B. 钢塑复合　　　　C. 玻璃钢　　　　D. 碳钢

14. AA014　以下是配制站内聚合物母液取样点的是(　　)。

　　A. 熟化罐入口　　　B. 熟化罐出口　　　C. 螺杆输送泵出口　　D. 过滤器出口

15. AA015　换热器根据冷、热流体热量交换的原理和方式可分为(　　)。

　　A. 混合式　　　　　B. 蓄热式　　　　　C. 间壁式　　　　D. 组合式

16. AA016　当过滤器的压差(　　)时,须更换过滤器滤芯。

　　A. 大于 0.2MPa　　B. 大于 0.1MPa　　C. 等于 0MPa　　　D. 小于 0MPa

17. AA017　采油井产出液的化验分析项目有(　　)。

　　A. 聚合物溶液浓度　B. 铁离子含量　　　C. 钠离子含量　　　D. 聚合物溶液黏度

18. AA018　单螺杆泵的缺点有(　　)。

　　A. 安装复杂　　　　　　　　　　B. 不宜安装在振动剧烈的地方

　　C. 泵排量低　　　　　　　　　　D. 成本高

19. AA019　聚合物配制站经常使用的仪表包括(　　)。

　　A. 数字压力表　　　B. 普通压力表　　　C. 刮板流量计　　　D. 电磁流量计

20. AA020　分散装置的溶解罐液位达到设定值时,(　　),保持罐内液面动态平稳。

　　A. 排污阀打开　　　　　　　　　B. 搅拌器启动

　　C. 混配液输送泵启动　　　　　　D. 清水泵启动

21. AB001　劳动定额的组成包括(　　)。

　　A. 上下班时间　　　B. 作业时间　　　　C. 布置工作时间　　D. 休息与生理需要

22. AB002　班组经济核算是(　　)。

　　A. 整个生产现场管理的基础　　　B. 整个生产过程的控制要素

　　C. 组织广大群众当家理财的好形式　D. 现场成本控制不可缺少的重要环节

23. AB003　班组经济核算包括(　　)。

　　A. 生产工作　　　　B. 技术工作　　　　C. 安全工作　　　　D. 环保工作

24. AB004　班组长在经济核算中的管理职能包括(　　)。

　　A. 计划　　　　　　B. 组织　　　　　　C. 协调　　　　　　D. 控制

25. AC001　质量管理是指确定质量方针、目标和职责并在质量体系中通过(　　)等使其实
施的全部管理职能的活动。

　　A. 质量制度　　　　B. 质量策划　　　　C. 质量控制　　　　D. 质量改进

26. AC002　质量体系按体系目的可分为(　　)。

　　A. 质量管理体系　　B. 产品质量体系　　C. 质量保证体系　　D. 生产质量体系

27. AC003　质量认证包括(　　　)。

  A. 质量管理认证　　　B. 产品质量认证　　C. 质量体系认证　　D. 质量控制认证

28. AC004　质量管理体系的方法就是在实施过程中不断地(　　　)、总结、实施。

  A. 观察　　　　　　　　B. 修正　　　　　　　C. 改进　　　　　　　D. 完善

29. AC005　以下关于 PDCA 循环中字母含义的叙述正确的是(　　　)。

  A. P—计划　　　　　　B. P—规划　　　　　　C. A—汇总　　　　　　D. A—总结

30. AC006　要实现质量管理的(　　　)、有效地开展各项质量管理活动,必须建立相应的管理体系。

  A. 方针　　　　　　　　B. 措施　　　　　　　C. 计划　　　　　　　D. 目标

31. AD001　人身安全是指在从事(　　　)过程中人员的安全。

  A. 电气工作　　　　　　B. 电器检修　　　　　C. 电气设备操作　　　D. 电气校检

32. AD002　三相交流电中,各相(　　　)应是幅值和相位差都相等的对称状态。

  A. 电阻　　　　　　　　B. 电功　　　　　　　C. 电压　　　　　　　D. 电流

33. AD003　继电保护装置按保护所起的作用分为(　　　)。

  A. 主保护　　　　　　　B. 后备保护　　　　　C. 设备保护　　　　　D. 辅助保护

34. AD004　继电保护装置必须在技术上满足(　　　)和可靠性四个基本要求。

  A. 速动性　　　　　　　B. 保护性　　　　　　C. 选择性　　　　　　D. 灵敏性

35. AD005　继电保护装置可利用(　　　)等参数的变化在反映、检测的基础上判断电力系统故障的性质和范围,进而作出相应的反应和处理。

  A. 电压　　　　　　　　B. 功率因数角　　　　C. 电阻　　　　　　　D. 电流

36. AE001　生产系统由(　　　)等组成。

  A. 人　　　　　　　　　B. 管　　　　　　　　C. 物　　　　　　　　D. 环

37. AE002　现代安全管理是现代社会和现代企业实现现代(　　　)的必由之路。

  A. 有效管理　　　　　　B. 文明生产　　　　　C. 安全生产　　　　　D. 安全生活

38. AE003　现代安全管理是指人们在从事管理工作时,运用(　　　)对管理活动进行充分的系统分析,以达到管理的优化目标,即用系统论的观点、理论和方法来认识和处理管理中出现的问题。

  A. 系统理论　　　　　　B. 观点　　　　　　　C. 方法　　　　　　　D. 结论

39. AE004　系统安全分析要素包括(　　　)。

  A. 物的因素　　　　　　B. 设备因素　　　　　C. 人的因素　　　　　D. 环境因素

40. AE005　安全评价法有着明显的(　　　),是其他科学方法所不能替代的。

  A. 适用性　　　　　　　B. 安全性　　　　　　C. 有效性　　　　　　D. 可靠性

41. AE006　安全生产是众多因素的综合反映,这些因素包括(　　　)、工程设计、装备条件、作业环境、企业管理、科学技术、社会影响。

  A. 教育培训　　　　　　B. 劳动纪律　　　　　C. 监督体系　　　　　D. 组织机构

42. AE007　安全生产主要是指(　　　),采取技术组织措施,消除劳动过程中危及人身安全和健康的不良条件与行为,防止伤亡事故等。

  A. 培训员工　　　　　　　　　　　　　B. 依靠科学技术进步

  C. 科学管理　　　　　　　　　　　　　D. 监督处罚

43. AE008　掌握本岗位存在的(　　)是岗位员工在企业安全生产中的责任之一。

　　A. 操作方法　　　　B. 危险因素　　　C. 工艺流程　　　　D. 防范措施

44. AE009　安全检查的方法包括(　　)。

　　A. 自我检查　　　　B. 经常性检查　　　C. 突击性检查　　　D. 专业性安全检查

45. AE010　我国规定(　　)为安全电压。

　　A. 12V　　　　　　B. 48V　　　　　　C. 220V　　　　　　D. 36V

46. AE011　承诺是 HSE 管理的基本要求和动力,(　　)是体系成功实施的基础。

　　A. 自上而下的承诺　　B. 培训　　　C. 学习　　　　　D. 企业 HSE 文化的培育

47. AE012　HSE 作业指导书由(　　)编写。

　　A. 单位领导　　　　　　　　　　B. HSE 管理人员

　　C. 相关技术专家　　　　　　　　D. 有经验的岗位操作人员

48. AE013　HSE 作业计划书中的管理模式要做到(　　)。

　　A. 一级管理一级　　　　　　　　B. 一级向一级负责

　　C. 自己管理自己　　　　　　　　D. 接受监督处罚

49. AE014　通过检查表记录监测检查结果的优点包括(　　)。

　　A. 有利于发现事故隐患　　　　　B. 方便生产监督

　　C. 降低现场施工的 HSE 风险　　　D. 促进 HSE 管理体系的顺利进行

50. BA001　除广泛用于(　　)模拟计算的黑油模型外,还有描述多种热采方法的热采模型。

　　A. 水驱　　　　　B. 化学驱　　　　C. 气驱　　　　　　D. 微生物驱

51. BA002　通过油田在一个一维模型上的研究,仅可(　　)。

　　A. 提高采收率　　　　　　　　　B. 改善油水流度比

　　C. 加快水相流速　　　　　　　　D. 加快油相流速

52. BA003　最佳的聚合物用量应使(　　)。

　　A. 采收率提高幅度变大　　　　　B. 采收率提高幅度变小

　　C. 每吨聚合物增油量大　　　　　D. 每吨聚合物增油量小

53. BA004　影响油层聚合物驱效果的重要因素有(　　)。

　　A. 油、气、水的分布　　　　　　B. 油层连通状况

　　C. 正反韵律层的分布　　　　　　D. 砂体沉积的韵律性

54. BA005　影响聚合物驱采收率的因素有(　　)。

　　A. 矿化度　　　　B. 注入水　　　C. 残余阻力系数　　D. 聚合物溶液黏度

55. BA006　聚驱效果的主要影响因素有(　　)。

　　A. 区块变化因素　　　　　　　　B. 油层地质因素

　　C. 开发历史因素　　　　　　　　D. 生产因素

56. BA007　流体的黏性不同,施加于流体上的(　　)之间的定量关系也不同。

　　A. 界面张力　　　B. 张力　　　C. 剪切应力　　　　D. 剪切变形率

57. BA008　岗位人员禁止(　　)软件、硬件的任何参数和数据。

　　A. 修改　　　　　B. 更换　　　C. 动用　　　　　　D. 拷贝

58. BA009　熟化系统界面按功能可以分为(　　　)。

　　A. 显示部分　　　　B. 输送部分　　　　C. 储存部分　　　　D. 控制部分

59. BA010　分散装置启动前应检查(　　　)的运行状态。

　　A. 料斗入口　　　　　　　　　　　　B. 鼓风机出口

　　C. 分散装置进水阀　　　　　　　　　D. 输送泵出口阀

60. BA011　聚合物分散装置可分为(　　　)。

　　A. 喷头型　　　　　B. 水幔型　　　　　C. 射流型　　　　　D. 瀑布型

61. BA012　以下属于集成密闭上料装置特点的是(　　　)。

　　A. 具有开放性　　　B. 密闭除尘　　　　C. 粉尘不外溢　　　D. 除尘效果好

62. BA013　集成密闭上料装置实现了物料输送的(　　　)。

　　A. 自动化　　　　　B. 整齐化　　　　　C. 密闭化　　　　　D. 洁净化

63. BA014　布袋式除尘器由(　　　)组成。

　　A. 控制箱　　　　　B. 风机室　　　　　C. 除尘器　　　　　D. 导料槽

64. BA015　物料在密封舱内通过(　　　)输送,通过料位传感器由自动控制系统由下料口进
　　　　　　入分散加料罐。

　　A. 垂直提升设备　　　　　　　　　　B. 引风除尘设备

　　C. 水平输送设备　　　　　　　　　　D. 料位传感设备

65. BA016　选择注水用表面活性剂时应考虑地层岩石的矿物组成、(　　　)的化学组成等。

　　A. 地层水　　　　　B. 微生物　　　　　C. 杀菌剂　　　　　D. 注入水

66. BA017　化学驱有(　　　)。

　　A. 二氧化碳驱油法　　　　　　　　　B. 表面活性剂驱油法

　　C. 细菌驱油法　　　　　　　　　　　D. 聚合物驱油法

67. BA018　以下属于乳状液液珠直径范围的是(　　　)。

　　A. 0.1μm　　　　　B. 0.01μm　　　　　C. 15μm　　　　　D. 10μm

68. BA019　微乳液包括水、(　　　)等组分。

　　A. 油　　　　　　　B. 表面活性剂　　　C. 有机溶剂　　　　D. 助剂

69. BA020　碱与原油中的酸性物质发生化学反应会生成表面活性物质,导致(　　　)降低。

　　A. 油界面压力　　　B. 气压　　　　　　C. 油压　　　　　　D. 水界面压力

70. BA021　混相驱的驱油剂包括(　　　)。

　　A. 液化烃　　　　　B. 二氧化碳　　　　C. 氮气　　　　　　D. 惰性气体

71. BA022　以下属于化学驱常用添加剂的是(　　　)。

　　A. 杀菌剂　　　　　B. 除氧剂　　　　　C. 活性剂　　　　　D. 牺牲剂

72. BA023　三元复合驱中主要的化学药剂是(　　　)。

　　A. 无机碱　　　　　B. 聚合物溶液　　　C. 黄胞胶　　　　　D. 表面活性剂

73. BA024　泡沫的壳层数和破裂频率由(　　　)的性质决定。

　　A. 聚合物溶液　　　B. 表面活性剂　　　C. 乳化剂　　　　　D. 油

74. BB001　直流接触器的线圈额定电压一般为(　　　)。

　　A. 110V　　　　　　B. 220V　　　　　　C. 100V　　　　　　D. 380V

75. BB002　继电器按工作原理可分为电磁式继电器、(　　　)、热力式继电器和电子式继电器。

　　A. 闭合式断电器　　　　　　　　　B. 感应式继电器

　　C. 机械式继电器　　　　　　　　　D. 电动式继电器

76. BB003　熔断器按外壳的结构可分为(　　　)。

　　A. 插入式　　　　　B. 惯性式　　　　　C. 螺旋式　　　　　D. 管式

77. BB004　配电电器主要用于(　　　)。

　　A. 高压配电系统　　B. 低压配电系统　　C. 动力回路　　　　D. 继电控制系统

78. BB005　电气控制系统由(　　　)组成。

　　A. 电动机　　　　　B. 各种控制电器　　C. 敏感元件　　　　D. 电气设备

79. BB006　短路保护元件有(　　　)。

　　A. 电阻元件　　　　B. 熔断器　　　　　C. 继电器　　　　　D. 空气开关

80. BB007　电子线路中除电源变压器外,变压器还用来(　　　)匹配。

　　A. 控制电路　　　　B. 耦合电路　　　　C. 传递信号　　　　D. 实现阻抗

81. BB008　如果用自动控制器来取代人工操作,就变成自动控制系统,又称(　　　)。

　　A. 自动开环控制系统　　　　　　　B. 自动反馈

　　C. 自动闭环控制系统　　　　　　　D. 自动操作

82. BB009　聚合物干粉有黏结的趋向,在设计和选用螺杆下料器时也应充分考虑这些因素,采取(　　　)等措施来克服这些因素的影响,以提高螺杆下料器的计量精度。

　　A. 振动　　　　　　B. 剪切　　　　　　C. 搅拌　　　　　　D. 挤压

83. BB010　分散装置可实现(　　　)的定量混合,是配制站最重要的环节。

　　A. 水　　　　　　　B. 表面活性剂　　　C. 无机碱　　　　　D. 聚合物干粉

84. BB011　自动调节系统常用的参数设定方法有经验法、(　　　)。

　　A. 衰减曲线法　　　B. 测试曲线法　　　C. 临界比例度法　　D. 反应曲线法

85. BB012　以下属于集散系统过程控制功能的是(　　　)。

　　A. 接收信号　　　　B. 顺序控制　　　　C. 分批控制　　　　D. 数据收集处理

86. BB013　在(　　　)下,一个系统的暂态过程应属于衰减振荡过程。

　　A. 合理的结构　　　　　　　　　　B. 元件的系统参数

　　C. 适当的系统参数　　　　　　　　D. 定值的系统参数

87. BB014　安装变频器之前一定要熟读其手册,掌握它的(　　　)。

　　A. 使用方法　　　　B. 厂家　　　　　　C. 注意事项　　　　D. 接线方式

88. BB015　变频调速装置的制动电阻过热是(　　　)、连续长时间再生回馈运转造成的。

　　A. 过流运行　　　　B. 频繁地启动　　　C. 频繁地停止　　　D. 过载运行

89. BB016　主接触器触头过热的原因可能是(　　　)等。

　　A. 接触压力不足　　B. 表面接触不良　　C. 电阻过大　　　　D. 表面被电弧灼伤

90. BB017　主接触器(　　　)就会出现故障,导致电动机无法启动。

　　A. 电压过低　　　　　　　　　　　B. 一相未吸合

　　C. 电流过小　　　　　　　　　　　D. 控制系统中信号线断路

91. BB018　按电动机能量转换类型,交流调速系统可分为(　　　)。

    A. 转差功率消耗型　　　　　　　　B. 绕组型

    C. 转差功率不变型　　　　　　　　D. 转差功率馈送型

92. BB019　变频电源常用的控制方式可分为(　　　)控制方式。

    A. 非智能　　　　　B. 人工　　　　　C. 自动　　　　　D. 智能

93. BB020　可用三相变频器产生频率、电压可调的三相变频电源对(　　　)进行变频调速。

    A. 异步电动机　　　　　　　　　　B. 三相感应电动机

    C. 同步电动机　　　　　　　　　　D. 交流电动机

94. BC001　离心泵按叶轮级数分为(　　　)。

    A. 单级离心泵　　B. 单吸入泵　　C. 多级离心泵　　D. 多吸离心泵

95. BC002　离心泵的特性曲线能够反映出泵的基本性能,是正确(　　　)离心泵的依据。

    A. 启动　　　　　B. 选择　　　　　C. 停止　　　　　D. 操作

96. BC003　离心泵准备工作时,如果(　　　)中没有液体,它是没有抽吸液体的能力的。

    A. 泵体　　　　　B. 管线　　　　　C. 吸入管路　　　D. 吸出管路

97. BC004　离心泵允许吸入高度又称为(　　　)。

    A. 扬程　　　　　　　　　　　　　B. 允许吸上真空高度

    C. 最大允许吸上真空高度　　　　　D. 允许吸下真空强度

98. BC005　可根据泵的传力大小分别采用(　　　)。

    A. 直线万向节　　B. 桥式万向节　　C. 销子万向节　　D. 齿形万向节

99. BC006　外输螺杆泵启动前要检查(　　　)上各润滑点的润滑油量。

    A. 电动机　　　　　B. 减速箱　　　　C. 螺杆泵　　　　D. 联轴器

100. BC007　以下属于过滤器壳体部分的是(　　　)。

    A. 底座　　　　　B. 上盖　　　　　C. 排气孔　　　　D. 排污口

101. BC008　过滤器可以滤除母液中的(　　　),达到洁净母液的目的。

    A. 污物　　　　　B. 杂质　　　　　C. 铁离子　　　　D. 干粉黏团

102. BC009　串组式过滤器由筒体 A、B,进液口 A、B,出液口 A、B,(　　　)组成。

    A. 法兰　　　　　B. 主管　　　　　C. 连接管 A、B　　D. 橇装底座

103. BC010　串组式母液过滤器的筒体 B 进液口通过(　　　)相连接,为此在使用前要检查
阀门是否开启。

    A. 进液主管　　　B. 连接管　　　　C. 筒体 A　　　　D. 法兰

104. BC011　维护电动机时,经常使用配制站内的(　　　)。

    A. 分散装置　　　B. 天吊　　　　　C. 外输泵　　　　D. 叉车

105. BC012　变频调速装置按主回路电路结构分为(　　　)等结构形式。

    A. 直流变频器　　B. 交交变频器　　C. 交流变频器　　D. 交直交变频器

106. BC013　以下选项在电动机型号中有所表示的是(　　　)。

    A. 连接方式　　　B. 机座形式　　　C. 铁芯长度　　　D. 磁极数

107. BC014　以下属于设备润滑管理"五定"原则的是(　　　)。

    A. 定位置　　　　B. 定质　　　　　C. 定时　　　　　D. 定人

108. BC015　按照设备的完好程度标准,设备的评定分为(　　　)。

　　　A. 一级　　　　　　　B. 二级　　　　　　　C. 三级　　　　　　　D. 四级

109. BC016　工作前,设备操作人员穿戴好(　　　)方可进入生产泵房。

　　　A. 工作服　　　　　　B. 工作帽　　　　　　C. 工作手套　　　　　D. 安全工鞋

110. BC017　生产操作人员必须经过严格培训并取得操作资格,熟练掌握设备(　　　)方可
　　　　　　实现独立定岗。

　　　A. 安装、拆卸方法　　B. 工作原理　　　　　C. 操作方法　　　　　D. 操作技巧

111. BC018　设备安装中使用的各种(　　　)应符合国家现行计量法规的规定,其精度等级
　　　　　　应不低于被检测对象的精度等级。

　　　A. 计量和检测器具　　B. 压力表　　　　　　C. 仪器和仪表　　　　D. 设备

112. BD001　以下属于离心泵主要性能参数的是(　　　)。

　　　A. 叶轮数　　　　　　B. 轴功率　　　　　　C. 扬程　　　　　　　D. 允许吸入高度

113. BD002　根据离心泵的性能曲线可确定该泵的工作点,由工作点便可查该泵的(　　　)。

　　　A. 压力　　　　　　　B. 流量　　　　　　　C. 效率　　　　　　　D. 扬程

114. BD003　流量增加时功率也增加,增加(　　　)与比转速有关。

　　　A. 幅度　　　　　　　B. 快　　　　　　　　C. 频率　　　　　　　D. 慢

115. BD004　离心泵的高效区是指离心泵的(　　　)都符合离心泵厂家的设计范围。

　　　A. 扬程　　　　　　　B. 电压　　　　　　　C. 材质　　　　　　　D. 电动机转速

116. BD005　在离心泵特性曲线上,对应任意流量点都可以找到与其对应的(　　　),通常把
　　　　　　这一组对应参数称为工况。

　　　A. 运转时间　　　　　B. 效率值　　　　　　C. 轴功率　　　　　　D. 扬程

117. BD006　常用的离心泵–管路系统工况的调节方法有(　　　)。

　　　A. 节流调节　　　　　B. 切削叶轮　　　　　C. 改变泵的转速　　　D. 泵的串联、并联工作

118. BD007　离心泵发生汽蚀后会产生(　　　)。

　　　A. 噪声　　　　　　　B. 汽化　　　　　　　C. 振动　　　　　　　D. 雾化

119. BD008　泵的汽蚀余量又称为(　　　)。

　　　A. 必需汽蚀余量　　　B. 泵出口动压降　　　C. 泵进口动压降　　　D. 必需汽蚀量

120. BD009　以下方法能解决水泵汽蚀的是(　　　)。

　　　A. 减小吸入管压力损失　　　　　　　　　　B. 选用抗汽蚀叶片

　　　C. 加大吸入口直径　　　　　　　　　　　　D. 降低泵功率

121. BD010　功能型桥式起重机是由金属结构、(　　　)组成的。

　　　A. 执行部分　　　　　B. 机械部分　　　　　C. 电气部分　　　　　D. 传动部分

122. BD011　螺杆下料器过载的原因有(　　　)。

　　　A. 干粉密度大　　　　　　　　　　　　　　B. 热继电器整定电流偏低

　　　C. 下料器卡滞　　　　　　　　　　　　　　D. 电动机功率不足

123. BD012　清水泵过载的处理方法:检查(　　　)是否相同。

　　　A. 热继电器设定值　　　　　　　　　　　　B. 热继电器规定值

　　　C. 电动机工作电流　　　　　　　　　　　　D. 电动机额定电流

124. BD013　起重机司机在操作中应做到(　　)、安全、合理。

    A. 稳　　　　　　　　B. 准　　　　　　　　C. 快　　　　　　　　D. 高效

125. BD014　设备诊断技术中的设备是指(　　)。

    A. 机械设备　　　　　B. 动态设备　　　　　C. 电气设备　　　　　D. 固定设备

126. BD015　设备故障检测涉及的物理量有(　　)。

    A. 轴功率　　　　　　B. 转动　　　　　　　C. 温度　　　　　　　D. 流量

127. BD016　设备诊断的物理参数包括(　　)。

    A. 振动　　　　　　　B. 流量诊断　　　　　C. 污染诊断　　　　　D. 无损诊断

128. BE001　以下阀门有开关失灵报警的是(　　)。

    A. 电动蝶阀　　　　　B. 电动球阀　　　　　C. 电动调节阀　　　　D. 止回阀

129. BE002　配制站选择的电动阀对(　　)等方面有严格要求。

    A. 安装环境　　　　　B. 自锁性能　　　　　C. 控制精准度　　　　D. 反馈信息

130. BE003　压力传输发生堵塞可能是压力变送器压力变量读数(　　)造成的。

    A. 偏低　　　　　　　　　　　　　　　B. 为某一固定值

    C. 偏高　　　　　　　　　　　　　　　D. 以上选项均不对

131. BE004　处理物流检测器故障的步骤包括(　　)。

    A. 在工控机停运分散装置　　　　　　B. 排除物流检测器故障

    C. 在工控机消除报警　　　　　　　　D. 恢复分散装置运行

132. BE005　控制可燃物的措施包括(　　)。

    A. 不具备可燃物条件　　　　　　　　B. 扩大燃烧范围

    C. 具备可燃物　　　　　　　　　　　D. 缩小燃烧范围

133. BE006　电气火灾的主要原因有(　　)。

    A. 断线　　　　　　　　　　　　　　B. 摩擦放电

    C. 用电设备散热不良　　　　　　　　D. 静电

134. BE007　二氧化碳灭火器有(　　)。

    A. 壁挂式　　　　　　B. 手提式　　　　　　C. 卧式　　　　　　　D. 推车式

135. BE008　以下属于泡沫灭火器的是(　　)。

    A. 化学泡沫灭火器　　　　　　　　　B. 空气泡沫灭火器

    C. 液态氮灭火器　　　　　　　　　　D. 二氧化碳灭火器

136. BE009　2 号规格的十字形螺钉旋具适用的螺钉直径为(　　)。

    A. 2mm　　　　　　　B. 3mm　　　　　　　C. 6mm　　　　　　　D. 5mm

137. BE010　以下属于螺钉旋具使用注意事项的是(　　)。

    A. 手柄保持干燥　　　　　　　　　　B. 手柄保持清洁

    C. 手柄保持无破损　　　　　　　　　D. 手柄保持绝缘完好

138. BE011　常用的绝缘柄钢丝钳规格有(　　)。

    A. 150mm　　　　　　B. 50mm　　　　　　　C. 175mm　　　　　　D. 200mm

139. BE012　普通电工刀由(　　)构成。

    A. 刀片　　　　　　　B. 刀刃　　　　　　　C. 刀把　　　　　　　D. 刀挂

140. BE013　圆柱形压力容器通常由(　　)组成。
　　A. 筒体　　　　　　　B. 封头　　　　　　C. 安全阀　　　　　D. 接管
141. BF001　三相交流电是由三个(　　)的交流电路组成的电力系统。
　　A. 频率相同　　　　　　　　　　B. 电势振幅相等
　　C. 相位差互差120℃角　　　　　　D. 电流相同
142. BF002　电路按照流过的电流性质分为(　　)。
　　A. 串联电路　　　　B. 直流电路　　　　C. 交流电路　　　　D. 并联电路
143. BF003　以下情况被称为短路的是(　　)。
　　A. 电源正负极之间没有负载　　　　B. 电源被直接接通
　　C. 负载两端被直接接通　　　　　　D. 负载两端连接电源
144. BF004　电功的大小与电路中的(　　)成正比。
　　A. 电压　　　　　　B. 电流　　　　　　C. 电阻　　　　　　D. 通电时间
145. BF005　电路中负载的连接方法有(　　)。
　　A. 串联连接　　　　B. 并联连接　　　　C. 星形连接　　　　D. 三角形连接
146. BF006　为减少电能在输送过程中的损耗,根据(　　),输电线路采用不同的电压
　　　　　等级。
　　A. 输送距离　　　　B. 输送电流大小　　C. 输送容量大小　　D. 输送时间
147. BF007　避雷装置在雷雨季节之前应进行(　　)。
　　A. 抗干扰性试验　　B. 预防性试验　　　C. 接地电压测量　　D. 接地电阻测量
148. BF008　以下属于三相制电路中负载连接方法的是(　　)。
　　A. 放射形连接　　　B. 三角形连接　　　C. 星形连接　　　　D. 圆形连接
149. BF009　电工仪表按工作原理的不同可分为(　　)。
　　A. 磁电式　　　　　B. 电磁式　　　　　C. 电动式　　　　　D. 感应式
150. BF010　钳形电流表的特点是(　　)。
　　A. 测量精确度不高　　　　　　　　B. 测量精确度高
　　C. 不需要切断电源即可测量　　　　D. 需要切断电源测量
151. BF011　测量直流电流时,对直接接入电路的电流表的要求是(　　)。
　　A. 与被测电路串联　　　　　　　　B. 与被测电路并联
　　C. 极性不可接错　　　　　　　　　D. 极性没有要求
152. BF012　以下情况可能是超声波液位计显示假液位原因的是(　　)。
　　A. 探头被污物覆盖　　　　　　　　B. 探头被霜覆盖
　　C. 电压不足　　　　　　　　　　　D. 线路老化
153. BF013　以下可能导致电磁流量计没有流量输出的是(　　)。
　　A. 电源电压不正常　　　　　　　　B. 熔断器断开
　　C. 传感器方向与流体方向不一致　　D. 传感器充满流体
154. BF014　以下符合MF2型灭火器技术规范的是(　　)。
　　A. 质量为2.0kg　　　　　　　　　B. 误差为0.04kg
　　C. 压力为1.20~1.35MPa(氮气)　　D. 有效距离不小于3.5m

155. BF015　机械伤害包括(　　　)。

A. 人身伤害　　　　　　　　　　　B. 机械设备损坏

C. 自然灾害　　　　　　　　　　　D. 触电

156. BF016　屏护采用(　　　)把带电体与外界隔绝开。

A. 遮栏　　　　　　B. 箱体　　　　　　C. 护罩　　　　　　D. 护盖

157. BF017　触电急救的方法有(　　　)。

A. 切断电源　　　　B. 脱离触电环境　　C. 打强心针　　　　D. 紧急救护处理

158. BF018　燃烧是一种伴随有(　　　)现象的化学反应。

A. 放热　　　　　　B. 发光　　　　　　C. 爆炸　　　　　　D. 助燃

159. BF019　常用灭火器有(　　　)。

A. 干粉灭火器　　　　　　　　　　B. 四氯化碳灭火器

C. 二氧化碳灭火器　　　　　　　　D. 酸碱式灭火器

160. BF020　物理性爆炸的能量来自(　　　)。

A. 热能　　　　　　B. 电能　　　　　　C. 动能　　　　　　D. 流体能

161. BF021　以下属于天然气爆炸条件的是(　　　)。

A. 天然气浓度达到爆炸极限　　　　B. 在密闭的空间内

C. 遇到明火　　　　　　　　　　　D. 可燃气体报警器报警

三、判断题(对的画"√",错的画"×")

(　　　)1. AA001　粉状驱油用聚丙烯酰胺的固含量应不高于88%。

(　　　)2. AA002　游离二氧化碳物和二价硫化物的含量指标都是不大于10mg/L。

(　　　)3. AA003　为了编制长远规划,要对聚合物驱油开发情况进行分析。

(　　　)4. AA004　Ip 代表进程指数。

(　　　)5. AA005　聚合物溶液配制的基本原则是在满足聚合物溶液注入的基础上,最大限度地保护聚合物溶液的黏度。

(　　　)6. AA006　就整个自动调节系统而言,有5种类型的输入。

(　　　)7. AA007　搅拌器宜采用单层叶片形式,轴流式。

(　　　)8. AA008　在输送聚合物介质条件下,泵应满足8h工作制。

(　　　)9. AA009　泵用过滤器全部采用18Ni9Ti材质。

(　　　)10. AA010　混合流量相差较大的物料时,静态混合器需要适当地加长。

(　　　)11. AA011　生产实践中所用的调节系统多数都不是反馈调节系统。

(　　　)12. AA012　用于聚合物溶液计量的流量计可以采用在线标定法或离线标定法。

(　　　)13. AA013　埋地钢质管道的外防腐涂层分为普通和加强两级。

(　　　)14. AA014　高压取样点包括注入泵出口、静态混合器后、井口。

(　　　)15. AA015　运行中如果换热器出现渗透漏现象,应及时停运换热器,并向有关部门汇报。

(　　　)16. AA016　过滤过程一般分为介质过滤和深层过滤两种。

(　　　)17. AA017　配制标准样品时,一定要考虑所用分光光度计吸光值的最佳范围。

（　）18. AA018　泵机组效率是指电动机功率与泵输出功率的比值,用百分数表示。

（　）19. AA019　更换的计量仪表必须是检定合格的仪表,试运正常后方可正式使用。

（　）20. AA020　投料时,应由二人配合工作,做到定时、定量投料,做好投料记录,严禁各种杂物落进料斗。

（　）21. AB001　制定劳动定额总的要求是全、快、准。

（　）22. AB002　班组经济核算的主要质量指标是产品产值。

（　）23. AB003　班组经济核算一般采用统计核算和利润核算两种方法。

（　）24. AB004　班组经济活动的分析方法有 5 种。

（　）25. AC001　产品质量决定着工作质量与过程质量。

（　）26. AC002　质量体系是通过建立质量管理来实现各项质量活动的。

（　）27. AC003　工作标准是各种岗位范围内人的工作规范准则。

（　）28. AC004　因果图由质量问题和影响因素两部分组成,图中主干箭头指影响因素,主干上的大枝表示质量因素。

（　）29. AC005　工序检验,即本工序加工完毕时的检验,用以防止生产大批的不合格产品和不合格产品流入下道工序。

（　）30. AC006　ISO 意为国际标准化组织,是由各国标准化团体组成的世界性的联合会。

（　）31. AD001　所有工厂都由国家电力系统供电。

（　）32. AD002　三相电压与电流的不对称是电能质量的重要指标之一。

（　）33. AD003　工厂供电系统的高压配电网保护装置采用继电保护装置或高压熔断器。

（　）34. AD004　灵敏系数表示在故障发生之初继电保护反应故障的能力。

（　）35. AD005　交流操作电源可以从所用稳压器或仪用互感器取得。

（　）36. AE001　在现代安全管理中,既要考虑到物的因素,也考虑到人的因素,建立人机环境系统。

（　）37. AE002　对待现代安全管理,既不能因循守旧,也不能生搬硬套。

（　）38. AE003　预测,就是引导人们的行为朝着实现组织的目标发展,克服消极面,调动积极性。

（　）39. AE004　系统安全分析在安全系统工程中占有十分重要的地位。

（　）40. AE005　概率评价法是指根据评价的对象和要求,将一些不同种类及不同适用范围的方法组合起来进行安全评价,以使评价更加完善。

（　）41. AE006　人与机械的关系是否协调,主要取决于机械本身是否适合人的特性。

（　）42. AE007　安全生产的指导思想是"生产必须安全,安全促进生产"。

（　）43. AE008　企业及各级领导的安全责任是在生产管理思想观念上要高度重视企业安全生产,在行动上要为员工创造必要的安全生产条件,提供有效的安全保障。

（　）44. AE009　安全教育是企业为提高员工安全技术素质和防范事故的能力,搞好企业的安全生产和安全思想建设的一项重要工作。

（　）45. AE010　在闭合电路里,电压和电流没有关系。

（　　）46. AE011　HSE 管理体系是健康、安全与环境管理体系的简称。

（　　）47. AE012　进入易燃易爆区域操作及维修时必须使用防爆工（用）具。

（　　）48. AE013　生产场所易燃易爆区域的电气设备要有防爆功能。

（　　）49. AE014　HSE 巡回检查须每隔 2h 进行一次。

（　　）50. BA001　油藏数值模拟是油藏研究的重要方法之一，以数值模拟软件为主要研究工具。

（　　）51. BA002　聚合物驱动过程中出现的中、低渗透部位吸水的情况有利于增强该部位的驱替强度，改善垂向波及效果。

（　　）52. BA003　由正韵律研究可知，随油层 V_k 值或渗透率级差加大，聚合物驱油过程中层间调节作用减弱。

（　　）53. BA004　油湿层聚合物驱受油层厚度影响很大，油层越厚，增采效果越好。

（　　）54. BA005　研究发现，油层垂向渗透性的变化会对驱油效果的变化规律产生影响。

（　　）55. BA006　矿场试验通常都采用直线段塞注入的方案。

（　　）56. BA007　聚合物驱动态拟合过程是一种研究聚合物地下工作状态情况的可行方法。

（　　）57. BA008　关闭计算机之前，向有前部门汇报原因后就可退出运行系统。

（　　）58. BA009　转输泵的启动原则是先开熟化罐进口阀，再启动转输泵。

（　　）59. BA010　聚合物分散装置运行 1000~1200h 后进行一级保养。

（　　）60. BA011　聚合物干粉分散装置的基本组成部分包括混合溶液输送部分。

（　　）61. BA012　集成密闭上料装置是配制站处理粉尘的设备。

（　　）62. BA013　配制站多采用排风扇与通风口相结合的方式进行粉尘治理。

（　　）63. BA014　集成密闭上料装置工作时，要随时观察密封舱中物料的存储液位。

（　　）64. BA015　集成密闭上料装置仅通过引风管处理粉尘。

（　　）65. BA016　阳离子表面活性剂通常是表面活性剂分子中带负电荷的烃链部分。

（　　）66. BA017　选择注水用表面活性剂时，应考虑地层岩石的矿物组成、地层水和注入水的化学组成等。

（　　）67. BA018　乳状液是一种液体以微小液球形式分散在另一种与其不相溶的液体中而形成的多相分散体系。

（　　）68. BA019　破乳过程的关键步骤是液滴间及液滴与平液面间液膜的形成。

（　　）69. BA020　碱驱中，碱耗是关键的设计参数之一。

（　　）70. BA021　混相驱油的驱油剂包括水蒸气。

（　　）71. BA022　化学驱常用的添加剂有牺牲剂、除氧剂、杀菌剂。

（　　）72. BA023　三元复合驱驱油剂中的碱是高浓度的。

（　　）73. BA024　泡沫驱油机理包括乳化吸收作用、降低流度、提高波及系数。

（　　）74. BB001　接触器的操作频率是检测器每小时接通的次数。

（　　）75. BB002　热继电器的代表符号是 JR。

（　　）76. BB003　永久型熔断器是一种具有限流作用、可以重复使用的熔断器。

（　　）77. BB004　行程开关又称为限位开关或起点开关。

( )78. BB005 电气控制系统必须用国家统一规定的图形符号和文字符号来代表各种
电气元件。

( )79. BB006 对于交流异步电动机,最简单快速的停车方法是反接制动。

( )80. BB007 同一电器各个触点应接在电源的不同相上。

( )81. BB008 调节对象是指被调设备输出的物理量。

( )82. BB009 聚合物分散装置的控制系统,既能实现自动控制,又能实现手动控制。

( )83. BB010 变送仪表要有就地显示功能和自控功能。

( )84. BB011 在聚合物母液配制过程中,母液浓度的配制是开环和闭环控制系统结合
在一起的。

( )85. BB012 最优控制是现代控制理论的主要内容。

( )86. BB013 一般说来,在合理的结构和适当的系统参数下,一个系统的暂态过程属
于衰减振荡过程。

( )87. BB014 交-直-交变频器的特点是有中间,变频效率高,连续可调的频率范
围窄。

( )88. BB015 变频调速装置的冷却风扇异常是冷却风扇故障导致的。

( )89. BB016 主接触器故障的原因是主触点中没有电流通过。

( )90. BB017 所有主接触器故障都是主接触器没有电流通过引发的。

( )91. BB018 同步电动机变频调速主要分为他控变频调速和换向器电动机调速两种。

( )92. BB019 变频器主要用于交流电动机转速的调节,是最理想的、最有前途的调速
方案。

( )93. BB020 交-交变频装置输出的每一相都是一个两组晶闸管、整流装置反并联的
可逆线路。

( )94. BC001 水泵特性曲线与管路特性曲线的相交点是水泵的工作点或工况点。

( )95. BC002 对于给定的管路和输送介质,$Q-h$ 曲线的速度取决于管路系统的操作
条件。

( )96. BC003 串联泵的效率比并联泵的效率低。

( )97. BC004 吸上高度越大,则真空度越小。

( )98. BC005 单螺杆泵的泵套螺纹导程等于螺杆螺距。

( )99. BC006 停运螺杆泵要先按下停止键,再关闭空气开关。

( )100. BC007 过滤器的滤芯分为袋式和桶式两种。

( )101. BC008 串组式过滤器相对于罐式过滤器是一种新型过滤器。

( )102. BC009 串组式过滤器由五部分组成。

( )103. BC010 串组式过滤器的出液口与每个筒体分别连接。

( )104. BC011 可以用叉车将货物由当前摆放位置推到另一指定位置。

( )105. BC012 变频调速装置按变换环节分为电压源型和电流源型。

( )106. BC013 各种电动机都是以电磁感应定律和电磁力定律为理论基础的。

( )107. BC014 设备磨损规律示意图的形状很像一个浴盆的断面,因此又称为浴盆
理论。

（　）108. BC015　按照设备的完好程度,设备的评定标准分为甲、乙、丙三个等级。

（　）109. BC016　设备一级保养后应达到:内外清洁,呈现本色;油路通畅,油窗明亮;操作灵活,运转正常。

（　）110. BC017　交班工人在下班之前,应将设备运转情况、故障处理情况填在交班记录本内,并向接班工人当面交待。

（　）111. BC018　设备安装原则中的"全"是指设备安装时配齐所有的零件。

（　）112. BD001　离心泵的流量可通过调节节流阀开启度的方法来改变。

（　）113. BD002　离心泵扬程越高,轴向窜动量越大。

（　）114. BD003　泵的轴功率与转速的平方成正比。

（　）115. BD004　离心泵的实际流量与额定流量相差越大,则效率越高。

（　）116. BD005　从通用性能曲线上只能求出某一扬程和流量组合下的转速。

（　）117. BD006　节流调节是通过改变离心泵入口管路上阀门的开启度完成的。

（　）118. BD007　液体汽化、凝结、冲击引起叶片金属剥蚀的综合现象称为离心泵的汽蚀。

（　）119. BD008　离心泵的汽蚀余量实质上用于克服液流从泵的入口处到压力最低点之间的摩擦阻力。

（　）120. BD009　降低液体的输送温度以升高液体的饱和蒸气压,是防止离心泵汽蚀的方法之一。

（　）121. BD010　桥式起重机的电气部分由电动机和控制器组成。

（　）122. BD011　电动机缺相运行会使通电部分电流降低,因而不会引起过载。

（　）123. BD012　电动机三相电流正常,但接线松动导致局部过热,也会引发过载故障。

（　）124. BD013　起重机司机操作要求中"稳"的含义是启动、制动平稳,吊钩、吊具和吊物不游摆。

（　）125. BD014　设备诊断技术从最原始、最简单地用人的感官来判断发展到了现代化的计算机自动诊断系统。

（　）126. BD015　设备状态监测又称为精密诊断。

（　）127. BD016　国外有不少资料都说明诊断技术的经济效益是明显的,主要表现在可以减少事故、降低维修费用。

（　）128. BE001　电动阀正常工作时可以处于任意开启程度。

（　）129. BE002　电动阀的松紧程度只影响阀的密封作用,对电动阀的工作状态没有影响。

（　）130. BE003　外输泵供液不足会引发外输泵出口压力过低报警。

（　）131. BE004　只要管路中有固体颗粒,物流检测器就会给出有物流信号。

（　）132. BE005　灭火的基本措施是控制可燃物、隔绝空气、消除火源、阻止火势蔓延。

（　）133. BE006　电路中开关切断电源时会产生电弧,若不能迅速有效地灭弧,电弧将产生 300~400℃的高温,使油分解成含有氢的可燃气体,可能引起燃烧或爆炸。

（　）134. BE007　常用灭火器材有标准型泡沫灭火器、二氧化碳灭火器、干粉灭火器等。

( )135. BE008 使用时 MF2 型灭火器一定首先仔细看一下灭火器压力是否合格。

( )136. BE009 螺钉旋具按头部形状不同可分为一字形和十字形两种。

( )137. BE010 电工不可使用金属杆直通柄顶的螺钉旋具,否则很容易发生触电事故。

( )138. BE011 绝缘柄钢丝钳为电工专用钳(简称电工钳),常用的有 150mm、175mm 和 200mm 三种规格。

( )139. BE012 使用电工刀时,刀口常以 15°角倾斜切入。

( )140. BE013 用检漏仪或肥皂水可以检查容器设备的渗漏点。

( )141. BF001 交流电的平均值是指某段时间内流过电路的总电荷与该段时间的比值。

( )142. BF002 电流由高电位流向低电位,而电子则是由低电位流向高电位。

( )143. BF003 电阻并联时,阻值越并越大。

( )144. BF004 额定功率是在元件安全工作时所允许消耗的最大功率。

( )145. BF005 交流电路中,阻抗包含电阻和电抗两部分。

( )146. BF006 1~2kV 的线路称为高压配电线路。

( )147. BF007 三相交流线路的导线必须穿进一根铁管,不可单管分装。

( )148. BF008 为了保证测量结果准确可靠,电气仪表消耗的功率越小越好。

( )149. BF009 电工仪表按测量对象的不同分为电流表(安培表)、电压表(伏特表)、功率表(瓦特表)、电度表(千瓦·时表)、欧姆表等。

( )150. BF010 电工仪表盘(板)上标有各种符号以表示该仪表的使用条件、结构、精确度等级和所测电气参数的范围。

( )151. BF011 某电工仪表盘上的"☆"符号表示防护等级。

( )152. BF012 超声液位计探头使用较长时间后老化,会导致假液位。

( )153. BF013 电磁流量计的累积流量输出通过中间继电器输入到 PLC 中。

( )154. BF014 MF2 型灭火器的技术规范:质量为 2.0kg,误差为 0.04kg;压力为 1.20~1.35MPa(氮气);有效距离为不小于 3.5m。

( )155. BF015 机械伤害(事故)是指机械性外力作用造成的事故,通常有两种情况,一是人身的伤害,二是机械设备的损坏。

( )156. BF016 对地面裸露和人身容易触及的带电设备应采取可靠的防护措施。

( )157. BF017 电气设备发生火灾时,应立即切断电源,用四氯化碳灭火器灭火。

( )158. BF018 安全电压是为了防止触电事故而采用的特殊电源供电的电压。

( )159. BF019 化学泡沫除扑救酒精火灾效果较差外,适用于其他各种可燃流体和易燃液体的火灾。

( )160. BF020 石油着火时,严禁用水灭火。

( )161. BF021 天然气失火时,不按"先点火,后开气"的程序操作可能引起火灾。

四、简答题

1. AA001 聚丙烯酰胺在包装上应注明哪些内容?

2. AA001 简述过滤因子的定义。

3. AA005　什么是聚合物配制？

4. AA005　按照聚合物的形态上分类,聚合物配制工艺有哪几种？

5. AA012　电磁流量计传感器、转换器的铭牌应具备哪些内容？

6. AA012　简述转换器的作用。

7. AA016　过滤器滤芯的清洗方法有哪些？

8. AA016　简述清洗过滤器滤芯的方法。

9. AA020　配制站的"三清、四无"具体是指什么？

10. AA020　配制站泵房内应挂有哪些图表？

11. AE004　安全分析的三要素是什么？

12. AE004　安全分析常用的方法有哪些？

13. BA008　在聚合物配制管理中,计算机界面可提供哪些内容？

14. BA008　在聚合物配制管理中,计算机为什么要双机热备份？

15. BA009　聚合物装置启动前应检查哪些系统？

16. BB001　接触器的主要技术数据有哪些？

17. BB002　什么是继电器？

18. BB004　自动空气开关脱扣器有哪几类？

19. BB004　简述按钮开关的结构形式及其符号。

20. BB006　低压电动机的保护方法有哪些？

21. BB006　电动机的基本控制方法有哪些？

22. BB010　简述控制系统的功能。

23. BB010　简述控制系统的选型原则。

24. BB011　简述闭环调节系统的突出优点。

25. BD005　简述离心泵的比例定律。

26. BD009　防止汽蚀的方法有哪些？

27. BE002　分散装置上水阀开关失灵应如何处理？

五、计算题

1. AA001　已知某种聚合物干粉,现称聚合物干粉 2.0009g,瓶重 1.3571g,在(105±2)℃条件下烘干 2h 后,冷却后称聚合物和瓶的总重量为 3.1623g,试求此聚合物的固含量。

2. AA002　需将有效浓度为 5000mg/L 的某聚合物母液 4t 稀释至有效浓度为 1000mg/L,问需加入多少吨清水,此外,清水与聚合物母液的配比是多少？

3. AA002　已知聚合物溶液浓度为 5000mg/L,打算将其稀释成 1000mg/L 的聚合物溶液 100mL,共需该聚合物溶液多少克？ 水多少克？

4. AA008　某单螺杆泵的螺杆半径 R 为 40mm,螺距 T 为 200mm,偏心距 e 为 8mm,已知该泵的转速为 100r/min,试求该泵的理论流量。

5. AA008　某单螺杆泵的实际流量 Q 为 0.01m³/s,泵的进出口压差为 0.4MPa,泵的效率为 80%,试求输送水时该泵的轴功率。

6. AA014　某聚合物注入井在配制站内静态混合器后和井口取样,测得的聚合物溶液黏度值分别为 38.2mPa·s、34.6mPa·s,试求该注入井从静态混合器后到井口聚合物的黏度损失。

7. AA018　经测试某一单螺杆泵的实际流量为 65m³/h,轴功率为 12kW,泵的出口压力与泵入口压力的差值为 0.51MPa,试求泵的效率。

8. AA019　量程为 25MPa 的压力表,它测量的最大值为多少?

9. AA019　某设备铭牌标注最大压力为 4.0MPa,试问应选用多大的压力表?

10. AD002　某潜油电泵机组,当电源频率为 50Hz 时,转速为 2915r/min,排量为 425m³/d,扬程为 800m,现在若将电源频率改变为 60Hz 时,试求排量和扬程。(已知 60Hz 时,机组转速为 3500r/min)

11. AD002　已知某一注聚泵运行时电动机的电流为 240A,功率因数为 0.87,泵的轴功率为 2139kW,电动机效率为 0.955,试求电动机的运行电压。

12. BA007　某油层累计注水量为 194210m³,注水井累计溢流量为 828m³,该油井注采比为 0.83,油井采水量为 751m³,原油体积系数为 1.3,相对密度为 0.89,试求累计采油量。

13. BA007　某油田 2005 年核实产油量为 68×10⁴t,2006 年新井核实产油量为 6×10⁴t,核实产量的综合递减率为 10.62%,年输差为 6.5%。试求 2006 年井口年产油量。

14. BB004　1 只 220V、60W 的白炽灯泡,接到 110V 的电路上,试求它所消耗的电功率。

15. BB004　1 台电阻为 20Ω 的电热器接到 220V 的电源上,连续使用 10h 后消耗多少电能?

16. BB010　某测量仪表测量范围为 0~300℃,精度为 1 级,在测量过程中的最大绝对差为 −4℃,试计算此表是否合格。

17. BB010　用 DDZ−Ⅲ型压差变送器测量流量时,流量范围是 0~16m³/h,$I_{max}=20mA$,$I_0=4mA$,试求当流量 $Q=12m³/h$ 时变送器的输出信号 $I_{出}$。

18. BD002　已知水泵的流量 $Q_1=180m³/h$,扬程 $H_1=250m$,转速 $n_1=2900r/min$,现改用 $n_2=1450r/min$ 的电动机,试求该泵改变转速后的扬程。

19. BD003　某污水处理泵,提升密度为 1150kg/m³ 的污水时流量为 140m³/h,扬程为 36m,试求该泵此时的有效功率。

20. BD003　某泵抽清水时流量为 360m³/h,扬程为 27m,效率为 80%,试求该泵的轴功率。($\rho=1000kg/m³$)

21. BD004　测得某离心泵,抽水的两组数据:$Q_1=1440m³/h$,$N_1=105kW$,$H_1=22m$,$Q_2=1260m³/h$,$N_2=102kW$,$H_2=26m$,请问在哪一组运行状态最经济?($\rho=1000kg/m³$)

22. BD004　60Y−60 离心泵在设计工况下抽水时流量为每秒 0.00625m³,扬程为 49m,轴功率为 6.125kW,试求该泵效率。($\rho=1000kg/m³$)

23. BD005　经测试某单螺杆泵的实际流量为 45m³/h。已知该泵的理论流量是 50m³/h,试求该泵的容积效率。

24. BD005　已知某离心泵的生产能力为 10m³/h,扬程为 58m,轴功率为 2.1kW,叶轮直径由 210mm 切割到 200mm 时,生产能力变为 9.5m³/h,扬程为 52.61m³,轴功率

为 1. 81kW, 叶轮直径切割前后泵的效率有什么变化? ($\rho = 1000kg/m^3$)

25. BD005　已知泵的叶轮直径 $D_1 = 200mm$, 流量 $Q_1 = 45m^3/h$, 扬程 $H_1 = 65m$, 试求把叶轮直径切割到 $D_2 = 170mm$ 时流量扬程有什么变化?

26. BF001　对称三相交流电路中电源线电压为 380V, 每相负载中 $R = 16\Omega$, $X_L = 12\Omega$, $Z_{相} = 20\Omega$, 采用 Y 形连接, 试求相电压、相电流、线电流及三相有功功率。

27. BF001　三相对称负载作 △ 连接, 接入三相电压 (380V), 每相负载电阻为 6Ω, 感抗为 8Ω, 试求阻抗、相电流。

28. BF004　某清水泵使用的三相异步电动机铭牌功率为 45kW, 功率因数为 0. 8, 电动机采用 Y 形连接, 已知相电压为 220V, 相电流为 80A, 试求功率利用率。

答　案

一、单项选择题

1. A	2. B	3. D	4. C	5. C	6. A	7. D	8. B	9. D	10. C
11. B	12. B	13. C	14. D	15. D	16. D	17. A	18. D	19. C	20. D
21. A	22. B	23. D	24. D	25. C	26. B	27. D	28. C	29. B	30. D
31. C	32. C	33. B	34. C	35. C	36. B	37. C	38. D	39. C	40. B
41. D	42. A	43. B	44. D	45. D	46. C	47. B	48. C	49. A	50. B
51. D	52. B	53. B	54. C	55. B	56. A	57. B	58. D	59. B	60. D
61. B	62. C	63. A	64. D	65. B	66. A	67. B	68. A	69. B	70. C
71. A	72. B	73. D	74. C	75. A	76. B	77. B	78. B	79. C	80. D
81. D	82. B	83. C	84. B	85. D	86. A	87. D	88. D	89. D	90. D
91. D	92. D	93. B	94. A	95. A	96. D	97. A	98. C	99. B	100. C
101. D	102. B	103. B	104. C	105. B	106. C	107. A	108. C	109. B	110. B
111. C	112. C	113. C	114. B	115. C	116. D	117. A	118. B	119. A	120. B
121. A	122. C	123. D	124. A	125. B	126. B	127. A	128. D	129. A	130. C
131. B	132. D	133. D	134. A	135. C	136. D	137. D	138. A	139. A	140. B
141. A	142. B	143. A	144. B	145. A	146. B	147. C	148. C	149. D	150. D
151. D	152. D	153. B	154. B	155. A	156. B	157. C	158. C	159. C	160. D
161. B	162. B	163. B	164. D	165. A	166. B	167. B	168. B	169. C	170. D
171. C	172. C	173. B	174. D	175. B	176. D	177. B	178. A	179. B	180. C
181. C	182. D	183. C	184. B	185. C	186. B	187. B	188. D	189. B	190. C
191. B	192. B	193. A	194. D	195. A	196. B	197. A	198. B	199. A	200. B
201. B	202. A	203. D	204. D	205. A	206. B	207. A	208. B	209. D	210. A
211. A	212. D	213. B	214. B	215. C	216. B	217. D	218. B	219. B	220. D
221. B	222. B	223. C	224. D	225. A	226. B	227. B	228. A	229. D	230. A
231. A	232. D	233. C	234. D	235. B	236. B	237. D	238. B	239. C	240. B
241. A	242. B	243. B	244. C	245. A	246. C	247. A	248. B	249. A	250. B
251. C	252. D	253. A	254. B	255. A	256. D	257. A	258. B	259. B	260. C
261. C	262. C	263. A	264. D	265. C	266. B	267. A	268. A	269. D	270. C
271. C	272. A	273. C	274. B	275. B	276. A	277. C	278. B	279. C	280. A
281. C	282. A	283. A	284. A	285. C	286. B	287. A	288. A	289. C	290. D
291. A	292. B	293. C	294. D	295. B	296. C	297. B	298. A	299. B	300. A
301. D	302. B	303. C	304. B	305. D	306. B	307. A	308. B	309. A	310. A

311. A　　312. B　　313. C　　314. D　　315. B　　316. A　　317. B　　318. A　　319. C　　320. D
321. D　　322. A

二、多项选择题

1. ABC	2. CD	3. AC	4. BD	5. AD	6. AD	7. CD
8. BD	9. BD	10. BC	11. BD	12. AC	13. BC	14. BCD
15. ABC	16. BC	17. AD	18. BC	19. ABD	20. BC	21. BCD
22. ACD	23. ABCD	24. ABCD	25. BCD	26. AC	27. BC	28. ABCD
29. AD	30. AD	31. AC	32. CD	33. ABD	34. ACD	35. ABD
36. ABCD	37. CD	38. ABC	39. ACD	40. ACD	41. ABC	42. BC
43. BD	44. BCD	45. AD	46. AD	47. BCD	48. AB	49. ACD
50. AC	51. BC	52. AC	53. BD	54. ACD	55. BCD	56. CD
57. ABCD	58. CD	59. CD	60. ABCD	61. BCD	62. ACD	63. CD
64. AC	65. AD	66. BD	67. AD	68. ABD	69. AD	70. ABC
71. ABD	72. ABD	73. BD	74. ABD	75. BCD	76. ACD	77. BC
78. AB	79. BD	80. BCD	81. BC	82. ACD	83. AD	84. ACD
85. BCD	86. AC	87. ACD	88. CD	89. ABD	90. BD	91. AC
92. AD	93. BC	94. AC	95. BD	96. AC	97. BC	98. CD
99. AC	100. BCD	101. BD	102. ABCD	103. AB	104. BD	105. BD
106. BCD	107. BCD	108. ABC	109. ABD	110. CD	111. ACD	112. BCD
113. BD	114. ABC	115. ABD	116. BCD	117. ABCD	118. ABC	119. AC
120. ABC	121. BC	122. BC	123. AD	124. ABC	125. AC	126. BCD
127. ACD	128. ABC	129. BCD	130. AC	131. ABCD	132. AD	133. ABCD
134. BD	135. AB	136. BD	137. ABCD	138. ACD	139. ABCD	140. ABD
141. ABC	142. BC	143. ABC	144. ABD	145. AB	146. AC	147. BD
148. BC	149. ABCD	150. AC	151. AC	152. ABCD	153. ABC	154. ABCD
155. AB	156. ABCD	157. ABD	158. AB	159. ABCD	160. ABCD	161. ABC

三、判断题

1. ×　正确答案:粉状用驱油聚丙烯酰胺的固含量应不低于88%。　2. √　3. √　4. ×　正确答案:Ip 代表归一进程指数。　5. √　6. ×　正确答案:就整个自动调节系统而言,有2种类型的输入。　7. ×　正确答案:搅拌器宜采用双层叶片形式,轴流式。　8. ×　正确答案:在输送聚合物介质条件下,泵应满足连续工作制。　9. ×　正确答案:泵用过滤器全部采用1Cr 18Ni9Ti 材质。　10. √　11. ×　正确答案:生产实践中所用的调节系统多数都是反馈调节系统。　12. √　13. ×　正确答案:埋地钢质管道的外防腐涂层分为普通、加强和特加强三级。　14. √　15. √　16. ×　正确答案:过滤过程一般分为介质过滤、深层过滤和滤饼过滤三种。　17. √　18. ×　正确答案:泵机组效率是指泵输出功率与电动机功率的比值,用百分数表示。　19. √　20. √　21. √　22. ×　正确答案:班组经济核算的主要质量指标是产品合格率。　　23.×　正确答案:班组经济核算一般采用统计核算和节约核算两种方法。　　24.×　正确答案:班组经济活动的分析方法有 7 种。　　25.×　正确答案:工作质量决定着产品质量与过程质量。　　26.×　正确答案:质量管理是通过建立、健全质量体系来实现各项质量活动的。　　27.×　正确答案:工作标准是某种岗位范围内人的工作(作业活动)规范准则。　　28.×　正确答案:因果图由质量问题和影响因素两部分组成,图中主干箭头指质量问题,主干上的大枝表示影响问题。　　29.√　30.√　31.×　正确答案:绝大多数工厂都由国家电力系统供电。　　32.√　33.√　34.√　35.×　正确答案:交流操作电源可以从所用变压器或仪用互感器取得。　　36.√　37.√　38.×　正确答案:控制,就是引导人们的行为朝着实现组织的目标发展,克服消极面,调动积极性。　　39.√　40.×　正确答案:综合评价法是概括评价的对象和要求,将一些不同种类及不同适用范围的方法组合起来进行安全评价,以使评价更加完善。　　41.√　42.√　43.√　44.√　45.×　正确答案:在闭合电路里,电压越高,电路中的电流越大。　　46.√　47.√　48.√　49.√　50.√　51.√　52.×　正确答案:由正韵律研究可知,随油层 V_k 值或渗透率级差加大,聚合物驱油过程中层间调节作用增强。　　53.×　正确答案:水湿油层聚合物驱受油层厚度影响较大,油层越厚,增采效果越好。　　54.√　55.×　正确答案:在矿场试验通常都采用阶梯形段塞注入的方案。　　56.√　57.×　正确答案:关闭计算机之前,必须向有关部门汇报原因,经同意才可退出运行系统。　　58.×　正确答案:转输泵的启动原则是先开熟化罐出口阀,再启动转输泵。　　59.√　60.√　61.√　62.×　正确答案:配制站多采用在线除尘与离线除尘相结合的方式进行粉尘治理。　　63.√　64.×　正确答案:集成密闭上料装置通过引风管、引风除尘系统和集尘装置进行粉尘处理。　　65.×　正确答案:阳离子表面活性剂通常是碱金属离子。　　66.√　67.√　68.×　正确答案:破乳过程的关键步骤是液滴间及液滴与平液面间液膜的消失。　　69.√　70.×　正确答案:蒸汽驱油的驱油剂是水蒸气。　　71.√　72.×　正确答案:三元复合驱驱油剂中的碱是低浓度的。　　73.√　74.√　75.√　76.√　77.×　正确答案:行程开关又称为限位开关或终点开关。　　78.√　79.√　80.×　正确答案:同一电器各个触点应接在电源的同一相上。　　81.×　正确答案:调节对象是指被调节的物理量所对应的设备、装置或过程。　　82.√　83.×　正确答案:变送仪表要有就地显示功能和远传功能。　　84.√　85.√　86.√　87.×　正确答案:交-交变频器的特点是没有中间,变频效率高,连续可调的频率范围窄。　　88.√　89.×　正确答案:主接触器故障的原因是接触器无法正常吸合或信号错乱。　　90.×　正确答案:主接触器故障可能是线圈中没有电流或信号线路断路引起的。　　91.×　正确答案:同步电动机变频调速主要分为他控变频调速和无换向器电动机调速两种。　　92.√　93.√　94.√　95.√　96.×　正确答案:串联泵的效率比并联泵的效率高。　　97.×　正确答案:吸上高度越大,则真空度越大。　　98.×　正确答案:单螺杆泵的泵套螺纹导程等于螺杆螺距的 2 倍。　　99.√　100.×　正确答案:过滤器的滤芯分为袋式和金属网结构两种。　　101.√　102.×　正确答案:串组式过滤器由十二部分组成。　　103.×　正确答案:串组式过滤器筒体 A 进液口通过连接管与筒体 B 出液口连接,筒体 A 出液口与出液主管连接。　　104.×　正确答案:禁止叉车使用货叉顶货或拉货。　　105.×　正确答案:变频调速装置按直流环节的储能方式分为电压源型和电流源型。　　106.√　107.×　正确答案:设备故障发展变化曲线的形状很像一个浴盆的断面,因此又称为浴盆理论。 108.× 正确答案:按照设备的完好程度,设备的评定标准分为一级、二级、三级。 109.√ 110.√ 111.× 正确答案:设备安装原则中的"全"是指设备安装时应配齐所有的零件、附件、仪表、工具等。 112.√ 113.√ 114.× 正确答案:泵的轴功率与转速的立方成正比。 115.× 正确答案:离心泵的实际流量与额定流量相差越小,则效率越高。 116.× 正确答案:从通用性能曲线上可以求出任何扬程和流量组合下的转速效率和功率。 117.× 正确答案:节流调节是通过改变离心泵出口管路上阀门的开启度完成的。 118.√ 119.√ 120.× 正确答案:降低液体的输送温度以降低液体的饱和蒸气压,是防止离心泵汽蚀的方法之一。 121.× 正确答案:桥式起重机的电气部分由电气设备和电气线路组成。 122.× 正确答案:电动机缺相运行会使通电部分电流大幅度上升,因而会引起过载。 123.√ 124.√ 125.√ 126.× 正确答案:设备状态监测又称为简易诊断。 127.√ 128.× 正确答案:电动阀正常工作时只能处于完全打开或完全关闭的位置。 129.× 正确答案:电动阀的松紧程度影响阀的动作时间,因此对阀的工作状态有影响。 130.× 正确答案:外输泵供液不足时会引发外输泵进口压力过低报警。 131.× 正确答案:只要管路中有固体颗粒流动,物流检测器就会给出有物流信号。 132.√ 133.√ 134.√ 135.√ 136.√ 137.√ 138.√ 139.× 正确答案:使用电工刀时,刀口常以 45°角倾斜切入。 140.√ 141.√ 142.√ 143.× 正确答案:电阻并联时,阻值越并越小。 144.√ 145.√ 146.× 正确答案:3~10kV 的线路称为高压配电线路。 147.√ 148.√ 149.√ 150.√ 151.× 正确答案:某电工仪表盘上的"☆"符号表示绝缘等级。 152.√ 153.√ 154.√ 155.√ 156.√ 157.√ 158.√ 159.√ 160.√ 161.√

四、简答题

1. 答:应注明:①名称;②相对分子质量;③批号;④净重;⑤生产厂名、地址;⑥防潮、防晒标志。

评分标准:答对①~⑤各占 17%;答对⑥占 15%。

2. 答:过滤因子的定义:①300mL 与 200mL 聚合物溶液之间的流动时间差;②200mL 与 100mL 的流动时间差之比。

评分标准:答对①②各占 50%。

3. 答:①将聚合物按照一定的工艺过程,②在特定的容器设备中,与低矿化度清水配制成一定浓度的聚合物母液的过程,称为聚合物母液配制,习惯上称为聚合物配制。

评分标准:答对①②各占 50%。

4. 答:①按照聚合物的形态分类,聚合物配制工艺有干粉配制、乳液配制和胶体配制三种,②最常用的是干粉配制工艺,通常所说的聚合物配制即指干粉配制。

评分标准:答对①②各占 50%。

5. 答:①制造厂厂名,计量器具标志;②仪表型号和系列编号;③公称直径;④工作压力;⑤工作温度;⑥压力和频率;⑦输出信号;⑧最大流量;⑨准确度等级;⑩电导率;⑪制造日期。

评分标准:答对①占 10%;答对②~⑪各占 9%。

6. 答:①转换器的作用是将传感器送来的信号进行比较、放大并转换成统一、标准的输出信号,②以实现对被测流体流量的远距离指示、记录、计算或调节。

评分标准:答对①②各占50%。

7. 答:过滤器滤芯的主要清洗方法:①真空热解清洗、②烘箱加热清洗、③流化床清洗、④热盐炉清洗、⑤化学清洗、⑥高低压喷射清洗、⑦超声波清洗。

评分标准:答对①~⑥各占15%;答对⑦占10%。

8. 答:清洗方法:①关闭过滤器的进口阀、出口阀;②打开排污阀泄压;③拆开过滤器,取出滤芯;④用清水冲洗过滤器内部;⑤若损坏,则更换滤芯。

评分标准:答对①~⑤各占20%。

9. 答:①"三清"是室内清洁明亮、设备清洁无灰尘、场地清洁无杂物。②"四无"是无油污、无易燃物、无散失器材、无杂草。

评分标准:答对①②各占50%。

10. 答:应挂有:①生产工艺流程图;②巡回检查线路图;③配制站主要设备操作规程;④电气设备接线图;⑤配制站岗位工人责任制。

评分标准:答对①~⑤各占20%。

11. 答:三要素包括①物的因素;②人的因素;③环境因素。

评分标准:答对①②各占30%;答对③占40%。

12. 答:①安全检查表;②事故树分析;③事件树分析;④故障类型及影响分析;⑤安全操作研究和预先危险性分析等。

评分标准:答对①~⑤各占20%。

13. 答:界面能分别提供:①分散、熟化系统运行图;②参数表、各装置和设备的运行状况;③外输系统运行状态图;④供水泵运行图、储水罐运行状态图;⑤排污系统运行状态图。

评分标准:答对①~⑤各占20%。

14. 答:①在进行控制(停机装置或调整参数)时,应选择一套计算机用于调整或控制,另一套用于监控。②在启动外输系统时,一套计算机启泵,另一套处于随时停泵的状态,以便出现异常情况后可及时恢复和处理。

评分标准:答对①②各占50%。

15. 答:应检查:①供水系统;②干粉供给系统;③分散装置;④熟化系统;⑤计算机监控系统。

评分标准:答对①~⑤各占20%。

16. 答:①额定电压;②额定电流;③吸引线圈的额定电压;④额定操作频率。

评分标准:答对①~④各占25%。

17. 答:继电器是①一种根据电气量或非电气量的变化,②开闭控制电路,③自动控制和保护电力拖动装置的电器。

评分标准:答对①②各占30%;答对③占40%。

18. 答:自动空气开关脱扣器有①电流脱扣器、②电磁脱扣器、③热脱扣器、④失压脱扣器和⑤分励脱扣器。

评分标准:答对①~⑤各占20%。

19. 答：①K——开启式；②S——防水式；③J——紧急式；④X——旋转式；⑤H——保护式；⑥F——防腐式；⑦Y——钥匙式；⑧D——带指示灯。

评分标准：答对①～⑧各占 12.5%。

20. 答：低压电动机的保护方法有①短路保护、②过电流保护、③热保护、④欠电压保护和⑤零激磁保护。

评分标准：答对①～⑤各占 20%。

21. 答：电动机的基本控制方法有①行程控制、②时间控制、③速度控制和④电流控制。

评分标准：答对①～④各占 25%。

22. 答：①控制盘应可采集并显示工艺流程中各种主要设备和参数运行情况,如罐液位、水流量、泵的入出口压力、注入量等；②生产的主要过程,如聚合物的分散−熟化过程能实现自动控制、自动启停分散装置、熟化罐自动倒罐、熟化计时等,同时需有手动功能。

评分标准：答对①②各占 50%。

23. 答：①控制系统主控器必须采用可编程控器进行控制；②显示参数小于 16 点,宜采用仪表盘用盘装仪表显示；③显示参数大于 16 点,应采用工业控制机进行工艺流程的模拟显示和定时打印报表；④工艺规模较大,配制量大于 24t/d,应采用集散控制系统。

评分标准：答对①～④各占 25%。

24. 答：突出优点：①不管什么原因(干扰)引起被调量偏离给定值,系统都有调节(控制)作用,②然后使被调量稳定在某一要求的数值上；③能抑制各种干扰。

评分标准：答对①②各占 30%；答对③占 40%。

25. 答：当离心泵原来的叶轮直径要切小时,①流量与叶轮直径成正比,②功率与转速的平方成正比,③功率与转速的立方成正比。这个关系就是离心泵的比例定律。

评分标准：答对①～②各占 30%；答对③占 40%。

26. 答：①改善进口条件,如改进和合理设计进口流程；②保持一定的液面高度,一般大罐水位不低于 3.5m,必须时进口增设加压泵,提高进口压力或组装诱导轮改善进口条件等；③合理设计叶轮流道和提高铸造精度；④改进叶轮材质和进行流道表面喷镀。

评分标准：答对①～④各占 25%。

27. 答：处理方法：①手动开关球阀,检查开关是否灵活；②调整固定螺钉,使阀门开关灵活；③检查限位开关的位置是否正确。

评分标准：答对①②各占 30%；答对③占 40%。

五、计算题

1. 解：

$$S = m/m_0 \times 100\%$$

烘干后聚合物重：

$$m = 3.1623 - 1.3571 = 1.8052(g)$$

固含量：

$$S = m/m_0 \times 100\%$$
$$= 1.8052 \div 2.0009 = 90.22\%$$

答:此聚合物的固含量是 90.22%。

评分标准:公式正确占 40%;过程正确占 40%;结果正确占 20%;无公式、过程,只有结果不得分。

2. 解:

设需加清水 x,则:

$$5000 \times 4 = 1000 \times (4+x)$$

$$x = \frac{5000 \times 4}{1000} - 4 = 16(t)$$

清水与母液的配比为 $16 : 4 = 4 : 1$

答:需加清水 16t,可配制成有效浓度为 1000mg/L 的聚合物溶液;清水与母液的配比为 $4 : 1$。

评分标准:公式正确占 40%;过程正确占 40%;结果正确占 20%;无公式、过程,只有结果不得分。

3. 解:

设需浓度为 5000mg/L 的聚合物 X,则:

$$1000 \times 100 = 5000X$$

$$X = \frac{1000 \times 100}{5000} = 20(g)$$

$$水的质量 = 100 - 20 = 80(g)$$

答:需该聚合物溶液 20g,水 80g。

评分标准:公式正确占 40%;过程正确占 40%;结果正确占 20%;无公式、过程,只有结果不得分。

4. 解:

$$Q_{th} = 8eRTn$$
$$= 8 \times 8 \times 40 \times 200 \times 100 \times 10^{-9}$$
$$= 0.0512(m^3/min)$$

答:该泵的理论流量为 0.0512m³/min。

评分标准:公式正确占 40%;过程正确占 40%;结果正确占 20%;无公式、过程,只有结果不得分。

5. 解:

容积泵的轴功率:

$$N = \frac{\Delta pQ}{3.67\eta}$$

$$= \frac{0.4 \times 0.01 \times 3600}{3.67 \times 0.8} = 4.9(kW)$$

答:该泵的轴功率为 4.9kW。

评分标准:公式正确占 40%;过程正确占 40%;结果正确占 20%;无公式、过程,只有结果不得分。

6. 解：

$$聚合物的黏度损失 = 站内黏度 - 井口黏度/站内黏度 \times 100\%$$
$$= (38.2 - 34.6) \div 38.2 \times 100\%$$
$$= 9.4\%$$

答：该注入井静态混合器到聚合物的黏度损失为 9.4%。

评分标准：公式正确占 40%；过程正确占 40%；结果正确占 20%；无公式、过程，只有结果不得分。

7. 解：

$$N = \frac{(p_d - p_s)Q}{3.67\eta}$$

$$\eta = \frac{(p_d - p_s)Q}{3.67N} = \frac{0.51 \times 65}{3.67 \times 12} = 0.75 = 75\%$$

答：泵的效率是 75%。

评分标准：公式正确占 40%；过程正确占 40%；结果正确占 20%；无公式、过程，只有结果不得分。

8. 解：

已知 $p_上 = 25\text{MPa}$，则最大测量值：

$$p_{max} = (2 \div 3) \times p_上 = 2 \div 3 \times 25 = 16.67(\text{MPa})$$

答：它的测量最大值为 16.67MPa。

评分标准：公式正确占 40%，过程正确占 40%，结果正确占 20%，公式、过程不正确，结果正确不得分。

9. 解：

已知 $p_{max} = 4.0\text{MPa}$，则选压力表上限：

$$p_上 = (3 \div 2) \times p_{max} = 3 \div 2 \times 4.0 = 6.0(\text{MPa})$$

答：应选用量程为 6.0MPa 的压力表。

评分标准：公式正确占 40%，过程正确占 40%，结果正确占 20%，公式、过程不正确，结果正确不得分。

10. 解：

$$\frac{Q_2}{Q_1} = \frac{n_2}{n_1}$$

$$Q_2 = Q_1 n_2 / n_1$$
$$= 425 \times 3500 \div 2915$$
$$= 510.3(\text{m}^3/\text{d})$$

$$\frac{H_2}{H_1} = \left(\frac{n_2}{n_1}\right)^2$$

$$H_2 = H_1(n_2/n_1)^2$$
$$= 800 \times (3500 \div 2915)^2$$
$$= 1153.3(\text{m})$$

答：排量为 510.3m³/d，扬程为 115.3m。

评分标准：公式正确占 40%；过程正确占 40%；结果正确占 20%；无公式、过程，只有结果不得分。

11. 解：

$$N=\sqrt{3}IV\cos\varphi\eta_{机}$$

$$V=\frac{N}{\sqrt{3}I\cos\varphi\eta_{机}}=\frac{2139}{\sqrt{3}\times240\times0.87\times0.95}=6.2(\text{kV})$$

答：电机的运行电压是 6.2kV。

评分标准：公式正确占 40%；过程正确占 40%；结果正确占 20%；无公式、过程，只有结果不得分。

12. 解：

注采比=(累计注水量-溢流量)÷(累计采油量×原油体积系数÷原油相对密度+油井采水量)

累计采油量=(累计注水量-溢流量-油井采水量×注采比)×原油相对密度÷(原油体积系数×注采比)

$$=(194210-828-751\times0.83)\times0.89\div(1.3\times0.83)$$

$$=158995(\text{t})$$

答：累计采油量为 15.8995×10⁴t。

评分标准：公式正确占 40%，过程正确占 40%，结果正确占 20%，公式、过程不正确，结果正确不得分。

13. 解：

综合递减率=[(上一年核实产量-本年核实产油量+新井产油)÷上一年核实产量]×100%

① 本年核实产油量=(上一年核实产量+新井产油)-综合递减率×上一年核实产量

$$=(68\times10^4+6\times10^4)-0.1062\times68\times10^4$$

$$=66.8\times10^4(\text{t})$$

② 井口年产油量=本年核实产油量÷(1-输差)

$$=66.8\times10^4\div(1-0.065)$$

$$=71.4\times10^4(\text{t})$$

答：井口产油量为 71.8×10⁴t。

评分标准：①公式正确占 20%，过程正确占 20%，结果正确占 10%；②公式正确占 20%，过程正确占 20%，结果正确占 10%；公式、过程不正确，结果正确不得分。

14. 解：

$$P=\frac{U^2}{R}$$

$$\frac{P_1}{P_2}=\frac{U_1^2}{U_2^2}$$

$$P_2=\frac{P_1U_2^2}{U_1^2}=\frac{60\times110^2}{220^2}=15(\text{W})$$

答：此时所消耗的电功率为 15W。

评分标准:公式正确占40%;过程正确占40%;结果正确占20%;无公式、过程,只有结果不得分。

15. 解:

$$W = Pt$$

$$P = \frac{U^2}{R}$$

$$W = \frac{U^2}{R} \cdot t = \frac{220^2}{20} \times 10 = 24200(\mathrm{W} \cdot \mathrm{h}) = 24.2(\mathrm{kW} \cdot \mathrm{h})$$

答:消耗的电能是24.2kW·h。

评分标准:公式正确占40%;过程正确占40%;结果正确占20%;无公式、过程,只有结果不得分。

16. 解:

$$\delta_{允} = (测量上限-测量下限) \times 精度$$
$$= (300-0) \times (\pm 1\%)$$
$$= \pm 3(℃)$$

则最大绝对差(-4℃)超过仪表允许最大误差值,此表不合格。

答:此表不合格。

评分标准:公式正确占40%;过程正确占40%;结果正确占20%;无公式、过程,只有结果不得分。

17. 解:

$$(I_{出}-I_0)/(I_{max}-I_0) = Q^2/Q_{max}^2$$
$$I_{出} = (I_{max}-I_0)Q^2/Q_{max}^2 + I_0$$
$$= (20-4) \times 12^2 \div 16^2 + 4$$
$$= 16 \times 12^2 \div 16^2 + 4$$
$$= 9+4$$
$$= 13(\mathrm{mA})$$

答:当流量为12m³/h,变送器输出信号为13mA。

评分标准:公式正确占40%;过程正确占40%;结果正确占20%;无公式、过程,只有结果不得分。

18. 解:

$$H_1/H_2 = (n_1/n_2)^2$$

则:

$$H_2 = H_1(n_2/n_1)^2$$
$$= 250 \times (1450 \div 2900)^2$$
$$= 62.5(\mathrm{m})$$

答:该泵改变转速后的扬程是62.5m。

评分标准:公式正确占40%;过程正确占40%;结果正确占20%;无公式、过程,只有结果不得分。

19. 解：

$$N_{轴} = \rho g Q H / 1000$$
$$= 1150 \times 9.8 \times (140 \div 3600) \times 36 \div 1000$$
$$= 15.78(kW)$$

答：该泵的轴功率为 15.78kW。

评分标准：公式正确占 40%；过程正确占 40%；结果正确占 20%；无公式、过程，只有结果不得分。

20. 解：

$$N_{轴} = \rho g H Q / (1000\eta)$$
$$= 1000 \times 9.8 \times (360 \div 3600) \times 27 \div (1000 \times 0.8)$$
$$= 33.1(kW)$$

答：该泵的轴功率为 33.1kW。

评分标准：公式正确占 40%；过程正确占 40%；结果正确占 20%；无公式、过程，只有结果不得分。

21. 解：

$$\eta = \rho g Q H / (1000 N_{轴}) \times 100\%$$
$$\eta_1 = 1000 \times 9.8 \times (1440 \div 3600) \times 22 \div (1000 \times 105) \times 100\%$$
$$= 82\%$$
$$\eta_2 = 1000 \times 9.8 \times (1260 \div 3600) \times 26 \div (1000 \times 102) \times 100\%$$
$$= 87\%$$

$\eta_2 > \eta_1$，则第二组运行最经济。

答：在第二组运行时最经济。

评分标准：公式正确占 40%；过程正确占 40%；结果正确占 20%；无公式、过程，只有结果不得分。

22. 解：

$$\eta = N_{有效} \times 100\% / N_{轴}$$
$$= \rho g H Q \times 100\% / N_{轴}$$
$$= 1000 \times 9.8 \times 49 \times 0.00625 \div (1000 \times 6.125) \times 100\%$$
$$= 49\%$$

答：该泵的效率为 49%。

评分标准：公式正确占 40%；过程正确占 40%；结果正确占 20%；无公式、过程，只有结果不得分。

23. 解：

泵的容积效率：

$$\eta_v = Q_{实} / Q_{理} \times 100\% = \frac{45}{50} \times 100\% = 90\%$$

答：该泵的容积效率为 90%。

评分标准:公式正确占 40%;过程正确占 40%;结果正确占 20%;无公式、过程,只有结果不得分。

24. 解:

$$\eta = QH\rho / (102N)$$

切割前:

$$\eta_1 = (10 \div 3600 \times 58 \times 1000) \div (102 \times 2.1) \times 100\%$$
$$= 75.2\%$$

切割后:

$$\eta_2 = (9.5 \div 3600 \times 52.61 \times 1000) \div (102 \times 1.81) \times 100\%$$
$$= 75.2\%$$

则切割前后效率无变化。

答:叶轮直径切割前后泵的效率没有变化。

评分标准:公式正确占 40%;过程正确占 40%;结果正确占 20%;无公式、过程,只有结果不得分。

25. 解:

$$Q_1 / Q_2 = D_1 / D_2$$
$$H_1 / H_2 = (D_1 / D_2)^2$$
$$Q_2 = Q_1 D_2 / D_1$$
$$= 45 \times 170 \div 200 = 38.3 (\text{m}^3/\text{h})$$
$$H_2 = H_1 (D_2 / D_1)^2$$
$$= 65 \times (170 \div 200)^2$$
$$= 47 (\text{m})$$

答:切割后的流量是 38.3m³/h,扬程是 47m。

评分标准:公式正确占 40%;过程正确占 40%;结果正确占 20%;无公式、过程,只有结果不得分。

26. 解:

$$\cos\varphi = R / Z_{相} = 16 \div 20 = 0.8$$
$$U_{相} = U_{线} / \sqrt{3} = 380 \div \sqrt{3} = 380 \div 1.732 = 220 (\text{V})$$
$$I_{相} = U_{相} / Z_{相} = 220 \div 20 = 11 (\text{A})$$
$$I_{线} = I_{相} = 11 (\text{A})$$
$$P = \sqrt{3} U_{线} I_{线} \cos\varphi = 1.732 \times 380 \times 11 \times 0.8 = 5.8 (\text{kW})$$

答:相电压为 220V,相电流为 11A,线电流为 11A,三相有功功率为 5.8kW。

评分标准:公式正确占 50%,计算正确占 25%,结果正确占 25%。公式、计算不正确,结果正确不得分。

27. 解:

①

$$U_{负载} = U_{线} = 380\text{V}$$
$$Z_{相} = \sqrt{R^2 + X_L^2} = \sqrt{6^2 + 8^2} = 10 (\Omega)$$

② $$I_{相} = U_{相}/Z_{相} = 380 \div 10 = 38(\text{A})$$

答：每相负载的阻抗为 10Ω，相电流为 38A。

评分标准：①公式正确占 20%，过程正确占 20%，结果正确占 10%；②公式正确占 20%，过程正确占 20%，结果正确占 10%；公式、过程不正确，结果正确不得分。

28. 解：

电动机实际功率：

① $$P_{实} = 3U_{相} I_{相} \cos\varphi$$
$$= (3 \times 220 \times 80 \times 0.8) \div 1000 = 42.2(\text{kW})$$

② $$电动机功率利用率 = (P_{实}/P_{铭}) \times 100\%$$
$$= (42.2 \div 45) \times 100\% = 94\%$$

答：该井电动机功率利用率为 94%。

评分标准：(1)公式正确占 20%，过程正确占 20%，结果正确占 10%。②公式正确占 20%，过程正确占 20%，结果正确占 10%。公式、计算不正确，结果正确不得分。

附 录

附录 1　职业技能等级标准

1. 工种概况

1.1　工种名称

聚合物配制工。

1.2　工种代码

6-16-02-07-08。

1.3　工种定义

操作分散装置、螺杆输送泵等设备,将聚合物干粉与溶剂配制成聚合物母液,并将其输送到注入站的人员。

1.4　适用范围

配制队配制岗。

1.5　工种等级

本职业共设三个等级,分别为初级(国家职业资格五级)、中级(国家职业资格四级)、高级(国家职业资格三级)。

1.6　工作环境

室内作业,部分岗位为室外作业,有噪声,有粉尘,部分工作有毒、有害。

1.7　工种能力特征

身体健康,具有一定的理解、表达、分析、判断能力、动作协调灵活。

1.8　普通受教育程度

高中毕业(或同等学力)。

1.9　培训要求

初级不少于 360 标准学时;中级不少于 360 标准学时;高级不少于 240 标准学时。

1.10　鉴定要求

1.10.1　适用对象

(1)新入职的操作技能人员;

(2)在操作技能岗位工作的人员;

(3)其他需要鉴定的人员。

1.10.2 申报条件

参照《中国石油天然气集团有限公司职业技能等级认定管理办法》。

1.10.3 鉴定方式

分理论知识考试和技能操作考核。理论知识考试采用闭卷笔试方式,技能操作考核采用现场实际操作方式。理论知识考试和技能操作考核均实行百分制,成绩皆达60分以上(含60分)者为合格。

1.10.4 鉴定时间

理论知识考试90分钟,技能操作考核60分钟。

2. 基本要求

2.1 职业道德

(1)爱岗敬业,自觉履行职责;

(2)忠于职守,严于律己;

(3)吃苦耐劳,工作认真负责;

(4)勤奋好学,刻苦钻研业务技术;

(5)谦虚谨慎,团结协作;

(6)安全生产,严格执行生产操作规程;

(7)文明作业,质量意识强;

(8)文明守纪,遵纪守法。

2.2 基础知识

2.2.1 聚合物驱油知识

(1)石油地质基础知识;

(2)聚合物驱油基础知识;

(3)配制系统基础知识。

2.2.2 计算机基础知识

(1)计算机基本概念及常用名词;

(2)计算机硬件系统基础知识;

(3)计算机软件系统基础知识;

(4)计算机系统维护保养基础知识。

2.2.3 常用工具、用具、量具基础知识

(1)天平;

(2玻璃仪器。

2.2.4 安全生产知识

(1)安全生产常识;

(2)劳动保护基础知识;

(3)配制站安全常识。

2.2.5 其他相关知识

(1)班组核算基础知识；

(2)质量管理基础知识；

(3)工厂供电基础知识。

3. 工作要求

本标准对初级、中级、高级的要求依次递进,高级别包括低级别的要求。

3.1 初级

职业功能	工作内容	技能要求	相关知识
一、管理配制站	(一)录取资料	1. 能填写配制日报表； 2. 能填写可称重物资验收记录	1. 资料录取的内容及要求； 2. 聚合物的化学性质及管理方法
	(二)分析资料	1. 能自动运行分散熟化系统； 2. 能手动排熟化罐液	1. 配制站工艺流程； 2. 油田注入水的物理性质及使用要求； 3. 分散系统的性能； 4. 熟化系统的性能
二、操作、维护设备	(一)操作设备	1. 能添加干粉； 2. 能启动螺杆泵； 3. 能启停离心泵； 4. 能使用天吊吊运干粉	1. 分散系统操作规程； 2. 螺杆泵操作规程； 3. 过滤器使用规范； 4. 聚合物溶液取样操作规程； 5. 供水系统操作规程； 6. 离心泵操作规程； 7. 起重机操作规程； 8. 配电装置及电器测量操作规程
	(二)维护设备	1. 能更换离心泵密封填料； 2. 能更换闸板阀密封填料； 3. 能更换螺杆泵润滑油； 4. 能进行一级保养离心泵	1. 离心泵维护保养方法； 2. 密封填料更换方法； 3. 扳手的分类及使用方法； 4. 阀门的分类及使用要求； 5. 螺杆泵维护保养方法； 6. 离心泵一级保养方法； 7. 电路及电器配件的概念和分类； 8. 温度计的结构原理及使用要求
三、操作仪器、仪表	(一)操作仪器	1. 能使用手钢锯锯割钢管； 2. 能使用干粉灭火器； 3. 能制作法兰垫子	1. 手钢锯及相关工具使用方法； 2. 常用灭火方法及干粉灭火器使用规范； 3. 法兰垫子的制作方法
	(二)操作仪表	1. 能拆卸电磁流量计； 2. 能更换压力表； 3. 能校对压力表误差； 4. 能使用钳形电流表测量电动机三相电流； 5. 能使用游标卡尺测量工件	1. 电磁流量计的使用方法； 2. 压力表的性能、分类及使用要求； 3. 压力表的工作原理及校检要求； 4. 钳形电流表的工作原理及使用方法； 5. 长度单位的换算及测量长度工具的使用方法； 6. 阀门的测压原理及作用； 7. 电的相关概念、安全用电要求及触电后的救护方法

3.2 中级

职业功能	工作内容	技能要求	相关知识
一、管理配制站	(一)分析资料	1. 能绘制工艺流程图; 2. 能根据螺杆下料器下料量计算配制浓度	1. 聚合物配制工艺流程; 2. 聚合物风力分散装置; 3. 聚合物射流分散装置工艺原理; 4. 集成密闭上料装置
	(二)处理配制站故障	1. 能排除螺杆下料器堵塞; 2. 能查询干粉重量曲线; 3. 能查询外输泵流量曲线	1. 聚合物配制工艺要求; 2. 聚合物分散装置的要求及操作; 3. 射流分散装置的操作; 4. 配制站自动控制及可编程控制器; 5. 配制站自控系统及应急处理
二、操作、维护设备	(一)操作设备	1. 能相互切换螺杆泵; 2. 能相互切换离心泵; 3. 能拆卸单级离心泵; 4. 能过滤润滑油; 5. 能更换过滤器滤袋	1. 螺杆泵的配件及结构; 2. 变频调速装置的特点及组成; 3. 外输管线的要求; 4. 离心泵的配件及结构; 5. 常用设备润滑的方法; 6. 各种过滤器的结构与特点
	(二)维护设备	1. 能更换低压离心泵轴承; 2. 能装配滚动轴承; 3. 能加注电动机轴承润滑油	1. 螺杆泵的使用与保养; 2. 变频调速装置的要求及维护; 3. 常用的传动方式; 4. 密封的要求; 5. 设备润滑的方式; 6. 带电设备的安装及维护
三、操作仪器、仪表	(一)操作仪器	1. 能测量滚动轴承游隙; 2. 能使用外径千分尺测量工件; 3. 能检测聚合物溶液黏度	1. 轴承测量安装的方法; 2. 外径千分尺的操作要求; 3. 聚合物化验的基本认识
	(二)操作仪表	1. 能测算离心泵扬程; 2. 能更换电磁流量计; 3. 能更换熟化罐液位计; 4. 能使用万用表测量熔断器	1. 仪器仪表的分类、要求及管理; 2. 计量自控仪表的原理及使用方法; 3. 万用表的使用方法; 4. 变压器的结构

3.3 高级

职业功能	工作内容	技能要求	相关知识
一、管理配制站	(一)分析资料	1. 能标定螺杆下料器下料量曲线; 2. 能通过计算机查询生产运行曲线	1. 聚合物驱油的基础内容; 2. 聚合物配制管理计算机操作规程; 3. 聚合物分散熟化系统操作规程; 4. 聚合物分散装置运行保养内容; 5. 集成密闭装置的基础内容; 6. 三元复合驱的基础内容
	(二)处理配制站故障	1. 能消除系统报警重新启动设备; 2. 能修改操作系统参数	1. 常用电器的基础内容; 2. 继电器控制线路的基础内容; 3. 聚合物配制站装置仪表选型要求; 4. 聚合物配制站自控系统处理方法; 5. 变频调速装置的基础内容

续表

职业功能	工作内容	技能要求	相关知识
二、操作、维护设备	（一）操作设备	1. 能手动启停分散装置； 2. 能更换法兰阀门； 3. 能检查验收电动机； 4. 能更换离心泵	1. 离心泵的基础内容； 2. 螺杆泵构成运行的基础内容； 3. 过滤器组成运行的基础内容； 4. 叉车的操作内容； 5. 电动机的基础内容； 6. 设备管理安装的基础内容
	（二）维护设备	1. 能检查与处理鼓风机过载； 2. 能检查与处理分散装置进水低流量； 3. 能更换安装物流检测器尼龙隔片； 4. 能更换离心泵对轮胶垫	1. 离心泵的性能曲线基础内容； 2. 离心泵汽蚀基础内容； 3. 起重机械的基础内容； 4. 过载原因处理方法； 5. 设备故障状态诊断技术的要求
三、操作仪器、仪表	（一）操作仪器	1. 能直尺法测量与调整离心泵机组同心度； 2. 能调整电动阀限位开关位置； 3. 能使用电钻完成工件上的钻孔； 4. 能更换安装行程开关； 5. 能检查与处理分散装置上水阀开关失灵； 6. 能检查与处理分散装置无干粉流	1. 电动阀故障的原因； 2. 电动阀故障的处理方法； 3. 处理物流检测器故障的程序； 4. 常用灭火方法器材的基础内容； 5. 电工常用工具的基础内容； 6. 压力容器的基础内容
	（二）操作仪表	1. 能更换安装超声波液位计探头； 2. 能更换数字压力变送器	1. 电工基础内容； 2. 处理仪表故障的方法； 3. 机械伤害的预防； 4. 触电防护急救的内容； 5. 石油天然气着火的特点； 6. 燃烧灭火的基础内容

4. 比重表

4.1 理论知识

项目		初级	中级	高级
基本要求	基础知识	29%	30%	30%
相关知识	管理配制站			
	录取资料	4%	—	—
	分析资料	8%	6%	15%
	处理配制站故障	—	12%	12%
	操作、维护设备			
	操作设备	18%	17%	11%
	维护设备	16%	12%	10%
	操作仪器、仪表			
	操作仪器	8%	9%	9%
	操作仪表	17%	14%	13%
合计		100%	100%	100%

4.2 操作技能

		项目	初级	中级	高级
技能要求	管理配制站	录取资料	10%	—	—
		分析资料	10%	10%	10%
		处理配制站故障	—	15%	10%
	操作、维护设备	操作设备	20%	25%	20%
		维护设备	20%	15%	20%
	操作仪器、仪表	操作仪器	15%	15%	30%
		操作仪表	25%	20%	10%
合计			100%	100%	100%

附录 2　初级工理论知识鉴定要素细目表

行业：石油天然气工业　　　　工种：聚合物配制工　　　　等级：初级工　　　　鉴定方式：理论知识

行为领域	代码	鉴定范围（重要程度比例）	鉴定比重	代码	鉴定点	重要程度	上岗要求
基础知识 A（29%）	A	聚合物驱油基础知识（17：03：01）	11%	001	影响采收率的因素	X	√
				002	流度比的概念	Y	√
				003	孔隙体积的概念	Y	√
				004	注入与采出关系	Y	√
				005	聚合物的概念	X	√
				006	聚合物的分类	X	√
				007	驱油用聚合物的化学性质	X	√
				008	驱油用聚合物的物理性质	X	√
				009	聚合物在油层中的滞留方式	X	√
				010	聚合物的性能指标	X	√
				011	适合聚合物驱油的油藏条件	X	√
				012	聚合物驱油的机理	X	√
				013	聚合物的降解	X	√
				014	聚合物驱数值模拟	Z	√
				015	各种因素对聚合物溶液黏度的影响	X	√
				016	聚合物驱油对地面工艺的基本要求	X	√
				017	聚合物驱地面工程设计的原则	X	√
				018	聚合物母液配制过程的概念	X	√
				019	聚合物母液输送的基本要求	X	√
				020	聚合物母液输送系统的选择方法	X	√
				021	几种成熟的聚驱地面工艺流程	X	√
	B	计算机基础知识（09：02：01）	7%	001	计算机常用名词概念	X	√
				002	计算机系统的硬件组成	X	√
				003	计算机外部设备的分类	X	√
				004	计算机软件的相关概念	X	√
				005	中文版 Windows XP 功能	X	√
				006	Windows 操作系统的基本操作要求	X	√
				007	计算机系统的基本操作要求	X	√
				008	工控软件的使用要求	X	√
				009	PowerPoint 的基本操作要求	Y	√

续表

行为领域	代码	鉴定范围（重要程度比例）	鉴定比重	代码	鉴定点	重要程度	上岗要求
基础知识 A（29%）	B	计算机基础知识（09：02：01）	7%	010	计算机网络的操作要求	Y	√
				011	Internet 的基本操作要求	Z	√
				012	计算机系统的维护保养要求	X	√
	C	常用工具、用具、量具基础知识（06：02：01）	5%	001	天平的原理	X	√
				002	使用天平的注意事项	X	√
				003	使用天平的环境要求	Y	√
				004	天平的维护保养注意事项	X	√
				005	电子天平的使用要求	X	√
				006	称量试样的要求	X	√
				007	玻璃器皿的分类	Y	√
				008	干燥器的使用要求	Z	√
				009	玻璃仪器的使用要求	X	√
	D	劳动保护基础知识（02：01：01）	2%	001	噪声对人体的危害	Z	√
				002	粉尘的防护要求	X	√
				003	劳动保护的基本内容	X	√
				004	劳动保护的一般要求	Y	√
	E	安全生产基础知识（04：02：01）	4%	001	安全生产的概念	X	√
				002	安全生产责任制的内容	X	√
				003	安全教育的概念	Y	√
				004	HSE 管理体系文件	Z	√
				005	HSE 管理体系的基本原理	X	√
				006	"两书一表"的内容	X	√
				007	HSE 行业标准的制定	Y	√
专业知识（71%）	A	录取资料（05：02：01）	4%	001	录取资料的一般要求	X	√
				002	聚合物干粉资料录取的内容	X	√
				003	配制用水资料录取的内容	Z	√
				004	聚合物母液资料录取的内容	X	√
				005	配制站设备资料录取的内容	X	√
				006	聚合物的化学成分	X	√
				007	影响聚合物黏度的因素	Y	√
				008	聚合物的管理要求	X	√
	B	分析资料（13：03：01）	8%	001	聚合物配制工艺流程种类	X	√
				002	油田水的物理性质	X	√
				003	注入水水质的基本要求	X	√
				004	分散装置的功能	X	√

行为领域	代码	鉴定范围（重要程度比例）	鉴定比重	代码	鉴定点	重要程度	上岗要求
专业知识（71%）	B	分析资料（13：03：01）	8%	005	分散系统的使用要求	X	√
				006	分散系统的组成	X	√
				007	螺杆下料器的功能	X	√
				008	水粉混合器的基本功能	Y	√
				009	熟化系统的功能	X	√
				010	熟化系统的使用方法	X	√
				011	熟化系统的技术参数	X	√
				012	储罐的功能	Y	√
				013	搅拌器的功能	X	√
				014	搅拌器的操作规程	X	√
				015	搅拌器的安装要求	Z	√
				016	搅拌器的技术参数	Y	√
				017	搅拌器的维护保养方法	X	√
	C	操作设备（31：06：02）	18%	001	分散系统初次运行注意事项	X	√
				002	分散系统的技术参数	X	√
				003	螺杆下料器的使用要求	X	√
				004	螺杆下料器转速的控制原理	X	√
				005	溶解罐的功能	Y	√
				006	料斗的作用	Y	√
				007	气动输送系统的使用规程	X	√
				008	气动输送系统的组成	X	√
				009	气动输送系统的维护保养方法	Y	√
				010	气动输送系统的故障诊断处理方法	X	√
				011	螺杆泵启、停的操作规程	X	√
				012	螺杆泵的安装要求	Y	√
				013	螺杆泵的技术参数	X	√
				014	螺杆泵的分类	X	√
				015	螺杆泵的组成	X	√
				016	过滤器的使用方法	X	√
				017	过滤器的组成部件及作用	X	√
				018	过滤器的技术参数	Y	√
				019	取样器的使用要求	X	√
				020	取样器的操作规程	X	√
				021	聚合物溶液的取样标准	X	√
				022	聚合物溶液的取样方法	X	√

续表

行为领域	代码	鉴定范围（重要程度比例）	鉴定比重	代码	鉴定点	重要程度	上岗要求
专业知识（71%）	C	操作设备（31：06：02）	18%	023	供水系统的组成	X	√
				024	供水系统的日常检查内容	X	√
				025	换热器的技术要求	Z	√
				026	离心泵启、停的操作规程	X	√
				027	离心泵的安装要求	Y	√
				028	离心泵切换的操作程序	X	√
				029	紧急停运离心泵的方法	X	√
				030	离心泵启动时的注意事项	X	√
				031	离心泵停运时的注意事项	X	√
				032	起重机的操作要求	X	√
				033	起重机的使用要求	X	√
				034	起重机的操作规程	X	√
				035	起重机械安全操作规程	X	√
				036	起重机的技术参数	X	√
				037	起重机的维护保养	Z	√
				038	配电装置的安全操作规程	X	√
				039	电气测量的有关内容	X	√
	D	维护设备（28：05：02）	16%	001	离心泵的组成	X	√
				002	离心泵的技术参数	X	√
				003	离心泵机组的优缺点	X	√
				004	离心泵的工作原理	X	√
				005	离心泵型号的意义	X	√
				006	离心泵的分类	X	√
				007	离心泵主要零件的作用	Y	√
				008	离心泵安装位置的要求	X	√
				009	离心泵的修保要求	X	√
				010	离心泵启动后的检查方法	X	√
				011	离心泵运行时的检查方法	X	√
				012	离心泵正常运行的注意事项	X	√
				013	更换离心泵密封填料的注意事项	X	√
				014	扳手的使用方法	X	√
				015	梅花扳手的使用方法	X	√
				016	活动扳手的使用方法	X	√
				017	F形扳手的使用方法	X	√
				018	阀门的类型	X	√

续表

行为领域	代码	鉴定范围（重要程度比例）	鉴定比重	代码	鉴定点	重要程度	上岗要求
专业知识（71%）	D	维护设备（28：05：02）	16%	019	常用阀门的使用范围	X	√
				020	阀门的使用要求	X	√
				021	安全阀的使用要求	Y	√
				022	螺杆泵的日常维护保养方法	X	√
				023	螺杆泵的工作原理	X	√
				024	螺杆泵的性能	X	√
				025	更换螺杆泵润滑油的注意事项	X	√
				026	直流电路的相关概念	X	√
				027	交流电路的相关概念	X	√
				028	熔断器的相关概念	Y	√
				029	验电器的分类	Z	√
				030	接触器的类型	X	√
				031	启动器的类型	Z	√
				032	常用温度计的种类	Y	√
				033	温度计的使用要求	X	√
				034	温度标准的确定	Y	√
				035	常见温度计的结构及原理	X	√
	E	操作仪器（13：02：01）	8%	001	锉刀的使用方法	X	√
				002	手钢锯的结构	Z	√
				003	手钢锯的使用方法	Y	√
				004	台虎钳的使用方法	X	√
				005	灭火器的性能	X	√
				006	灭火器的使用	X	√
				007	常用灭火器材的使用方法	Y	√
				008	不同灭火器材的适用范围	X	√
				009	泡沫灭火器的使用要求	X	√
				010	干粉灭火器的使用要求	X	√
				011	灭火的基本要求	X	√
				012	常用的灭火方法	X	√
				013	石棉垫子的用途	X	√
				014	石棉垫子的分类	X	√
				015	法兰的分类方法	X	√
				016	法兰垫子的制作标准	X	√
	F	操作仪表（30：05：02）	17%	001	电磁流量计的组成	X	√
				002	电磁流量计的技术参数	X	√

续表

行为领域	代码	鉴定范围（重要程度比例）	鉴定比重	代码	鉴定点	重要程度	上岗要求
专业知识（71%）	F	操作仪表（30：05：02）	17%	003	电磁流量计的使用要求	Y	√
				004	电磁流量计的性能	X	√
				005	压力表的分类	X	√
				006	更换压力表的注意事项	X	√
				007	压力表的性能	X	√
				008	压力表的使用要求	X	√
				009	压力的表示方法	X	√
				010	压力表的校检要求	X	√
				011	压力表的工作原理	X	√
				012	钳形电流表的测量原理	X	√
				013	钳形电流表的使用方法	Y	√
				014	断线钳的使用方法	X	√
				015	卡钳的使用方法	Z	√
				016	单位的换算	X	√
				017	游标卡尺的读数方法	X	√
				018	游标卡尺的使用注意事项	Y	√
				019	游标卡尺的测量精度	X	√
				020	外径千分尺的使用方法	X	√
				021	钢卷尺的使用方法	X	√
				022	阀门的测压原理	Y	√
				023	阀门的作用	X	√
				024	电的基本原理	X	√
				025	电阻率的概念	Y	√
				026	电路开关的概念	X	√
				027	电源的基本概念	X	√
				028	电压的物理意义	X	√
				029	电动机的种类	X	√
				030	安全用电的基本要求	X	√
				031	安全用电的常用方法	X	√
				032	避免触电的方法	X	√
				033	触电后的救护方法	X	√
				034	电气着火的特点	X	√
				035	电路的基本概念	X	√
				036	功率的概念	Z	√
				037	电路的连接方式及特点	X	√

注：X——核心要素；Y——一般要素；Z——辅助要素。

附录3 初级工操作技能鉴定要素细目表

行业:石油天然气工业　　　　工种:聚合物配制工　　　　等级:初级工　　　　鉴定方式:操作技能

行为领域	代码	鉴定范围（重要程度比例）	鉴定比重	代码	鉴定点	重要程度
操作技能 A （100%）	A	管理配制站（02：01：01）	20%	001	填写配制日报表	X
				002	填写可称重物资验收记录	X
				003	自动运行分散熟化系统	Y
				004	手动排熟化罐液	Z
	B	操作、维护设备（04：03：01）	40%	001	添加干粉	X
				002	启动螺杆泵	X
				003	启停离心泵	X
				004	使用天吊吊运干粉	Y
				005	更换离心泵密封填料	Y
				006	更换闸板阀密封填料	Z
				007	更换螺杆泵润滑油	Y
				008	一级保养离心泵	X
	C	操作仪器、仪表（06：01：01）	40%	001	使用手钢锯割铁管	X
				002	使用干粉灭火器	X
				003	制作法兰垫子	X
				004	拆卸电磁流量计	X
				005	更换压力表	X
				006	校对压力表误差	Y
				007	使用钳形电流表测量电动机三相电流	X
				008	使用游标卡尺测量工件	Z

注:X——核心要素;Y——一般要素;Z——辅助要素。

附录4 中级工理论知识鉴定要素细目表

行业:石油天然气工业　　　　工种:聚合物配制工　　　　等级:中级工　　　　鉴定方式:理论知识

行为领域	代码	鉴定范围（重要程度比例）	鉴定比重	代码	鉴定点	重要程度	备注
基础知识A（30%）	A	聚合物驱油知识（16:05:01）	12%	001	三次采油所用的驱油剂	X	
				002	聚合物驱油的基本概念	X	
				003	聚合物分子结构的特点	X	
				004	聚合物的化学反应	X	
				005	聚合物溶液的分类	X	
				006	聚合物溶液的流变性	Y	
				007	影响聚合物溶液黏度的因素	X	
				008	聚合物驱提高采收率的基本原理	X	
				009	聚合物溶液的机械降解	X	
				010	聚合物溶液的化学降解	X	
				011	聚合物溶液的生物降解	Y	
				012	聚合物溶液机械降解的防护方法	X	
				013	聚合物溶液化学降解的防护方法	Y	
				014	流体的物理性质	X	
				015	流体静力学的概念	X	
				016	流体动力学的概念	X	
				017	水击现象的基本概念	X	
				018	材料伸缩的概念	Z	
				019	材料剪切的含义	X	
				020	材料扭转的特点	Y	
				021	材料弯曲的特点	X	
				022	材料疲劳的现象	Y	
	B	计算机知识（13:02:00）	7%	001	汉字常用输入法的种类	Y	
				002	输入汉字的方法	Y	
				003	常用的特殊键	X	
				004	光标与按钮的功能	X	
				005	文件与存盘的概念	X	
				006	常用办公软件标志的识别	X	
				007	Word办公软件的基本功能	X	
				008	中文Word的基本操作要求	X	

续表

行为领域	代码	鉴定范围 (重要程度比例)	鉴定比重	代码	鉴定点	重要程度	备注
基础知识 A (30%)	B	计算机知识 (13:02:00)	7%	009	保存与删除的操作方法	X	
				010	文字编辑的基本方法	X	
				011	设置字符及段落格式的方法	X	
				012	设置页面及版式的方法	X	
				013	设置排版打印的方法	X	
				014	Word文档中的制表方法	X	
				015	Word文档中的制图方法	X	
	C	班组核算知识 (04:02:01)	4%	001	班组经济核算的任务	X	
				002	班组经济核算的作用	Y	
				003	产品指标及产量指标的内容	X	
				004	质量指标及劳动指标的内容	Z	
				005	班组经济核算的方法	X	
				006	统计指标核算法的内容	Y	
				007	节约核算法的内容	X	
	D	安全生产知识 (14:01:00)	7%	001	电功率的概念	X	
				002	电阻器的作用	X	
				003	电容的作用	X	
				004	电感线圈的作用	X	
				005	变压器参数的概念	Y	
				006	常用的绝缘用具	X	
				007	电流表的类型	X	
				008	灭火器的分类	X	
				009	干粉灭火器的使用方法	X	
				010	机械伤害的预防	X	
				011	防止触电的方法	X	
				012	触电急救的方法	X	
				013	配制站的应急处理方法	X	
				014	配制站站库的管理要求	X	
				015	配制站员工日常行为的要求	X	
专业知识 B (70%)	A	分析资料 (12:00:00)	6%	001	聚合物的配制工艺	X	
				002	聚合物的配制流程	X	
				003	聚合物风力分散装置的组成	X	
				004	聚合物风力分散装置的工作原理	X	
				005	风力分散干粉下料装置的结构原理	X	
				006	风力分散装置的工作参数	X	

行为领域	代码	鉴定范围（重要程度比例）	鉴定比重	代码	鉴定点	重要程度	备注
专业知识B（70%）	A	分析资料（12：00：00）	6%	007	风力分散溶解罐的组成	X	
				008	风力分散水粉混合的过程	X	
				009	风力分散水粉混合器的结构	X	
				010	射流分散装置的工艺流程	X	
				011	射流分散装置的工作原理	X	
				012	集成密闭上料装置的系统配置	X	
	B	处理配制站故障（19：03：02）	12%	001	聚合物配制工艺的要求	X	
				002	聚合物分散装置的要求	X	
				003	风力分散干粉输送的过程	X	
				004	风力分散装置的操作方法	X	
				005	射流分散装置的操作方法	X	
				006	射流分散装置的主要特点	X	
				007	射流分散装置的故障处理方法	X	
				008	集成密闭上料装置的使用方法	X	
				009	自动控制的基本特点	X	
				010	闭环控制系统的概念	Y	
				011	开环控制系统的概念	Y	
				012	开环与闭环控制系统的比较	Y	
				013	直接控制与间接控制的比较	X	
				014	集散控制系统的概念	X	
				015	可编程控制器的概念	X	
				016	可编程控制器的工作过程	X	
				017	可编程控制器程序的编制	Z	
				018	控制方案的建立过程	Z	
				019	聚合物分散系统的自动控制过程	X	
				020	聚合物熟化系统的自动控制过程	X	
				021	配制站计算机的监控系统	X	
				022	配制站自控系统的常见故障	X	
				023	配制站监控系统生产曲线的类型	X	
				024	配制站自控系统的应急处理方法	X	
	C	操作设备（23：08：03）	17%	001	联轴器的结构	X	
				002	减速器的基本概念	X	
				003	减速器的构造	X	
				004	螺杆泵的概念	X	
				005	螺杆泵的结构	X	

续表

行为领域	代码	鉴定范围（重要程度比例）	鉴定比重	代码	鉴定点	重要程度	备注
专业知识 B （70%）	C	操作设备 （23：08：03）	17%	006	螺杆泵的选用	X	
				007	螺杆泵的同步式结构	X	
				008	螺杆泵的非同步式结构	Z	
				009	变频调速装置的性能特点	Z	
				010	变频调速装置的技术指标	Y	
				011	变频调速装置的系统组成	X	
				012	外输管线的设计要求	Y	
				013	各种外输管线、管材的使用要求	X	
				014	母液管线输送的要求	X	
				015	母液管道清洗的要求	Y	
				016	离心泵的概念	X	
				017	离心泵的结构	Y	
				018	有源滤波装置的概念	Y	
				019	有源滤波装置的原理	Y	
				020	密封的基本概念	Y	
				021	泵材料的选择	X	
				022	离心泵的运行要求	X	
				023	润滑的概念	Y	
				024	润滑剂的分类	X	
				025	润滑油的使用要求	X	
				026	润滑脂的使用要求	Z	
				027	除尘装置的组成	X	
				028	除尘装置的操作	X	
				029	电热防冻控制装置的技术指标	X	
				030	过滤器的结构	X	
				031	过滤器的工作要求	X	
				032	串组式过滤器的原理	X	
				033	串组式过滤器的结构	X	
				034	串组式过滤器的特点	X	
	D	维护设备 （22：02：00）	12%	001	联轴器的使用要求	X	
				002	金属材料常见的腐蚀形式	X	
				003	金属材料的防腐措施	X	
				004	螺杆泵的工作要求	X	
				005	螺杆泵的保养	X	
				006	变频调速装置的使用要求	X	

续表

行为领域	代码	鉴定范围 （重要程度比例）	鉴定比重	代码	鉴定点	重要程度	备注
专业知识 B （70%）	D	维护设备 （22：02：00）	12%	007	变频调速装置的日常维护方法	X	
				008	变频调速装置的故障处理方法	X	
				009	机械传动的基本概念	X	
				010	常用的传动方式	X	
				011	齿轮传动的基本概念	X	
				012	皮带传动的基本概念	X	
				013	密封的方法	X	
				014	密封填料的使用要求	X	
				015	机械密封的使用要求	X	
				016	设备的润滑方式	X	
				017	常用设备润滑的方法	X	
				018	搅拌器的选型	X	
				019	搅拌器的结构	X	
				020	搅拌器的日常维护方法	X	
				021	起重机的安装要求	Y	
				022	起重机的使用维护方法	X	
				023	除尘装置的注意事项	X	
				024	电热防冻控制装置的安装要求	Y	
	E	操作仪器 （15：03：01）	9%	001	机械零件的修复方法	Y	
				002	滑动轴承测量安装的方法	Y	
				003	滚动轴承测量安装的方法	Y	
				004	外径千分尺的操作规程	X	
				005	外径千分尺的使用要求	X	
				006	外径千分尺与游标卡尺的区别	Z	
				007	聚合物化验的基本认识	X	
				008	聚合物化验的方法	X	
				009	聚合物溶液黏度检测的方法	X	
				010	聚合物溶液浓度检测的方法	X	
				011	聚合物相对分子质量检测的方法	X	
				012	聚合物固含量检测的方法	X	
				013	化验仪器的使用方法	X	
				014	化验仪器的保养方法	X	
				015	水矿化度的检测方法	X	
				016	标准曲线的绘制方法	X	
				017	化验报表的填写内容	X	

续表

行为领域	代码	鉴定范围（重要程度比例）	鉴定比重	代码	鉴定点	重要程度	备注
专业知识 B (70%)	E	操作仪器（15：03：01）	9%	018	聚合物配制精度的要求	X	
				019	化验废液的处理方法	X	
	F	操作仪表（21：05：02）	14%	001	仪器、仪表的分类	X	
				002	仪器、仪表的校验要求	X	
				003	仪器、仪表的现场管理	X	
				004	电动执行机构的特点	X	
				005	电动执行机构的操作方法	X	
				006	电磁流量计的原理	X	
				007	电磁流量计的结构	X	
				008	电磁流量计的安装要求	X	
				009	电磁流量计的维护方法	X	
				010	物流检测器的工作原理	X	
				011	物流检测器的安装要求	X	
				012	物流检测器的使用方法	X	
				013	数字式压力变送器的原理	X	
				014	超声波液位计的原理	X	
				015	超声波液位计的安装要求	X	
				016	超声波液位计的使用方法	X	
				017	压力变送器的原理	X	
				018	压力变送器的使用方法	X	
				019	传感器的概念	X	
				020	传感器的静特性	Z	
				021	传感器的动特性	Y	
				022	万用表的使用方法	X	
				023	常用电表的使用要求	X	
				024	弹性式压力计的原理	Y	
				025	弹性式压力计的结构	Y	
				026	弹性式压力计的安装要求	Y	
				027	弹性式压力计的维护方法	Z	
				028	变压器的结构	Y	

注：X——核心要素；Y——一般要素；Z——辅助要素。

附录5　中级工操作技能鉴定要素细目表

行业:石油天然气工业　　　工种:聚合物配制工　　　等级:中级工　　　鉴定方式:操作技能

行为领域	代码	鉴定范围（重要程度比例）	鉴定比重	代码	鉴定点	重要程度	备注
操作技能A（100%）	A	管理配制站（05:00:00）	25%	001	绘制工艺流程图	X	
				002	根据螺杆下料器下料量计算配制浓度	X	
				003	排除螺杆下料器堵塞故障	X	
				004	查询干粉重量曲线	X	
				005	查询外输泵流量曲线	X	
	B	操作、维护设备（06:01:01）	40%	001	相互切换螺杆泵	X	
				002	相互切换离心泵	X	
				003	拆卸单级离心泵	X	
				004	过滤润滑油	Y	
				005	更换过滤器滤袋	X	
				006	更换低压离心泵轴承	X	
				007	装配滚动轴承	Z	
				008	加注电动机轴承润滑油	X	
	C	操作仪器、仪表（05:02:00）	35%	001	测量滚动轴承游隙	X	
				002	用外径千分尺测量工件	Y	
				003	检测聚合物溶液黏度	Y	
				004	测算离心泵扬程	X	
				005	更换电磁流量计	X	
				006	更换熟化罐液位计	X	
				007	使用万用表测量熔断器	X	

注:X——核心要素;Y——一般要素;Z——辅助要素。

附录6　高级工理论知识鉴定要素细目表

行业:石油天然气工业　　　　工种:聚合物配制工　　　　等级:高级工　　　　鉴定方式:理论知识

行为领域	代码	鉴定范围（重要程度比例）	鉴定比重	代码	鉴定点	重要程度	备注
基础知识 A（30%）	A	聚合物驱油知识（18：02：00）	12%	001	驱油用聚丙烯酰胺的性质	X	JD/JS
				002	聚合物驱油配制溶液用水的水质标准	X	JS
				003	聚合物驱油开发规划编制规则	X	
				004	聚合物驱油开发效果评价	X	
				005	聚合物配制工程设计规范	X	JD
				006	自动调节系统的方框图	X	
				007	聚合物搅拌器选型要求	X	
				008	聚合物配制站用螺杆泵选型要求	X	JS
				009	聚合物过滤器选型要求	X	
				010	聚合物静态混合器选型要求	X	
				011	反馈调节系统	Y	
				012	聚合物配制计量仪表选型要求	X	JD
				013	聚合物配制工程管道防腐设计规范	Y	
				014	聚合物溶液取样化验操作规程	X	JD/JS
				015	聚合物配制站换热器操作规程	X	
				016	聚合物配制站过滤器操作规程	X	JD
				017	聚合物驱油采油动态检测技术要求	X	
				018	聚合物配制站螺杆泵运行效率的测试方法	X	JS
				019	聚合物溶液计量仪表的知识	X	JS
				020	聚合物配制站管理规定	X	JD
	B	班组核算基础知识（02：01：01）	2%	001	劳动定额的组成	Y	
				002	班组经济核算的内容	X	
				003	班组经济核算的分类	X	
				004	班组经济活动分析的内容	Z	
	C	质量管理基础知识（03：02：01）	4%	001	质量的概念	Y	
				002	质量体系的含义	Y	
				003	质量管理的基础	X	
				004	质量管理常用的方法	X	
				005	质量改进方法	X	
				006	ISO 质量体系认证	Z	

行为领域	代码	鉴定范围（重要程度比例）	鉴定比重	代码	鉴定点	重要程度	备注
基础知识A（30%）	D	工厂供电（02：02：01）	3%	001	电力系统的概念	Z	
				002	供电质量的主要指标	X	JS
				003	继电保护装置的分类	Y	
				004	继电保护装置的要求	Y	
				005	继电保护装置的电源	X	
	E	安全生产知识（08：05：01）	9%	001	现代安全管理的基本特点	Y	
				002	推行现代安全管理应注意的问题	Y	
				003	现代安全管理主要理论	Z	
				004	系统安全分析	X	JD
				005	系统安全评价	X	
				006	安全模式的方法	X	
				007	安全管理	X	
				008	"三标"管理法	X	
				009	安全生产检查	X	
				010	安全用电常识	X	
				011	HSE 管理的概念	Y	
				012	HSE 作业指导书的概念	Y	
				013	HSE 作业计划书的概念	Y	
				014	HSE 检查表的内容	X	
专业知识B（70%）	A	分析资料（22：02：00）	15%	001	聚合物驱油数值模拟的基础内容	X	
				002	聚合物驱油机理数值模拟的研究内容	X	
				003	非均质油层聚合物驱油机理的作用	X	
				004	主要地质因素对聚驱效果的影响	X	
				005	主要因素对聚驱效果变化的影响	X	
				006	聚驱条件优化	Y	
				007	聚合物特性参数的确定方法	Y	JS
				008	聚合物配制管理计算机的操作规程	X	JD
				009	聚合物分散熟化系统的操作规程	X	JD
				010	聚合物分散装置的运行内容	X	
				011	聚合物分散装置的保养内容	X	
				012	集成密闭上料装置的组成	X	
				013	集成密闭上料装置的运行内容	X	
				014	集成密闭上料装置操作的注意事项	X	
				015	集成密闭上料装置处理故障的方法	X	
				016	表面活性剂的基础知识	X	

续表

行为领域	代码	鉴定范围（重要程度比例）	鉴定比重	代码	鉴定点	重要程度	备注
专业知识 B（70%）	A	分析资料（22：02：00）	15%	017	表面活性剂的特性	X	
				018	乳状液的基础知识	X	
				019	破乳的方法	X	
				020	碱的基础知识	X	
				021	三次采油常用的驱油剂	X	
				022	化学驱的主剂和添加剂	X	
				023	三元复合驱油概述	X	
				024	泡沫驱油概述	X	
	B	处理配制站故障（17：03：00）	12%	001	接触器的基础知识	X	JD
				002	继电器的基础知识	X	JD
				003	熔断器的基础知识	X	
				004	常用低压电器的基础知识	Y	JD/JS
				005	电气控制系统中元件的基础知识	X	
				006	继电控制线路的基础知识	X	JD
				007	电气控制线路设计的基础知识	X	
				008	自动调节系统的常用术语	X	
				009	聚合物分散溶解装置的选型要求	X	
				010	聚合物配制工程自动化仪表的选型要求	X	JD/JS
				011	自动调节系统的常用方法	X	JD
				012	自动调节系统的其他方法	X	
				013	自动调节系统的过渡过程	Y	
				014	变频调速装置操作的注意事项	X	
				015	变频调速装置故障的处理方法	X	
				016	主接触器故障产生的原因	X	
				017	主接触器故障的处理方法	X	
				018	交流调速系统的分类	Y	
				019	变频调速的控制方式	X	
				020	变频装置的基础知识	X	
	C	操作设备（16：01：01）	11%	001	离心泵-管道系统的工作特点	X	
				002	管路特性曲线	X	
				003	离心泵的串联、并联	X	
				004	离心泵的允许吸入真空度	X	
				005	螺杆泵的组成	X	
				006	螺杆泵的运行内容	X	
				007	过滤器的组成	X	

续表

行为领域	代码	鉴定范围（重要程度比例）	鉴定比重	代码	鉴定点	重要程度	备注
专业知识B（70%）	C	操作设备（16：01：01）	11%	008	串组式过滤器的运行内容	X	
				009	串组式过滤器的组成	X	
				010	串组式过滤器操作的注意事项	X	
				011	叉车的操作内容	X	
				012	变频调速装置的运行内容	X	
				013	电动机的基础知识	X	
				014	设备管理概述	Z	
				015	设备管理的任务	X	
				016	设备管理的内容	X	
				017	设备管理的制度	X	
				018	设备安装的标准	Y	
	D	维护设备（13：02：01）	10%	001	离心泵的性能测试	X	
				002	离心泵的流量扬程曲线	X	JS
				003	离心泵的流量功率曲线	X	JS
				004	离心泵的流量效率曲线	X	JS
				005	离心泵的通用性能曲线	X	JD/JS
				006	离心泵-管路系统的二次调节	X	JD
				007	离心泵的汽蚀	X	
				008	离心泵的汽蚀余量	X	
				009	避免离心泵汽蚀的措施	X	JD
				010	桥式起重机的组成	Z	
				011	过载产生的原因	Y	
				012	过载的处理方法	X	
				013	起重机操作注意事项	X	
				014	设备故障诊断技术的要求	X	
				015	设备状态检测技术的要求	X	
				016	设备诊断技术的发展	Y	
	E	操作仪器（11：01：01）	9%	001	电动阀开关失灵的原因	Y	
				002	电动阀失灵的处理方法	X	JD
				003	压力异常的处理方法	X	
				004	物流检测器故障的处理方法	X	
				005	常气的灭火方法	X	
				006	电气着火的特点	X	
				007	常用的灭火器材	X	
				008	常用灭火器材的使用方法	X	

续表

行为领域	代码	鉴定范围（重要程度比例）	鉴定比重	代码	鉴定点	重要程度	备注
专业知识 B（70%）	E	操作仪器（11：01：01）	9%	009	电工螺钉旋具的规格	X	
				010	电工螺钉旋具的使用方法	X	
				011	电工钳的使用方法	X	
				012	电工刀的使用方法	X	
				013	压力容器的概念	Z	
	F	操作仪表（17：03：01）	13%	001	交流电的概念	X	JS
				002	直流电的概念	Y	
				003	电路的概念	Y	
				004	电功的概念	Z	JS
				005	电路连接方式的特点	X	
				006	输电电压的种类	X	
				007	配电装置的安全操作规程	X	
				008	电气测量的基础知识	X	
				009	测量电路仪表的分类	X	
				010	电工仪表的常见符号	X	
				011	交流、直流电流表的接线方法	X	
				012	液位计故障的处理方法	X	
				013	电磁流量计故障的处理方法	X	
				014	灭火器的分类	X	
				015	机械伤害的预防方法	X	
				016	触电的防护要求	X	
				017	触电急救的方法	X	
				018	燃烧的概念	X	
				019	灭火的概念	Y	
				020	石油着火的特点	X	
				021	天然气着火的特点	X	

注：X——核心要素；Y——一般要素；Z——辅助要素。

附录7　高级工操作技能鉴定要素细目表

行业:石油天然气工业　　　　工种:聚合物配制工　　　　等级:高级工　　　　鉴定方式:操作技能

行为领域	代码	鉴定范围（重要程度比例）	鉴定比重	代码	鉴定点	重要程度	备注
操作技能A（100%）	A	管理配制站（04:00:00）	20%	001	标定螺杆下料器下料量曲线	X	
				002	通过计算机查询生产运行曲线	X	
				003	消除系统报警并重新启动设备	X	
				004	修改操作系统参数	X	
	B	操作、维护设备（06:02:00）	40%	001	手动启、停分散装置	X	
				002	更换法兰阀门	X	
				003	检查验收电动机	Y	
				004	更换离心泵	X	
				005	检查与处理鼓风机过载	X	
				006	检查与处理分散装置进水低流量问题	X	
				007	更换物流检测器尼龙隔片	Y	
				008	更换离心泵对轮胶垫	X	
	C	操作仪器、仪表（06:01:01）	40%	001	采用直尺法测量与调整离心泵机组同心度	Y	
				002	调整电动阀限位开关位置	X	
				003	使用电钻在工件上钻孔	Z	
				004	更换行程开关	X	
				005	检查与处理分散装置上水阀开关失灵问题	X	
				006	检查与处理分散装置无干粉流问题	X	
				007	更换超声波液位计探头	X	
				008	更换数字压力变送器	X	

注:X——核心要素;Y——一般要素;Z——辅助要素。

附录8 操作技能考核内容层次结构表

内容 项目 级别	技能操作			合计
	管理配制站	操作维护设备	操作仪器仪表	
初级工	30分 5~30min	40分 10~30min	30分 7~15min	100分 22~75min
中级工	25分 15~30min	40分 15~30min	35分 15~20min	100分 45~80min
高级工	30分 10~20min	40分 10~30min	30分 20~30min	100分 40~80min

参 考 文 献

[1] 胡博仲. 聚合物驱采油工程[M]. 北京:石油工业出版社,1997.

[2] 夏位荣,张占峰,程时清. 油气田开发地质学[M]. 北京:石油工业出版社,1999.

[3] 李杰训. 聚合物驱油地面工程技术[M]. 北京:石油工业出版社,2008.

[4] 翟云芳. 渗流力学[M]. 2版. 北京:石油工业出版社,2003.

[5] 冈秦麟. 化学驱油论文集(上册)[M]. 北京:石油工业出版社,1998.

[6] 杨承志. 化学驱提高石油采收率[M]. 北京:石油工业出版社,1999.

[7] 王秀萍,刘世纯. 实用分析化验工读本[M]. 3版. 北京:化学工业出版社,2011.

[8] 柳广第,张厚福. 石油地质学[M]. 4版. 北京:石油工业出版社,2009.

[9] 李颖川. 采油工程[M]. 2版. 北京:石油工业出版社,2009.

[10] 白执松,董福洲,李林,等. 三次采油工程[M]. 北京:中国科学技术出版社,1997.

[11] 叶庆全,袁敏. 油气田开发常用名词解释[M]. 2版. 北京:石油工业出版社,2002.

[12] 顾沈明. 计算机基础[M]. 3版. 北京:清华大学出版社,2014.

[13] 张汉林,张清双,胡远银. 阀门手册——使用与维修[M]. 北京:化学工业出版社,2013.

[14] 王华忠. 工业控制系统及应用——PLC与组态软件[M]. 北京:机械工业出版社,2016.

[15] 陶权,吴尚庆,麦艳红,等. 变频器应用技术[M]. 广州:华南理工大学出版社,2007.

[16] 陈乃祥,吴玉林. 离心泵[M]. 北京:机械工业出版社,2003.

[17] 黄希贤,曹占友. 泵操作与维修技术问答[M]. 2版. 北京:中国石化出版社,2005.

[18] 乐嘉谦. 仪表工手册[M]. 2版. 北京:化学工业出版社,2004.

[19] 汤蕴璆. 电机学[M]. 5版. 北京:机械工业出版社,2014.

[20] 王先会. 工业润滑油生产与应用[M]. 北京:中国石化出版社,2011.

[21] 吴承建,陈国良,强文江,等. 金属材料学[M]. 2版. 北京:冶金工业出版社,2009.

[22] 林承全,严义章. 机械制造[M]. 北京:机械工业出版社,2010.

[23] 袁成华,陈佳彤. 电工基础[M]. 北京:人民邮电出版社,2014.

[24] 全国化工设备设计技术中心机泵技术委员会. 工业泵选用手册[M]. 2版. 北京:化学工业出版社,2011.

[25] 华安波瑞达. 消防安全知识普及百问百答[M]. 北京:中国环境科学出版社,2010.

[26] 袁周,黄志坚. 工业泵常见故障及维修技巧[M]. 北京:化学工业出版社,2008.

[27] 徐建宁,屈文涛. 螺杆泵采输技术[M]. 北京:石油工业出版社,2006.